凡　例

- 群落 1
- 群落 2
- 群落 3
- 群落 4
- 群落 5
- 群落 6
- 群落 7
- 群落 8A
- 群落 8B
- 群落 9
- 群落 10
- 群落 11A
- 群落 11B
- 群落 12A
- 群落 12B
- 群落 12C
- 群落 12D
- 群落 12E
- 群落 13
- 群落 14
- オオカサスゲ群落
- ゴウソ群落
- ハナビゼキショウ群落
- ミズゴケ分布域
- 開放水域

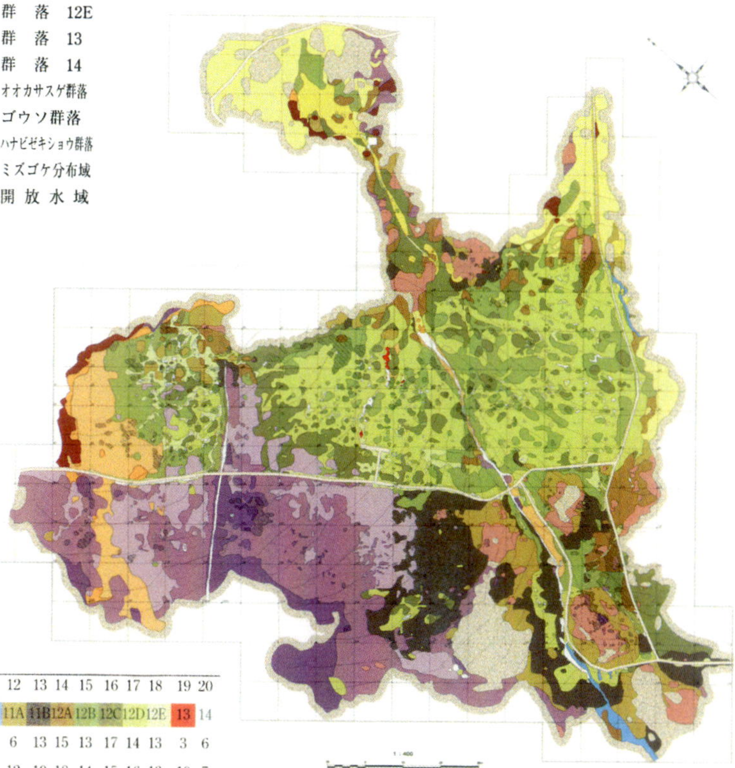

整理番号	1	2	3	4	5	6	7	8	9	10	11	12	13	14	15	16	17	18	19	20
群落番号	1	2	3	4	5	6	7	8A	8B	9	10	11A	11B	12A	12B	12C	12D	12E	13	14
調査スタンド数	24	4	6	11	4	3	14	6	6	5	3	6	13	15	13	17	14	13	3	6
平均種数	20	16	21	15	13	6	8	5	7	7	6	12	10	18	14	15	16	12	10	7

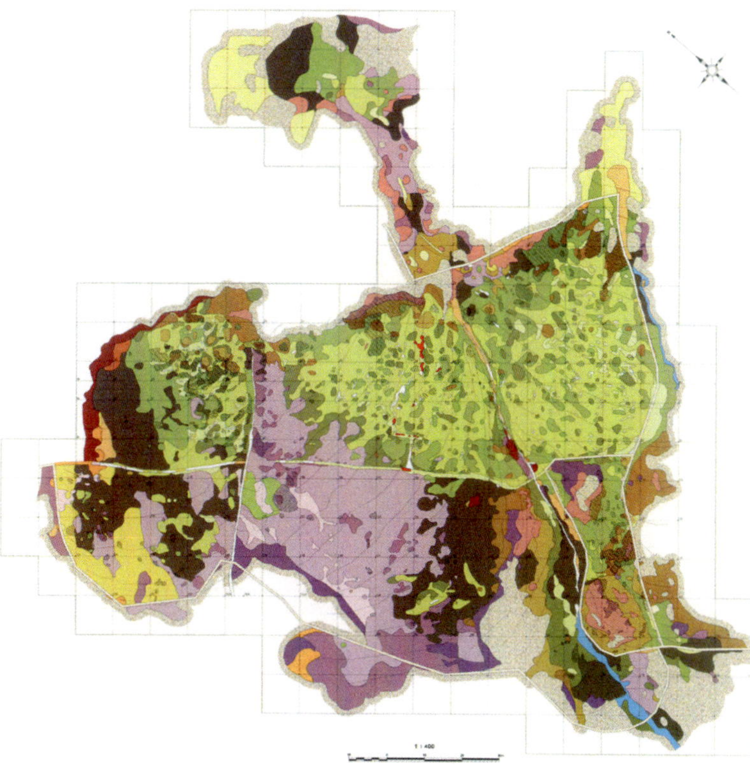

口絵 1　玉原湿原現存植生図 1991 年時点（上）と 2001 年時点（下）

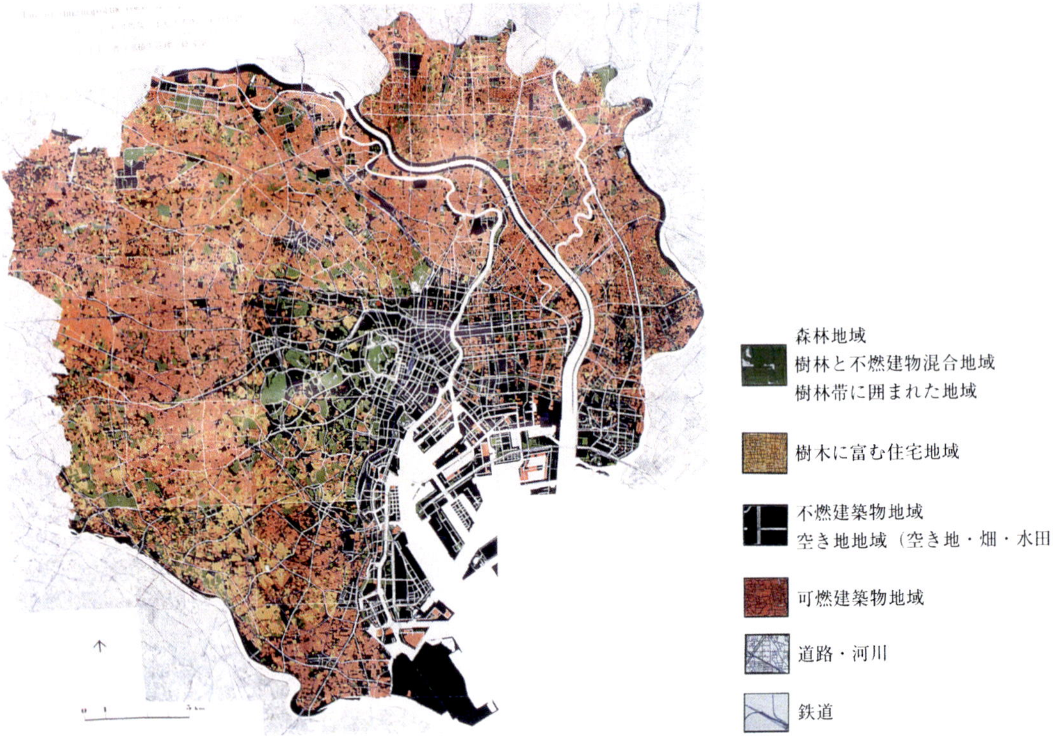

口絵 2　東京 23 区の防火力分布図

23 区内の防火力には顕著な地域的偏りがみられる．特に東部の荒川沿いの地域，西部の JR 中央線沿線の地域には可燃建築物地域が広がっており，危険性が高い．

口絵 3　東京下町地域の防火力分布図（拡大図）

関東大震災時に大きな延焼被害を出した下町地域は依然として可燃建築物の広がる地域である．しかし，不燃建築物地域がとりまくように配置されており，震災当時よりも延焼の可能性は軽減されているであろう．

口絵 4　日本海側地域における多雪環境下の高山と亜高山植生相観

高山や亜高山帯の植物群落は，低標高に分布する山地帯植生に完全に追い出されて消滅する可能性がある．写真は新潟—山形県境に位置する飯豊山系の植生相観（2003 年 7 月，松井撮影）．

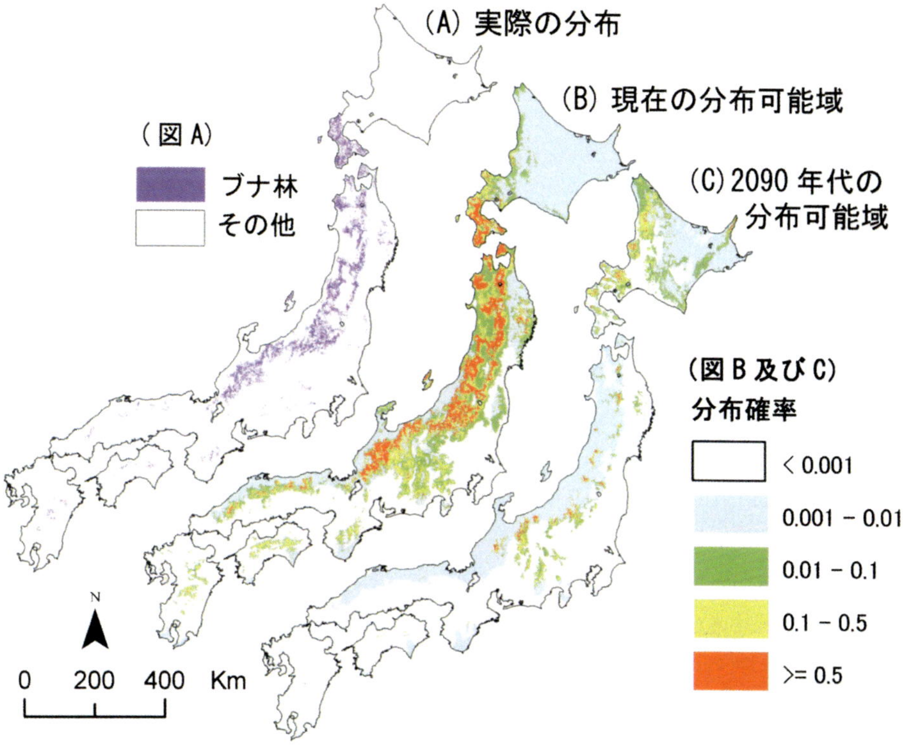

口絵 5　ブナ林分布予測図

ブナ林の実際の分布（a）と分類樹モデルで予測された現在の気候条件下での分布可能域（b）および，CCSR/NIES 気候変化シナリオをあてはめた場合の 2090 年代の分布可能域（c）（Matsui et al., 2004a より一部改変）．

1973

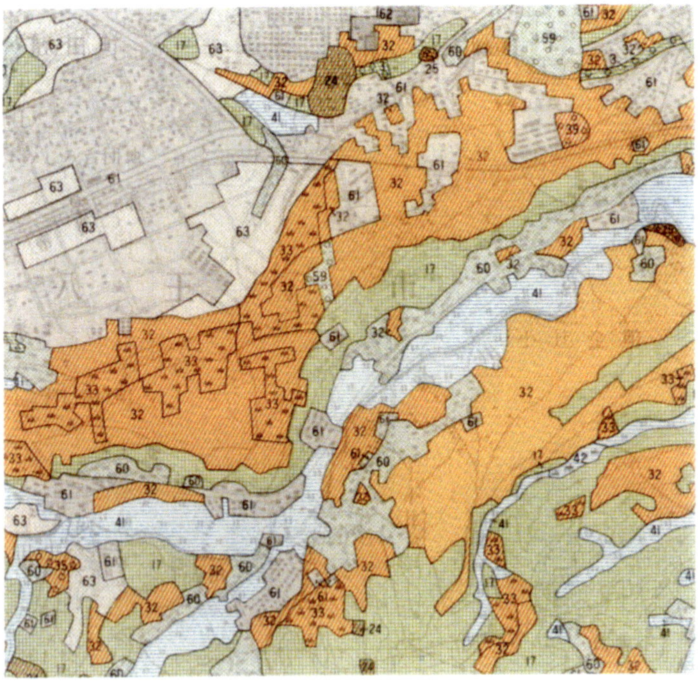

凡例

17：コナラ－クヌギ群集
24：スギ・ヒノキ植林
32：耕作畑雑草群落
33：耕作放棄畑雑草群落
41：耕作水田雑草群落
60：緑の多い住宅地
61：緑の少ない市街地・住宅地
63：造成地

1995

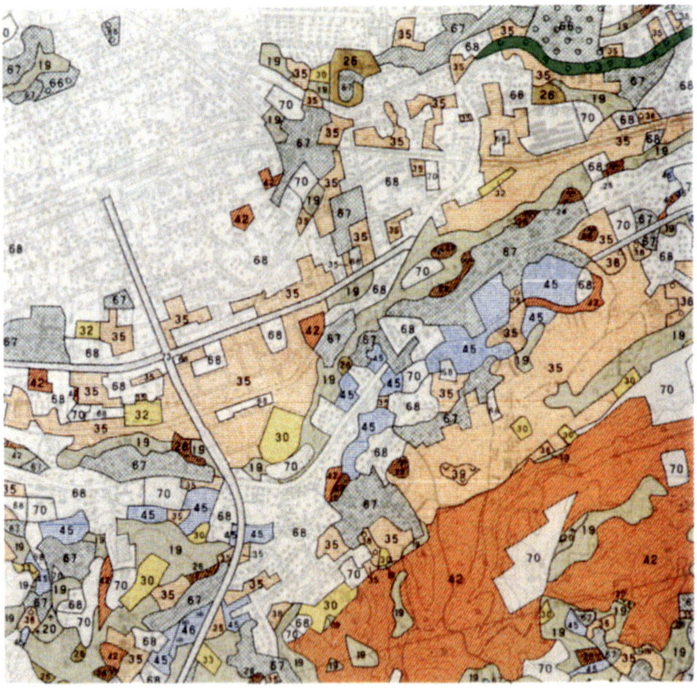

凡例

19：コナラ－クヌギ群集
26：スギ・ヒノキ植林
28：モウソウチク・マダケ林
35：耕作畑雑草群落
42：路傍雑草群落
45：耕作水田雑草群落
67：緑の多い住宅地
68：緑の少ない市街地・住宅地
70：造成地

1 km

口絵 6　東京八王子市の現存植生図

八王子市の一部における 1973 年と 1995 年の現存植生図（1/2.6 万）の比較（東京都，1974，1996）．河川に沿った水田や台地上の耕作放棄畑の宅地化（凡例番号 33，41 → 68），丘陵地の開発による二次林の伐採（凡例番号 17 → 42）などが読みとれる．

植生管理学

福嶋　司【編】

朝倉書店

執筆者一覧

福嶋(ふくしま)	司(つかさ)	東京農工大学大学院共生科学技術研究部
吉川(よしかわ)	正人(まさと)	東京農工大学大学院共生科学技術研究部
沖津(おきつ)	進(すすむ)	千葉大学園芸学部・大学院自然科学研究科
富士田(ふじた)	裕子(ひろこ)	北海道大学北方生物圏フィールド科学センター
樫村(かしむら)	利道(としみち)	前福島大学教育学部
岩瀬(いわせ)	徹(とおる)	前千葉県立千葉高等学校
井上(いのうえ)	香世子(かよこ)	箱根町立箱根湿生花園
服部(はっとり)	保(たもつ)	兵庫県立大学自然・環境科学研究所
星野(ほしの)	義延(よしのぶ)	東京農工大学大学院共生科学技術研究部
八木(やぎ)	正徳(まさのり)	東京都立新島高等学校
豊原(とよはら)	源太郎(げんたろう)	広島大学大学院理学研究科
奥富(おくとみ)	清(きよし)	東京農工大学名誉教授・(財)自然保護助成基金
桑原(くわはら)	佳子(よしこ)	応用生態技術研究所
津田(つだ)	智(さとし)	岐阜大学流域圏科学研究センター
下田(しもだ)	路子(みちこ)	富士常葉大学環境防災学部
伴(ばん)	武彦(たけひこ)	(株)ポリテック・エイディディ
井関(いせき)	智裕(ともひろ)	井関植生研究調査室
上條(かみじょう)	隆志(たかし)	筑波大学大学院生命環境科学研究科
亀井(かめい)	裕幸(ひろゆき)	東京都北区まちづくり部
島田(しまだ)	和則(かずのり)	森林総合研究所気象環境研究領域
荻野(おぎの)	豊(ゆたか)	東京都環境局
神崎(かんざき)	護(まもる)	京都大学大学院農学研究科
並川(なみかわ)	寛司(かんじ)	北海道教育大学教育学部札幌校
林(はやし)	一六(いちろく)	前筑波大学菅平高原実験センター
松井(まつい)	哲哉(てつや)	森林総合研究所植物生態研究領域
田中(たなか)	信行(のぶゆき)	森林総合研究所植物生態研究領域
西尾(にしお)	孝佳(たかよし)	宇都宮大学野生植物科学研究センター
岡崎(おかざき)	正規(まさのり)	東京農工大学大学院共生科学技術研究部
雨嶋(あめじま)	克憲(かつのり)	パシフィックコンサルタンツ(株)

（執筆順）

まえがき

「みどり」は私たちに最も身近で，生活になくてはならないものである．その「みどり」が植生であり，多くの植物が集まって植物群落を形成している．

この植物群落は，3つの軸の交点に位置している実在として捉えることができる．自分で移動することのない植物は気象条件，地形や土壌などの多くの無機環境と，良好な生活空間を求めての種間競争の中に生活している．すなわち，第一軸は植物群落に対する「環境軸」である．この第一軸のみに支配されているのが自然の植物群落である．一方，人の生活活動はさまざまな程度で植物群落に干渉し，自然を改変してきた．特に，この100年の間は，発展という名の下で急激に拡大した経済活動と国際化が自然への干渉を強烈に進めてきた．その結果，多くの場所で植物種や植物群落が消滅し，二次的な植物群落に変わっていった．第二軸は自然界への干渉の程度を示す「干渉軸」である．二次的に形成された植物群落もその場所で最も安定した自然群落へ回帰しようとする動き，群落の遷移が起こっている．つまり，植物群落は時間の中において常に変化している存在である．この第三の軸が「時間軸」である．これらのことからわかるように，植物群落はそれぞれの軸のどの段階かに位置しており，今見ている植物群落はそれらの交点に位置している実在である．

このような環境の中で，植物群落の管理を考える場合，対象とする植物群落に対してそれぞれの軸の中での位置を慎重に意識しなければならない．つまり，第一軸が強調される自然の植物群落は，第二軸の影響を極力排除し，その性質を維持するために崩れた部分を修復する努力が必要である．一方，二次的な群落では，たとえば，里山の雑木林のように人間の干渉がなくなると変質してしまうものもある．それには自然群落とはまったく異なり，第二軸と第三軸を特に意識した管理が必要となる．このように，植物群落の管理を考える場合，対象群落は違っていても，群落がどのような性質をもつのかを正確に知り，それが抱える問題点を的確に把握し，保護と回復のためにどのように対応する必要があるのかを総合的に検討しなくてはならない．それは植物個体の性質を知るだけでは理解できるものではなく，植物の生活集団としての植物群落の性質を知ることで初めて可能となる．それには，その植物群落が自然システムの中にある「生き物」であることを認識する必要がある．

本書は上記のような観点から，管理を必要とする植物群落を対象に，植生管理のあり方を総合的に理解できるように一連の流れで構成している．まず，第1章では，植生管理の必要性を述べ，第2章では植物群落に関する語句とその意味を中心に，植生管理に関係する基礎的な内容を解説している．第3章から5章までは，日本と世界の植物群落を対象に，その性質とそれが抱える問題点，そして，植生管理の現状と展開について幅広く取り扱っている．まず，第3章では日本の代表的な植物群落を植生帯ごとに選び，それらの内容を詳述している．第4章では，特に「都市域」を取り上げ，そこに特有に成立する植物群落の性質と問題，管理のあり方について論じている．第5章は，世界で問題を抱える植物群落に焦点を絞り，その保護と管理の実情について述べている．第6章では，植生管理を行う場合に知っておきたいアプローチの方法を紹介している．第7章は植物群落を知るための基礎編といえるもので，実際の植物群落をどのように調査し，どのように解析すればよいかを具体例を示しながら解説している．

本書は目の前にある植物群落から世界の植物群落までを対象に，多くの人々に植物群落と植生管理の最新の情報を提供することを目的に企画したものである．分担して担当した執筆者は，長年にわたって植生の調査研究に携わってきた第一線の研究者である．しかも各項目は執筆者が最も得意とする分野を分担している．また，著者自身がこれまでの経験で得た多くの最新情報も含まれていることから，その内容の豊富さと正確さを実感していただけるものと思う．

本書が植物群落や植生管理に関心をもっている人，すでに植生の管理に携わっている人，これから学ぼうとしている人などに身近な教科書として，おおいに利用いただけることを願っている．

2005年3月

著者を代表して　福嶋　司

目　　次

1. 植生管理学の必要性

植生（vegetation）とは，地表面を覆う「緑の広がり」をさす概念であり，緑被あるいは地被ともいう．森林や草原などがそれであり，その内容（構成種）は問題にしない．一方，われわれは森林をみて，ブナ林，スダジイ林のように植生を代表する種をもちいて区分することがある．これは構成種から植生を認識したもので，区分された1つ1つを植物群落（plant community）という．植物群落の中には多くの種が生活し，環境資源をめぐっては競争と共存の関係にある．群落内で下層に生育する個体は光を上層の個体にさえぎられることで不利な条件にある．しかし，一方では上層の個体は下層の個体を強風や低温から護っているという関係も存在する．このように，植物群落内ではそれぞれの種が複雑に絡み合った関係の中で生活し，1つの生活共同体を形成しているのである．外見では変化なく，安定しているようにみえる植物群落ではあるが，常に変化している存在でもある．外部環境が大きく変化した場合，変化に対する反応も種間で異なる．その結果，環境の変化に対応できなかった種は弱化し，枯死する．枯死する種が多くなれば，残った元の構成種に新たな種が加わり，植物群落の種類構成は大きく変化する．そして，さらなる環境の変化によっては別の植物群落となるか，それ自体が消失することになる．これからわかるように，植物群落は環境の変化を敏感に反映する指標性をもつ存在である．しかも，この指標性は，多くの植物からなる植物群落の解析によってのみ明らかにできるもので，植物個体の研究だけではみえないものである．

一般に，管理（management）とは，あるものを保護し，改良することをいう．しかし，植生の管理とは単に，対象とする植物群落を保護し，改良することではない．ここでいう植生の管理とは，最も重要な「植物や植物群落が良好な状態で成立し，繁茂できるように」という前提条件がつく．その条件に合致するように，どのように植物群落を保護し，改良するか，そのための最良の方法を求めることが植生管理である．

植物群落が集まった植生は，植物の集団によってさまざまな公益機能を発揮している．木材などの生活資源の供給，土砂崩壊防止，雪崩（なだれ）防止，洪水防止や安定した水の供給などの国土保全機能，防火効果，防風効果などの環境保全機能，野生動物に生活空間や食物などを提供する野生生物保護機能，自然教育や自然公園での保健機能などがその代表であり，われわれは多くの場所でそれを享受している．そして，植生の破壊によって，公益機能の低下が進んだ場合には，積極的に機能回復に努めることが必要になる．北海道の襟裳（えりも）岬で行われた飛砂，浸食防止のための植生復元や東北地方でのブナ林再生活動などは，まさにこれである．

しかし，神ならぬ人間は，自然が時間をかけて環境との対応の中で創造した植物群落を，すぐに創造できるわけではない．ただ，われわれは元の姿と類似するものをつくれるだけである．似て非なるものにならないように知識を駆使して創造し，その後はモニタリングを通して修正を重ねることが必要であり，最後は自然の力によって完成させてもらうのである．そのため，われわれはもてる知識を駆使して，植物群落構成種の秩序関係を乱さないように保護しながら，変化した関係を限りなく元の姿に近づけるように努めなければならない．その地道な努力が植生管理を行う者には求められているのである．　　（福嶋　司）

2. 植物群落の見方

本章では，植物群落の概念としての自然植生と代償植生，植物群落の成立と密接に関係する環境要因，群落を構成する材料としての植物相，植物群落の姿としての生活型，植物群落の中での種間関係，さらに植物群落の時間的な変化を示す遷移，更新など，植物群落を理解するために必要な基本的な事項とその内容について解説している．

2.1 自然植生と代償植生

現存する植生の大部分は，農耕地や居住地としての土地利用のため，何らかの人間活動の影響を受けて成立したものである．過去から現在に至るまで，人間活動の影響を受けていない植生を自然植生（natural vegetation）と呼ぶ．これに対して，伐採，耕耘，火入れなど人為的な作用を受けて成立した植生を代償植生（substitutional vegetation）と呼ぶ．わが国の自然植生の中心は，照葉樹林，夏緑広葉樹林，常緑針葉樹林などの森林植生である（3.1 節参照）．また，高山植生や海浜植生，尾瀬ヶ原や釧路湿原に代表される湿原植生も，面積的には小さいが自然植生の重要な構成要素である．都市周辺の低地では自然植生はごく稀で，自然植生が良好な状態で残されているのは山地や島嶼に限られる．国立公園の特別地域や，原生自然環境保全地域に指定されているのは，自然植生が多く残る地域である．

一方，われわれの生活圏にみられる雑木林や，田畑・空き地の雑草群落は，みな代償植生である．代償植生は，遷移系列（2.6 節参照）でみると自然植生よりも前の段階の群落からなり，人為的な圧力が強いほど先駆的な群落となる．

環境省の自然環境基礎調査によると，日本の国土のうち自然植生は 19.0% にすぎない（環境省，2002）．残りは人間活動によって成立した代償植生である．代償植生のうち最も広い面積を占めるのは，スギ，ヒノキ，カラマツ等の人工林（国土の 24.8%）であり，次いで伐採後に再生したスダジイ，コナラ，ミズナラ，アカマツ等の二次林（同 23.9%）が多い．また農耕地も 22.9% を占める．

代償植生は，本来の自然ではないという考えから，これまで自然保護の対象としては軽視されてきた．ところが，最近になって絶滅が心配される種の多くが，こうした代償植生域に多く分布していることが明らかになってきた．たとえば，福井県の中池見湿地と呼ばれる休耕田に発生する湿生植物群落（3.12 節参照）や，大分県の久住高原の採草地にみられる二次草原（3.11 節参照）は，多くの稀少種を含む植生であることが報告されている．愛知万博の会場問題で話題になった「海上の森」も丘陵地の二次林であるし，東京近郊でも多摩丘陵脚部の小規模な谷津田周辺に，稀少種が集中的に出現する．各地でさかんな里山や棚田の保全・再生活動は，こうした生物多様性の保全を大きな目標の1つとしている．

代償植生域に保護上重要な種が集中的に現れる理由としては，① 気候的にはどこでも森林が成立しうるわが国において，人為的活動が森林の成立を妨げ，特異な立地をつくり出していること，② 人為的に成立した草原や湿地が，本来自然の

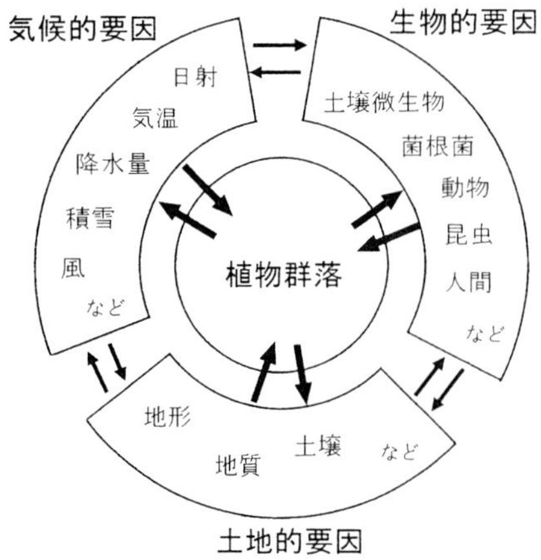

図 2.1　植物群落をとりまく環境要因

草原や湿地に生育していた植物の避難場所として機能していること，が考えられる．したがって，代償植生域の植生管理にあたっては，その場所の植物群落の成立にかかわっている人為的影響の種類や程度について見極める必要がある．

2.2　植物群落と環境

自然植生，代償植生を問わず，植物群落の成立と分布には，さまざまな環境要因がかかわっている（図 2.1）．これらの環境要因は，直接・間接に植物群落に作用し，一方で植物群落もその環境形成作用によって，周辺の環境を変化させていく．

ある地域内では，一定の環境が続く場所には同質の植物群落が繰り返し現れる．逆にある植物群落の広がりは，同一の環境の範囲を示しているといえる．そのため植生の保護管理手法を立案する際には，群落を単位として考えることが有効であり，その群落の成立を規定している環境条件が何であるかを明らかにすることが，植生管理の第一歩である．

ここでは，植物群落にかかわる環境要因を ① 気候的要因，② 土地的要因，⑤ 生物的要因の 3 つに要約して概説する．

2.2.1　気候的要因

a. 気温と降水量

気候は，植物が光合成を行うために必要な温度や水を支配するので，植物群落にとって最も基本的な環境要因である．気温は緯度と標高の上昇に伴って低下し，それとともに植生も大きく変化する．日本では南から北へ，常緑広葉樹林，落葉広葉樹林，常緑針葉樹林という大きな植生の違いがみられる．また，低地から山地へかけても同様の植生の推移がみられる．標高の上昇に伴う気温低下は，100 m あたり約 0.6℃ であり，同じ距離の緯度上昇による気温低下よりはるかに大きい．そのため，同緯度でも標高による植生の垂直分布帯が生じるのである．

一方，降水量は緯度や標高よりも，気流や海流と，山脈などの地形との関係に大きく影響される．冬季の日本海側で，暖流によって生じる湿った空気と西からの季節風によって大雪がもたらされるのは，その代表的な例である．

また，植物の生育には気温や降水量の総量だけでなく，その季節的な配分も重要である．一年中，十分な温度と水が確保できれば常緑性の森林が発達するが，それが季節的に，あるいは年間を通じて不足する地域では，落葉性の森林になったり，草原になったりする．世界や日本の植生分布と気候の関係については，3.1 節および 5.1 節で詳しく述べる．

b. 積　雪

積雪期間の長さは，植物の生育期間を制約する．真夏でも雪が溶けない高山の窪地の周囲には，盛夏の短期間に成育する雪田植物群落を中心に，落葉低木林，ハイマツ林という同心円状の群落分布がみられる．また，斜面に積もった雪は重力で下方に移動し，その圧力は植物群落にとっては物理的な破壊作用としてはたらく．多雪地の急斜面にみられる，強く根曲がりしたダケカンバやミヤマハンノキの低木林は，雪の重みによる圧力と地表面の崩壊を受けて成立した群落である．

一方，雪には保温・保湿効果があり，積雪に覆われている間，地表面の温度は0℃以下に下がらず，乾燥した空気にもさらされない．日本海側のブナ林の林床には，ヒメアオキやヒメモチなど小型の常緑低木がみられるが，これらの種が冬の間も葉をつけたままでいられるのは，積雪による保護のためである．

c. 風

強い風は植物の成長を阻害する．高い山の山頂近くでは常に風が強くて高木林が発達できず，かわって風衝（ふうしょう）低木林や風衝草原が成立する．日本では多くの山岳で，温度的には山頂まで森林が成立可能な条件下にあるにもかかわらず，それより低い高度に森林限界ができるが，これは強風の影響によるところが大きい．また，台風などの一時的な強風によって倒木が生じ，森林群落の一部が破壊されると，倒木が生じた部分（ギャップ）には林床まで光が差し込み，陽生の植物が成長する．このような攪乱が時折起こることは，森林群落の中に不均質な部分をつくり出し，森林の更新に影響している（2.6節参照）．

2.2.2　土地的要因

a. 地　形

地形は，局地的な微気候や土壌の状態を通じて植生に影響を与える．山の尾根上では，谷に比べて日当たりはよいが，風当たりが強いため樹木の高さは大きくなりにくい．また，雨水とともに落葉落枝や栄養塩類が流亡（りゅうぼう）するので，土壌は薄く，乾燥・貧栄養になる．一方，谷では日射量が小さく陰湿な環境になりやすいが，土壌は厚く水分や養分に富む．斜面の傾斜方向の違いによっても，日射や風当たりは大きく異なる．南向き斜面は北向き斜面よりも日射量が大きいし，季節風の主風向に面した斜面では風の影響を受けやすくなる．また，斜面の傾斜は土壌の浸食や移動速度，雪崩の生じやすさと関係する．急斜面ほど地表面は不安定で，植物群落の発達を阻（はば）む物理作用が大きくなる．

b. 地　質

地質の違いは，岩石の風化や侵食の仕方による地形の違いを生じさせる．また，それを母材とする土壌中の化学成分にも違いをもたらす．日本では，石灰岩や蛇紋岩（じゃもんがん）が卓越する地域で，周囲とは異なる植物群落が形成されることが知られている．石灰岩地では土壌が薄く乾燥しやすくなり，露岩地ができやすい．蛇紋岩地ではマグネシウム等の重金属濃度が高いことが，植物の生理機能に影響を与えると考えられている．北海道の日高山脈や，本州の早池峰（はやちね）山，至仏（しぶつ）山などには，地域固有種を含む独特の蛇紋岩地植生が分布している．

また，土壌が発達しにくい高山では，地質の直接的な影響が現れやすい．北アルプス鉢ヶ岳（はちがたけ）の稜線上での研究では，地質が異なる場所では地表面の岩屑のサイズが異なり，それが立地の安定性に違いを生じさせるため，発達する群落が異なっている例が報告されている（小泉，1993）．

c. 土　壌

土壌は風化した母材に植物遺体の分解物が混ざり合って形成されるものであるから，植生と土壌は互いに密接にかかわっている．土壌の厚さや構造，移動しやすさといった物理性は，根圏の通気性や保水性，支えうる植物体地上部の大きさなどに関係する．また，土壌のpHや栄養塩濃度，重金属濃度といった化学性は，根の呼吸や吸収のはたらき，植物にとっての養分の多寡に影響する．

特に地形的な条件や特殊な母材によって形成される土壌では，それぞれに特徴的な土地的な植物群落が成立する．過湿のために植物遺体の分解が遅い湿原には，泥炭土ができる．泥炭土上には酸性・貧栄養な立地に耐える湿原植生が形成される．河川で運ばれた土砂が堆積した沖積土は，土壌構造が未発達で水はけがよく，栄養分に富む．このような土壌にはハルニレ林などの河畔林が成立する．有機物が多く地下水位が高い低湿地や放棄水田の土壌は，土壌中の酸素が不足して還元状態となり，青黒い色をしたグライ土となる．このような土壌には，ハンノキやヨシなど根圏の酸素不足に強い植物が群落をつくる.

2.2.3　生物的要因

a. 微生物

植物は炭素以外のさまざまな栄養分を土壌中から吸収している. その源となるのは動植物の遺体であるが, 植物が吸収するためには, 微生物のはたらきによって分解されなければならない. したがって植物群落の成立にとって, 土壌中の微生物群集の存在は不可欠である. 窒素を例にみると, 生物遺体が分解されてできたアンモニア態窒素は, 硝化細菌によって硝酸態窒素になることで根から吸収される. またマメ科など一部の植物は, 根に形成される根粒の中に窒素固定菌をもち, 大気中の窒素を直接取り入れている. マツとマツタケの関係のように, 菌類が植物の根に共生して菌根を形成し, 水分や養分の吸収を助けている例も多い.

b. 動　物

多くの植物は種子や花粉を運んでもらうために, 鳥や昆虫を利用している. 森林の伐採跡などに成立する先駆的な群落の構成種には, 果実を鳥が食べ, 種子が糞とともに排泄されることで離れた場所に運ばれる植物が多い. こうした植物は, 鳥がいなければ生育適地に効率よく種子を運ぶことができない. また, 特定の昆虫に花粉の運搬を依存している植物では, 送粉昆虫の減少が種子生産量の減少につながり, 個体群の衰退を引き起こすであろう.

一方で, 草食動物による採食は植物の成長を抑えたり, 特定の種を排除したりする. 放牧地に成立するシバ草原は, 常に牛馬の採食と踏み付けにさらされることで, 低い草丈で花を咲かせて結実したり地下茎で繁殖したりすることが可能な植物だけが選択的に生き残った群落である. 最近では, 増えすぎたニホンジカや野生化したヤギの食害による森林の衰退や草原植生の変化が各地で報告されている.

c. 人　間

人間は過去数千年にわたって, もともとあった植生を改変してきた. 改変された植生は, 食料を生産するための田畑や, 燃料や肥料を得るための薪炭林や農用林, あるいは飼料や生活資材を得るための採草地として利用されてきた. その結果, 長い間繰り返された定期的な耕耘や刈取りといった人為的作用と平衡状態に達し, 一定の構成種や群落構造をもつに至った植物群落も多い. 水田や畑の雑草群落, 一般に雑木林と呼ばれる二次林, 採草地の二次草原などはその例である.

人間活動による植生への影響はしばしば破壊的で, 他の生物によるものとは比較にならないほど大きい. したがって, 実際の植生管理の現場においては, この人為的干渉をいかに調整するかが主要な問題であることが多い.

2.3　植物群落と植物相

日本には約 5500 種の維管束(いかんそく)植物が分布する (環境省, 2002) が, それぞれの種は独自の分布域をもっていて, 生育する植物は地域ごとに異なっている. ある地域に生育するすべての植物種を, その地域の植物相 (flora) という. 植物相は植物群落の構成材料となるものであり, 植物相にない植物はその地域の群落の構成種にはなれない.

現在の植物相の成立には, 日本列島の形成過程と過去の気候変動が深く関係している. 日本列島の原型ができ始めたのは, いまから約 2000 万年前といわれるが, それ以降, 日本列島は何度か大陸とつながったり, 離れたりしてきた. 宗谷(そうや)海峡や対馬(つしま)海峡が大陸とつながっていた時代には, 植物の往来が可能であった. また, 気候が寒冷化した時期には南方へ, 温暖期した時期には北方へ, 植物の分布域の移動があったと考えられる. この過程を通じて, 古い時代に侵入して日本列島だけに生き残ったもの (遺存固有種) や, 日本列島で新たな種に分化したもの（新固有種）もある．現在の植物相はこうした地史的スケールでの植物の分布変化の結果，成立したものである．

分布変動の過程で海峡や山脈などの地理的な障壁のため植物の移動ができなかったり，気候条件が急に変わったりすると，そこで同調して分布がとぎれる植物が多くなり，分布境界線ができる（図 2.2）．サハリンを横断するシュミット線や択捉島と得撫島の間に引かれた宮部線は，それぞれシベリア，千島方面からの北方系植物の分布南限となっている．また北海道の石狩低地帯と黒松内低地帯は温帯系植物の分布北限となっており，ブナは黒松内低地帯で分布がとぎれる．南方では屋久島と奄美群島の間に引かれた渡瀬線が，多くの亜熱帯系植物の北限となっている．同時に屋久島以南には台湾までの間に 1000 m 級の山岳がないので，温帯系植物のほとんどは屋久島が分布南限となる．さらに大陸との関係でみると，朝鮮半島と対馬の間，対馬と九州の間にそれぞれ境界が認

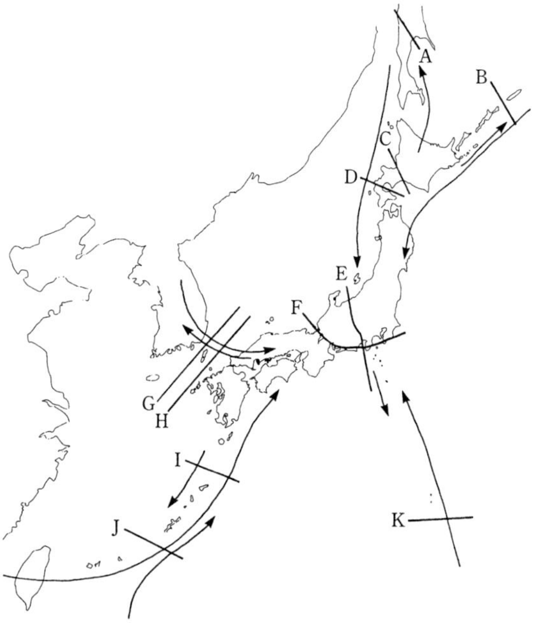

図 2.2　日本列島の植物分布境界線と植物の移動経路（前川，1977；河野，1977 より作成）
矢印は植物の主な移動経路，アルファベットは分布境界線を示す．A：シュミット線，B：宮部線，E：牧野線，F：ルイス線，I：渡瀬線，K：細川線．

められる．本州中部では糸魚川—静岡構造線に沿った牧野線と，若狭湾から三河湾を横切るルイス線によって，東西の植物相に違いがみられる．

こうした地域による植物相の違いは，各地域の植物群落を構成する「材料」が一様ではないことを意味している．たとえば冷温帯の自然林の代表であるブナ林は，西日本と東日本，日本海側と太平洋側で構成種が大きく異なる．また里山の二次林でも，関東ではコナラやクヌギが主体で林床にアズマネザサが生育するのに対し，関西ではアベマキが混じり林床にはネザサが生育する，というように同質の群落でも地域的な種組成に違いが生じる．植物群落の構成種は現在の環境のみによって決まるのではなく，過去の地史を反映した植物相を基盤としているといえる．

2.4　植物の環境応答と生活型

さまざまな環境要因に対して，植物はその中で生活するのに適した形態的特徴をもっている．木本か草本か，多年生か一年生か，常緑性か落葉性か，といった違いは，それぞれの種の生活様式を反映したものである．このような植物の生活様式にかかわる形態のタイプを生活型（life form）という．生活型は，植物の環境に対する応答の仕方の現れであるといえる．したがって，植物群落の構成種の生活型を調べることは，その群落の成立に作用している環境要因を知る手がかりとなる．

生活型の区分として最もよく使われるのは，休眠芽の位置に着目した Raunkiaer（1937）による区分である（表 2.1）．この区分は，寒冷や乾燥により生育に適さない時期に，どの位置に休眠芽をつくるかが基準になっている．ある地域に分布する植物の生活型別の種数割合は，その地域の気候条件によって異なる（図 2.3）．年中気温差が少なく，植物の生育に不適な期間がない熱帯では，休眠の必要がないので地上植物が多い．寒冷地になるほど，休眠芽が凍結の被害を受けないよ

表 2.1 Raunkiaer (1937) による生活型分類

地上植物 phanerophytes	地表面から離れた (25 cm 以上) 植物体地上部に休眠芽をつける植物 例：スギ，スダジイ，ブナ，ヤマツツジ
地表植物 chamaepytes	地表面に近い (25 cm 未満) 植物体地上部に休眠芽をつける植物 例：ヤブコウジ，コケモモ，メドハギ，シバ
半地中植物 hemicryptophytes	生育不適期には地上部が枯死し，地表面付近に休眠芽をつける植物 例：ヨモギ，タンポポ，オオバコ，スミレ
地中植物 cryptophytes	生育不適期には地上部が枯死し，地中や水中に休眠芽をつける植物 例：ヤマユリ，ヤマノイモ，ヨシ，ハス
一年生植物 therophytes	生育不適期を種子で過ごし，発芽から種子生産までの生活史を1年で終える植物 例：シロザ，イヌタデ，ハコベ，メヒシバ

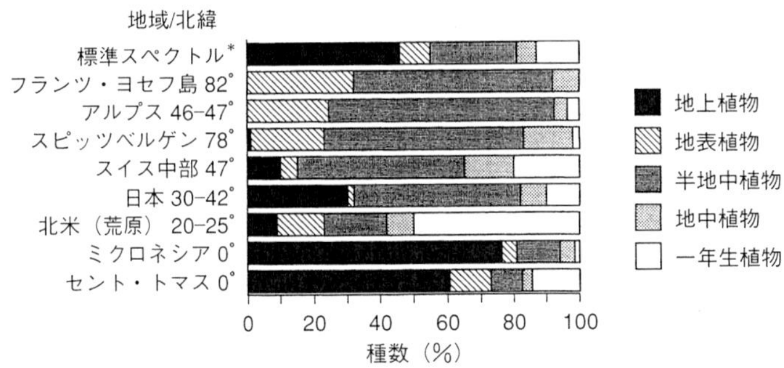

図 2.3 地域別にみたラウンケアの生活型スペクトル（吉岡，1973）
＊：標準スペクトルは，世界各地から一定の割合で集めた多数の植物によって算出した各生活型の割合.

うに保護の必要性が高まり，地表植物や半地中植物の割合が高くなる．また，砂漠では降水がある時期が限られるため，短期間に成長して開花・結実し，残りは種子で休眠する一年生植物が多くなる．

ラウンケア (Raunkiaer) の生活型以外にも，着目する生活様式によってさまざまな分類がもちいられる．地上茎の有無や葉のつき方に着目したもの，地下器官や根系の形状に着目したものは，特に生育型 (growth form) と呼ばれる．生育型は，気温や降水量よりも，光や土壌水分の利用様式，繁殖の仕方などと関係した形態の特徴であり，ラウンケア (Raunkiaer) の生活型よりもスケールが小さい環境条件に対応しているといえる．

また，植物体の形状だけでなく，種子の散布様式や花粉の送粉様式も生活様式の指標となる．さらに，単に常緑か落葉かだけでなく，葉を展開する期間や開花の時季といった，生育の季節的なスケジュールを示す植物季節 (phenlogy) も，植物の生活様式を表す重要な見方である．

2.5 植物の種間関係

植物群落の成立には，群落をとりまく外的な環境だけでなく，植物どうしの相互作用も重要な役割を果たす．植物は，必ずしも野外において最適な環境で生活しているわけではなく，似たような環境を好む種との競争の結果，生育立地が決められている．エレンベルグ (Ellenberg) はヨーロッパの牧草地に一般的な，4種のイネ科草本（オオカニツリ，カモガヤ，オオスズメノテッポウ，スズメノチャヒキ）を，単植の場合と混植の場合

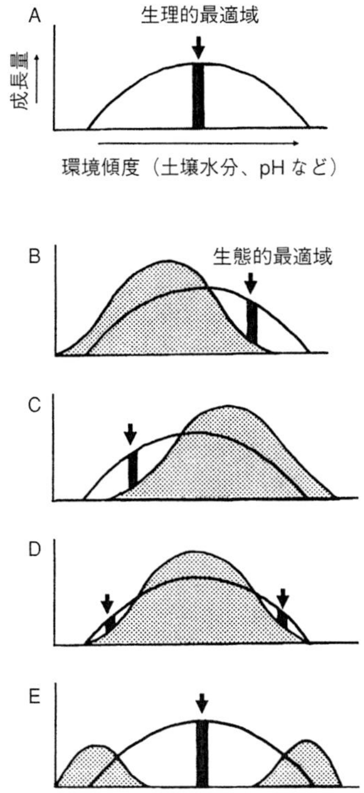

図 2.4　生理的最適域と生態的最適域の概念（Walter，1973 を改変）
A：生理的最適域．ある環境傾度上で成長量が最大となる範囲．B-E：生態的最適域．競合する種（影の部分）の存在によって，成長量が最大となる範囲は変化する．

で，地下水位を変えて栽培し，成長量を比較する実験を行った（宮脇・鈴木，1982）．すると，単植の場合は 4 種とも地下水位が中程度の適潤な場所で成長が最もよかった．しかし，4 種を混植すると，オオカニツリとカモガヤは単植のときと同様，中程度の水位で成長がよかったのに対し，オオスズメノテッポウは地下水位が高い場所で，スズメノチャヒキは地下水位が低い場所で最も成長がよくなった．この実験から，植物が最大の成長量を示す環境条件は，他種との競争の有無で変化することが明らかになった．そしてこれは，実際に野外で観察される 4 種の生育立地と一致していたのである．植物がもつ本来の生育適地を生理的最適域（physiological optimum），他種との関係で決まる生育適地を生態的最適域（ecological optimum）という．野外での植物の生育場所は，必ずしも生理的最適域ではなく，生態的最適域であることが多い（図 2.4）．実在する植物群落は，こうした種間関係の結果，共存可能な種どうしがともに生育する集団ということになる．

この実験では類似の生活型をもつ植物の競争関係が明らかにされたが，生活型の異なる植物どうしでも種間の相互作用は生じている．たとえば冬に葉を落とす落葉樹林では，葉が開ききるまでの間，林床にはかなりの光が差し込むので，それを利用して多くの草本種の生育が可能である．ところが，常緑樹林では年間を通じて林床が暗く，常緑樹林の林床で生育できる草本は耐陰性の強いわずかな種に限られる．これは上層の空間を占有する種が，下層の空間に成育する種に影響を与えている例である．

また，北米原産のセイタカアワダチソウは，他の植物の成長を抑制する物質を根から発生し，ひとたび優占すると群落内への他の植物の侵入を許さない．このような化学物質による他種への作用を他感作用（アレロパシー）と呼ぶ．

2.6　植物群落の遷移と更新

2.6.1　遷　　移

植物群落をとらえる上で，もう 1 つ重要なのは時間軸である．植物群落は一定不変なものではなく，環境との相互作用や種間の相互作用によって，群落の空間的な構造やその構成種が自ら変化していく．このような植物群落の時間的変化を遷移（succession）と呼ぶ（図 2.5）．

遷移の実例は火山噴出物上での植生の発達をみるとわかりやすい．近年幾度も噴火を繰り返している伊豆諸島の三宅島では，噴出物の年代によって異なる植物群落が成立している．1962 年に噴出した新しいスコリア上には，ハチジョウススキ，ハチジョウイタドリなどの先駆性の草本が生

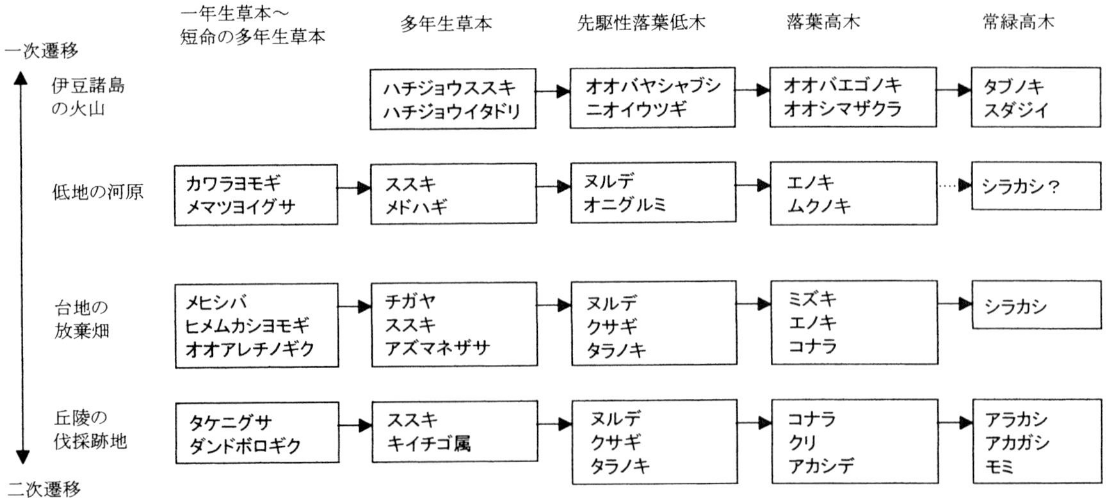

図 2.5 関東地方南部から伊豆諸島でみられる遷移系列の例

育している．これらは土壌の未発達な場所でも生育することができ，しだいにその遺体が母材に腐植を供給して土壌が形成される．これらの草本種の株は動きやすいスコリアを安定させ，他の植物の定着を助ける．その後，しだいにニオイウツギ，オオバヤシャブシなどの低木林が形成され，明治時代の 1874 年の噴出物上では，オオバエゴノキ，オオシマザクラなどからなる落葉高木林が成立している．そして，過去数百年以上，噴火の影響を受けていない斜面にはスダジイやタブノキの常緑林が発達している（3.14 節参照）．三宅島では，噴火年代の異なる噴出物上に，遷移系列上のさまざまな段階にある群落がみられるのである．スダジイ林やタブノキ林のように，その土地の気候条件と平衡に達し，これ以上遷移が進まないと考えられる段階を極相（climax）と呼ぶ．この例からもわかるように，遷移の進行は単に構成種の交代だけでなく，草本群落から木本群落へといった，構成種の生活型や群落構造の変化を伴う．

火山噴出物上で進行する遷移は，主に外部から侵入した種子から始まる．こうした遷移を一次遷移（primary succession）と呼ぶ．一次遷移では土壌が未発達であるから，最初に定着した種の環境形成作用が重要で，土壌の発達や立地の安定化といった環境の変化に伴って種が交代していく傾向が強い（リレー遷移）．これに対して，林の伐採跡地や山火事跡地では，生き残った地中の根や，土中に埋もれていた種子から遷移が始まる．このような遷移を二次遷移（secondary succession）と呼ぶ．二次遷移ではすでに土壌ができていることが多く，地下茎や種子の形ですでにその場所に存在する植物がその後の群落形成に大きな役割を占める（初期フロラ遷移）．

遷移はふつう，気候的な極相群落に向かって進行するが，人間活動の影響などにより，前の遷移段階に後退することがある．これを退行遷移（retrogressive succession）と呼ぶ．短い周期で伐採を繰り返した結果，スダジイの常緑広葉樹林がコナラの落葉広葉樹林に，さらにアカマツ林へと変化したり，もともと森林であった場所に家畜を放牧した結果，樹木の更新が妨げられて草原になったりするのは，退行遷移の例である．これら人為的影響のもとに成立した植生は，いずれも遷移の途中相であるから，人為的な影響を排除して放置すれば，再び極相群落へ向かって遷移が進行する．たとえば，耕作を放棄した畑では，最初の年はメヒシバなど一年生草本が繁茂するが，しだいにチガヤ，ススキなどの多年生草本が増加する．数年でヌルデなどの先駆的な樹種が成長すると，被陰された草本種の勢力は衰え，樹木の侵入が加速して十数年で落葉樹の二次林が形成される．

2.6.2　更　　新

遷移が最終段階に達すると，それ以上種組成の変化は起こらなくなるが，群落の構成種は少しずつ世代交代を重ねていく．こうした森林の世代交代のプロセスを更新（regeneration）という．森林の優占種によって更新のタイプもさまざまであるが，温帯の極相林では，以下のようなプロセスが代表的なものである．老齢になって枯死した樹木が倒れると，林冠に空間（ギャップ）ができ，林床まで光が差し込むようになる．ギャップのサイズが小さければ，隣の樹木が枝を伸ばして数年で穴埋めされるが，サイズが大きいときには，下方で待機していた稚樹が成長して，新たな林冠の構成員となる．成熟した森林では，この更新過程のさまざまな段階にある部分（パッチ）がモザイク状に混合している（図 2.6）．また，倒木の際に根返りが起こり土壌の撹乱を伴った場合や，ギャップサイズが大きく，光環境が大きく好転した

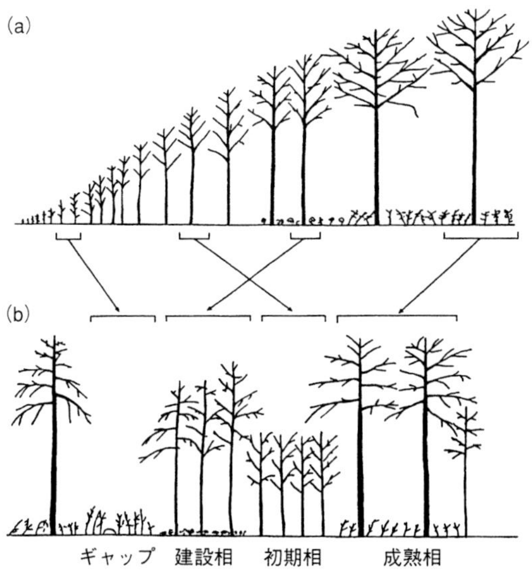

図 2.6　森林群落にみられるパッチモザイク構造（Watt, 1947 を改変）
自然林では，異なる更新過程にある部分（a）がモザイク状に配置している（b）．

場合には，土壌中の埋土種子や外部から侵入した種子から，先駆的な植物が成長し，ギャップ内で小規模な遷移が進行することによって，元の種構成に戻っていく．なお，更新という言葉は極相林以外の森林群落に対しても使われ，台風による風倒跡地や山火事跡地に単一の樹種が一斉に成長することを一斉更新と呼ぶ．ヤナギやカンバの仲間のような先駆的性質の強い樹種は，一斉更新するものが多い．

2.7　植物群落のとらえ方

群落（community）という言葉は，いくつかの異なる種が互いに関係し合って共同社会を形成している，という意味合いを含んでいる．植物群落の中には，構成種の組み合わせ（種組成）やそれらの量的配分，空間配置に一定の規則性があるからである．

こうした種組成の成立にかかわるプロセスは，いくつかの段階に分けて考えることができる．第一に，植物群落成立の基礎となるのは地域の植物相であり，その地域に分布しない植物は，植物群落の構成要素にはなれない．第二に植物と環境との関係である．特定の気候的，土地的，生物的な環境条件の中で生育可能な生活様式をもつ種が，地域の植物相の中からふるい分けされ，群落構成種の候補となる．そして第三に種間関係である．類似の生活型をもつ種どうしや，異なる生活型をもつ種の間にも競争が起こり，あるものは排除されて，共存可能なものだけが残される．その結果，植物群落の種類構成と個々の種の量的配分が決まる．さらに植物群落は時間とともに光環境や土壌環境など自身の生育環境を変化させ，群落内の種間の優劣に変化が生じることによって，自ら遷移していくのである．このような関係を模式的に表すと図 2.7 のようになる．

われわれが目にしている植生は，立地環境や遷移段階のさまざまな断面にある植物群落が空間的

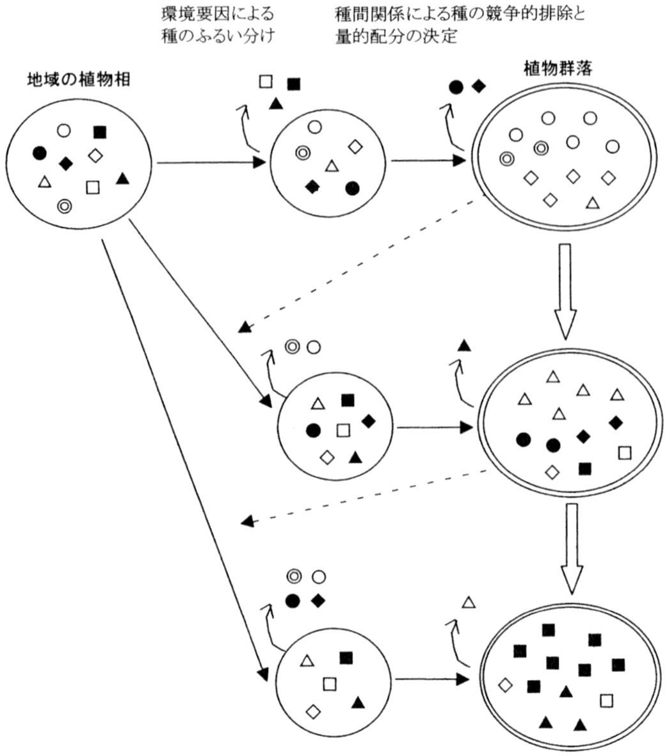

図 2.7 植物群落の成立に関する模式図
実線矢印は植物群落の形成にはたらく作用，点線矢印は植物群落の環境形成作用，白抜き矢印は現実に観察される植物群落の遷移．

に配置したものである．種組成と立地環境や遷移段階との関係についての経験的知識から考え出されたのが，1928 年に出版された『植物社会学』でブラウン-ブランケ（Braun-Blanquet）が提唱した，種組成に基づく群落区分である．この方法は，優占種だけでなく，常に結びついて出現する種群によって群落を定義づけるものである．詳細は第 7 章で述べるが，この方法で定義づけされた植物群落を群集（association）と呼ぶ．群集どうしの相互関係は，群集に含まれる種群をもちいて体系的に整理することができる．

大場（1982）は，この方法で体系化された植物群落と，それをとりまく環境との関係や発達段階を，多軸座標平面に配置することで，地域の植生の構造を表現している（図 2.8）．これは，同一の気候下，同一の植物相を有する地域での植物群落の生態的な位置づけを表したものである．中心に気候的極相群落が据えられ，地形条件，土壌条件，人為的圧力などの傾度が同じ方向に，高木林，低木林，多年生草本群落，一年生草本群落が配してある．円の外側が最も環境の厳しい場所に成立する群落であり，群落の発達を阻んでいる環境因子が緩和されれば，中心に向かって遷移が進むと読むことができる．

このような植物群落の生態的位置づけを理解することは，それぞれの群落に対する保護管理手法を策定する基本となる．すなわち，円の中心にある極相群落は，地域の自然を代表するものであり，地史的な時間の上に形成された復元困難なものなので，人手を加えずに保護することが最善である．また，自然の攪乱やストレスが成立の主因になっている群落ならば，その作用がなくならないよう，生育地の保護に留意しなければならない．人為的な作用が主因の群落であれば，その作

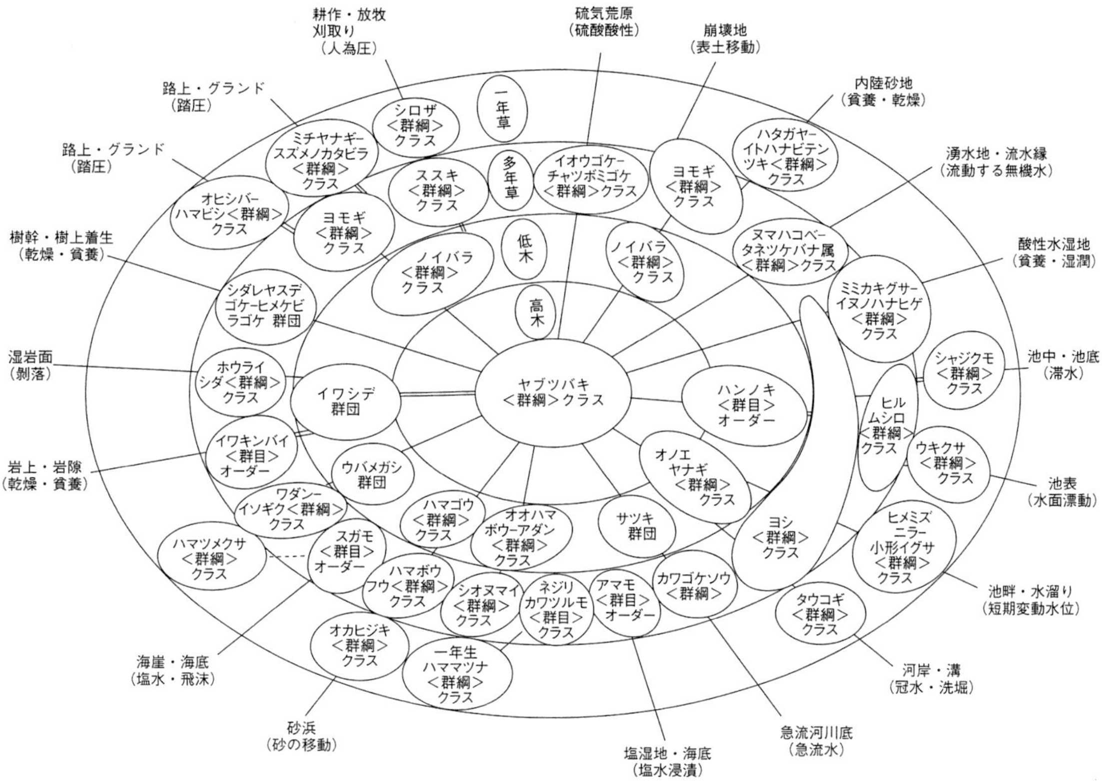

図 2.8 ヤブツバキ クラス域における植物群落の配分（大場，1982）
群落単位の名称（クラス，オーダー，群団）については第 7 章参照.

用を調整することで遷移を進行させたり，退行させたりすることが可能である. （吉川正人）

文 献

1) Braun-Blanquet, J. 1964. Pflanzensoziologie, 3 aufl. 865pp. Springer.
2) 環境省. 2002. 新生物多様性国家戦略. 315pp. ぎょうせい.
3) 河野昭一. 1977. 植物のなかまとひろがり.「日本の植生（宮脇 昭編）」pp. 14–19. 学研.
4) 小泉武栄. 1993. 日本の山はなぜ美しい—山の自然学への招待—. 228pp. 古今書院.
5) 前川文夫. 1977. 日本の植物区系. 178pp. 玉川選書.
6) 宮脇 昭・鈴木邦雄. 1982. 人間と自然との生態学的関係.「土木工学体系 3 自然環境論 II」（宮脇 昭ほか）. pp. 1–19. 彰国社.
7) 大場達之. 1982. 日本の植生.「土木工学体系 3 自然環境論 II」（宮脇 昭ほか）. pp. 69–210. 彰国社.
8) Raunkiaer, C. 1937. Plant life forms. 104pp. Clarendon.
9) Walter, H. 1973. Vegetation of the Earth. 237pp. Springer-Verlag.
10) Watt, A.S. 1947. *Journal of Ecology*, **25** : 1–22.
11) 吉岡邦二. 1973. 植物地理学. 84pp. 共立出版.

3. 日本の植生と植生管理

南北に 3000 km，高度差 4000 m 近くにまで広がる日本列島の植物群落は，極めて多様である．加えて，長い間，人々は自然植生にさまざまに干渉を加え，二次的な植物群落を発達させた．本章では日本に分布する代表的な自然群落，二次群落に対して，その群落の性質と分布，それらの置かれた現状と問題点，さらに保護のための植生管理の実際について，事例をあげながら具体的に解説している．

3.1 日本の植生分布の概要

3.1.1 植生帯の水平・垂直分布

亜熱帯から亜寒帯にまたがる日本列島の植生帯は，南から順に照葉樹林帯，夏緑広葉樹林帯，常緑針葉樹林帯に区分される．南から北への植生帯の水平分布は，標高による垂直分布とも対応している（表 3.1，図 3.1）．各植生帯の分布高度は北へ行くほど低下し，本州で亜高山の植生である常緑針葉樹林が，北海道では低地まで降りている．また垂直的には，森林が成立しない森林限界の上に高山帯が現れる．

全国的に，森林が発達するのに十分な降水量があるわが国では，乾湿条件は植生帯を決める支配的な要因にはならず，主として緯度と標高による温度環境の違いが植生帯を決めている．吉良（1949）は植生帯の境界を説明する指数として，温量指数（暖かさの指数，WI：warmth index）を考案した．これは，月平均気温（t）が植物の生育に有効な 5℃ を上回る月について，平均気温から 5℃ を差し引いたものを積算した値であり，以下の式で表される．

$$\mathrm{WI}=\sum^{n}(t-5) \qquad n：t>5℃ である月の数$$

日本周辺において WI の等値線と植生帯の分布を比較すると，WI＜15 の範囲が高山帯，15～45 の範囲が常緑針葉樹林帯，45～85 の範囲が夏緑広葉樹林帯，85＜の範囲が照葉樹林帯とよく一致する（図 3.1，3.2）．しかし，本州中部には WI が 85 以上であっても照葉樹林が成立しない地域が存在し，照葉樹林の分布北限あるいは上限は，冬の寒さで決められていると考えられた．そ

表 3.1 日本の植生帯と気候帯との関係（宮脇ほか，1982；吉良，2001より作成）

気候帯	垂直分布帯	WI	CI	群系による植生帯	植物社会学的群落分類に基づく植生帯
寒帯	高山帯	0～15		低小草原	ヒゲハリスゲ クラス域
亜寒帯	亜高山帯	15～45		（針葉低木林） 常緑針葉樹林	トウヒ-コケモモ クラス域
冷温帯	山地帯	45～85		（針広混交林） 夏緑広葉樹林	ブナ クラス域
暖温帯	低地帯	85～180	＜－10		
			＞－10	照葉樹林	ヤブツバキ クラス域
亜熱帯		180～240		亜熱帯降雨林	

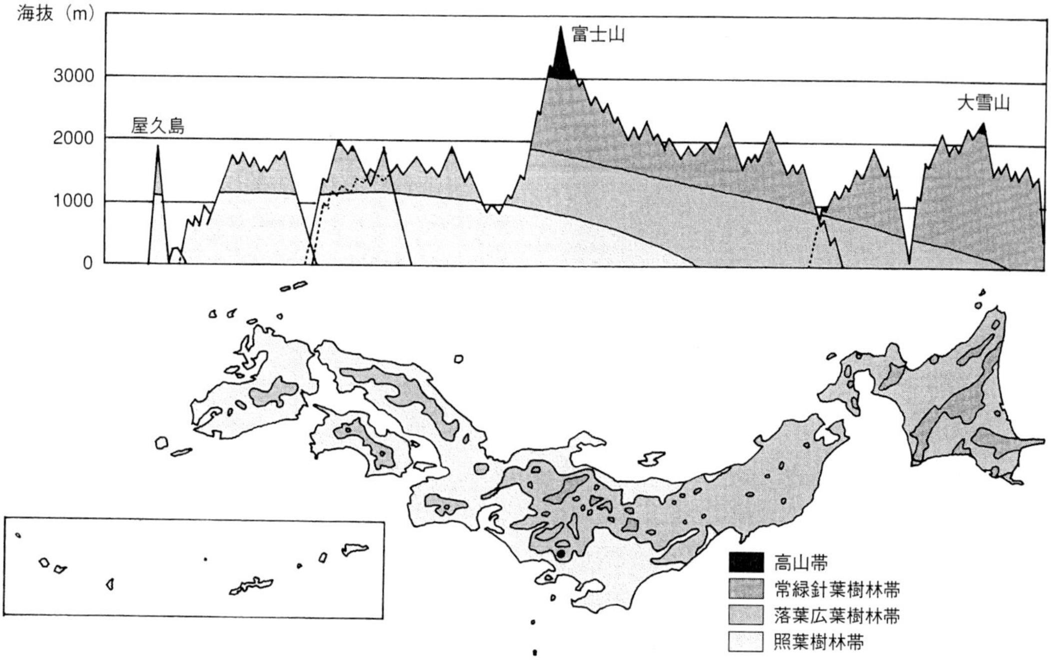

図 3.1　日本の植生帯の水平分布と垂直分布（高橋・中川，1984）

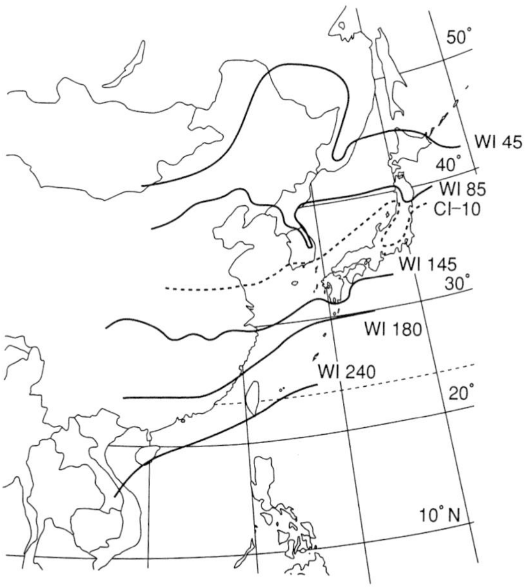

図 3.2　日本周辺の温量指数の等値線（吉良，2001）

こで，以下の値が寒さの指数（CI：coldness index）としてもちいられた．

$CI = -\sum^{n}(5-t)$　　n：$t<5$℃ である月の数

すると，照葉樹林の分布限界は CI = −10 の線とよく一致することが明らかになった．WI が 85 以上であっても，CI が −10 を下回る場所では，暖温帯性の落葉広葉樹が優勢な森林がみられる．

3.1.2　各植生帯の特徴

a.　照葉樹林帯

照葉樹林帯は琉球諸島から西日本の低地を中心に，北は東北地方南部の海岸沿いにまで広がり，気候帯としては亜熱帯から暖温帯に相当する．その分布域は，群落分類学的にはヤブツバキ クラス域と呼ばれる．

本州から屋久島にかけての照葉樹林では，スダジイ，タブノキ，常緑性のカシ類が優占し，ツバキ科，クスノキ科，モチノキ科，アカネ科，ヤブコウジ科などの樹種を伴う．年間を通じて林床は暗く，草本にも常緑性の種が多い．特に南方ではシダ植物が多く出現する．照葉樹林の優占種は土地的条件によって異なっている．中庸な立地からやや乾燥した尾根までを占めるのはスダジイ林（西日本ではコジイ林）である．海岸沿いや谷沿いの沖積地など土壌が深い場所にはタブノキ林が成立する．また，伊豆半島以西の露岩地には，ウ

図 3.3 照葉樹林（宮崎県綾町）

バメガシ林が成立する．乾燥した立地に成立するウバメガシ林は，生態的には照葉樹林というよりも，むしろ地中海性気候下に成立する硬葉樹林に近いものである．一方，内陸の丘陵地から山地には，アカガシ，ウラジロガシなどのカシ類からなる森林がみられる．これらはモミやツガのような温帯性針葉樹をまじえることも多い（3.6 節参照）．

照葉樹林帯のうち南西諸島と小笠原諸島は，気候的に亜熱帯に含まれ，森林の様相も本土とはやや異なっている．南西諸島の常緑広葉樹林では，大型のシダ植物が生育し，中国南部や台湾との共通種をより多く含むなど，九州以北の照葉樹林よりも著しく種が多様である．そのため亜熱帯降雨林として区別することもある．また，低地の湿潤な立地には，クワ科の常緑樹であるアコウ，ガジュマルが生育し，河口域にはオヒルギ，ヤエヤマヒルギなどからなるマングローブがみられる．

一方，小笠原諸島の常緑広葉樹林はブナ科樹種を欠き，小笠原固有の植物を多数含んでいる．適潤地にはムニンヒメツバキ，コブガシ，モクタチバナなどからなる高木林が，乾性地にはシマイスノキ，コバノアカテツなどの常緑の低木林が成立する（3.14 節参照）．このような特殊性が生じた要因は，小笠原諸島が本土とつながったことのない海洋島であるため本土との種の交流が少なかったこと，年間降水量が約 1200 mm と少なく日本の中では乾燥した気候下にあること，などが関係している．

照葉樹林の分布域は，古くからの人間の生活圏と重なっているためほとんどが破壊され，まとまった森林が残っている場所は少ない．沖縄本島，屋久島，伊豆諸島南部などの島嶼部には現在でも比較的まとまった照葉樹林が残されているが，本土の平野部では，古い社叢（しゃそう）などに断片的な林分がみられるにすぎない．

b. 夏緑広葉樹林帯

夏緑広葉樹林帯は，九州の山地から北海道の低地におよび，日本列島の中央部を占める植生帯である．気候帯としては冷温帯に相当し，群落分類学的にはブナ クラス域と呼ばれる．

夏緑広葉樹林帯の森林群落の代表はブナ林である．ブナ林は日本海側の多雪地を中心に広がり，日本の自然植生の中で最も大きな面積を占めている．ブナ林にはカエデ属，サクラ属，シデ属などの高木が混生し，クロモジ属，ガマズミ属などの低木も多くみられる．本州のブナ林では，日本海側と太平洋側で構成種や相観に違いがあり，日本海側ではブナの純林に近く，林床に常緑低木が多いのに対し，太平洋側では高木層に多数の樹種が混生し，常緑低木は少ない．このような日本海側と太平洋側の種類構成の違いには，本州の日本海側が世界有数の多雪地帯であるという環境条件がかかわっている（3.4 節参照）．ブナ林の林床にはチシマザサ，スズタケなどササ類が繁茂することが多い．南方系の植物であるタケ科植物が夏緑

図 3.4 夏緑広葉樹林（岩手県八幡平）

樹林の林床で生活するという現象は，日本を含む東アジアの夏緑樹林の大きな特徴である．

ブナの分布北限は北海道の黒松内低地帯で，これより北ではミズナラ，シナノキ，イタヤカエデなどの落葉広葉樹とエゾマツ，トドマツなどの常緑針葉樹が混生した針広混交林が広がる．また東北地方南部から中部地方内陸部では，ブナの勢力が弱く，モミ，コナラ，イヌブナ，クリ，シデ類などが優勢になる森林があり，これを独立の植生帯と認める考えもある．

そのほかにも，夏緑樹林帯では土地的な条件によって，さまざまな森林群落がみられる．地表面が不安定で湿潤な谷沿いには，サワグルミ，シオジ，トチノキ，カツラなどからなる渓谷林が形成される．北海道や本州中部の湿性平坦地では，ハルニレやヤチダモの湿生林が成立する．一方，土壌が乾燥する尾根沿いではモミ，ツガ，ヒノキなどの常緑針葉樹林が成立する．

c. 常緑針葉樹林帯

常緑針葉樹林帯は，北海道の低地から本州中部，紀伊半島，四国の亜高山帯を占める植生帯である．気候的には亜寒帯に相当し，群落分類学的にはトウヒ–コケモモ クラス域と呼ばれる．

常緑針葉樹林は，モミ属とトウヒ属の樹種が主体で構成種数は少なく，林冠の高さがそろった均質な森林である．林冠が常緑の樹種で占められるため，亜高木層や低木層の発達は顕著でない．林床はコケで覆われることが多く，イワダレゴケ，タチハイゴケ，チシマシッポゴケなど，北半球の北方針葉樹林に共通して生育する種がみられる．また，林床にはラン科，イチヤクソウ科などの小型の草本種も生育する．

図 3.5　常緑針葉樹林（北海道大雪山）

構成種は，本州ではシラベとオオシラビソが中心でトウヒ，コメツガが混じる．広葉樹はダケカンバ，ナナカマド，オガラバナなど数種が混生するにすぎない．コメツガは岩塊斜面など他の樹種よりも乾燥した立地で優占し，太平洋側では亜高山帯の下部で優勢になる．日本海側の山地ではオオシラビソが主体となる．紀伊半島ではシラベのみ，四国ではシラベの変種シコクシラベのみが分布し，単純化した林となっている．また，北海道ではエゾマツ，トドマツが主体で，場所によってアカエゾマツが混じる林となる．本州の亜高山針葉樹林の優占種が日本固有種であるのに対して，北海道の針葉樹林を構成するエゾマツ，トドマツ，アカエゾマツはサハリン，ウスリーなどにも分布しており，より北方との関連が強い針葉樹林である（3.3 節参照）．

亜高山帯でも，雪崩の影響を受けやすい急斜面や谷沿いでは針葉樹林は成立せず，ダケカンバやミヤマハンノキの落葉広葉樹林がみられる．この林床は針葉樹林に比べてずっと明るく，セリ科やキンポウゲ科，アザミ属，フウロソウ属などの高茎草本が生育する．より破壊作用の激しい場所では樹木は生育せず，大型の草本だけからなる高茎草原群落となる．

d. 高山帯

本州の中部山岳では標高 2500 m，北海道の大雪山では 1600 m 前後が森林限界となる．それより上部では，ハイマツ低木林をはじめ，さまざまな高山植物群落が成立している．ヨーロッパアルプスなどの山岳では，標高が高くなるにつれて針葉樹林がしだいにまばらになり，低温限界で矮性（わいせい）低木や草本，地衣類からなる高山植生に移行するのが一般的である．これに対して，日本の場合は亜高山針葉樹林の上にハイマツ低木林が形成されることが多く，ここから上が高山帯とされている．しかし，日本の山岳の大半は，温度的には山頂まで森林が成立する範囲に含まれ，森林限界は強風や積雪など気温以外の要因によって決められている．また，ハイマツ群落の種組成は，亜高山針葉樹林と極めて共通性が高い．したがって，正確にはハイマツ群落は亜高山植生の一部であり，日本の高山帯は世界的な基準では亜高山帯に含まれることになる．

高山帯では，亜高山までの均一な景観とは一変し，さまざまな植物群落が混在している．高山帯の代表的な構成要素であるハイマツは，密生したマット状の低木群落をつくる．その構成種は，亜高山針葉樹林との共通種が多く，群落分類学上は亜高山針葉樹林と同じトウヒ–コケモモ クラス域に含まれている．強風をまともに受ける尾根筋や，積雪が深く夏の間も残っているような凹地では，ハイマツ群落は発達せず，かわって矮性低木や草本の，いわゆる「高山植物」からなる多様な群落が形成される．風衝矮性低木群落は，常に強風にさらされ積雪による保護を受けない稜線上や山頂部に発達し，ウラシマツツジ，ミネズオウ，コメバツガザクラ，イワウメなど常緑のごく小さい葉をもつ植物を主体とした，高さ10 cmにも満たないマット上の群落である．同じ風衝地でも，地表の砂礫の移動がある不安定な場所では，ヒゲハリスゲ，オノエスゲ，ミヤマノガリヤスなどのカヤツリグサ科，イネ科草本やチョウノスケソウ，オヤマノエンドウなどの草本からなる風衝草原群落が成立する．さらに，急斜面の崩壊地や凍結融解による地表の攪乱が激しい場所にも，ウルップソウ，イワブクロ，コマクサ，タカネスミレといった植物からなる，まばらな高山荒原群落ができる．谷間や凹地で遅くまで雪が残る雪田の周囲には，イワイチョウ，チングルマ，アオノツガザクラ，サクラソウ属などからなる雪田植物群落が形成される．以上のように，高山帯では相観や構成種が互いに大きく異なる多様な植物群落が，立地環境に応じてモザイク状に分布しているのが大きな特徴である（3.2節参照）．

e．二次的な植生（代償植生）

第2章でも述べたように，日本の植生の大部分は，人間活動の影響によって自然植生と置き換わった代償植生（substitutional vegetation）である．代償植生の代表的なものとしては，二次林，二次草原，耕作地や都市域の雑草群落があげられる．

自然林の伐採後や，風水害・山火事による破壊の後に再生した森林が二次林（secondary forest）である．二次林も自然林と同様，気候帯に対応した分布がみられるが，自然林の水平・垂直分布域とは若干異なっている．照葉樹林帯では，シイ・カシ類からなる自然林を伐採すると，その構成樹種による萌芽再生林が形成される．本州では，より伐採圧が強まるとコナラ等が優占する落葉樹林となる．さらに森林利用の歴史が長い地域ではアカマツ林が優勢になる．夏緑樹林帯では，コナラ林とアカマツ林が代表的な二次林となっている．また本州の夏緑樹林帯上部や北海道では，ミズナラやシラカンバを主体とする二次林がみられる．常緑針葉樹林帯では，ダケカンバ，ドロノキなどが二次林の構成種となる．いずれの場合も，二次林は自然林に比べて，より遷移の初期段階に出現する種からなる．人間活動の影響が停止すれば，元の自然林に近い種組成や群落構造に遷移していくと考えられるが，利用の歴史が古く，土壌が変化していたり，近くに自然林構成種の種子供給源

図3.6　高山の景観（北海道大雪山）
谷部はタカネナナカマドの落葉低木林，周辺の色の濃い部分はハイマツ低木林．尾根部は風衝矮性低木群落など．

がない場合は，必ずしも元の森林に戻るとは限らない（3.7節参照）．

放牧地や採草地として利用されてきた場所には，ススキ，シバなどの二次草原が分布する．わが国では，自然草原が成立するのは高山や海岸，湿原などの特殊立地に限られ，中庸な立地での草原の成立には，人為的な影響がかかわっていると考えてよい．二次草原が広くみられるのは，放牧がさかんな九州の阿蘇・久住地域や中国山地などである（3.11節参照）．

耕作地や都市においては，いわゆる「雑草」からなる植生が広くみられる．これらは微妙な立地や人為の違いによって多様な群落を含み，水田，畑，都市域では，それぞれ構成要素が大きく異なっている．夏季の水田雑草群落は主に，稲作の伝来とともに日本にもたらされたと考えられる植物から構成されている．したがって中国南部や東南アジアとの共通種が多い．一方，春季の畑地雑草群落の構成種は，ヨーロッパや北米との共通種が比較的多くなる．さらに都市域の雑草群落では，明治以降に日本に侵入した新しい帰化植物が大きな割合を占めている．このように農耕地や都市の植物群落には，人間の文化や往来の歴史が色濃く反映されているのである．（吉川正人）

文 献

1）吉良竜夫．1949．日本の森林帯．41pp．林業技術協会．
2）吉良竜夫．2001．森林の環境・森林と環境．358pp．新思索社．
3）宮脇　昭ほか．1982．土木工学体系3自然環境論Ⅱ．338pp．彰国社．
4）高橋秀男・中川重年編．1984．世界文化生物大図鑑植物Ⅰ．431pp．世界文化社．

3.2　ハイマツ群落

3.2.1　ハイマツ帯の特徴とハイマツの生態

日本の高山は植物地理学的，進化生物学的に重要な植物の宝庫である．本州中部から北海道の高山に生育する植物の多くは，第四紀の氷期，間氷期の激しい環境変化に対応し，多くの交流経路を経て侵入，後退を繰り返しながら種分化，進化を遂げている（藤井，1997）．分布型の解析結果から，東北・東アジア要素が多く，さらに，周北極系植物であるユーラシア・北米要素も多いことが明らかにされている（清水，1983）．主な交流経路としては朝鮮半島，サハリン，千島列島などがある（高橋，2000）．これらのことから，日本の高山に生育する植物は，そうした経路を通じてヒマラヤ，中国東北地方，ロシア極東沿海地方，ハバロフスク地方，マガダン州，カムチャツカ半島，ベーリング海峡周辺地域，アリューシャン列島，北米アラスカなど，実に広範囲の地域の植物群と交流していることが理解できる．日本列島の高山は，植物自然史の生きた貴重な標本庫といえる．この財産を良好な形で後世に伝えることはわれわれの義務である．

相観的には，日本列島の高山は，森林限界より上部でハイマツ群落が優占することが特徴で，このことからハイマツ帯と呼ばれる．ハイマツ帯は本州中部山岳ではおよそ標高2500 m以上に分布するが，北海道大雪山では標高1600 mから現れる（図3.7）．大雪山では，ハイマツ群落は森林限界（標高1600 m前後）以上標高1800 mまでは全面積の50％前後を占めて優占するが，1900 m以上では25％程度に低下する．しかし，標高1800 mまでは森林は少ないながらも分布している（沖津，1984）．そのため，そこまでは潜在的な森林領域といえる．ハイマツ帯はこの潜在的な森林領域に発達している．事実，ハイマツ群落の生産力は森林群落のものに匹敵し，森林の成立が不可能な低温域には分布できない（沖津，1984）．ハイマツ帯は，夏の温度条件以外の環境条件によって高木がなくなる領域を占拠しているのである（沖津，2001；沖津，2002）．

温度的には森林帯に属するハイマツ帯で，なぜ高木がなくなるのか．日本の山岳上部は冬期の偏

(a)

(b)

図 3.7 大雪山のハイマツ帯

忠別岳付近から高根ヶ原，白雲岳方面を望む．(a) は 7 月下旬，(b) は 5 月上旬のもの．向かって左側が冬期季節風に対して風上斜面，右側が風下斜面．ハイマツ群落は風上斜面下部で最もよく発達し，斜面上部に向かって徐々に少なくなる．風衝作用が強くなるとハイマツ群落に混生して風衝矮性低木群落が分布する．最も風衝作用が強い高根ヶ原最上部では植被はまばらになる．

西風が強く，世界一の強風帯である．雪の量も極めて多い．高木だと，強風のために，風上側の枝や葉が傷を受けたり，強制的に乾燥して枯れてしまう．また，雪の圧力で折れたり変形する．一方，ハイマツには葉がぎっしりとついている．そのため，初冬に雪が降り出すと，群落全体で雪をすばやくとらえて，雪の中に埋もれる（沖津・伊藤，1983）．ハイマツは低木のために幹が柔軟で，雪の圧力で折れることはない．ハイマツ群落を覆う雪は強い風と厳しい寒さで堅くなり，冬のあいだこの群落を，強風による葉や枝の損傷や乾燥から保護する（沖津・伊藤，1983）．このことで，ハイマツ群落は，日本の高山域で優占しているのである．

ハイマツ群落の分布と冬期の風衝作用との関連をより詳しくみてみよう．ハイマツ群落は，冬期季節風の風上斜面下部で最も優占し，斜面上部に向かって風衝作用が強まり，積雪が少なくなるとしだいに分布量が少なくなり，パッチ状となる．ただし，冬期の風衝作用が極めて強い立地でも，風上側に岩塊など風をさえぎるものがあれば，風下側にしっぽ状の積雪域が形成され，ハイマツが分布する（しっぽ状植生（高橋，2002），図 3.8）．逆に，風下斜面の雪が吹き溜まる立地でも分布しない．大雪山において，冬期季節風の風当たりの強さ（風衝度，Ⅰが最も弱く，Ⅲが最も強い）とハイマツ群落植被率との関係を検討した（沖津・伊藤，1983）（図 3.9）．風衝度Ⅰの立地では，ハイマツ群落はまったく分布しないか，あるいはほとんど 100% 広がるかである．分布しないのは風下斜面の雪の吹き溜り斜面で，積雪が多いところ，一方，広がるのは風上斜面下部である．風衝作用が中程度の風衝度Ⅱの立地は，風上斜面中部にあたり，すべての調査区でハイマツ群落が分布するが，100% 覆うことは少なく，おおむね中程度の植被率である．風衝作用が最も強い風衝度Ⅲの立地になると，ハイマツ群落は広く立地を覆うことはなく，分布しない立地も多い．ここではわずかな立地環境の違いがハイマツ群落の植被率に大きな影響を与えている．

ハイマツ群落の分布と積雪との関係を大雪山で

図 3.8 岩塊が風よけとなって，風下積雪域にしっぽ状にのびて分布するハイマツ（大雪山高根ヶ原）

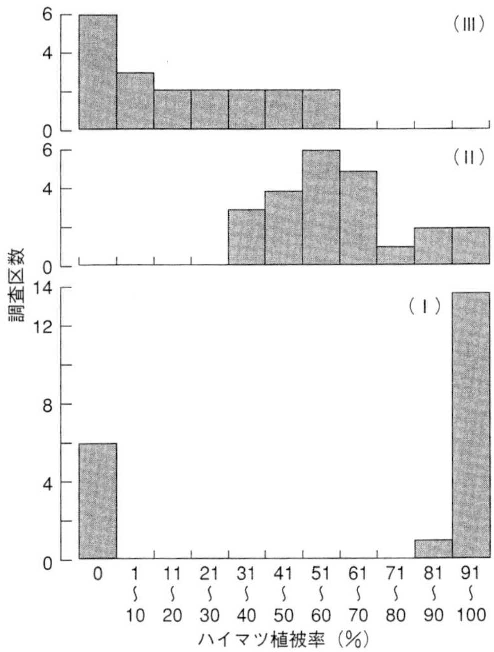

図 3.9 大雪山における風衝度（冬期季節風の風当たりの強さ；Ⅰが最も弱く，Ⅲが最も強い）とハイマツ群落植被率との関係（沖津・伊藤，1983）

の調査（沖津・伊藤，1983）から検討すると，ハイマツ群落高と積雪深との間にはおおむね正の相関関係があり，一定の範囲内では立地の積雪深が増加するに従ってハイマツ群落高が高くなる．大雪山では，ハイマツ群落の分布限界積雪深は最も浅くて 30 cm 程度，最も深くて 300 cm 程度と推定される．より詳しくみると，積雪深 150 cm 程度までは群落高が積雪深をやや上回るが，それ以上の積雪深になると積雪深が群落高を上回るようになる．これは，高さの低いハイマツ群落は冬期間雪に押さえつけられることにより風衝作用を回避しているためである．

以上のように，風衝作用が強く，積雪深の少ない立地ではハイマツ群落への雪の付着が風衝作用回避の重要な要因となっている．したがって，ハイマツの存在そのものが群落維持の重要な機構となっている（沖津・伊藤，1983）．そのため，わずかな条件の違いによってハイマツの定着が不可能な部分に，新たにハイマツが侵入し定着することは困難である．

次に，ハイマツの更新をみてみよう．図 3.10 は大雪山におけるハイマツ実生の樹齢分布を示している（沖津・伊藤，1983）．ハイマツ実生は 5 年生までのものが大半を占め，それ以上の樹齢のものは極めて少ない．この調査地内には実生の区分に属するハイマツで 25 年以上のものはみられなかった．なお，1 年生実生の数が少ないのは，調査時期が夏のはじめで，いまだに十分には発芽していなかったためである．さらに，ハイマツは同じ植物高でも，実生と比べて群落をなしているもののほうが成長が良い（沖津・伊藤，1983）．ハイマツの実生が定着し，まとまった群落にまで成長することは稀である．一方，ハイマツは不定根を出して伏条更新（ふくじょうこうしん）を行う（図 3.11）．群落を形成しているハイマツが不定根を出して伏条更新

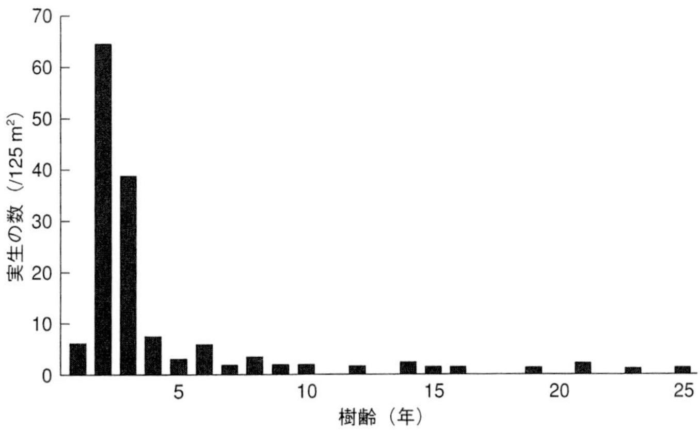

図 3.10 大雪山におけるハイマツ実生の樹齢分布（沖津・伊藤，1983）

図 3.11　ハイマツ群落の地下部に埋もれている幹とそこから出ている不定根
スケールは 100 cm．大雪山化雲岳付近．夏の台風時の強風でハイマツ群落の一部がめくれあがったもの．

することは，成長の良い群落を直接維持することになり，群落の拡大にも有利である．

ハイマツ帯の立地環境で重要なものとして表層物質の移動がある．高山域では，無被植の強風砂礫地を中心に土壌の凍結融解作用を主要因として表層物質が移動する．シルト質のマトリックスが存在する場合には，緩斜面上でも数 cm 大の岩礫（がんれき）が年間 10 cm 移動することもある（高橋，2002）．一般に，表層物質の移動が顕著な斜面では植物は定着しにくい．しかし，凍結融解作用により地表面に微起伏が生ずると，冬期の強風下でもパッチ状の積雪域をつくり出し，植物の生育立地をつくり出す（高橋，2002）．小泉（1996）は，日本の高山域で植物の分布を大きく規定しているのは岩石の化学成分ではなく，岩石ごとの岩屑の生産性と表層物質の移動性の違いであることを強調している．植物に覆われた部分は凍結融解作用による物質移動は生じにくい．このように，表層物質の動きは植物の分布を規定するとともに，植物の分布によっても支配される．表層物質と植物分布との間には密接な相互関係がある．

3.2.2　ハイマツ帯における植生管理

先に強調したように，ハイマツ群落は積雪を利用しながら冬期の風衝作用を回避することで，山岳上部で優占している．また，ハイマツ群落の更新は既存の群落からの伏条更新が主体で，実生からの新たな群落の成立は稀である．ハイマツ群落は，群落の存在そのものが分布を維持する重要な条件となっている．したがって，ハイマツ群落を広い面積で切り開いた場合，冬期の風衝作用や積雪が変化しなくとも，そこでハイマツ群落が新たに再生することは困難である．

ハイマツ群落は匍匐（ほふく）低木で，広い面積の地上幹が地下の幹によって相互に連絡を保っている．また，地下の幹から不定根を出して伏条更新し，群落を維持している．そのため，伐採によって地下幹のつながりを絶つことにより，根のつながりも切断され，結果として伐採面積をはるかに上回る範囲で群落が衰退，枯死する．このことを踏まえると，道路建設などでハイマツ群落を切り開くことは控えるべきである．事実，1973 年に開設された乗鞍スカイラインの位ヶ原では，道路工事で根を切断されたハイマツの枯れ木帯が道路沿いに続く様子が報告されている（清水，1990）．

風衝作用が強い立地では，わずかな立地環境の違いによりハイマツ群落の植被率が変化する．このことは，ハイマツ群落そのものには手をつけなくとも，周囲の微地形などを改変しただけで，ハイマツ群落の分布が変化してしまう可能性があることを示している．したがって，ハイマツ群落の管理に際しては，周辺の広い範囲において風衝や積雪を考慮し，立地改変後のそれらの動向を十分に見極める必要がある．このことは一般にかなり困難であり，それだけにハイマツ群落の改変は慎重を期す必要がある．

ハイマツ群落は日本の森林限界以上で優勢に，頑健に分布しているようにみえるが，実は，伐採，切り開きに対しては極めて脆弱な存在といえる．植生管理にあたっては，この点を銘記しなければならない．

表層物質の移動もハイマツ帯の植生管理上重要なポイントである．ハイマツ群落に限らず高山に生育する植物の分布を改変した場合，そのことによってそれまで植物の存在で押さえられていた表層物質の移動が活発化する危険がある．そうした立地では分布できる植物はコマクサやタカネスミレなどごく限られたものになってしまい，移動が激しい場合は無被植の裸地になる．そうしてできた裸地は周囲に広がり，わずかな改変でも，結果的には思いがけなく大きな影響が出る可能性が高い．

以上のように，日本の高山では，一見頑健そうなハイマツ群落はもとより，他の植物も厳しい立地環境と対応しながら，非常に不安定な生活を営んでいる．全体として極めて脆弱な植生であり，むやみな開発は慎むべきである． （沖津 進）

文 献

1) 藤井紀行．1997．日本産高山植物の分子系統地理学的研究．日本生物地理学会会報，**52**：59-69.
2) 小泉武栄．1996．日本における地生態学（景観生態学）の最近の進歩．生物科学，**48**：113-122.
3) 沖津 進．1984．ハイマツ群落の生態と日本の高山帯の位置づけ．地理学評論，**57**：791-802.
4) 沖津 進．2001．北海道のハイマツ帯下限高度はなぜばらつくのか？ 北東アジアとの比較から．「植生環境学―植物の生育環境の謎を解く―」（水野一晴編）．pp. 24-36．古今書院．
5) 沖津 進．2002．北方植生の生態学．212 pp．古今書院．
6) 沖津 進・伊藤浩司．1983．ハイマツ群落の動生態学的研究．環境科学・北海道大学大学院環境科学研究科紀要，**6**：151-184.
7) 清水建美．1983．原色日本高山植物図鑑Ⅱ．395 pp．保育社．
8) 清水建美編著．1990．乗鞍の自然．172 pp. 信濃毎日新聞社．
9) 高橋英樹．2000．極地植物と高山植物の類縁関係．「高山植物の自然史．お花畑の生態学」（工藤 岳編著）．pp. 21-36．北海道大学図書刊行会．
10) 高橋伸幸．2002．表層物質からのアプローチ．「景観の分析と保護のための地生態学入門」（横山修司編）．pp. 67-91．古今書院．

3.3 亜高山帯針葉樹林

3.3.1 亜高山植生の生態

日本列島の亜高山植生は常緑針葉樹であるモミ属，トウヒ属，ツガ属樹木および落葉広葉樹のカバノキ属樹木が主体である．常緑針葉樹林は四国（石鎚（いしづち）山のシコクシラベ林），紀伊半島（大台ヶ原のトウヒ林）にわずかに散在するほかは，本州中部以北の亜高山域および北海道の低地から山岳中腹部に分布する．しかし，四国，本州の常緑針葉樹林と北海道のものとは植生地理学的位置づけが異なる．北海道の主要樹種であるエゾマツ，トドマツの分布をみると（表 3.2），本州には現れず，北東アジア大陸部には広く分布する．それに対

表 3.2 北東アジアの常緑針葉樹林帯での優占針葉樹の分布（各種資料より沖津編集）

地域	CH	NH	HK	CB	NC	PR	SH	SK
コメツガ	＊＊	＊	—	—	—	—	—	—
シラベ	＊＊	—	—	—	—	—	—	—
トウヒ	＊	—	—	—	—	—	—	—
オオシラビソ	＊＊	＊＊	—	—	—	—	—	—
エゾマツ	—	—	＊＊	＊＊	＊	＊＊	＊＊	＊＊
トドマツ	—	—	＊＊	—	—	—	＊＊	＊＊

地域の記号は CH：本州中部，NH：東北，HK：北海道，CB：長白山，NC：中国東北地方，PR：沿海地方，SH：サハリン，SK：南千島．
＊＊：優占種，＊：随伴種，—：分布せず．シラベは吾妻山にもわずかに分布するがここでは除外した．

し，本州の主要樹種であるコメツガ，シラベ，トウヒ，オオシラビソはいずれも大陸域および北海道には分布せず，本州に固有の樹種である（表3.2）．こうした地理分布の比較から，北海道の常緑針葉樹林は，北東アジア大陸部に分布する北方の常緑針葉樹林が南，南東に張り出した末端を構成するものといえる（沖津，2002a）．一方，本州の亜高山針葉樹林は構成樹種の固有性が高く，他に類例をみない植生である．こうした固有性をより一層高めているものに稀産針葉樹の分布があげられる．ヤツガタケトウヒ，ヒメマツハダ，イラモミなどのトウヒ属バラモミ節樹木や，大陸部では優勢に分布するチョウセンゴヨウなどがその例である．これらの稀産針葉樹が分布することにより，本州の亜高山針葉樹林は植物地理学的にみても興味深いものとなっている．また，稀産針葉樹は日本の亜高山植生の多様性を高めているばかりでなく，植物地理学的にも多くの情報をもっている．これらの多くは最終氷期には本州でも優勢に分布していたが，後氷期の多雪化に伴い分布域を縮小した（沖津，2002b）もので，日本列島の植生変遷を理解する上で大変に重要なものである．

ダケカンバ林は亜高山針葉樹林では混生するものの分布量はあまり多くない（図3.12）．しかし，冬季の強風や多雪が針葉樹の高木化を妨げる地域で優占し，とりわけ森林限界付近ではダケカンバ帯と呼べる植生領域をつくり出すことも多い．

亜高山針葉樹林は太平洋側と日本海側とで構成樹種や分布の広がりに違いがある．太平洋側では標高の違いにより，下部ではコメツガ林が優勢になり，上部ではシラベ，オオシラビソ林が優勢で，ダケカンバも比較的多く混生する（図3.12）．林分密度は概して高く，密生林となることが多い．日本海側では標高を問わずオオシラビソ林が優勢で（図3.13），シラベはほとんど分布せず，コメツガ林もやせ尾根などに局所的に分布するのみとなる．林分はおおむね疎生林となる．

以上のような地理分布に加えて，亜高山林は山岳上部に現れるので，そこに特有な冬期の強風，多雪によっても樹木の分布が大きく影響される．冬期の北西季節風に対して風上側斜面は風が強いが雪は吹き飛ばされて少ない．風下側は風が弱くなる代わりに吹き溜まるために雪の量は多い．こうした違いに対応して針葉樹とダケカンバがどのように分布しているかを，本州中部の鳳凰山（赤石山脈北部），木曽駒ヶ岳（木曽山脈北部），西穂高岳（飛騨山脈南部）の森林限界付近で調査した（沖津，1994）（表3.3）．いずれの山岳でも針葉樹よりもダケカンバのほうがかなり本数が多い．最大直径を比べると，3山岳共通してダケカンバのほうが大きく，針葉樹は小さいままである．針葉樹は共通して風上側斜面のほうが風下側斜面よりも大きい．森林限界付近では針葉樹は強風，多

図3.12 太平洋側の亜高山針葉樹林の例
シラベ・オオシラビソ林と混生するダケカンバ．奥秩父国師ヶ岳付近．

図3.13 日本海側の亜高山針葉樹林の例
一面に広がるオオシラビソ純林．樹木はそれほど密生していない．苗場山山頂付近．

表 3.3 鳳凰山，木曽駒ヶ岳，西穂高岳での斜面方位別のダケカンバと針葉樹の分布（沖津，1994）

山岳名	鳳凰山		木曽駒ヶ岳		西穂高岳	
斜面方位	風上	風下	風上	風下	風上	風下
ダケカンバの本数割合（%）	56	92	73	95	82	88
針葉樹の本数割合（%）	44	8	27	5	18	12
ダケカンバの最大直径（cm）	47	36	17	22	42	36
針葉樹の最大直径（cm）	35	13	12	8	14	7

注：針葉樹はシラベ，オオシラビソ，コメツガ，トウヒ，カラマツ．

雪条件により生育を厳しく制限されていることがわかる．

亜高山帯の立地環境で重要なものに岩礫（がんれき）斜面がある．本州中部八ヶ岳北部白駒池付近の亜高山針葉樹林で岩礫量と主要樹種の分布の関係を検討した（沖津・百原，1998）ところ，岩礫の分布量が少ない立地では，コメツガが優占するものの，シラベ，オオシラビソ，ダケカンバ，ネコシデ，トウヒが優勢に混交していた．チョウセンゴヨウはほとんど分布しなかった．岩礫の分布量が多い立地ではコメツガが優占し，チョウセンゴヨウがそれについだ．シラベ，オオシラビソ，ダケカンバ，ネコシデは出現が極めて制限されていた．

表 3.4 赤石山脈北部巫女淵山南東および南西斜面における3タイプの斜面の地表状態の分布割合（%）と針葉樹4種の実生密度（/100m²）(野手ほか，1999)

斜面タイプ	A	S	N
地表状態			
露岩	50.6	25.7	11.2
腐植土	36.9	61.2	74.6
腐朽倒木・根株	7.6	6.7	10.7
その他	4.9	6.4	3.5
実生密度			
ヤツガタケトウヒ	12.1	2.0	0.0
ヒメバラモミ	9.9	1.3	0.0
コメツガ	13.7	16.6	18.6
ウラジロモミ	3.5	15.9	16.8

岩礫地は，また，稀産針葉樹の重要な分布立地になっている（野手ほか，1999）．表 3.4 に赤石山脈北部巫女淵山南東および南西斜面における針葉樹 4 種の実生密度を示した．斜面は，露岩面の分布割合を基準に，割合が高いタイプ A (50.6%)，中程度のタイプ S（25.7%），少ないタイプ N（11.2%）に区分した．腐植土面割合は露岩面割合とは逆の傾向を示している．稀産針葉樹であるヤツガタケトウヒとヒメバラモミの実生は斜面 A に集中し，斜面 N には分布しない．これに対し，コメツガ実生は斜面タイプにかかわらず分布し，密度も高い．稀産針葉樹は主として岩礫地で更新していることがわかる．

亜高山針葉樹林の更新はギャップ形成と密接に関係する．八ヶ岳北部の成熟した亜高山針葉樹林の場合（Yamamoto, 1995），ギャップの 72% は面積が 40 m^2 以下の小さなものである．シラベ，オオシラビソ，トウヒ，コメツガは小ギャップ内に後継樹を確保し，順調に更新している．ダケカンバは，更新するためには大きな面積のギャップが必要であるが，早い成長と長い寿命で少ない更新機会を補っている．このほかに，シラベ，オオシラビソでは，規模が大きな林木の集団枯死（時として数ヘクタール）が引き金となって稚樹や実生（みしょう）が成長を開始して更新する場合もある（甲山，1984）．八ヶ岳縞枯山がその典型的な例であるが，本州中部太平洋側の亜高山針葉樹林で類似の例がしばしば観察される（図 3.14）．

3.3.2 亜高山針葉樹林における植生管理の指針

以上に述べたように，亜高山針葉樹林の分布は強風，多雪，岩礫に支配されている．植生管理の指針を考える場合，これらの環境条件を十分に考慮する必要がある．ここでは，主として風との対

図 3.14 小規模な縞枯れ状に一斉枯死したシラベ，オオシラビソと林床で育っている稚樹，実生
奥秩父国師ヶ岳付近．上層木が一斉枯死することにより，林床で被圧されていた稚樹および新たに定着した実生が成長を開始し，更新が始まる．

応で植生管理の指針が検討されている，富士山におけるスバルライン開設に伴う亜高山針葉樹林の風害の実例を紹介しよう．

高橋（1978）は，富士スバルライン開設（1964年）以後10年経過した1973年から1977年にかけて林木の被害を経年調査した．それによれば，① 強風による物理的な被害は台風のみならず冬期の暴風によっても生じ，冬期乾燥害が強風による障害とともに関与する立枯害や枝葉被害は経年的に増加する傾向にある，② 個々の木の被害推移は，風上側の根の浮上り，根元割れ，枝葉の著しい減少や幹の剝皮（はくひ）を起こした木は翌年次にそれぞれ根返り，根元折れ，立枯害木となるなど，年々被害が進行している，③ 立木位置と被害の関係をみると，風上側のものが一般に早く被害を受けるが，大木の盛り上がった根張り上や倒木上に生えた木は林内奥にあっても被害を受けやすい，などの重要な結果を得ている．そうした結果に基づき，高橋（1978）は，道路建設を計画する場合，① 直径に対して樹高が高い，細長い樹木で構成される常緑針葉樹林（太平洋側に多い）は伐開によって強風が当たらないように配慮する必要がある，② 既設道路においては将来成立してくる林分に対して保護の役割を果たす防風林帯，特に風に強いダケカンバ防風林帯を造成することが望ましい，③ 被害跡地に成立してくる幼齢林は立木密度を低くして，直径に対して樹高が低いずんぐりした木で構成される林分に誘導することが大切である，という指針を提示している．

前田ほか（1976）は，同じく富士スバルラインで道路建設に伴う森林被害とその復元を調査している．それによれば，① 道路建設に伴う捨土で多くの上木が枯損している，② 風による上木の被害をみると，地形によって変化する風の吹き方に対応し，風が直接当たる地形や道路が風道になった沿道沿いに多い，③ 樹種をみるとカンバ類などの広葉樹のほうが針葉樹よりも被害に強く，針葉樹でも陽性なカラマツのほうがシラベ，コメツガよりも被害の受け方が少ないようである，④ 樹齢については老齢木よりも若齢木のほうがはるかに耐性が強い，⑤ 林の疎密度では，太平洋側に多い立木密度が高い針葉樹林のほうが，日本海側に多い疎林状の林よりも被害が大きい．こうした結果を受けて前田ほか（1976）は，道路建設などによる被害を食い止め，復元を図る対策として，以下の提案をしている．枯損木については，処理をせず，できるだけそのままにしておく．それは，① 生立木の新たな枯損を防ぐ機能がある，② 稚樹や林床植生に対する保護効果が大きい，③ 稚樹の寒害防止に役立つ，④ 土砂移動を防止する，などの理由である．捨土地帯および法面緑化については，土止めさえしっかりとできていれば植生の回復は自然に進むので，外来草本で早急に緑化せず，在来植物による緑化を図るべきである．外来草本は景観的に不自然であり，それらの繁茂は自然植生の発達を著しく妨げる．また，林地への立ち入りには制限を加え，植物採集は厳重に禁止する必要があるとしている．

以上のように，亜高山植生の管理においては風の影響を十分に考慮する必要がある．また，林分の立木密度を適切に維持し，過度の密生林になることを防ぎ，個々の樹木はあまり細長い樹木にならないように配慮することが重要である．さらに，強風地域や多雪地では風や雪に強いダケカンバを適宜混生させ，あるいは防風林帯を形成することが望まれる．風に強いダケカンバが混生することにより，それが恒常風に対して緩衝作用を果たし，更新動態が多様になり，シラベ，オオシラビソの安定共存を維持することができる（甲山，1984）．ただし，ダケカンバは岩礫斜面には分布しないので，岩礫斜面の改変は十分慎重を期す必要がある．

ここでは詳述しなかったが，この岩礫地の管理に関しては，そこでの稀産針葉樹の保護と更新の確保が今後の植生管理上のテーマとして重要になろう．

（沖津　進）

文　献

1) 甲山隆司．1984．亜高山帯シラビソ・オオシラビソ林の更新．遺伝，**38**(4)：67-72.

2) 前田禎三ほか．1976．富士山の亜高山帯の森林植生，およびスバルライン沿線の森林破壊とその復元について．鈴木時夫先生退官記念森林生態学論文集（薄井宏編著），pp. 77-132．鈴木時夫博士退官記念論文集刊行会．

3) 野手啓行ほか．1999．ヤツガタケトウヒとヒメバラモミの生育立地．日本林学会誌，**81**：236-244.

4) 沖津　進．1994．高山に生育するダケカンバの樹形変化．「緑と環境の話」（緑と環境の話編集委員会編），pp. 23-30．技報堂出版．

5) 沖津　進．2002a．北方植生の生態学．212 pp．古今書院．

6) 沖津　進．2002b．最終氷期の本州における針広混交林の成立に果たすチョウセンゴヨウの生態的役割．植生史研究，**11**：3-12.

7) 沖津　進・百原　新．1998．本州中部亜高山針葉樹林の岩礫地におけるチョウセンゴヨウ（*Pinus koraiensis* Sieb. et Zucc.）およびその混交樹種の生育立地．森林立地，**40**：75-81.

8) 高橋啓二．1978．道路建設に伴う亜高山林の気象被害の推移．吉岡邦二博士追悼植物生態論集（吉岡邦二博士追悼論文集出版会編），pp. 71-84．東北植物生態談話会．

9) Yamamoto, S. 1995. Gap characteristics and gap regeneration in subalpine old-growth coniferous forests, central Japan. *Ecological Research,* **10**：31-39.

3.4　ブナ林

3.4.1　世界と日本のブナ林

ブナ科ブナ属（*Fagus* 属）の種は北半球の中緯度地方に 12 種が分布している（図 3.15）．東アジアはその分布の中心地で，8 種が分布している．日本のイヌブナ（*Fagus japonica*），中国のエングラーブナ（*F. englariana*）と韓国鬱陵島（うつりょう）のタケシマブナ（*F. multinervis*）は萌芽（ほうが）性に富み，多数の幹を生じることに共通性があり，葉の形態も極めて類似している．日本のブナ（*Fagus crenata*），中国のナガエブナ（*F. longipetiolata*），テリハブナ（*F. lucida*），パサンブナ（*F. pashanica*），台湾のタイワンブナ（*F. hayatae*）は萌芽性に乏しい単幹の種であり，葉の形態変化も大きい．そのうちでも，パサンブナとタイワンブナは小型の葉と殻斗（かくと）をもつことで類似している．それらの種の間の類縁関係については，遺伝子レベルでの研究が進められており，近い将来に，類縁関係が解明されるであろう．東アジアのブナ属の種は，常緑広葉樹と共存することが多いが，林床に生育するササ，タケの仲間との結びつきも強い．これは東アジアのブナ林に共通の特徴であり，ヨーロッパや北米の森林にはみられない．

わが国に分布するブナとイヌブナは形態だけでなく，生態的性質も異なっている．ブナは地理的には南限が九州の高隈山（たかくまやま），北限が北海道の渡島（おしま）半島（黒松内低地帯）にあり，垂直的には太平洋側地域ではおおよそ海抜 900 m から 1700 m までの地域に森林帯をつくっているが，日本海側では分布高度が低く，北陸地方以北の日本海側地域では海抜 200 m 前後から 1700 m 付近まで厚い森林帯を形成している．この分布域は年平均気温 6℃ か

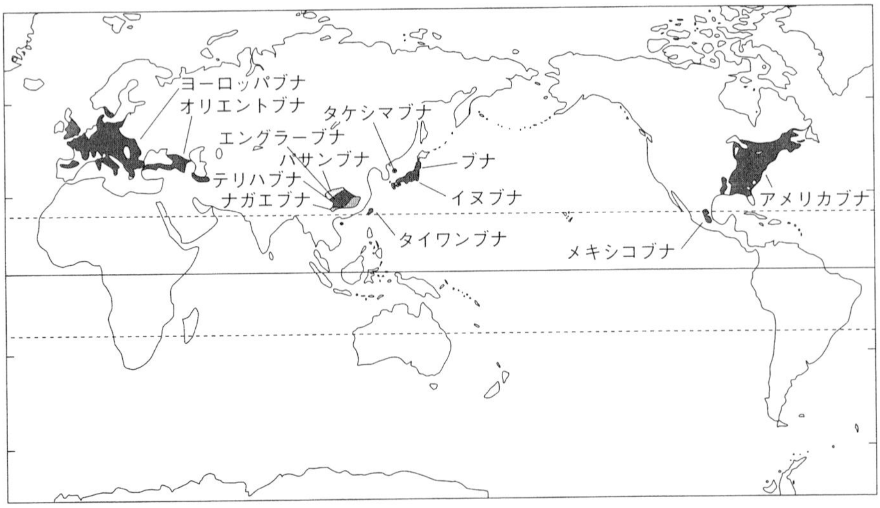

図 3.15 ブナ属の分布図

① *Fagus grandifolia Ehrh.*（アメリカブナ）…北米
② *F. mexicana Martineg*（メキシコブナ）…メキシコの山地に隔離分布
③ *F. crenata Blume*（ブナ）…日本
④ *F. japonica Maximowiczii*（イヌブナ）…日本（太平洋側）
⑤ *F. multinervis Nakai*（タケシマブナ）…鬱稜島（韓国）固有種
⑥ *F. hayatae Palibin ex Nakai*（タイワンブナ）…台湾（北部）固有種
⑦ *F. longipetiolata Seemen*（ナガエブナ）…中国（中・南部），ベトナム（北部）
⑧ *F. englariana Seemen*（エングラーブナ）…中国（中部）
⑨ *F. lucida Rehderet Wilson*（テリハブナ）…中国（南部）
⑩ *F. pashanica Wilson*（パサンブナ）…中国（南部）
⑪ *F. orientalis Lipsky*（オリエントブナ）…黒海周辺，コーカサス，イラン北部
⑫ *F. sylvatica L.*（ヨーロッパブナ）…ヨーロッパ（中・北部）

図 3.16 ブナ林
ブナは単幹で，林床に常にササ類を伴う森林を形成する．

図 3.17 イヌブナ林
イヌブナは萌芽性に富み多くの幹を生じる．土壌の動く斜面に分布することが多く，林床にササ類を欠くことも多い．

ら13℃，年降水量は1200 mm以上の冷温帯域にある．そして，常に高木層に優占する．一方，イヌブナは太平洋側のみに分布し，分布高度はブナよりも低く，不安定立地の斜面に生育することが多い．この種だけで純林を形成することは少なく，ブナ，ミズナラ，イヌシデ，アカシデ等との混交林を形成することが多い．

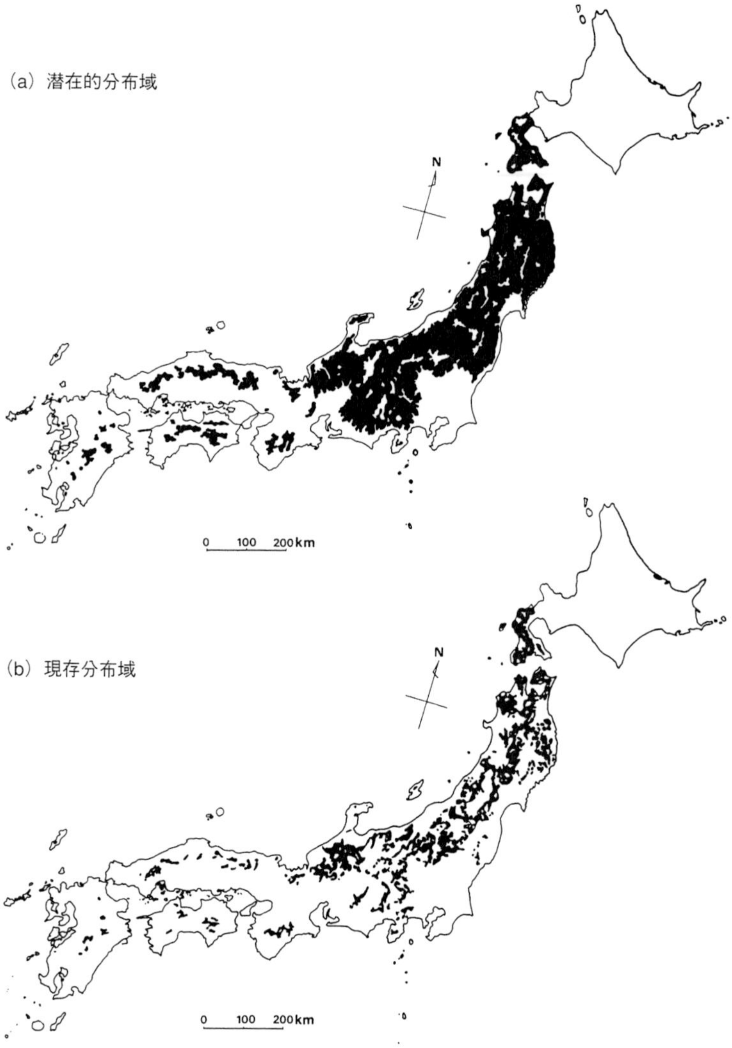

図 3.18 わが国のブナ林の (a) 潜在的分布域と (b) 現存分布域

3.4.2 日本のブナ林の現状

ブナの材は硬く短期間で腐朽するため，利用価値が低く，長い間伐採を免れてきた．しかし，第二次世界大戦後からパルプ材，フローリング材，合板材などへの利用用途が拡大したため，1959～86 年の 27 年間に東北地方を中心に 3451 万 m^3 のブナが伐採された（片岡，1991）．直径 50 cm のブナ 1 本から 2 m^3 の材が採れるので，単純計算では 1726 万本のブナが伐採されたことになる．伐採規模が縮小してきたとはいえ，伐採は現在も続いている．山地において護らなければならないブナが伐採され，里山では間伐されなければならないスギが切られずに残っている現状は何とも皮肉である．

図 3.18 (a)，(b) は環境庁（1981，1986）の植生図からブナ林の潜在的分布域（図 3.18 (a)）と，現在のブナ林分布域（図 3.18 (b)）を作成したものである．両方の図を比較すると，伐採の進行で分布面積が減少し，虫食い状態に残っているのがよくわかる．ブナ林はわが国の自然植生の 21.6%，森林の 9.6% を占めている（環境庁，1989）．このブナ原生林は 1972 年時点では，全国

に189万haが分布していたが，1986年には145万haに減少した（環境庁，1973，1988）．その大部分の減少が東北地方での伐採によるものである．この14年の間に消失した44万haは，山梨県，石川県，富山県とほぼ同じ面積であり，東京都のほぼ2倍の面積に相当する．

3.4.3 なぜブナ林を保護しなければならないのか

急激，かつ，広範囲にブナ林が消滅し，ブナ自然林が近くでみられなくなった現在，いまある森林を将来のためにそのまま残していこうとする姿勢は重要である．ここで注意したいのはブナ林群落が地域によって群落構成種が異なる，いわゆる「さまざまな顔」をしていることである．ある地域のブナ林が消滅することは，特徴ある種類構成をもつブナ林タイプが1つ消滅することになり，そのまま日本のブナ林の1つの「顔」が消えることになる．それは種の遺伝資源の消滅を意味し，同時に生物多様性の低下を導くことになる．

ブナ林は階層構造の発達した森林であり，発達

図3.19　ブナの伐採の連続写真と伐採木

した土壌は保水力に富み，崩壊防止に役立つ．その土壌は蓄えた水を徐々に河川へ流す水量調節ダムであり，洪水防止にも大きく寄与している．また，ブナ林はツキノワグマやクマゲラなどのように，そこにしか生活できない貴重な野生生物の重要な生息場所である．さらに新緑から紅葉までの四季の変化は訪れる人々に安らぎを与え，レクリエーションの場，自然教育の場としても重要である．このように自然のブナ林は計り知れない恩恵をわれわれに惜しげもなく与えてくれている．

ブナは長寿命で300年もの寿命をもつ．しかし，人の力は恐ろしい．筆者は1988年夏，新潟県苗場山で小面積ブナ伐採現場に遭遇した．チェーンソーの威力はすさまじく，樹高18 m，直径55 cmのブナを5分で切り倒してしまった（図3.19）．その個体の樹齢は283年であった．このスピードで伐採されたのではブナ林の再生（更新）は追いつかない．ブナが種子を実らせるには最低で50年の時間が必要であり，安定した森林を形成するにはさらに長期間が必要である．そのためブナ林を資源として利用する場合には，再生に細心の注意を払って進める必要があり，その利用は自然の時間サイクルの中で考える必要がある．

3.4.4　ブナ林の更新システム

順調な再生が可能であれば，ブナ林を伐採する場所と保護する場所とを明瞭に区分して利用することは可能であろう．しかし，多くの場所でブナ林の更新に失敗しており，再生は難しい．なぜ，それほど再生に困難さが伴うのであろうか．これまでの研究報告と，著者らが群馬県沼田市の玉原高原で得た調査結果を含めて考えてみよう．

ブナの更新が行われるためには，ブナ種子の供給がなければならない．ブナは1年おきに結実し，6から7年ごとに大豊作年がある（渡辺，1938；前田，1988）．玉原高原のブナ林での最近の大豊作年は若干イレギュラーで，1990，1993，1997年が大豊作であった．生産された種子は樹冠の外側，約5 mまでにほとんどの種子が落下する（前田，1988）．玉原高原で，ブナ林の皆伐（かいばつ）地に孤立するブナを対象に散布距離を測定した．2002年（並作年）の調査結果によれば，種子の落下は樹冠内だけであり，散布範囲は前田の指摘した範囲よりもはるかに狭かった（図3.20）．このことは母樹が近くにないと次世代を担う実生が発生しないことを意味している．また，地上に落下した種子のほぼ半分は繁殖力のない「しいな」といわれる．2002年の玉原高原での「しいな」と「健全種子」の割合は，ほぼ9：1であった．このことから推定すると，生産される種子の絶対量が多い大豊作年でないと多くの実生の発生は望めないことになる．健全種子は動物の餌となるが，採餌（さいじ）から免れた種子は翌年春に発芽する．その発芽率は20%から30%である（前田，1988）．発芽した実生はその後，光不足，食害，虫害，菌害などの影響を受け，1年を経て生き残るのは閉鎖樹冠下では20%以下といわれる（橋本・山本，1975）．発芽から1年を生き延びた個体も，引き続き減少を続ける．玉原高原での実生の2年目の生存率は前年度を100%として45%から60%であった．発生した実生が大幅に淘汰された後は，長期間にわたり緩やかな減少をたどる．生き残った実生は実生バンク（seedling bank）を形成する．しかし，そのまま安全に成長できるわけではない．ウサギなど動物からの食害を受ける．被害

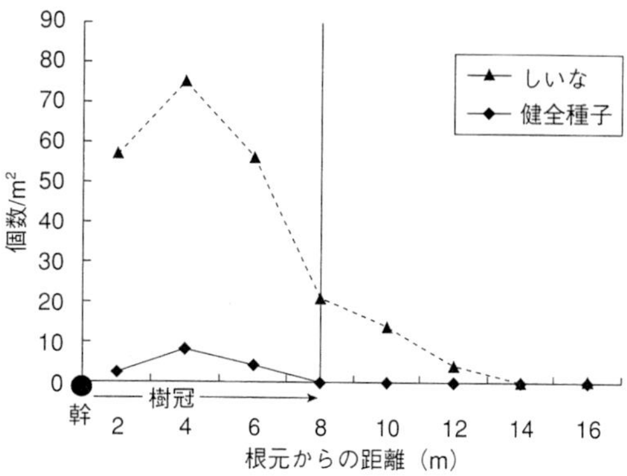

図3.20　母樹根元からの種子の飛散距離

木は10～25 cmの高さで主軸が消え，多量の枝が不規則に伸長するため，健全な成長が期待できないものが多い．加えて，上方からの落枝などによる機械的障害も受ける．玉原高原ではこれらの障害を受けた個体は，実生が全体の43%にのぼっていた．わが国のブナ林では多くの場所で低木層にササが密生し，それが光遮蔽要因としてはたらく．ササ林床では発芽から4年目まで生存した実生の生存率はわずか8%であったが，ササのない場所では50%であったという（中静，1984）．成長を続けササの層を抜けても，その上には光を遮断する母樹の樹冠群がある．その樹冠層を構成しているブナの1本が枯死するか，倒木すると，その跡には大きな穴（ギャップ，gap）が形成され，一気に光環境が改善する．そのギャップの中に生育した個体は十分な光を受けて順調に成長し，最終的には樹冠構成員となる．このように，ブナ林の更新が進むためには，さまざまな試練と偶然とが関与しており，1サイクルが回るためには，100年以上の年月を必要とする．

3.4.5 ブナ林の再生活動

再生が進まないブナ伐採跡地にブナ林をよみがえらせる再生活動も全国各地で進められている．次に，2，3の例を紹介しよう．

東北地方の鳥海山(ちょうかいさん)では1958（昭和33）年からの10年間に3万haのブナ林が伐採された．その後，ブナ林保護の重要性に気づいた人々がブナの植林を開始し，1999（平成11）年までに1万本を植樹したという（三浦・土井，2002）．また熊本県でも九州脊梁(せきりょう)山地で伐採されたブナ林を再生することを目的に，「ブナの森を育てる会」と「脊梁の原生林を守る連絡協議会」が結成され，多くの参加者を得て，九州脊梁山脈のブナ林伐採跡にブナの稚樹の植栽活動を進めている．このように，ブナの保護に関する関心が高まり，各地で再生が進められていることは極めて重要な意味がある．著者らも多くの参加者とともに2001年からブナ林再生活動を開始した．再生方法は①皆伐地域に母樹として残されたブナ周辺のササを刈り，母樹からの種子供給を受けて，実生を育てる方法と，②使用されなくなった林道の中に発生した高さ70 cm前後の7年生のブナ稚樹を，根を傷めないように採取し，それを皆伐地に移植する方法の2つである．これまでに母樹のまわりのササ刈りを2カ所．皆伐地の中に半径2 mのササを刈り，その中心部に3本の苗を植える方法で40カ所，計120本を植えた．この方法での作業は，区域を広げながら今後も継続する予定でいる．

（福嶋　司）

文　献

1) アキバリニア　モスレム・福嶋　司・小賀坂純子．1993．群馬県，玉原高原における伐採を受けたブナ林の更新に関する研究（II）異なる伐採圧を受けたブナ林の更新の現状．森林文化研究，**14**：59-72．
2) 福嶋司・アキバリニア　モスレム・小賀坂純子．1992．群馬県，玉原高原における伐採を受けたブナ林の更新に関する研究（I）古いギャップとブナ実生・稚樹の生育との関係．森林文化研究，**13**：33-52．
3) 福嶋　司ほか．1995．日本のブナ林群落の植物社会学的新体系．日本生態学会誌，**45**：79-98．
4) 橋詰隼人・山本進一・1975．ブナ林の成立過程に関する研究（1）種子の落下，稚樹の発生および消失について．86回日林講，226-277．
5) 片岡寛純．1991．望ましいブナ林の取り扱い方法．ブナ林の自然環境と保全．399pp．ソフトサイエンス社．
6) 環境自然保護局．1988．第3回自然環境保全基礎調査報告書，213pp．
7) 前田禎三．1988．ブナ林の更新特性と天然更新技術に関する研究．宇都宮大学農学部学術報告，**46**：1-79．
8) Nakashizuka, T. 1983. Regeneration process of climax beech forest Ⅲ. Structure and development processes sapling populations in different aged gap. *Jap. J. Ecol.*, **33**：409-418.
9) Nakashizuka, T. and Numata,M. 1982. Regeneration process of climax beech forest Ⅰ. Structure of a beech forest with the undergrowth of Sasa. *Jap. J. Ecol.*, **32**：473-482.
10) 渡辺．1938．ぶな林ノ研究．447pp．興林会．
11) 三浦　均・土井勝行．2002．蠣の森．ウッディライフ，**100**：142-146．山と渓谷社．

3.5 湿原群落

3.5.1 湿原の種類と分布

a. 湿原とは

湿原は泥炭上に発達した植物群落をいい，一般的にイネ科，スゲ科の植物が目立つ草原的な景観をもっている．この泥炭はある程度分解した植物遺体が積もった堆積物であり，その堆積速度は年間約1mmといわれる．この泥炭はどこにでも形成されるわけではなく，形成には，水を停滞させる広い低地，材料となる植物，微生物の活動が抑制され分解力が遅くなる低い気温など，いくつかの要因が合わさることが必要である．この形成条件を最もよく満たしているのは低温が支配する北極をとりまく高緯度地方である．

b. 世界と日本の湿原分布

世界には，地球上の陸地面積の1/10にあたる，420万km^{2}の泥炭地がある．カナダとロシアで最も広く，それぞれ150万km^{2}を占める（釧路市史編さん事務局，1987）．北欧のフィンランドは国土の30%，英国は6.5%をそれぞれ占めているが，日本は0.6%以下である．これは1%を占めるゴルフ場よりも小面積である．起伏に富む地形が卓越するわが国では凹地，低地にはヨシやハンノキが生育する過湿立地が多数存在した．その場所が，縄文時代末期とされる稲作文化の到来で水田へと変わっていった．水田化はその後も続いて進められたが，第二次世界大戦後の耕作地や宅地開発，工場立地などの大規模開発によって，残っていた立地はことごとく埋め立てられた．いまでは，かつての湿地は○○窪，○○池，○○沼，○○谷，○○沢，などの地名として残っていることで推定できるのみである．

環境庁（1985）によれば，日本には北のサロベツ原野から，南の西表島まで，238カ所の湿原が分布し，その総面積は36315haである．しかし，この中には海岸線に発達する草原（marsh）が含まれているのでさらに選別が必要であるが，1カ所あたりの面積は小さく，1ha以下が全体の30%，10ha以下が全体の67%を占めている．最大の規模のものは釧路湿原（22600ha）で湿原全体の59%を占めている．第2位はサロベツ原野（3900ha）である．これに霧多布（きりたっぷ）湿原などを加えると，北海道には全国の83.6%（30370ha）が分布している．東北地方にも八甲田山（はっこうだ）（1500ha），八幡平（はちまんたい）（170ha）で代表される湿原が3804ha（全体の10.5%）分布しているが，南下するにつれて湿原面積は小さくなり，尾瀬ヶ原750ha，日光戦場ヶ原260haなどが代表的なものである．

c. 湿原の種類

1）湿原の呼び方による区分　一般に湿原はモア（moor）あるいはマイヤー（mire）と呼ぶ．スワンプ（swamp）は低木や高木の生えた湿地をさし，水をたたえた沼沢地である．その中において，スワンプフォレスト（swamp forest，湿地林）は年間，あるいは一時期に上面水で覆われる地域の森林として別に扱われる．マーシュ（marsh）は海岸沿いの低地など開放水域をもつ草本の生えた湿地をさし，そこはスゲ科植物の優占する草原である．しかし，そこでは泥炭層が発達していないことが多い．

2）発達過程による湿原の区分　湿原は発達段階によって低層湿原，中間湿原，高層湿原に区分される．

低層湿原（fen, low-moor, Flachmoor）は泥炭層は発達するが，水位が高く，常に冠水した状態の湿原である．これは，池や沼の中や川の縁部に発達することが多い．そこは流れ込む水や有機物によって潤されるために，栄養分に富む富栄養立地であることが多い．この湿原群落はヨシ，マコモ，オギなどの大型草本からなることが一般的で，時にハンノキをまじえる．稲作伝播以前にはわが国の低地に広く分布していたと考えられ，水田や宅地になっている川沿いの低地や河口地域はこの湿原タイプで占められていたと考えられる．

高層湿原（bog, high-moor, Hochmoor）は，別名ミズゴケ湿原と呼ばれる．分布は低温，貧栄養，強酸性の立地であるために，未分解のミズゴケ泥炭が堆積する．植生の表面は水位面よりも盛り上がり，灌水は雨水や霧などに頼っている．このため水の供給量は不安定である．しかし，ミズゴケは体の10～20倍の体積の水を貯蔵できる構造になっているため枯死することはない．この湿原はミズゴケの発達により均一な群落と考えられがちであるが，分布地は多くの凹凸がみられる．ミズゴケの高まりで形成された凸型立地はブルト（bulte）やハンモックと呼ばれ，ミズゴケ類，モウセンゴケ，ヒメシャクナゲ，ツルコケモモなどがその上に生育する．一方，凹型立地はシュレンケ（schlenke）やホローと呼ばれ，ミカズキグサ，ホロムイスゲなどが生育する．これらの凹凸立地はミズゴケの成長と枯死によって形成されている．1つの地域内にもモザイク状に分布している．この構成を再生複合体（regeneration complex）と呼ぶ．

中間湿原（transition, mixed sphagnum bogu, sedge bog, Zuischenmoor）は文字通り，高層湿原と低層湿原の中間の性質をもつ湿原タイプである．高層湿原に周囲からの水の供給が起こった場合，あるいは，逆に低層湿原に水の供給が不規則になった場合に形成される湿原であり，どちらかへの途中相としての性質をもつ湿原である．このため，高層湿原の周囲をとりまくように発達することが多く，そこでは，このタイプ特有なヌマガヤ，オオアゼスゲ，ワタスゲ，ヤチヤナギ，イソツツジ，ホロムイスゲ，タチギボウシなどが生育する．この湿原では，スゲの連続的な生育と根茎部周辺の浸食により株が孤立するようになる．これは谷地坊主（やちぼうず）と呼ばれ，大きいものでは直径2m，高さ1mに達する．これを形成するスゲ属の種は地域で異なっている．

d.　湿原の再生と修復についての基本的考え方

変質した湿原を再生するためには，最初に，現在の植生のどこが変質し，どこを復元する必要があるのかを，現地調査を通して正確に把握する必要がある．これを知るために湿原の植生調査と植生図の作成が重要な武器になる．それにより，次に湿原の変質に関与している要因を特定し，それがどのようなかたちでどの程度関与しているのかを明確にする．たとえば，群落ごとの地下水位の測定，湿原の水の栄養塩類計測，植物の生産量の測定などがそれにあたる．それらの資料を収集した後で，具体的な場所で，どのような技術を用い，最終的にどのような植物群落に復元させるのかを検討し，実行することになる．さらに，これらの対策を実行した場所で，期待したように目標植生へ復元しているのかどうかについてのモニタリングを行う必要がある．そして，モニタリング調査で不都合が生じた場合には，修復のあり方を再度検討し，より良い方向への軌道修正措置を行うことになる．

以下の項では，わが国各地で行われている湿原の保全対策の具体な事例が紹介されている．

（福嶋　司）

文　献

1）環境庁編．1985．環境白書（昭和60年度版）．
2）釧路市史編さん事務局（編）．1987．釧路湿原．252pp．釧路新書．

3.5.2　北海道の低地湿原―釧路湿原を中心に―

湿原植生は，北海道の自然景観を特徴づける重要な要素である．本州以南の低地の淡水性湿原の多くが，水田への転換や開発によって失われた現在，北海道には残存湿原の8～9割が集中するといわれている．これは北海道が泥炭形成に適した気候・環境条件下に置かれてきたことに加え，本州以南に比較して人口密度が低く開発の歴史が浅いことによる．しかしながら，1928（昭和3）年当時の泥炭地面積と比較すると，約70年の間に7割の湿原が北海道から姿を消している（冨士田，1997）．消滅や減少が著しいのは，北海道中央部から南部にかけての低地の湿原で，これらは水田や畑地へと転換された（冨士田，1997）．一方，北海道東部の釧路（くしろ）湿原や別寒辺牛（べかんべうし）湿原，霧多（きりたっ）

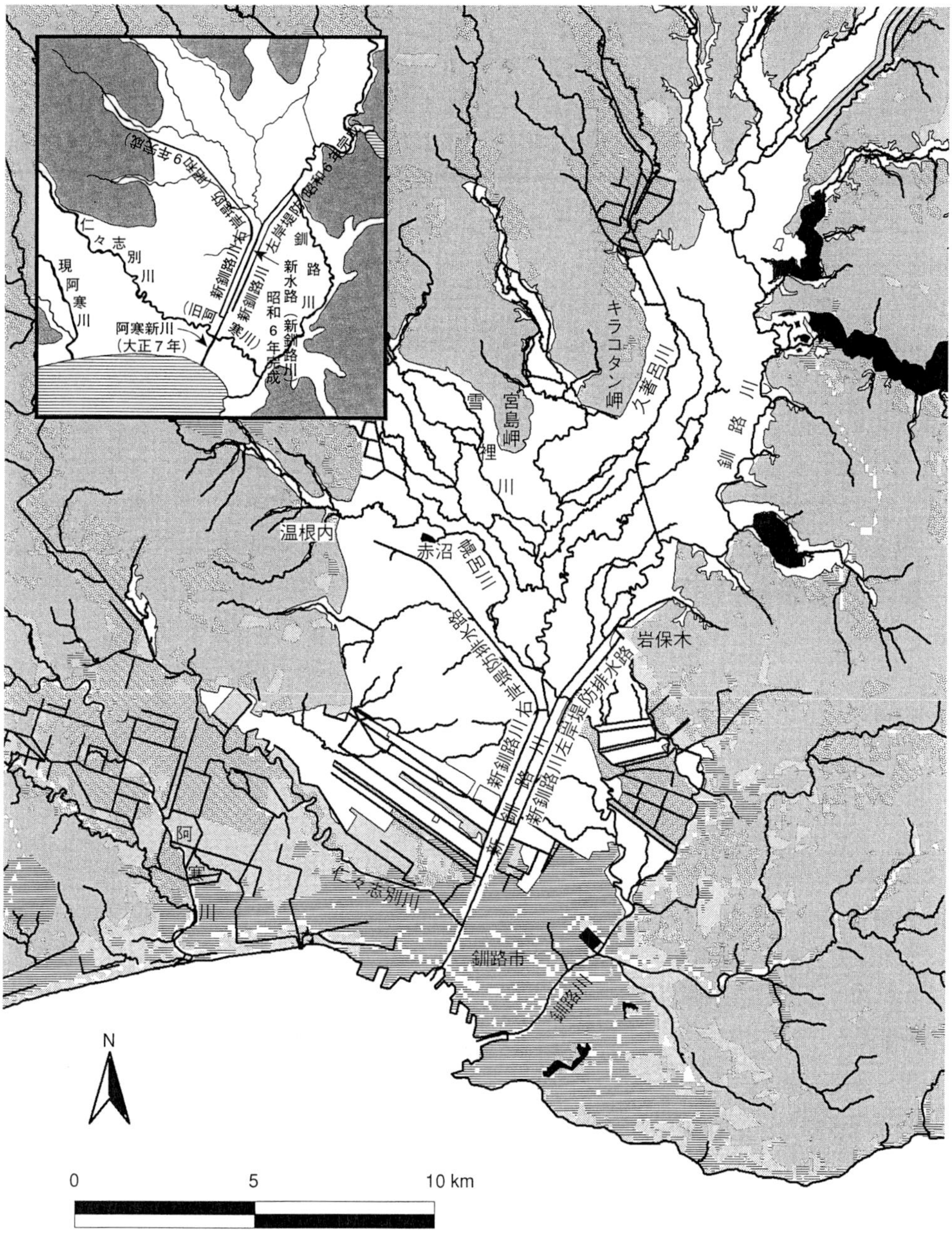

図 3.21　釧路湿原の概況

布(ぶ)湿原，北部のサロベツ湿原などは，いまだ原生的な景観を残す低地の湿原であるが，これらの湿原もさまざまな開発行為により，変遷を余儀なくされてきた．近年になって湿原の多面的な価値が認識され，湿原の保護や保全について議論されるようになったが，北海道では植生管理という観点で積極的に保全や管理が行われてきた湿原は少ない．そこで本項では，わが国の低地湿原の代表である釧路湿原を取り上げ，変遷と現状について述べ，北海道の低地湿原での植生管理上の問題点と取り組みを紹介する．

a. 釧路湿原の変遷と現状

釧路湿原は北海道東部の太平洋に面する一市二町一村にまたがる，面積 18290 ha の日本最大の湿原である（図3.21）．湿原には，釧路川とその支流群，新釧路川，阿寒川が流下し，標高20 m以下の勾配が小さい湿原内では，河川は蛇行を繰り返しながら緩やかに流れる．河川は湿原内で氾濫と洪水，時には流路の変動を繰り返すため，釧路湿原は陸水涵養型でヨシやスゲ類の優占する低層湿原植生が主体となっている．

釧路湿原は，1935（昭和10）年に「釧路のタンチョウ及びその生息地」として，2700 haが国の天然記念物に指定された．1967（昭和42）年には湿原そのものの価値が認められ，面積を5012 haにまで拡大して天然記念物「釧路湿原」となった．さらに1987年には，湿原域を中心とした26861 haが「釧路湿原国立公園」に指定された．これらの保護規制がかけられてきたものの，湿原の保護は万全とはいえないのが現状である．

北海道開発庁（1963）によると，かつての湿原面積は29084 haとされる．岡崎（1975）は，開発や河川改修などの人間のインパクトによって変化を余儀なくされた釧路湿原の変遷を解析し，1975（昭和50）年当時で，41.3％にあたる12014 haが非湿原化したことを示している．そのほとんどが湿原下流部（岩保木—温根内以南の釧路川・新釧路川，仁々志別川，阿寒川沿いの各地域）に所在する．これらの開発は，釧路川の支流であった阿寒川の分流（1918（大正7）年完成），釧路川の新水路（新釧路川）の開削（1931（昭和6）年完成）と新釧路川左岸堤防の完成（1931（昭和6）年完成），右岸堤防の完成（1934（昭和9）年完成）によって加速度的に進んだ．新釧路川の右岸堤防は治水の一環として，新釧路川と雪裡川との合流点付近から温根内まで延びており，釧路湿原の東部を釧路川遊水地と位置づけ，釧路湿原最大の高層湿原を分断する形で建設された（図3.21参照）．この右岸堤防道路は，1993年の釧路沖地震の際に多大な被害を受け，復旧工事により堤敷幅約66 m，高さ約9 mもの巨大な築堤に嵩上げされた．

一方，湿原上流部においては，昭和40年代から50年代にかけて久著呂川，雪裡川，幌呂川などの河川で改修が進行した．河川の直線化と流域の農地開発，土地利用の変化により，湿原に流入する土砂量が増加したことが指摘されるようになった．Nakamura et al.（1997）によると，久著呂川の直線化した明渠排水路では河床低下が生じず，排水路末端付近（湿原流入部）から下流で土砂堆積により河床が上昇し河道閉塞が起こっている．さらに，融雪期や多量の降雨時には，上流部の崩壊地や農地で生産された微細砂を含んだ濁水が明渠排水路末端から拡散して湿原内に運ばれるようになった．衛星データの解析からも，濁水が河川から離れた後背湿地まで流れ込んでいることが示されている（Kameyama et al., 2001）．

b．釧路湿原の植生とその変化

釧路湿原の植生は，ヨシ，スゲ類からなる低層湿原植生が主体であるが，高層湿原植生，ハンノキ林も湿原の景観を特徴づける重要な要素である．植生は相観上この3つに大きく区分することができる．

高層湿原は赤沼から温根内付近，キラコタン岬南方など数カ所に所在する．代表的な群落は，チャミズゴケのハンモック[*1]が発達して，カラフトイソツツジやホロムイツツジ，ツルコケモモ，ヒメシャクナゲ，ガンコウラン，ヤチヤナギなどの矮性木本植物やホロムイスゲなどが主な構成種となっているカラフトイソツツジ–チャミズゴケ群集である（田中，1975；橘ほか，2001）．ホロー[*2]では，ヤチスゲ群集，ホロムイソウ–ミカヅキグサ群集などが記載されている（田中，1975）．

低層湿原植生としては，ヨシにイワノガリヤスや各種スゲ類，エゾノレンリソウ，イヌスギナ，アカネムグラ，ヤナギトラノオなど湿生植物が多数混在する群落が広範に分布している．またスゲ群落として，ツルスゲ，ムジナスゲ，ヤラメスゲがそれぞれ優占する群落，ヤチボウズの発達するカブスゲ群落などがみられる．群落構成種数が少なく，ヨシの優占度が高い典型的なヨシ群落は，シラルトロ湖周辺（田中，1975）や湿原内の河川，河川跡に隣接する水位変動の大きな立地に分布している．

ハンノキ林のうち，湿原上流部のおぼれ谷状の場所や丘陵脚部の湧水地などに出現するものは，樹高が高く群落構成種数が多い．一方，湿原内の低位泥炭地上に成立するハンノキ林では，ハンノキの樹高は低く，株は萌芽による複数の幹で構成され，林床は低層湿原の構成植物種によって覆われている．

近年，空中写真や衛星データなどの時系列解析によって，ハンノキ林の面積が急激に増加していることが指摘されている（新庄，2002）．ハンノキ林の面積拡大は，河川改修，流域の農地開発や土地利用の変化などによって，湿原内へ流入する土砂量が増加したことが原因ではないかと推察されているが，因果関係を証明するには至っていない．

また，釧路湿原では，しばしば野火が発生したり，かつて放牧利用された場所があるなど，開発や河川改修以外の人為の影響による植生の変化も考慮する必要がある．

c. 北海道の湿原の植生管理について

釧路湿原では，「釧路湿原の河川環境保全に関する提言」（国土交通省，2001）を受けて，国土交通省北海道開発局が1980年当時の釧路湿原を復元目標とし，検討委員会を設置し大がかりな実験や調査を行っている．さらに，環境省は2003年1月に施行された自然再生法を受けるかたちで，釧路湿原の自然再生事業に着手した．しかしながら，人間による環境改変と植生変化との因果関係の解明が不十分なまま，短期間での効果を期待する事業の実施や，十分なフィードバックシステムが確立しないままの再生事業や大がかりな実験は，湿原生態系をいま以上に破壊してしまう危険性がある．

北海道の低地湿原においては釧路湿原同様に，湿原域あるいはその周辺の開発，道路や排水路の建設などによって，湿原面積が縮小したり，地下水位が低下して植生が変化してしまった湿原が多数存在する．また低地湿原では大規模な公共事業等により，残された湿原の環境，特に水文環境そ

(a) 復元区 1998 年 11 月

(b) 復元区 1999 年 8 月

(c) 復元区 1999 年 11 月

図 3.22 サロベツ湿原での植生復元実験の様子

＊1：ブルテ，ブルトともいう．高層湿原特有な微地形の1つで，泥炭地の表面にできる塚状の高まり．

＊2：シュレンケともいう．ハンモックの間にある凹状地で，高層湿原の地表面を構成する．湛水していることが多い．

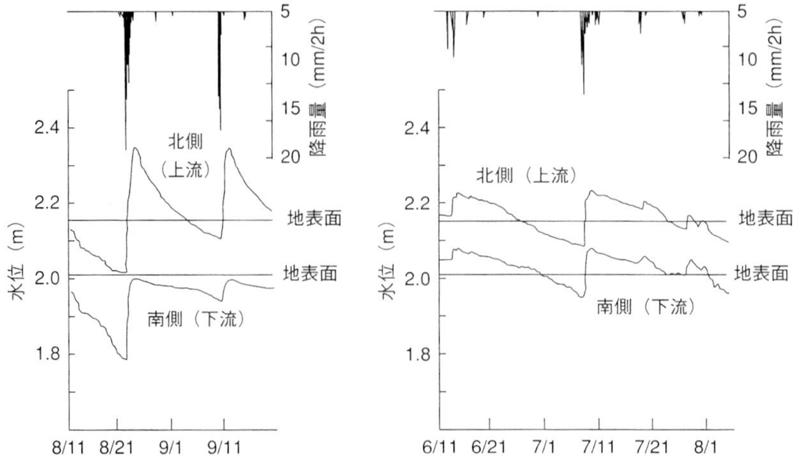

（a）1984年（道路改修前）　（b）1988年（道路改修後）

図3.23 霧多布湿原における道路改修前後の地下水位変動（道路両側30 mで観測，梅田・井上，1995より）

のものが改変されてしまう例が多い．したがって，北海道の低地湿原における植生管理では，第一に環境悪化の原因を取り除くか軽減してやることが必要となる．梅田・井上（1995）は，水文環境の視点から北海道の泥炭地湿原の保全対策をまとめ，以下の5点をあげている．① 湿原と農用地などの間に緩衝帯を確保する，② 排水路または浅い水路などを補給水路とし，外部から水を供給する，③ 排水路を堰上げし，地下水位の上昇・保持をねらう，④ 地下水の流れの方向を横断する線（一般には等高線と一致する）に沿って遮水壁・遮水シートをもうけ，地下水位の低下を軽減する，⑤ 遮水壁で広域の効果が期待できないとき，遮水壁よりやや下流に堤防を構築し，長大ダムとしての効果を期待する．そして，対象湿原の状況に応じて，複数の手法を併用することでより大きな効果が期待できると述べている．

環境条件の回復だけでは変化してしまった植生の復元が望めない場合は，人為的な復元作業が必要となるが，できるだけ手をかけずに湿原の潜在性を引き出す方法が望ましい．筆者は，サロベツ湿原で高層湿原植生の復元実験を行っている．ササに覆われた高層湿原植生を，ササの刈払いと近接する湿原内から刈り取ってきたミズゴケ上部切片の散布によって，3〜4年でミズゴケのローン植生を回復させることができた（図3.22）．また，隣接する農用地の排水効果により地下水位が低下した美唄（びばい）湿原では，補給水路を設置・通水することによって，水文環境にどのような変化が現れ，どの程度の植生回復が期待できるのか，あるいはどのような復元手法との組み合わせが最も有効なのか，などの検討を始めている．

d. 道路で分断された湿原の水文環境と植生の回復—霧多布湿原の例—

北海道の低地の高層湿原域[*3]では，高層湿原ドームを分断するかたちで道路が建設されるケースが多い．そこでは，道路の嵩上げによる地盤沈下，道路側溝からの水抜けによる地下水位の低下と植生の変化，道路による遮水効果などのさまざまな影響が指摘されている．

北海道東部の太平洋に面した霧多布湿原は，海の退行に伴う砂丘間の低地をベースに，夏期の海霧と低温によって発達した面積約3000 haの泥炭地湿原である．中央部の高層湿原は1922（大正11）年に国指定の天然記念物となったが，指定時にはすでに生活道路が天然記念物区域を分断する

＊3：たとえばサロベツ湿原，霧多布湿原，歌才湿原，浅茅野湿原など．

かたちで北西から南東方向に走っていた．1964年から1966年にかけてこの道路の改良工事が行われ，未舗装ではあるが，道路は高さで1m，幅が6m，盛土敷幅約11mに拡幅され，かつ道路側溝が掘られた．この改良工事から17年後の1984年には，上流からの水の移動が道路によって妨げられた下流側では，ヌマガヤ，ヤチヤナギ，ワタスゲを伴うミズゴケ群落が目立ち，上流側では道路の遮水効果でヨシが増加するなどの植生の違いが顕著になった（Umeda et al., 1985）．さらに地下水位の変動パターンにも，違いが現れていた．そこで1985年からの新たな道路改修では，道路側溝による過剰排水や道路盛土による地下水流動の阻害が生じないように，① 道路側溝を排水河川に直接連結しない，② 道路側溝を50〜100mごとに堰止めプールとする，③ プールとプールの境界は越流堰として，一定水位以上では排水路として機能させる，④ 道路両側のプールを道路下に埋設した暗渠で連結して道路横断方向の水移動を可能にするという目標が立てられ，改良工事が行われた（Umeda et al., 1985；梅田・井上，1995）．

図3.23は，道路改良前と改良後の地下水位の変動を示したものである（梅田・井上，1995）．改良前は，上流側では堰上げ効果により降雨後も上昇が続く低位泥炭地の水位変動に近いパターンを示し，下流側では高位泥炭地の水位パターンを示すものの，上流からの水の供給のない状態を示していた．改良後は上流側の湛水は解消し，下流側では暗渠により上流側からの水供給を受け，両者の地下水位変動パターンはほぼ同じものとなった．一方，改良後，1991年に筆者が行った植生調査結果では，下流側同様に上流側もヨシの優占度は低く，道路の両側の植生は類似のものとなっていた．

（冨士田裕子）

文 献

1）冨士田裕子．1997．北海道の湿原の現状と問題点．「北海道の湿原の変遷と現状の解析—湿原の保護を進めるために—」（北海道湿原研究グループ編），231-237．自然保護助成基金．

2）北海道開発庁．1963．北海道未開発泥炭地調査報告．315pp．北海道開発庁．

3）Kameyama, S. et al. 2001. Development of WTI and turbidity estimation model using SMA — application to Kushiro Mire, eastern Hokkaido, Japan. *Remote Sensing of Environment*, **77** : 1-9.

4）釧路湿原の河川環境保全に関する検討委員会．2001．釧路湿原の河川環境保全に関する提言．国土交通省北海道開発局釧路開発建設部治水課．

5）Nakamura, F. et al. 1997. Influences of channelization on discharge of suspended sediment and wetland vegetation in Kushiro Marsh, northern Japan. *Geomorphology*, **18** : 279-289.

6）岡崎由夫．1975．釧路湿原の変容—その開発と非湿原化—．釧路湿原総合調査報告書，3-15．釧路市立郷土博物館．

7）新庄久志．2002．釧路湿原のハンノキ林．「北海道の湿原」（辻井達一・橘ヒサ子編著），17-33．北海道大学図書刊行会．

8）橘ヒサ子ほか．2001．釧路湿原キラコタン岬高層湿原の形状と植生．奥田重俊先生退官記念論文集「沖積地植生の研究」．75-84．奥田重俊先生退官記念会（横浜国立大学）．

9）田中瑞穂．1975．釧路湿原の植生．釧路湿原総合調査報告書，107-160．釧路市立郷土博物館．

10）Umeda, Y. et al. 1985. Influence of banking on groundwater hydrology in peatland. *Journal of the Faculty of Agriculture Hokkaido University*, **62** : 222-235.

11）梅田安治・井上　京．1995．北海道における泥炭地湿原の保全対策．農業土木学会誌，**63** : 249-254.

3.5.3 尾 瀬 ヶ 原

a. 尾瀬ヶ原の植生とその特性

1）尾瀬ヶ原の植生　尾瀬ヶ原は，群馬・福島・新潟3県の県境に位置し，只見（ただみ）川源流の谷に発達した，厚さ5mほどの泥炭層（peat layer）をもった高層湿原（high moor, bog）である．その平面形は東西に細長く伸びた三角形で，東端に位置する底辺の幅はおよそ2.5km，西端の頂点までの距離は6km程度である．周囲は燧（ひうち）ヶ岳（2356m）をはじめとする2000m級の高山で囲まれている（図3.24）．

尾瀬ヶ原のような高層湿原は総じて降水で潤さ

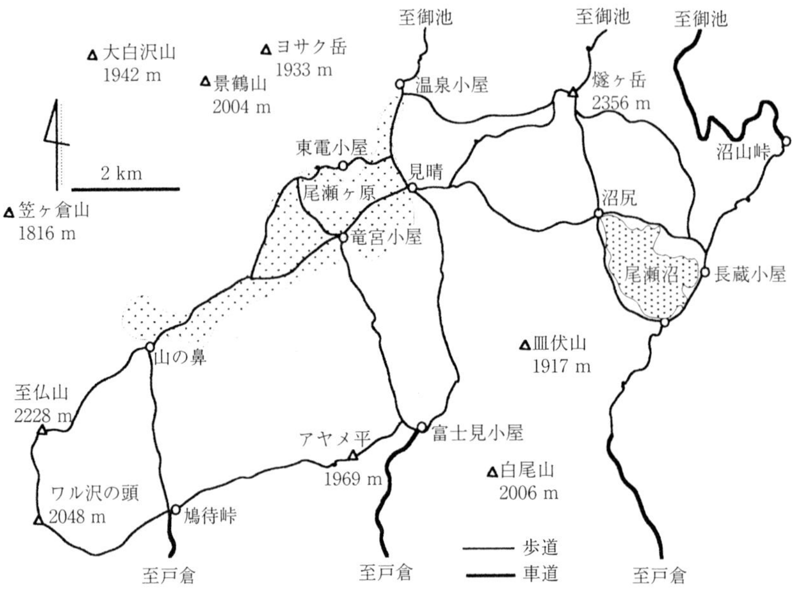

図 3.24　尾瀬地区略図

れて貧栄養（oligotrophic）であり，とりわけ Ca^{2+} や Mg^{2+} が少なく酸性である．植生もそうした厳しい立地条件に強いタイプのものであるが，

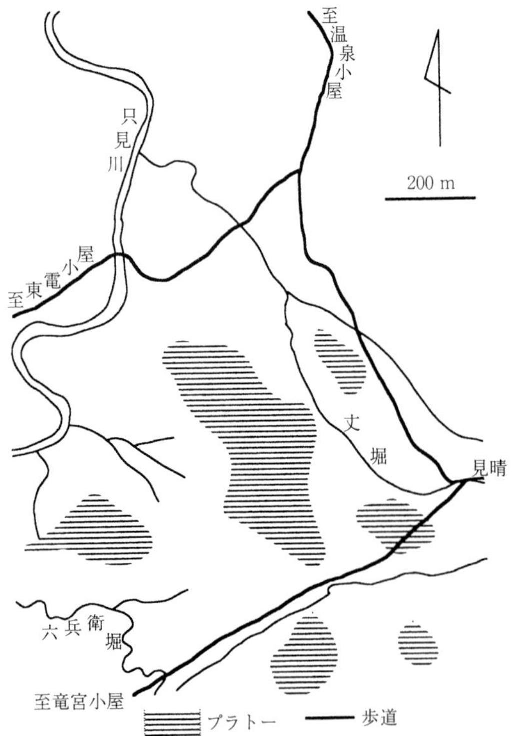

図 3.25　見晴付近略図

湿原内でも地形によって水理が異なり，それに応じて，また，さまざまのものがみられる．

尾瀬ヶ原にはプラトー（plateau）と呼ばれる平坦で広い尾根状の地形が多い（図 3.25）．プラトーでは地下水位は高く安定しており，キダチミズゴケやイボミズゴケがカーペット状の群落を広げ，さわやかな景観をみせている．プラトーは緩く傾いており，等高線方向に長く延びた小凹地（hollow）と小凸地（hummock，その長く伸びたものが bank）が交代する微地形の景観が展開する（図 3.26）．

プラトーの外側は傾斜し，地下水位はプラトーよりは低く安定している．ヌマガヤの密生群落が代表的である．また，山からの Ca^{2+} や Mg^{2+} の多い水が浸透する湿原周縁は比較的富栄養（eutrophic）であり，地下水位の変動も大きい．ヨシを主とする低層湿原（low moor, fen）の植生がみられる．

2）尾瀬ヶ原植生の立地的特性　土壌は一般の植生の立地の主要素であり，その母材は岩石に由来する鉱物粒子である．高層湿原植生の土壌に相当するものは泥炭層であり，その母材は植物に由来する有機物である．

図 3.26 ブラトーの微地形（尾瀬ヶ原下田代）

図 3.27 ミズゴケカーペット

図 3.28 乾燥して表面がひび割れた荒廃地

泥炭は隙間，すなわち孔隙（pore）が多く，その全体に対する容積比，すなわち孔隙率（porosity）は 95～98% にもなる．プラトーに広がるミズゴケカーペットは，ミズゴケの生体層とその下のミズゴケ遺体層からなり，厚さは 3～8 cm 程度ある（図 3.27）．その孔隙には，水とともに，容積にして 70% ほどの空気を含み，好気性（aerobic）である．ミズゴケカーペットの下には厚い泥炭層があるが，その孔隙は水で満たされて嫌気性（anaerobic）である．プラトーの外側でミズゴケの生育がないところでも，植物遺体の分解が進んでいない薄い表層と，進んでいる厚い下層とが識別される．

高等植物の葉層やミズゴケの生体層で生産された植物体は，やがて枯死して好気的な分解を受けて粗腐植（duff）となり，泥炭の素材として泥炭層に付加される．メタンや N_2 の発生の事実から容易に推定できるように，泥炭層の中でもわずかながら分解は起こっており，付加された泥炭物質は徐々に減っていく．いま，年間に付加される泥炭物質の量を m_0，その t 年後の量を m_t とすると，

$$m_t = m_0 e^{-kt}$$

ここで分解係数 k が仮に一定だとすると，年次の泥炭量は減少等比数列に従う．その和，すなわち泥炭の堆積量は，結局のところ，

$$\lim_{t \to \infty} m_t = \frac{m_0}{1 - e^{-k}}$$

で，初項すなわち泥炭物質の付加量と公比すなわちその分解残率で決まる量に収斂する．

実際には k は一定ではないが，分解残率 e^{-k} は 1 より小さく，泥炭の堆積の総量，すなわち泥炭層の厚さは決して無限に大きくなるものではない．泥炭層が厚くなるにつれて分解量は増え，やがて付加される泥炭物質の量と等しくなり，泥炭層の発達は平衡に達する．

尾瀬ヶ原の泥炭層の発達は，^{14}C による測定に

図 3.29 下田代にあった「東電廃道」
見晴・東電小屋間の湿原につけられた近道，1966 年に立入り禁止．降雨時には水が流れ，浸食が進んでいた．

図 3.30 ヌマガヤ茎葉による敷き草

よれば 8000 年を経過しており，すでに平衡に達しているものとみられる（樫村，2000）．ここでもし，植生が荒廃して生産量（production）が低下するようなことがあれば，泥炭層もまた萎縮して形を崩し，湿原崩壊に結びつくおそれもある．一般の土壌とは異なり，泥炭層は植生とは一連のシステムとして長い時間をかけて発達してきたものであり，植生とは一蓮托生の関係で湿原を支えているのである．

b. 尾瀬ヶ原植生に生じた諸問題

尾瀬ヶ原は，戦後は特に多くのハイカーを迎えるようになり，これを契機として植生管理上のさまざまな問題が生じている．その主なものについて振り返ってみよう．

1）踏み付けによる植生の荒廃　最初に問題になったのは人々の湿原への踏み込みによる植生の荒廃（こうはい）である．荒廃地では，濃色の泥炭層表面が裸出し，太陽放射を吸収して高温となる．このため表面からの蒸発は激しくなり，地下の豊かな水とつながる毛管水の糸も切れて，表層は極端に乾燥してひび割れる（図 3.28）．泥炭のしおれ係数（植物が根から吸水できなくなる限界の，乾量％で表した土の含水量，wilting coefficient）は 70～90％ とふつうの土よりはかなり高いが，荒廃地表層の含水量は 20～40％ となる．こうなると気化熱による冷却能力も極端に低下し，盛夏の日中で 50℃ を超えることも稀ではない．この過酷な高温と乾燥の夏を，小さな実生は乗り切れない．荒廃地の自然回復は望めず，ただ雨水による浸食だけが進行することになる（図 3.29）．

そこで，人工復元の出番となる．復元作業は，群馬県と福島県がそれぞれの県域を担当して 1966 年から始められた．しかし，いくつかの問題が立ちふさがり，決して順調にはいかなかった．

ふつうの作物種子と違い，野生植物の種子の貯蔵は条件が難しい．結局のところ，秋の採り播き（とりまき）が実際的であるということになった．

また，夏の荒廃地の過酷な条件を緩和するため，敷わら（mulch）を施すことが考えられた．しかし，尾瀬の清らかな自然にイネわらを持ち込むのははばかられた．そこで，秋の播種（はしゅ）にあわせて冬枯れのヌマガヤを用いることとした（図 3.30）．その効果は，夏に雨が多い年は顕著に現れたが，雨が少ない年にはほとんど不明であった．秋の作業開始時には翌夏の雨の寡多はわからない．恵みの雨を天に祈って，毎年毎年，営々として作業が続けられることとなった．

復元作業の成績は，傾斜地や低湿地に比べてプラトーで良くなかった．プラトーには，自然ならばミズゴケのカーペットがあり，高等植物はそこに根を張っている．しかし，荒廃地にはミズゴケカーペットはなく，ミズゴケカーペットからの過度の蒸発散（evapotranspiration）を抑制する高等植物の葉層もない．いかにミズゴケカーペットを

表 3.5　沼尻湿原中湿地荒廃地の推移

測定年	1969	1971	1974	1976	1982	1989	1991	1993	1998	1999	2000	隣接自然地
ヒメイ	+	1	2	+								
ゴウソ	3	3	4	3								
サワギキョウ		+	+	1	+							
コバギボウシ	+	+	1	1				+		+	+	2
ミタケスゲ	+	2	2	2	3	1	1	1	1	2	2	
タテヤマリンドウ	+	+	2	1	+	+	+	+	+	+	+	
アキノキリンソウ	+	+	+	+	1	1		1	+	1	+	1
ニッコウキスゲ	+	+	+	1	+	+	1	1	+	1	1	2
ワレモコウ	1	1	+	+	1	1	3	1	2	2	2	2
ヌマガヤ	1	1	2	2	3	4	5	4	4	4	4	4
ミヤマイヌノハナヒゲ		+				1	1	1	1	1	2	
コツマトリソウ				+		+		+	+	+	+	
イワショウブ					+	1	1	1	1	1	1	
モウセンゴケ						2	1	2	1	1	1	
ツルコケモモ						2	1	2	3	2	2	1
チングルマ						1		1	1	2	2	
ショウジョウバカマ						+	+	+	1	+	1	
キダチミズゴケ						1	1	1	4	4	4	
クサゴケ						2	2	2				
アオモリミズゴケ						1		1	+	+	+	
ヤチカワズスゲ						+		1	1	+	1	
ミネカエデ								+	+	+		
カギハイゴケ									+	+	+	
ミツバオウレン									+	+		1

標本区は 1 m×1 m，表中の数値はブラウン–ブランケの被度スケール．

復元するかが問題であった．結局のところ，ミズゴケをちぎって種子とともに播き，敷きわらを施すことを続けた．

播種ではなく，株での移植やポット苗を養生して植え付ける方法も試みられた．しかし，移植株が荒廃地へ広がる速度は極めて遅く，主要な手段とはなりえなかった．

定置標本区（permanent quadrat）による三十余年にわたるモニタリングの結果は，おおよそはそれらしい自然植生に戻っていることを示している．しかし，期待した荒廃前の自然植生ではなく，別の群落になった例もある．表 3.5 は，沼尻（ぬしり）平（図 3.24）でのその例である．湖畔に休憩所があり，湿原を越えた西側にトイレがあって，そこまでの通路が荒れていた．このトイレは早いうちにもっと離れた現在の場所に移され，通路は廃道となった．ここに定置標本区をもうけ，自然回復の経過を追ったのが表 3.5 である．

植生はほぼ回復したかにみえる．しかし，それは，隣接の自然植生とはかなり違っている．廃道は 10 cm 程度低くなっている．この特殊な地形が独特の植生を生んだものと思われる．泥炭は可（か）塑性（そせい）に富み，踏み付けは地形まで変えてしまう．そこでの真の自然回復は，泥炭層の発達による表面地形の自然修復を待つしかないようである．

2）生活廃水の排出によるヨシの異常繁茂

尾瀬ヶ原見晴（みはらし）地区に接する湿原の縁には，ヨシを主とする低層湿原の植生がある．そのヨシの草丈は，1975 年頃には平均で 2.7 m にもなり，それが 60 本/m^2 ほどに密生していた．尾瀬ヶ原の山際にヨシ群落は珍しくはないが，これほどの繁茂は異状であり，木道に沿ってミゾソバの白い花があふれるばかりに咲き乱れるのも異状の感を深くした．

この時期，施設からの生活排水の処理は進んでいなかった．こうした排水がヨシやミゾソバの異常繁茂の原因だと考える向きも多かった．事実，山からの流水の総窒素量は0.04 mg/l程度がふつうなのに，見晴を通る丈堀では0.63 mg/lといった値が得られていた（樫村，2000）．

こうした富栄養化の問題に対して，合併浄化槽を設置し，その排水をパイプラインで只見川に流すことが検討された．尾瀬のような寒冷地の浄化槽は通気装置のついたものが必要であるが，そのための動力をどうして得るかが問題となった．また，排水管も自然流下方式が確実だが，湿原内に埋設するのは問題であった．泥炭はふつうの土と異なり，埋め戻した泥炭は雨に叩かれて容易に解離して流失し，管を埋めるために掘った溝は，恐るべき排水溝となって湿原の水理を狂わすおそれがあった．管を地表に這わすことも考えられたが，酷寒の冬に耐えられるのかどうか確信がもてなかった．

このパイプライン構想は，しかし，1996年に実現した．問題の動力は，谷川に設置された専用の発電機により，排水管は湿原より上位のブナ林に埋設された．浄化槽から排水管への排水の輸送は，上記の電力によるポンプアップ方式となっている．

その後のヨシ群落の推移については目下追跡中であるが，徐々に元の植生に戻りつつあるようである．しかし，すでに泥炭に吸着されている栄養成分の溶脱にはまだかなりの時間がかかるであろう．

3）オランダガラシの繁茂　1977年に，尾瀬ヶ原北下田代の中央部の丈堀沿い（図3.25）でヨーロッパ原産のオランダガラシが径30～40 mの密生群落をつくっているのが発見された．オランダガラシの下には丈堀の水があふれていた．

オランダガラシの茎は切れやすく，切れた植物片からは不定根が出て容易に増える．そこで，繁茂したオランダガラシは全部引き抜き，付近の低木の枝に掛けて乾燥枯死させた．はん濫した丈堀は底をさらって流れを良くした．これで冠水はなくなり，オランダガラシもみられなくなったが，翌年にはミゾソバが繁茂した．ミゾソバは一年生なので，花序だけを刈り払い，結実しないようにした．次の年にはミゾソバも激減し，代わってヤナギトラノオが繁茂した．その後，ヤナギトラノオも分散し，ミツガシワ，オオカサスゲ，ヒメシロネなどが本来の立地に戻り，サワギキョウやヒオウギアヤメもみられるようになった．しかし，10年を経過しても植生は完全には復元していない．

この事件の原因には尾瀬独特の背景がある．いまのようにヘリによる輸送もなかった頃の山小屋では生鮮野菜が不足した．そこで，オランダガラシを湧水地に移植した人がいる．それはよく活着しているが，そこから分布を広げる兆しもない．

今回の事件のいきさつは，おそらく誰かがこのオランダガラシを採ってきて調理し，調理屑を下水，すなわち丈堀に捨てたものである．丈堀がスムーズに流れていれば問題はなかったが，折悪しく詰ってあふれていたのが不運であった．

見晴地区の用水は，もともとは丈堀から取水していたが，その流量は十分ではなかった．そこで，国立公園の所管がまだ厚生省にあった頃，地区の北を流れて沼尻川にそそぐイヨドマリ沢から分水することが認可された．分水した水は，結局のところ丈堀に流すしかなかったが，丈堀にはイヨドマリの水まで流す容量はない．そのため，わずかのことでもあふれてしまう状況になっていたのである．

この事情は，1996年にパイプラインができ，使用した水はこのシステムによって直接，只見川に流すこととなり，かなり改善された．

c. 尾瀬ヶ原植生の管理の考え方と実際

尾瀬ヶ原のような高層湿原の植生は，貧栄養・酸性の立地にだけ成立する余地がある．しかも，その立地を形成する泥炭層は，植生由来で，植生とともに長い時間をかけて発達してきたもので，植生とは一蓮托生のシステムを構成している．このような自然の人為的な再生はとうてい不可能である．また，人為によって傷つきやすく，その修復は困難を極める．したがって高層湿原の自然は本質的に人に馴染まないものといえる．またそれだけに人工世界の煩わしさに疲れた心を癒すものとして人々に求められるものがある．この矛盾をどうするかという課題が，尾瀬ヶ原の植生管理の基本にある．

植生の管理にあたっては，対象とする植生の自然をよく知ることがまず大切である．知らないままに踏み込んで「自然との共生」を謳っても，互いの不幸を招くだけである．ここで留意すべきことは，「専門家」とされる人々でもその自然の実態をよく知らないことが多いことである．管理者自らの調査研究が欠かせないゆえんである．

調査研究には時間がかかるので，当面どうするかという問題もある．これについては，慎重に，また，順応的に対応するという姿勢が大切である．

尾瀬ヶ原の植生管理上問題となったことについていままで述べてきたが，簡単にまとめてみると以下のようになる．

1）湿原に人をみだりに立ち入らせないこと．

2）以下のことを行うにあたっては，あらかじめその影響について十分に検討すること．

① 湿原に富栄養の水を流すような施設の造営．

② 湿原にかかわる水系を，湿原の内外において改変すること．

③ 泥炭層に対する土木工事．

3）湿原群落の生産や微生物の分解に影響するおそれのある事項には確実に対応すること．

（樫村利道）

文　献

1）樫村利道．2000．尾瀬ヶ原と赤井谷地．163pp．歴史春秋社．

3.5.4 玉 原 湿 原

玉原湿原は群馬県沼田市の北部，武尊（ほだか）山（標高2135 m）の西麓，海抜約1200 m に位置する大小5つの湿原からなる．最大の湿原（面積約3 ha）の植生分布をみると，大部分がミズギク–ヌマガヤ群集に代表される中間湿原によって占められているが，一部にはミズゴケによるブルトとシュレンケ状の構造もみることができる．そのほか，ミカヅキグサ–ミヤマイヌノハナヒゲ群集，オオカサスゲ群集，ミズバショウ群落，タムラソウ群落，ハイイヌツゲ群落も分布している．湿原の周囲にはアスナロ，ブナ，ミズナラなどの樹木が匍匐し低木群落を形成し，その周囲をブナ林がとりまいている．この湿原には第二次世界大戦中（1942年）に湿原を軍用馬の生産牧場とするために人工排水路が掘られた．その排水路は戦後も埋め戻されることなく残り，湿原の水を排水し続けている．60年にも及ぶ排水路の存在は湿原を乾燥化させ，植物群落の変質化を進めることになった．

a. 湿原乾燥化の実態調査

湿原の変質を問題視した沼田市，この地域を自然教育の場としていた森林文化協会，研究者が協力して湿原植生復元のプロジェクトをつくり，1989年から実態調査を開始した．最初に，植生調査による群落組成の解析と植生図の作成を行った（表3.6，口絵1）．図3.31のように湿原を，湿原内に位置する2本の水路と木道によってAからFの6地区に区分して，植生図で地区の特

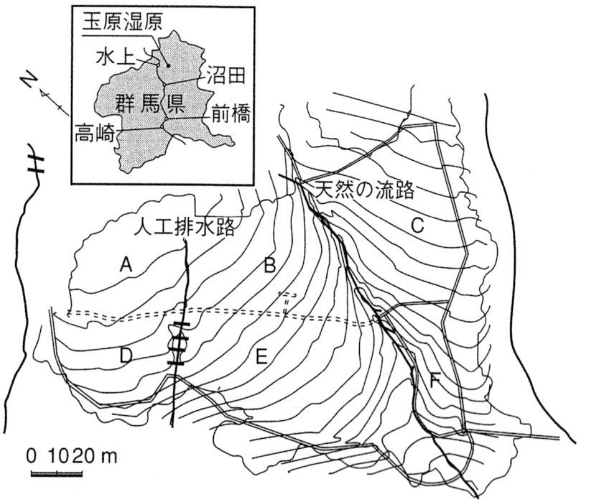

図3.31 調査地の地形と地域区分

表 3.6 玉原湿原の組成表

	整理番号	1	2	3	4	5	6	7	8	9	10	11	12	13	14	15	16	17	18	19	20
	群落番号	1	2	3	4	5	6	7	8A	8B	9	10	11A	11B	12A	12B	12C	12D	12E	13	14
	調査スタンド数	24	4	6	11	4	3	14	6	6	5	3	6	13	15	13	17	14	13	3	6
	平均種数	20	16	21	15	13	6	8	5	7	7	6	12	10	18	14	15	16	12	10	7
種群番号 1	ウラジロヨウラク	Ⅴ	3	·	·	·	·	Ⅰ	·	·	·	·	Ⅰ	·	Ⅰ	·	·	·	·	·	·
	チシマザサ	Ⅳ	3	·	·	·	·	·	·	·	·	·	Ⅰ	·	Ⅰ	·	·	·	·	·	·
	ミズナラ	Ⅳ	4	·	·	·	·	·	·	·	·	·	·	·	·	·	·	·	·	·	·
	アスナロ	Ⅳ	1	·	·	·	·	·	·	·	·	·	·	·	·	·	·	·	Ⅰ	·	·
	ツルシキミ	Ⅳ	2	·	·	·	·	·	·	·	·	·	·	·	·	·	·	·	·	·	·
	ヤマウルシ	Ⅳ	2	·	·	·	·	·	·	·	·	·	·	·	·	·	·	·	·	·	·
	ホツツジ	Ⅳ	1	·	·	·	·	·	·	·	·	·	·	·	·	·	·	·	·	·	·
	ハナヒリノキ	Ⅲ	1	·	·	·	·	·	·	·	·	·	·	·	Ⅰ	·	·	·	·	·	·
	ホソバトウゲシバ	Ⅲ	1	·	·	·	·	·	·	·	·	·	·	·	·	·	·	·	·	·	·
	オオバスノキ	Ⅱ	1	·	·	·	·	·	·	·	·	·	·	·	·	·	·	·	·	·	·
2	アカミノイヌツゲ	Ⅳ	·	·	·	·	·	·	·	·	·	·	·	·	·	·	·	·	·	·	·
	タムシバ	Ⅲ	·	·	·	·	·	·	·	·	·	·	·	·	·	·	·	·	·	·	·
	ダケカンバ	Ⅱ	·	·	·	·	·	Ⅰ	·	·	·	·	·	·	·	·	·	·	·	·	·
	ハクサンシャクナゲ	Ⅱ	·	·	·	·	·	·	·	·	·	·	·	·	·	·	·	·	·	·	·
	ヤマハンノキ	Ⅱ	·	·	·	·	·	·	·	·	·	·	·	·	Ⅰ	·	·	·	·	·	·
3	ノリウツギ	Ⅳ	·	Ⅴ	·	·	·	Ⅰ	Ⅰ	Ⅲ	Ⅳ	·	Ⅰ	Ⅰ	·	·	·	·	·	·	·
	ヤチダモ	Ⅲ	1	Ⅲ	·	·	·	·	·	Ⅱ	Ⅰ	·	·	Ⅰ	Ⅰ	·	·	Ⅰ	·	·	·
	クロヅル	Ⅱ	·	Ⅲ	·	·	·	Ⅰ	·	Ⅰ	Ⅰ	·	·	·	·	·	·	·	·	·	·
	フウリンウメモドキ	Ⅱ	·	Ⅰ	·	·	·	·	·	·	·	·	·	·	·	·	·	·	·	·	·
	ナナカマド	Ⅱ	·	Ⅰ	·	·	·	Ⅰ	·	·	Ⅰ	·	·	·	·	·	·	·	·	·	·
	ツノハシバミ	Ⅱ	·	Ⅱ	·	·	·	·	·	·	·	·	·	·	·	·	·	·	·	·	·
	ブナ	Ⅰ	·	Ⅱ	·	·	·	·	·	·	·	·	·	·	·	·	·	·	·	·	·
	コヨウラクツツジ	Ⅰ	·	Ⅰ	·	·	·	·	·	·	·	·	·	·	·	·	·	·	·	·	·
	ミヤマイボタ	Ⅰ	·	Ⅳ	·	·	·	·	·	·	Ⅰ	·	·	·	·	Ⅰ	·	·	·	·	·
	ズミ	Ⅰ	·	Ⅲ	·	·	·	·	·	·	·	·	·	·	·	Ⅰ	Ⅰ	·	·	·	·
	サトメシダ	Ⅰ	·	Ⅴ	Ⅰ	·	·	·	·	·	Ⅰ	·	·	·	·	·	·	·	·	·	·
4	サワフタギ	·	·	Ⅲ	·	·	·	·	·	·	·	·	·	·	·	·	·	·	·	·	·
	コハウチワカエデ	·	·	Ⅱ	·	·	·	·	·	·	·	·	·	·	·	·	·	·	·	·	·
	ウリハダカエデ	Ⅰ	·	Ⅲ	Ⅰ	·	·	·	·	·	·	·	·	Ⅰ	·	Ⅰ	·	·	·	·	·
	アズキナシ	r	·	Ⅱ	·	·	·	·	·	·	·	·	·	·	·	·	·	·	·	·	·
5	ヤマトリカブト	·	·	Ⅰ	Ⅳ	·	·	·	·	·	·	·	·	·	·	·	·	·	·	·	·
	トンボソウ	·	·	Ⅰ	Ⅲ	·	·	·	·	·	·	·	·	·	·	·	·	·	·	·	·
	ツリフネソウ	·	·	·	Ⅲ	·	·	·	·	·	·	·	·	·	·	·	·	·	·	·	·
	コバイケイソウ	·	·	·	Ⅱ	·	·	·	·	·	·	·	·	·	Ⅰ	·	·	·	·	·	·
	グレーンスゲ	·	·	·	Ⅲ	·	·	·	·	·	·	·	·	·	Ⅰ	·	·	·	·	·	·
	クモキリソウ	·	·	·	Ⅱ	·	·	·	·	·	·	·	·	·	·	·	·	·	·	·	·
	ミヤマシラスゲ	·	·	·	Ⅲ	·	·	·	·	·	·	·	·	·	·	Ⅰ	·	·	·	·	·
6	シカクイ	·	·	·	·	3	·	·	·	·	·	·	·	·	Ⅰ	Ⅰ	Ⅰ	Ⅲ	·	·	·
7	ツボスミレ	·	·	Ⅳ	Ⅴ	2	·	Ⅱ	·	·	·	·	·	·	·	·	·	·	·	·	·
	エゾシロネ	·	·	Ⅴ	Ⅳ	3	·	·	·	·	Ⅰ	·	·	·	·	·	·	·	·	·	·
	ノダケ	Ⅰ	·	Ⅲ	Ⅳ	2	·	·	·	·	·	1	·	·	Ⅰ	·	·	·	·	·	·
	ハリガネスゲ	Ⅰ	1	Ⅳ	Ⅱ	1	·	·	·	·	·	·	·	·	Ⅰ	·	·	·	·	·	·
8	ヒオウギアヤメ	r	·	·	·	3	3	Ⅰ	·	·	·	3	·	Ⅱ	Ⅱ	Ⅱ	·	·	·	·	·
9	タムラソウ	·	·	Ⅱ	Ⅴ	1	1	Ⅳ	·	·	·	·	Ⅰ	Ⅱ	Ⅱ	Ⅱ	Ⅰ	Ⅰ	Ⅰ	·	·
	アブラガヤ	·	·	Ⅲ	Ⅰ	3	3	Ⅱ	·	·	·	·	Ⅰ	Ⅲ	Ⅱ	Ⅰ	·	·	Ⅰ	·	·
	群落番号	1	2	3	4	5	6	7	8A	8B	9	10	11A	11B	12A	12B	12C	12D	12E	13	14
種群番号 10	クマイザサ	Ⅰ	·	·	·	·	·	·	·	·	Ⅲ	·	·	·	Ⅰ	·	·	·	·	·	·
11	ミズバショウ	Ⅰ	1	·	·	1	·	·	·	·	·	3	·	·	Ⅰ	·	·	·	·	·	·
12	モウセンゴケ	r	2	·	·	·	·	Ⅰ	·	·	·	·	Ⅲ	Ⅲ	Ⅲ	Ⅲ	Ⅴ	Ⅴ	Ⅴ	3	Ⅴ
	ヤチカワズスゲ	r	2	·	·	2	·	·	·	·	·	·	Ⅳ	Ⅳ	Ⅳ	Ⅳ	Ⅳ	Ⅳ	Ⅴ	·	Ⅱ
	アオモリミズゴケ	Ⅰ	1	·	·	3	·	·	·	·	·	·	Ⅲ	Ⅱ	Ⅳ	Ⅲ	Ⅱ	Ⅳ	Ⅳ	2	Ⅱ
	ツルコケモモ	·	4	·	·	·	·	·	Ⅱ	·	·	·	Ⅴ	Ⅳ	Ⅴ	Ⅴ	Ⅴ	Ⅴ	Ⅴ	2	·
	ウメバチソウ	·	1	·	·	2	·	·	·	Ⅰ	·	·	Ⅳ	Ⅳ	Ⅴ	Ⅴ	Ⅴ	Ⅴ	Ⅴ	1	·
	ミタケスゲ	·	·	·	·	·	·	·	·	·	·	·	Ⅴ	Ⅳ	Ⅳ	Ⅳ	Ⅲ	Ⅱ	Ⅲ	·	·
	ワタスゲ	·	·	·	·	·	·	·	·	·	·	·	Ⅲ	Ⅱ	Ⅳ	Ⅳ	Ⅳ	Ⅴ	Ⅱ	2	·
13	ミズギク	·	·	·	Ⅰ	1	·	·	·	·	·	3	·	·	Ⅲ	Ⅳ	Ⅲ	Ⅴ	Ⅴ	1	Ⅲ
	トキソウ	·	·	·	·	·	·	·	Ⅰ	·	·	·	·	·	Ⅲ	Ⅳ	Ⅳ	Ⅳ	Ⅳ	3	Ⅳ
	カキラン	·	·	·	Ⅰ	·	·	·	·	·	·	·	·	·	Ⅱ	Ⅰ	Ⅲ	Ⅲ	Ⅱ	1	Ⅰ
	キンコウカ	·	·	·	·	·	·	·	·	·	·	·	·	·	Ⅱ	Ⅳ	Ⅴ	Ⅴ	Ⅰ	1	·
	ミヤマイヌノハナヒゲ	·	·	·	·	·	·	·	Ⅰ	·	·	·	·	·	Ⅲ	Ⅳ	Ⅲ	Ⅴ	Ⅴ	3	Ⅴ
	ミカヅキグサ	·	·	·	·	·	·	·	·	·	·	·	·	·	Ⅱ	Ⅲ	Ⅲ	Ⅴ	Ⅳ	3	Ⅴ
14	サワラン	·	·	·	·	·	·	·	·	·	·	·	·	·	·	·	·	Ⅱ	Ⅱ	1	·
15	ヤマドリゼンマイ	Ⅴ	4	Ⅱ	Ⅰ	1	·	·	·	·	Ⅰ	·	Ⅴ	·	Ⅴ	·	·	·	·	·	·
16	ミミカキグサ	·	·	·	·	·	·	·	·	·	·	·	·	·	·	·	·	·	·	3	·
17	イトイヌノヒゲ	·	·	·	·	·	·	·	·	·	·	·	·	·	·	·	·	·	·	·	Ⅴ
18	ヌマガヤ	Ⅱ	4	Ⅳ	Ⅰ	3	2	Ⅴ	Ⅴ	Ⅴ	·	3	Ⅴ	Ⅴ	Ⅴ	Ⅴ	Ⅴ	Ⅴ	Ⅴ	1	Ⅳ
	ハイイヌツゲ	Ⅴ	4	Ⅴ	Ⅱ	2	·	Ⅳ	Ⅴ	Ⅴ	Ⅴ	·	Ⅴ	Ⅳ	Ⅴ	Ⅴ	Ⅴ	Ⅳ	Ⅱ	·	·
	オオミズゴケ	Ⅳ	4	Ⅰ	·	2	·	Ⅳ	·	Ⅴ	Ⅲ	·	Ⅴ	Ⅲ	Ⅴ	Ⅴ	Ⅴ	Ⅴ	Ⅱ	2	Ⅱ
	オゼヌマタイゲキ	Ⅰ	1	Ⅴ	Ⅴ	3	3	Ⅴ	Ⅰ	Ⅰ	·	3	Ⅰ	Ⅲ	Ⅲ	Ⅱ	Ⅱ	Ⅱ	Ⅱ	·	·
	ヨシ	Ⅲ	1	Ⅱ	Ⅴ	·	2	Ⅳ	Ⅴ	Ⅴ	Ⅱ	·	Ⅰ	Ⅳ	Ⅰ	Ⅱ	Ⅲ	Ⅰ	Ⅰ	·	·
	ゴウソ	Ⅰ	3	Ⅳ	·	4	3	Ⅳ	Ⅱ	Ⅴ	Ⅰ	·	Ⅲ	Ⅳ	Ⅲ	Ⅱ	Ⅰ	·	·	·	·
	コバギボウシ	Ⅰ	·	Ⅲ	Ⅰ	2	2	Ⅰ	·	·	·	1	Ⅰ	·	Ⅱ	Ⅰ	Ⅰ	Ⅱ	Ⅱ	1	Ⅰ
	アキノキリンソウ	Ⅰ	·	Ⅴ	Ⅱ	·	·	Ⅱ	·	Ⅰ	·	·	·	Ⅰ	Ⅲ	Ⅰ	Ⅰ	·	Ⅰ	·	·
	メニッコウシダ	Ⅱ	2	Ⅱ	·	·	·	Ⅰ	·	·	Ⅰ	·	Ⅲ	Ⅰ	Ⅱ	·	·	·	·	·	·
	ハイゴケ	r	·	·	·	·	·	·	·	Ⅱ	·	·	·	Ⅰ	Ⅰ	·	Ⅱ	Ⅰ	·	·	·
	ウロコミズゴケ	Ⅱ	·	Ⅰ	Ⅰ	·	·	·	Ⅰ	·	·	·	·	·	·	·	·	Ⅰ	·	·	·
	ヒメシダ	Ⅱ	·	Ⅰ	·	1	·	·	·	·	Ⅰ	·	Ⅰ	Ⅰ	·	·	·	·	·	·	·
	シラカンバ	·	3	Ⅰ	·	·	·	·	·	·	·	·	·	Ⅰ	Ⅰ	·	Ⅰ	Ⅰ	·	·	·
	ゼンマイ	Ⅱ	·	Ⅰ	·	·	·	·	·	·	·	·	Ⅰ	·	Ⅰ	·	·	·	·	·	·
	エゾリンドウ	·	·	·	·	·	·	·	Ⅰ	·	·	·	·	Ⅱ	·	·	Ⅰ	·	·	·	·
	ショウジョウバカマ	Ⅰ	1	·	·	·	·	·	·	·	·	·	·	·	Ⅰ	·	·	·	·	·	·
	ハリイ	·	·	·	·	·	·	·	·	·	·	·	·	·	Ⅰ	Ⅰ	Ⅰ	Ⅰ	·	·	·
	ゴマナ	r	·	Ⅱ	Ⅰ	·	·	·	·	·	·	·	·	·	·	·	·	·	·	·	·
	ツタウルシ	r	·	Ⅰ	·	·	·	·	·	·	Ⅰ	·	Ⅰ	·	·	·	·	·	·	·	·
	ミゾソバ	·	·	Ⅰ	Ⅱ	·	·	·	·	·	·	·	·	·	·	·	·	·	·	·	·
	ホンモンジスゲ	Ⅰ	·	·	·	·	·	·	·	·	·	·	·	·	·	·	·	·	·	·	·
	シッポゴケ	Ⅰ	·	·	·	·	·	·	·	·	·	·	·	·	·	·	·	·	·	·	·
	リョウブ	Ⅰ	1	·	·	·	·	·	·	·	·	·	·	·	·	·	·	·	·	·	·
	マンネンスギ	Ⅰ	·	·	·	·	·	·	·	·	·	·	·	·	Ⅰ	·	·	·	·	·	·

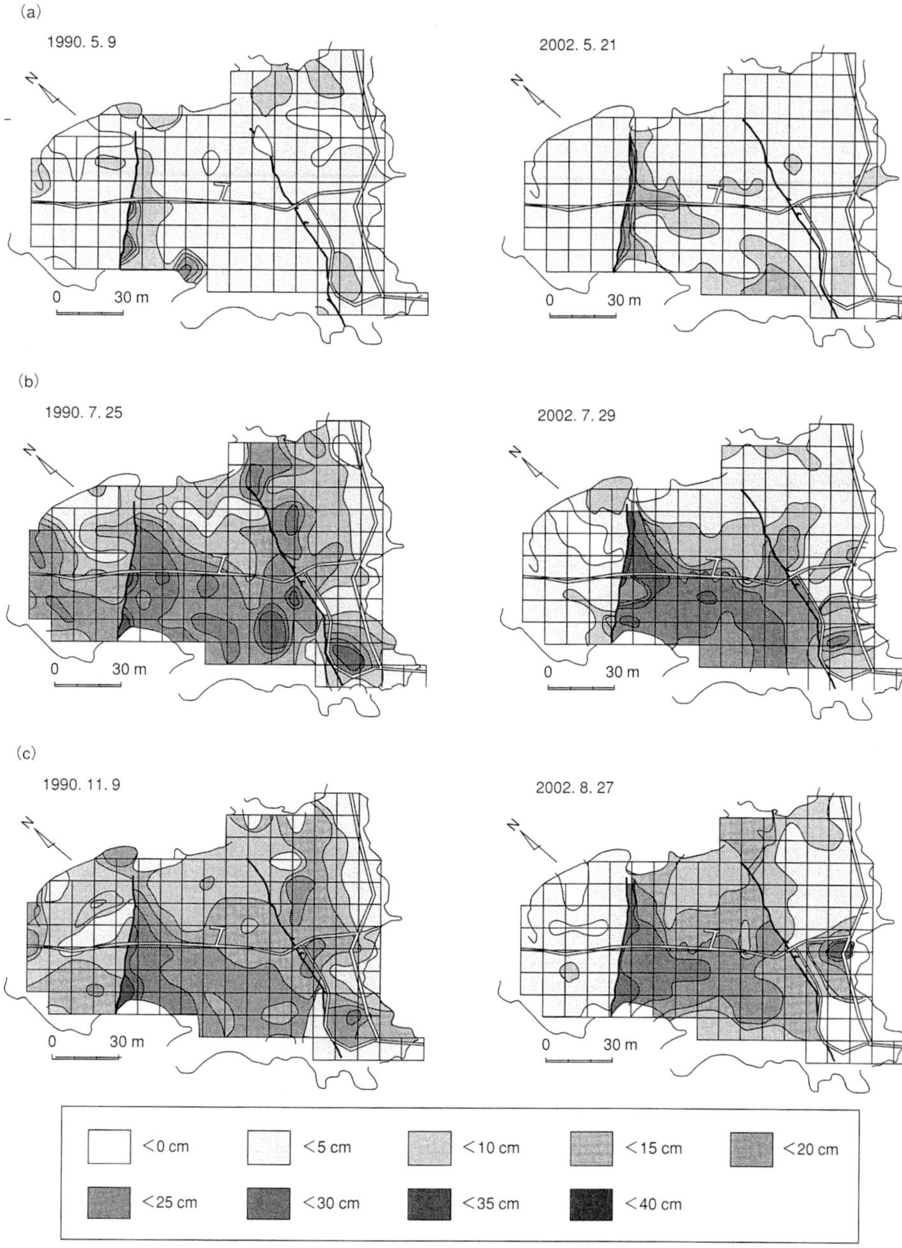

図 3.32　全域における地下水位の 10 年間の変化

徴をみると，A，B 地区の一部と C 地区では湿原植物群落が分布しているが，E 地区の排水路付近には，ハイイヌツゲ群落（群落 9），ハイイヌツゲ-ヌマガヤ群落（8A）が発達している．また，A 地区の半分と D 地区の一部には高茎(こうけい)草本群落が分布している．さらに，湿原中央部を横断する木道の両脇では明らかに分布する群落タイプが異なっている．

次に，湿原の水環境の実態を把握するために，側面に穴をあけた塩ビパイプを等間隔に埋設し，1990 年と 1991 年にかけて地下水位を測定した．その結果描かれた等値線分布図（図 3.32（a)～(c)）をみると，水位の高い時期では地下水位に大きな地域的差はないが，渇水期には地域差が大きくなる．特に，8月末から9月にかけてはE地区の排水路付近では大きな水位の低下が起こっている．その場所はハイイヌツゲ群落（群落9），ハイイヌツゲ–ヌマガヤ群落（8A）分布域であった．このことから，排水路が地下水位の低下と立地の乾燥化に大きくはたらき，それが植生の変質に強く関与しているものと考えた．

b. 10年後の再調査

沼田市は，乾燥化が進んだE地区の地下水位の上昇と安定化をめざして，1998年に排水路に4基の堰を設置し，同時期にD地区とE地区のハイイヌツゲの刈取りを行った．その翌年には，木道を再配置して，周辺部に迂回させた（口絵1参照）．このとき，A地区の左側を流れる小さな沢を横切って設置されていた木道を撤去した結果，水の流れが拡散し，一部は湿原方向へも流れるようになった．これらの対策の結果，ハイイヌツゲは弱体化し，保全対策は効果をあげたようにみえた．保全対策の効果の追跡と，前回の調査から10年を経た時点での間の植生変化を把握するために2001年から再度の調査を行うことになった．

1）群落の分布と組成の変化　まず，前回と同じ方法と凡例を用いて2001年時点の現存植生図を作成した（口絵1参照）．それぞれの地区で10年間の植生分布の変化をみると，B，C，F地区はほとんど変化していない．一方，A地区では，1991年時点では高茎草本群落（群落6）が地域の左側に広がっていたが，群落6の大部分が湿原植物を含む群落11Bに置き換わっている．D地区ではヌマガヤ優占群落（群落8）やハイイヌツゲが，群落8の一部が湿原植物を含む群落11Bに，群落6の大部分が高茎草本を含む群落5にそ

表3.7　各群落のスタンド数の変化

1989年の群落＼2002年の群落	1	2	3	5	6	7	8A	8B	9	11A	11B	12A	12B	12C	12D	12E	13	14	合計
1	11	1																	12
2	1	3																	4
3	2		1	1									1						5
5													2						2
6					2														2
7				5		3					1		1						10
8A							2	1			1		3						7
8B				2				1			3								6
9	1			1							1								3
11A										1		2	2						5
11B											8		2						10
12A	1											8	3						12
12B							1				1	3	14	2	2				23
12C													5	3					8
12D															9				9
12E															3	7	1	1	12
13																	3		3
14															1	2		4	7
合計	16	4	1	9	2	3	3	2	0	1	15	13	33	5	15	9	4	5	140

注：網掛けの部分は変化のないスタンドを示す．

れぞれ置き換わっていた．E 地区では人工排水路に近い群落 8B が群落 8A に変化しただけであった．

10 年前に植生調査を行った同一地点で調査を行い，群落内の種組成の変化を把握した．表 3.7 は 1989 年に区分された群落に属するスタンドを縦軸に，それが 2002 年にどの群落へ変化したかを横軸に示したものである．全体にみられる大きな変化は，さまざまな群落から群落 5，11B，12B への集中的な変化である．群落 5 は高茎草本群落であり，群落 11B はモウセンゴケ，ヤチカワズスゲなど湿原植物を多く含む群落である．また，群落 12B はミズギク，トキソウ，カキランなどが加わり，より湿原植物を多く含んだ群落である．これらを判断すると，組成が変化した地点の多くが，湿原植物をより多く含む群落へ変わったことがわかる．しかも，それらの群落への変化がさまざまな群落からの変化であることを考えると，湿原内の多くの場所で湿原植物が生育できる立地へと改善が進んだものと考えられる．

2）全域での地下水位の変化　前回とまったく同様の方法で地下水位を測定し，等値線図を比較することで地下水位の分布の変化をみた（図 3.32）．B 地区の地下水位は，他の地域に比べて安定しており，変動が小さいことがわかった．そこで，B 地区の地下水位の状態を基準として，前回と今回で B 地区での地下水位の深度分布が類似する図を選び，地下水位を比較した．全域において地下水位の高い 2002 年 5 月 21 日と 1990 年 5 月 9 日をみると，分布パターンに大きな違いはない．しかし，B 地区の地下水位が低下する 2002 年 7 月 29 日と 1990 年 7 月 25 日では C，D，B，E 地区でも地下水位が低下し，それが B 地区と E 地区で人工排水路に近いほど顕著であった．B 地区の地下水位がさらに低下する 2002 年 8 月 27 日と 1990 年 11 月 9 日では，2002 年で A，C，D 地区で地下水位が大幅に上昇していたが，E 地区では低下したままであった．10 年前に地下水位が低かった A 地区と D 地区での地下水位の上昇は，隣接する沢の木道撤去により，水が常に湿原内へ流入することになったこと，A と D 地区を分断していた木道を撤去したことにより地下水の動きが容易になったことと関係していると考えられる．木道撤去による沢からの水の流入が，結果的にそれらの地域の広範な湿潤化を促進したのである．一方，堰を設置した E 地区では，依然として地下水位の低下と大きい変動幅が継続していた．

3）定点における継続地下水位測定　2000 年 12 月 3 日に湿原内 7 カ所に自記式水位計（大起理化工業製 DIK-A-A1）を設置し，地下水位の継続測定を開始した．図 3.33（a）はその設置地点である．立地の乾燥化と植物群落の変質が進んでいる B 地区の排水路近く（測定地点 6）と E 地区（地点 1，2）での測定結果をみると，そこでは融雪期には地下水位の上昇がみられるが，上昇幅は大きくない．融雪期後には水位は低下し，夏季後半に大幅な水位低下がみられる．そして，秋雨期に入ると再び上昇へ転じる．このパターンが 2 年間連続していることから，夏期の低下は毎年のことと判断される．しかし，湿原植物群落の群落 11B や群落 12D が発達する A 地区（測定地点 4），B 地区（地点 7），D 地区（地点 5）では夏季に大幅な水位低下が認められない．夏期の長期間の水分不足の継続は，多くの水分を必要とする湿原植物の生育にとっては大きな打撃である．これが E 地区に湿原群落を発達させない原因であると推定される．堰設置と過湿を嫌うハイイヌツゲの弱体化とがほぼ同時に起こったことから堰が地下水上昇に効果的にはたらいたと考えていたが，この測定結果をみる限りでは堰による貯水効果は E 地区の地下水位の回復までは至っていない．湿地を嫌うハイイヌツゲの弱体化は，堰からオーバーフローした水が地表部を流れ，過湿化に貢献した結果であろう．堰の中の水量は主に降水と融雪水の量に影響される．このため一定の水位を保つことはできない．このことから，単に人工水路の水を堰止めるだけでは E 地区の地下水位

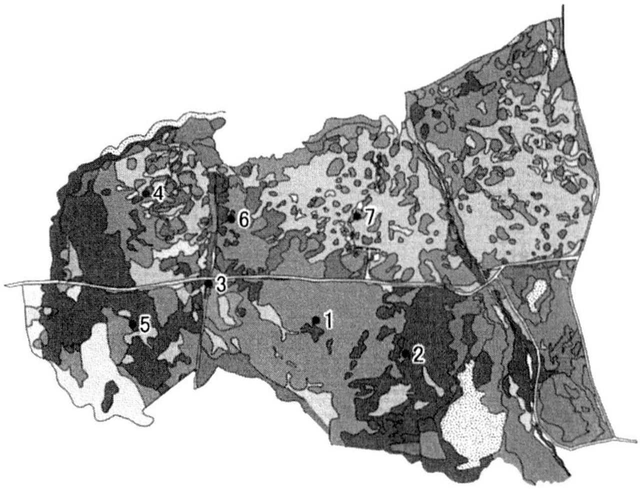

(a) 地下水位継続調査地点

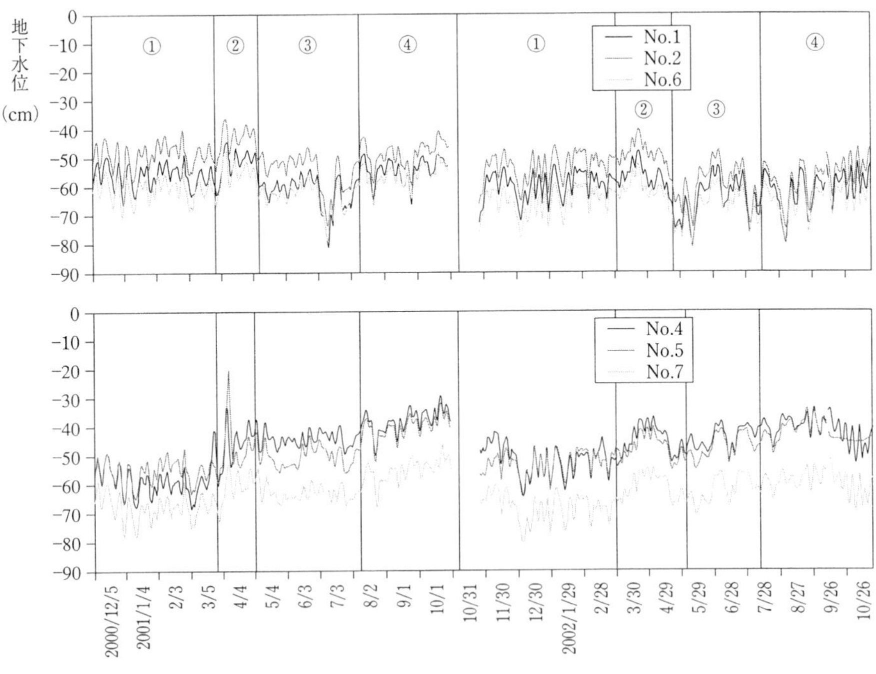

(b) 地下水位継続調査地点での水位変動と降水量

図 3.33

を回復することはできないことが判明した.

c. 湿原植物群落の再生のための保全対策

湿原植生の回復には年間を通して安定した地下水位の高さと，植物の生活が最も旺盛な夏期に地下水位が低下しないことが重要である．今回，地下水位と湿原植生の回復がみられたA，D 地区においては，沢への堰設置，木道の撤去，ハイイヌツゲ刈取り対策が有効に機能した．しかし，今後，融雪水の運ぶ土砂と年間を通してのより栄養塩類を含む水の供給が続けば，この再生した湿原植物群落がこのまま維持されるかどうかの保証はない．さらに安定した湿原植物群落へと誘導していくためには沢からの水の管理が重要である．E 地区は依然として湿原植物群落への回復までには至っていない．この地区の植生復元には，地下水位の上昇と安定化が望まれるが，それを進めるためには，他からの水の供給により，排水路内の水位を一定に保つことが必要である．その方法としては，A 地区に隣接する水路からの導水を考えている．今後は，手法の改良を重ねながら，湿原植生の回復をめざしたいと考えている．

（福嶋　司）

文　献

1）福嶋　司ほか．2003．玉原湿原の植生管理に関する報告書―10 年間の植生変化に関する追跡調査―．18pp．森林文化協会．

2）玉原湿原対策委員会．1992．玉原湿原に関する提言．38pp．

3.5.5　低地の湿地植生保全の実際

a.　対象にした地域

千葉県の九十九里平野は，九十九里浜の海岸線に沿ったわが国最大級の海岸沖積平野である．縄文海進以後の海退隆起によって陸化したもので，海岸線に並行した数列の旧砂丘列が読みとれ，その間に大小多数の沼沢や湿地が散在していた．ここに食虫植物，湿生植物あるいは水生植物などが豊富に生育していた．古くから牧野富太郎をはじめ多くの研究者が訪れその価値を認めてきたが，当初から保存の必要性も指摘され，1920（大正 9）年には平野中部の一角が「成東（なるとう）・東金（とうがね）食虫植物群落」として国の天然記念物に指定することが実現した．これには地域の人々の活動も大いに貢献した．

また，平野南部の JR 外房線の茂原・八積（やつみ）間に広がる低湿地帯も食虫植物や湿生植物の宝庫として知られた．1950 年代の国立科学博物館主催の採集会テキストによっても，当時のフロラの豊富さがうかがえる．

1960 年代になると低地の環境は大きく改変されるようになった．農業排水路の普及によって湿田は乾田化され，低湿地は埋め立て開拓が進み，それまでの湿地群落は急速に減少した．その状況を憂慮して保護の対策に尽力する人々もあったが，開発の流れには抗しきれず，本来の湿地はほとんど消滅の危機にあった．このような中で，筆者らがかかわり移植を通じて保全にこぎつけた実例を述べたい．

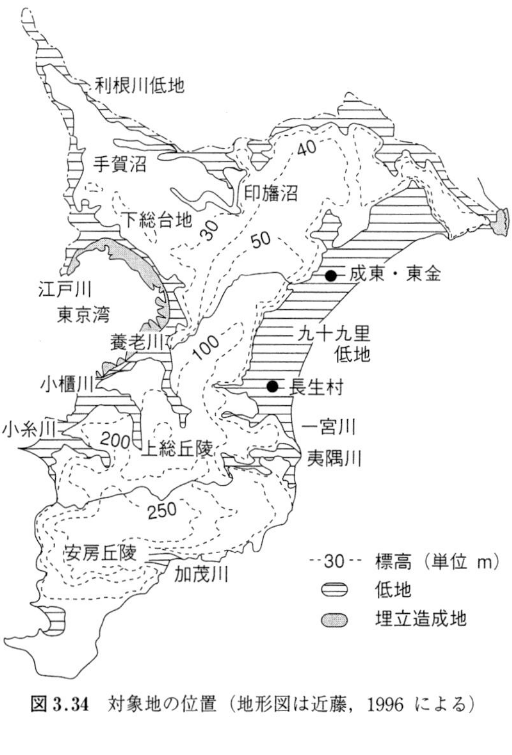

図 3.34　対象地の位置（地形図は近藤，1996 による）

b.　長生村の湿地での保全の実際

場所は千葉県長生（ちょうせい）村の一角で，この付近には 1980 年頃まではモウセンゴケ，コモウセンゴケ，イシモチソウ，ナガバノイシモチソウ，ミミカキグサ，ホザキノミミカキグサなどの食虫植物やサギソウ，トキソウ，ノハナショウブ，カキランなどが記録され，県内での稀少な場所となっていた．

しかしその一帯は工場の用地となっており，群落は急速に変化していった．土地の改変だけでなく，長年放置することによって大形草本が優占し，小形の食虫植物や湿生植物を消滅させたのである．もはやここでの回復は無理の状態になったとき，1992 年に付近の一部に優れた種類構成をもつ小湿地のあることに気づいた.

早速調査を行い，0.6 ha ほどの湿地に上記のような種のほか，タコノアシ，ミズユキノシタ，ミズオトギリ，ヒメナエ，イヌセンブリ，ゴマクサ，キセルアザミ，ヒメミクリ，イヌノハナヒゲ，ミカワシンジュガヤ，カガシラなど稀少な種が集中していることがわかった．群落の大半はヨシが優占し，部分的にはガマ，マコモ，チガヤが優占し，セイタカアワダチソウも侵入していた.

現地保全が最も望ましいが，ここも工場の建設予定地になっており，周囲はすでに埋め立てられ湿地の環境は悪化しつつあった．村と工場と話し合いとりあえず湿地の埋め立ては延期してもらい，調査の継続と保全対策の検討を行った．その結果現地保全は無理と判断し，次善の策として表土の移転によって種の保存を図ることとした．移転先の条件として次の点をあげた.

① 現地からあまり離れておらず，似たような環境のところ.

② 移植によって既存の群落を攪乱させないこと.

③ 移植後の保全管理がしやすいところ.

この条件に適うところとして，現地から約 2 km 離れた村の総合公園内の湿地を選定した．この湿地は公園造成に伴ってできたもので，既存群落を攪乱するという問題は回避できた．土壌移転によってその群落の質の向上を図ろうということになった.

図 3.35 土壌移植地における調査枠づくり（千葉県長生村，1996 年 5 月）

表土移転の作業は実験を重ねながら 5 年間に及んだ．まずは現地の群落を小ブロックに切り，20〜30 cm の深さに剝ぎ取って運搬した．移転先に穴を掘りブロックを植え込んだ．湿地内には車は入れず人力によるしかなかったが，たっぷり水を含んだ土壌は重くて重労働になった．途中から表土を砕いて広げる方法もとり，最後は重機の力を借りた．ブロックごとに棒を立てて定置コドラートとし，番号をつけてその後の調査の基準にした．コドラートは 100 以上になった.

移植した植物が定着し，さらにそれらが拡大してここ特有の群落を形成し，種保全の地域となることを期待した．それには移植後の保全管理の方法の検討とその実施が欠かせない.

ここの植生管理の目標を設定した．湿地の群落の保全といっても一律ではない．もともとの野外であれば，いろいろな環境があってそれぞれに対応した群落が成立していたが，狭い場所に多様な要素を共存させねばならないので，きめの細かい管理が必要となる．食虫植物や小形の湿生植物のためには，競合する大形草本は除去あるいは抑制し，時には表土の攪乱をする必要がある．一方，大形湿生植物のためには過度の草刈りは避けなければならないが，ヨシ，チガヤ，カモノハシなどが優占することは抑えたい.

湿地の周囲からの侵入を防ぎたいものがある．1 つはハンノキである．ハンノキの種子散布はさかんでよく発芽する．放置すればハンノキ林になってしまう．もう 1 つはセイタカアワダチソウやメリケンカルカヤなどの帰化植物で，ここにはそぐわない.

以上を検討した結果，次のような管理方法をとることにした.

① 毎年冬（12 月〜2 月頃）に全面の草刈り（機械による）を行う．刈った草は搬出し処理する.

② 食虫植物や小形湿生植物の保全区では，態

図 3.36　移植後の湿地に増加したイヌセンブリ(2000 年 10 月)

図 3.37　侵入するハンノキの実生．除去の対象とする（2000 年 10 月）

手による表面の掻き取りも加える．夏の前に生育状況をみながら手作業による刈取りを行う．

③ ハンノキ，セイタカアワダチソウ，メリケンカルカヤなどは機会あるごとに除去する．

このような作業を継続してきた効果は徐々に現れた．モウセンゴケ，ナガバノイシモチソウ，イヌセンブリ，ホソバリンドウ，イヌノハナヒゲ，トキソウなどはかなりの増加を示した．その反面減少あるいは消滅したものもある．ミミカキグサ，ホザキノミミカキグサは初期に増加したがその後は減少した．これらの動きを把握するため毎年の観察調査は欠かせない．また，実験的な手法を試みることも重要である．

ここが湿生植物の保全地として定着するにつれ，ここのもつ意義を普及する活動も必要になる．そのため「未来につなげよう—湿地の自然」(2001，長生村）と題する観察ガイドブックを作

図 3.38　毎年の草刈りによって保たれる湿原
立っているのは刈り込まれたハンノキ（千葉県多古町，1994 年 5 月）

成した．

c. 成東・東金食虫植物群落の保全管理

天然記念物として古い歴史をもつここも，地下水位の低下による土壌の乾燥化による影響が現れ，食虫植物や湿生植物の衰退傾向が憂慮された．このため管理主体の町教育委員会による長期の調査研究や，地域の有志による支援活動が続けられてきた．現在までに行われてきた管理の主な内容は次のようである．

① 群落の調査を継続し目標植生を設定する．

② ヨシ，カモノハシ，ススキ，ワラビなどの適切な除去をする．

③ 食虫植物や湿生植物の生育をみながら，慎重な草刈りをする．

④ 冬期の火入れを行う．

⑤ 表土の剝ぎ取りや攪乱を試行的に行う．

⑥ 水環境の維持のための調査と工事を行う．

⑦ ボランティアによる監視と見学者への指導案内を行う．

d. 草刈りが維持してきた湿地の群落

古くからの草刈りが湿地の豊富な種類相を保ってきた例がある．千葉県の北東部，多古町と光町にまたがるところで，栗山川の氾濫原にできた湿地である．ヨシ，カモノハシの優占する群落で，地元の農家は冬にこれを刈り取って屋根葺きの材料として出荷してきた．このことが群落の遷移を妨げ湿原の状態を維持してきた．この湿原の中に

はエゾツリスゲ，ヌマクロボスゲ，オオクグ，オオニガナ，ヒキノカサ，サワオグルマなど，極めて注目される種が多く含まれている．現在もカモノハシは文化財修復の材料として使用されているが，刈取りを行う人が高齢化し放置されるところが，しだいに増えている．群落には低木やツル植物が茂り，注目種は減少しつつある．

群落と種の多様性を維持するには，計画的な草刈りの導入を図らねばならない．ここにも適切な市民活動の力が期待される．　　（岩瀬　徹）

文　献

1) 岩瀬　徹．1998．長生村湿地帯の植物．千葉生物誌，**48**(1)：6-22.
2) 近藤精造．1996．千葉県の地盤と地質環境．153pp. 近代文芸社.
3) 成東町教育委員会．1991．食虫植物群落の回復をめざして.
4) 成東町教育委員会．2000．成東・東金食虫植物群落ガイド．63pp.
5) 谷城勝弘．2001．栗山川中流域の湿原.千葉県の自然誌，本編，**5**：396-400．千葉県史料研究財団.

3.5.6　湿地植生の創造―仙石原湿原の復元と箱根湿生花園―

a. 湿原群落の復元―仙石原湿原―

神奈川県西部にある箱根の一角，650 m の山地に仙石原（せんごくはら）湿原と呼ばれる小さな湿原がある．南にそびえる台ヶ岳（だいがたけ）（1045 m）のふもとにある湿原で，台ヶ岳からの湧水で涵養（かんよう）され，保護面積は約 17 ha，湿原の部分はその 1/3 を占めている．気温は年平均 12℃ で，年平均降水量は 3000 mm，ブナ帯とカシ帯の境界付近にあり，植生はヨシやアゼスゲを主とする低層湿原である．1934（昭和 9）年に湿原の一部（0.9 ha）が低山地に残る貴重な湿原として国の天然記念物に指定されている．

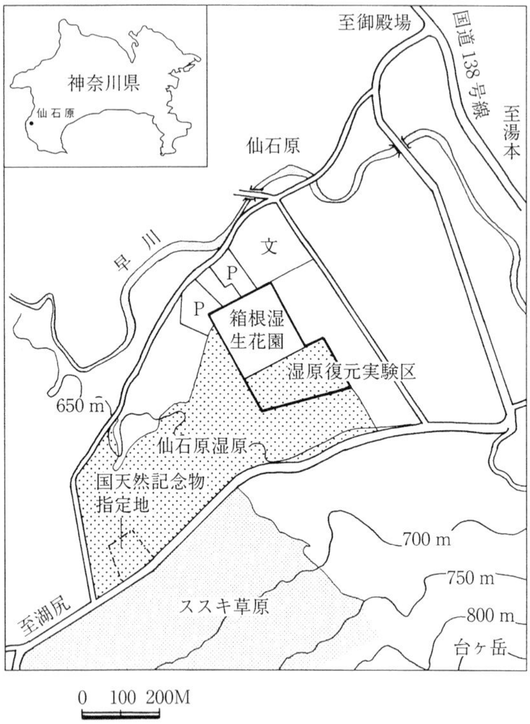

図 3.40　箱根仙石原位置図

図 3.39　仙石原の景観
中央の草原を横切る道路より下の部分が仙石原湿原．上の部分はススキ草原．手前の山は台ヶ岳．右上は芦ノ湖．

図 3.41　1983 年の仙石原湿原
火入れを中止してから 13 年たち，灌木が侵入してきている．

図 3.42　1998 年の仙石原湿原
乾燥した部分から森林化が進行している．中央の直線状の草地は防火帯として毎冬，草刈りが行われている．

図 3.44　2003 年の仙石原湿原
中央から左側は植生復元のために 2001 年から火入れが行われている．右側も順次，行われる予定．

1）仙石原湿原植生復元実験区　仙石原一帯は江戸時代から草刈場として利用され，火入れと草刈りが継続的に行われていたが，1970 年を最後に火入れが中止され，湿原の保護のため立ち入りも禁止された．その後，仙石原湿原はしだいに高茎化してトキソウやモウセンゴケなど湿原特有の種が衰退し，10 年を過ぎてからは灌木が目立つようになり，湿原の乾性化が懸念されるようになった．そこで，湿原保全の具体的管理方策を検討することを目的に，湿原に隣接する水田放棄区域 2 ha を実験区として，従来行われてきた火入れや草刈りが湿原保全に果たす役割をはじめ，さまざまな実験調査が 1985 年から 8 年間，行われた．結果としては，冬～早春期の火入れと初夏の草刈りが仙石原湿原を保全するために効果的であり，継続的な管理と観察調査が必要という提言が出された．

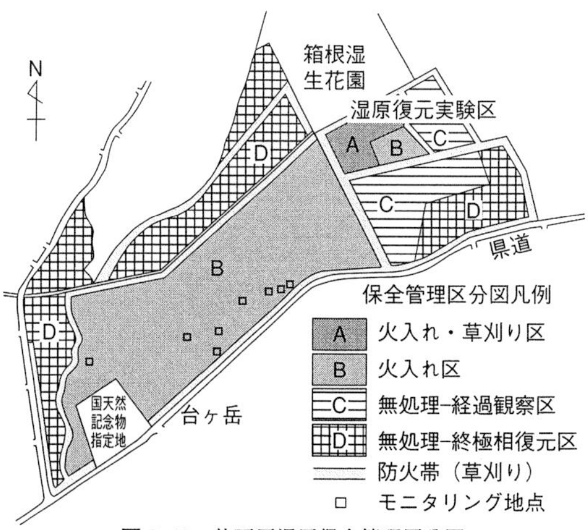

図 3.43　仙石原湿原保全管理区分図

2）仙石原湿原保全管理区分　実験区で行われた実験結果・提言に基づき，1998 年から環境庁（現環境省），神奈川県，箱根町の 3 者で仙石原湿原保護区域の保全が検討されることになった．復元目標としては天然記念物に指定された 1934 年当時の湿原植生を復元すること，また，保護区域内にできるだけ多様な植生ないし動植物を許容する環境をもたせることとした．

かつて集落は北隅にしかなく，仙石原一帯は広い湿原ないし草原で覆われ，当該保護区域はその一部分であった．しかし，宅地開発が進み，保護区の 3 方が住宅で囲まれた現在の状況では，保護区域全体をかつての草原状態に一律に復元することは問題があり，検討の結果，景観的にも安定し多様な植生と動物相を有する保護地域を目標に森林植生の復元も含め，次の 3 区に区分し，管理していくこととなった．

Ⅰ：住宅地と接する部分は終極相として森林も想定し，自然の遷移にまかせ，火入れ，草刈りなど，一切の人為的管理を行わない区域（図 3.43 の C，D）．

Ⅱ：冬期の火入れのみを行い，ゆるやかに植生の回復を図る区域（図 3.43 の B）．

Ⅲ：天然記念物指定当時行われていた，火入れと草刈りを毎年行い，植生の早期復元を図る区域（図3.43のA）．

現在，保護区内の火入れは2001年から部分的に行われ，毎年，面積を拡大している段階で，湿原の管理は端緒についたばかりである．また，管理がいつまで継続されていくのか，財政的な問題も含め，今後の課題となっている．

一方，実験区として使われていた区域は，前述のⅠ，Ⅱ，Ⅲの管理区分に分け，1月に火入れ，6月に高茎草本を刈取りという管理を続け，各区分の植生の相違を観察している．その結果，火入れと刈取りの両方行われているⅢの地域では水田放棄地当初にみられなかったミズトンボなども増え，しだいに多様な種が混在する湿原植生に回復してきている．

b. 湿原群落の創造—箱根湿生花園—

仙石原湿原の北東に隣接して在る「箱根湿生花園」は，日本の湿原植物を仙石原の気候下でできるだけ自然らしい群落状態でみせようとして，1976年に開園した湿原植物園である．前述したように仙石原の湿原は湧水性の低層湿原で，中間湿原や高層湿原の成立する条件下にはない．その仙石原の一角に低層湿原，ヌマガヤ草原（中間湿原），高層湿原の群落モデルを設定し造成することとなった．当初から湿原づくりには水と貧養な土壌が基本と考えられ，水の供給は群落域ごとに水門を設置し，水位を随時調節できるようにした．土壌も表層の植物も自生地をモデルに造成する計画で，ヌマガヤ草原区の造成はヌマガヤ泥炭を北海道の泥炭掘削地から表層の植物ごと厚さ20 cmのブロックで移送し，敷き並べた．高層湿原区の造成には池の水を囲むように泥炭を深さ80 cm近く敷きこみ，泥炭で池の水を酸性化させようと試みた．そしてその泥炭の上にミズゴケ群落ブロックを敷き並べた．低層湿原区の造成には園内に自生の群落をそのまま利用し，土壌も改変

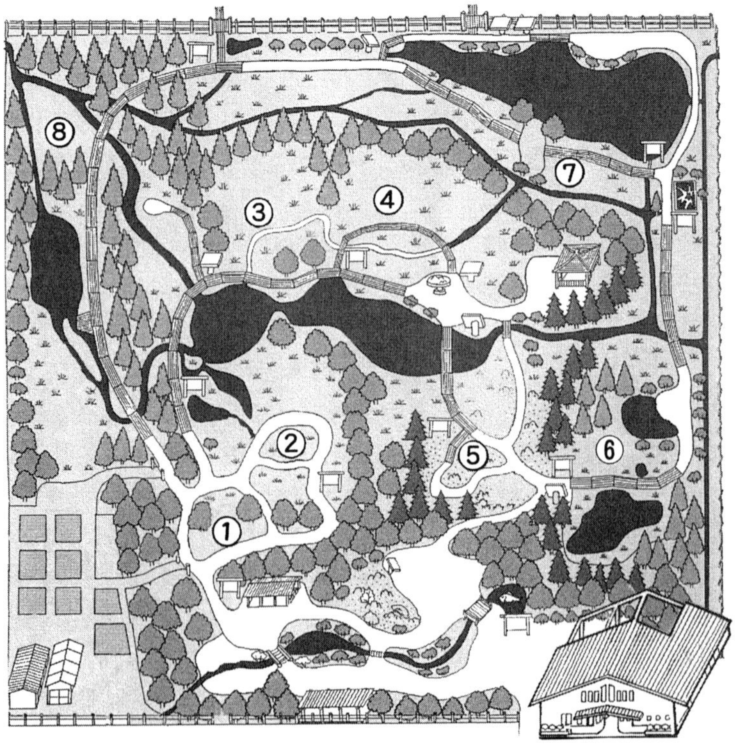

図3.45　箱根湿生花園案内図
①落葉広葉樹林の植物　②乾いた草原の植物　③低層湿原の植物　④ヌマガヤ草原の植物
⑤高山のお花畑　⑥高層湿原の植物　⑦仙石原湿原の植物　⑧湿生林の植物

図 3.46　箱根湿生花園の園内

しなかった．各群落内には主要構成種の苗を自然状態より密に適宜植栽した．

移入されたヌマガヤ湿原や高層湿原のブロック群落は，1年目は自生地同様の群落状態で繁茂し，2～3年の間は大きな変化はなかった．しかし，その後，急速に草丈が高くなり，ブロックに混生していた低層湿原性の植物の成長が目立ってきた．その後，ヌマガヤ草原区では草丈が高くなる低層湿原性の種類を除草しながら管理し，毎年主要構成種を補植している．

高層湿原区では造成数年後に池の水が悪臭を発するようになった．泥炭が分解し，かえって水や土壌を富養化させた結果となったのである．その後，土壌を全面的に砂に変え，ミズゴケを育生している．ヌマガヤ草原や高層湿原の群落造成の試みは，まったく環境の違う地域に他地域の群落を移動しても維持できないという，当然ともいうべき実験例となった．

仙石原にも自生する低層湿原の区域ではヨシの除草を主体に管理し，他の群落に較べれば管理が粗放でも比較的安定している．

現在，トンボ公園，学校園など多様な植生を備えるビオトープづくりがさかんであるが，維持管理していくことが難しい．当初はバランスよくつくられていても，水辺の植物は特に消長が激しい．維持していくには植物の動静を観察し，場所が合わなければ移植するか，水位や土壌を変えて適切な環境にする，または競争者を適宜除去するなど，こまめな管理が要求される．結論としては経験を積んで知識のある人間が常に携わらなければ，狭い空間でのビオトープは維持できないものと思われる．

終極相の森林の保全とは異なり，遷移の途中相である湿原を保全するには，どの植物または群落を育て，何をいつ，どのように抑制するべきなのか，適正な環境目標を定め，管理していく必要がある．湿原は年々変化していくものであり，その変化を追って観察し，適正な管理をしていかなければならない．　**（井上香世子）**

3.6　照葉樹林

3.6.1　照葉樹林の概要

常緑広葉樹の優占する樹林は熱帯の多雨地帯に発達する熱帯雨林，冬雨地帯に成立する硬葉樹林，亜熱帯から暖温帯の多雨地帯に分布する照葉樹林（暖帯林，亜熱帯降雨林，温帯降雨林，暖温帯林，ローレル樹林）（中野，1930）に区分される．照葉樹林は最初に記載されたカナリー諸島のほか，熱帯山岳地帯や南米のチリ，北米のフロリダ半島，ニュージーランド，中国，台湾，日本などに分布している（服部，1985）．日本国内では沖縄県から東北地方南部までの温暖な地域に分布し，林冠の優占種に基づくと，台風や冬季の北西季節風の影響下の臨海部に発達するタブ型，低地に広く分布するシイ型，山地に広がるカシ型に区分できる（Hattori and Nakanishi, 1985；服部，1992）．なお，ウバメガシなどの優占する海岸の常緑広葉樹林は形態的には硬葉樹林に含められるが，国内では照葉樹林の1つとして論じられることが多い．

3.6.2　照葉樹林構成種

a.　照葉樹林構成種の生活形とその種数

照葉樹林の骨格は照葉樹によって構成されているが，林内には草本植物をはじめとして多様な生活形の植物が生育している．照葉樹林の成熟相に生育の中心をもつ種を照葉樹林構成種と定義（服部・南山，2001）して，それらの生活形組成を分析した．生活形に系統分類の要素を加えて，照葉樹林構成種の分類を行い，九州本土以北の国内全体，各府県および照葉樹林の分布域として重要な伊豆諸島の生活形組成（服部ほか，2002a）を表3.8にまとめた．

表3.8の全国をみると，照葉樹林構成種の合計479種のうち照葉高木，照葉小高木，照葉低木の合計はわずか117種（24%）であり，照葉樹林の種多様性の大半が地生の草本植物，着生植物などの他の生活形によっていることがわかる．分類群としてみるとシダ植物の割合が約30%と高いほか，着生植物や腐生植物も少なくない．原生状態に近い照葉樹林ではこれらの植物がよく生育していることから考えて，これらの植物が少ない樹林は自然性が低いことになる．

b. 照葉樹林構成種の分布

照葉樹林構成種の地理的分布の北限線は気温（最寒月の月平均気温）の等値線とよく対応し（堀田，1974；服部，2002），また，図3.47に示

表3.8　九州本土以北における各府県ごとの照葉樹林構成種の生活形組成（伊豆は伊豆諸島を示す）

	全国	鹿児	宮崎	福岡	高知	山口	島根	兵庫	大阪	和歌	静岡	伊豆	神奈	千葉	石川	岩手	秋田
高木（照葉）	25	25	25	23	23	24	19	21	21	22	20	15	16	17	8	1	1
	5.2	6.4	6.6	7.8	6.4	9.3	9.8	8.4	9.3	6.6	6.9	7.1	7.7	8.2	6.2	1.9	1.4
小高木（照葉）	34	32	34	26	32	28	18	23	21	25	23	14	12	14	8	1	3
	7.1	8.1	8.9	8.9	9.0	10.8	9.3	9.2	9.3	7.5	7.9	6.6	5.7	6.7	6.2	1.9	4.2
低木（照葉）	58	50	47	42	42	38	27	32	31	39	34	26	23	26	16	7	7
	12.1	12.7	12.3	14.3	11.8	14.7	14.0	12.8	13.7	11.7	11.7	12.3	11.0	12.5	12.3	13.0	9.9
地生（ラン）	44	34	29	16	23	8	7	12	10	22	16	22	14	12	7	6	8
	9.2	8.7	7.6	5.5	6.4	3.1	3.6	4.8	4.4	6.6	5.5	10.4	6.7	5.8	5.4	11.1	11.3
地生（シダ）	100	86	85	60	78	60	47	57	52	75	68	50	60	55	35	9	23
	20.9	21.9	22.3	20.5	21.8	23.2	24.4	22.8	22.9	22.6	23.4	23.6	28.7	26.4	26.9	16.7	32.4
地生（カンアオイ）	36	5	7	6	8	3	3	4	3	8	12	0	5	1	2	0	1
	7.5	1.3	1.8	2.0	2.2	1.2	1.6	1.6	1.3	2.4	4.1	0	2.4	0.5	1.5	0	1.4
地生（その他）	48	37	37	31	36	30	17	30	25	34	29	16	14	18	14	8	8
	10.0	9.4	9.7	10.6	10.1	11.6	8.8	12.0	11.0	10.2	10.0	7.5	6.7	8.7	10.8	14.8	11.3
ツル（照葉）	26	24	23	20	22	19	14	15	16	21	18	14	13	15	7	2	3
	5.4	6.1	6.0	6.8	6.2	7.3	7.3	6.0	7.0	6.3	6.2	6.6	6.2	7.2	5.4	3.7	4.2
着生（ラン）	20	20	19	10	18	6	6	11	10	17	13	10	8	9	4	2	1
	4.2	5.1	5.0	3.4	5.0	2.3	3.1	4.4	4.4	5.1	4.5	4.7	3.8	4.3	3.1	3.7	1.4
着生（シダ）	39	37	37	30	36	23	20	24	19	36	30	24	23	17	13	8	11
	8.1	9.4	9.7	10.2	10.1	8.9	10.4	9.6	8.4	10.8	10.3	11.3	11.0	8.2	10.0	14.8	15.5
腐生（ラン）	20	15	12	11	16	4	4	6	7	11	13	9	10	11	7	4	2
	4.2	3.8	3.1	3.8	4.5	1.5	2.1	2.4	3.1	3.3	4.5	4.2	4.8	5.3	5.4	7.4	2.8
腐生（その他）	11	10	9	5	7	3	2	6	4	6	4	7	3	4	4	2	2
	2.3	2.5	2.4	1.7	2.0	1.2	1.0	2.4	1.8	1.8	1.4	3.3	1.4	1.9	3.1	3.7	2.8
寄生	7	7	7	4	6	4	2	3	3	5	4	1	3	4	2	1	1
	1.5	1.8	1.8	1.4	1.7	1.5	1.0	1.2	1.3	1.5	1.4	0.5	1.4	1.9	1.5	1.9	1.4
その他（針葉高木，針葉小高木，木生シダ，夏緑ツル，ツル性シダ，着生低木）	11	11	10	9	10	9	7	6	5	11	6	4	5	5	3	3	0
	2.8	2.8	2.5	2.3	2.5	2.3	1.8	1.5	1.3	2.8	1.5	1.0	1.3	1.3	0.8	0.8	0
合計	479	393	381	293	357	259	193	250	227	332	290	212	209	208	130	54	71

上段は種数，下段は出現種に対するその生活形の種類の比率（%）．

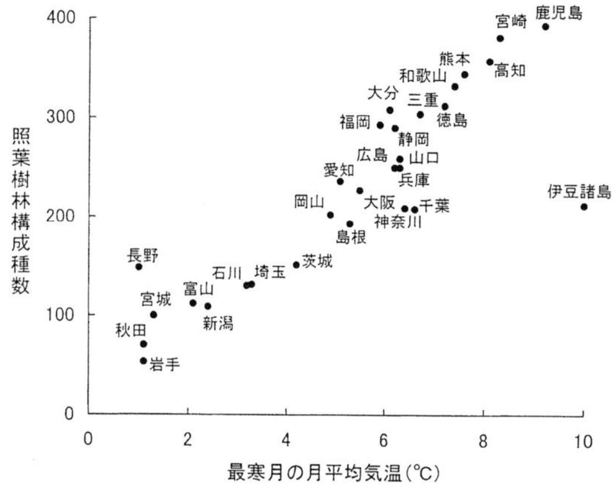

図 3.47　照葉樹林構成種数と最寒月の月平均気温の関係
照葉樹林構成種数は都道府県単位で算出，気温は各都道府県における最も気温値の高い観測所の最寒月の月平均気温値を使用した．

図 3.48　照葉樹林（照葉原生林）
宮崎県綾町綾南川，1982 年 9 月 2 日．

したように各都府県の照葉樹林構成種数とその土地の最寒月月平均気温値は正の相関関係にあり（服部ほか，2002a），照葉樹林構成種の分布は第一に気温によって制限されていることがわかる．しかし，瀬戸内沿岸域におけるタブの欠落や日本海側におけるマンリョウなどの欠落，東北地方の臨海部や太平洋に突出する半島部におけるタブの優占などは，各々，少降水量条件，積雪条件，強い潮風条件に基づいており，気温以外の気候的，土地的条件も照葉樹林構成種の分布に少なからず影響を与えている．

照葉樹林構成種の地理的分布を考える上で重要な点は，上記のような現在の環境条件だけではなく，過去，少なくとも最終氷期最寒冷期以降の気候変動といった植物歴史地理的な条件も考慮しなければならないことである．クロキ，カナメモチ，モクレイシなどの照葉樹の地理的分布は，現在の環境条件だけでは説明できなかったが，植物歴史地理的な視点によるレフュジア（避難地）仮説を用いることによって，それらの複雑な地理的分布の解明が進み始めている（服部，1985；服部，2002）．レフュジア仮説の大要は，最終氷期最寒冷期に照葉樹林は佐多岬，天草・五島，足摺岬，室戸岬，潮岬，伊豆半島，野島崎などのレフュジアに各々固有のフロラをもって隔離されて残り，各々のレフュジアより後氷期以降分布拡大を始めた．照葉樹林の全構成種にとって分布拡大に要する時間はまだ不足であったが，縄文時代中期には全レフュジアに残った種によって一応連続的な照葉樹林の分布が完成したとするものである．

南のレフュジアほど温暖であり，より多くの種を残存させたと考えられるが，個々のレフュジアにどの種が残存するかは偶然的要素が大きい．その点までは説明不可能であるが，各々の種の現在の分布より，残存したレフュジアは推定できる．

3.6.3　照葉樹林の群落分類

多くの研究者によって照葉樹林の群落体系が報告されているが，ここでは服部（1985）の体系を土台に，その後の成果を加えて新たな体系を示した（図 3.49）．ヤブツバキクラスにまとめられる照葉樹林は，大隅海峡を境として，照葉樹林の種組成に大きな差が認められることから，それ以南のスダジイ–リュウキュウアオキオーダーとそれ以北のスダジイ–ヤブコウジオーダーに二分できる．九州本土以北のスダジイ–ヤブコウジオーダーは海岸から低地に広がるタブ型，シイ型の照葉樹林と山地に広がるカシ型の照葉樹林に区分できる．前者はスダジイ群団として，後者はウラジロガシ–サカキ群団として位置づけられる．スダジイ群団はタブ型のタブ亜群団とシイ型のスダジイ亜群団に区分される．

- ヤブツバキクラス
  - スダジイ-ヤブコウジオーダー（九州以北）
    - スダジイ群団（九州～東北）
      - スダジイ亜群団
        - スダジイ-タイミンタチバナ群集（九州）
        - スダジイ-クロキ群集（九州，四国）
        - スダジイ-ミミズバイ群集（四国，紀伊，遠江）
        - コジイ-カナメモチ群集（瀬戸内）
        - スダジイ-トキワイカリソウ群集（日本海側）
        - スダジイ-ホソバカナワラビ群集（伊豆，房総）
        - スダジイ-ヤブコウジ群集（中部，関東）
      - タブ亜群団
        - タブ-ムサシアブミ群集（四国，九州）
        - タブ-イノデ群集（本州）
    - ウラジロガシ-サカキ群団（九州～東北）
      - ウラジロガシ-イスノキ群集（九州）
      - ウラジロガシ-サカキ群集（本州太平洋側）
      - ウラジロガシ-ヒメアオキ群集（本州日本海側）
  - スダジイ-リュウキュウアオキオーダー（屋久島以南）

図3.49　ヤブツバキクラス（スダジイ-ヤブコウジオーダー）の群落体系

タブ亜群団は九州，四国の温暖な太平洋沿岸域に点在する多様なタブ-ムサシアブミ群集と冷涼な太平洋沿岸や日本海沿岸に分布し，北限の照葉樹林を形成するタブ-イノデ群集に区分される．両群集とも台風や季節風の影響を強く受ける沿岸域に分布し，タブ，ホルトノキ，ヤブニッケイなどのブナ科以外の高木種が優占する．同じ沿岸域でも潮風の影響の少ない場所ではスダジイ亜群団に属するシイ型の群集が成立する．

シイ型の群集は現在の地理的分布や植物歴史地理条件（Cain, 1944；Good, 1964）をもとに3つの群に大別できる．各群内では種多様性の高い群集と単純な群集に細分される．第一は，九州を拠点とする南のスダジイ-タイミンタチバナ群集と北のスダジイ-クロキ群集である．この2群集は最終氷期最寒冷期に南九州に避難していた照葉樹林に由来している．種多様性の高いスダジイ-タイミンタチバナ群集よりミサオノキ，カンザブロウノキ，ハナカガシなどの欠落したものがスダジイ-クロキ群集で，九州北部や中国地方および九州の内陸部に広がっている．第二は，四国から中国，近畿地方に拠点をもつ群集で，スダジイ-ミミズバイ群集，コジイ-カナメモチ群集，スダジイ-トキワイカリソウ群集の3群集である．スダジイ-ミミズバイ群集は四国，紀伊半島，御前崎などの太平洋沿岸の温暖な地域に分布する多様性の高い群集である．本群集よりミミズバイ，オガタマノキ，ツゲモチなどの欠落したものがコジイ-カナメモチ群集である．本群集は瀬戸内沿岸一帯から内陸低地と広がり，乾燥条件に適応した種組成を有している．本群集よりカナメモチ，ナナメノキ，タラヨウといった種が欠落し，トキワイカリソウ，ハイイヌガヤなどの日本海要素をもつ種組成の単純な群集がスダジイ-トキワイカリソウ群集である．本群集は日本海側の鳥取県東部より新潟県に及ぶ積雪地帯に発達し，日本海側における北限のシイ型群集である．第三の群は，中部地方東部から関東地方に広がり，最終氷期最寒冷期に伊豆・房総をレフュジアとしていた照葉樹林に由来するスダジイ-ホソバカナワラビ群集とスダジイ-ヤブコウジ群集である．前者は伊豆半島から房総半島にかけての太平洋沿岸の温暖な立地に成立し，後者は東京湾岸やその内陸部および千葉県北部から福島県南部の沿岸に分布する．スダジイ-ヤブコウジ群集はスダジイ-ホソバカナワラビ群集よりホルトノキ，タイミンタチバナなどの欠落した群集であり，太平洋側における北限のシイ型群集である．

ウラジロガシ-サカキ群団は照葉樹林の中で最も低温に耐える群団で，照葉樹林の上限を占める．照葉樹林の北限となる東北地方では，温暖な領域は，潮風の影響を受ける沿岸部に限られるた

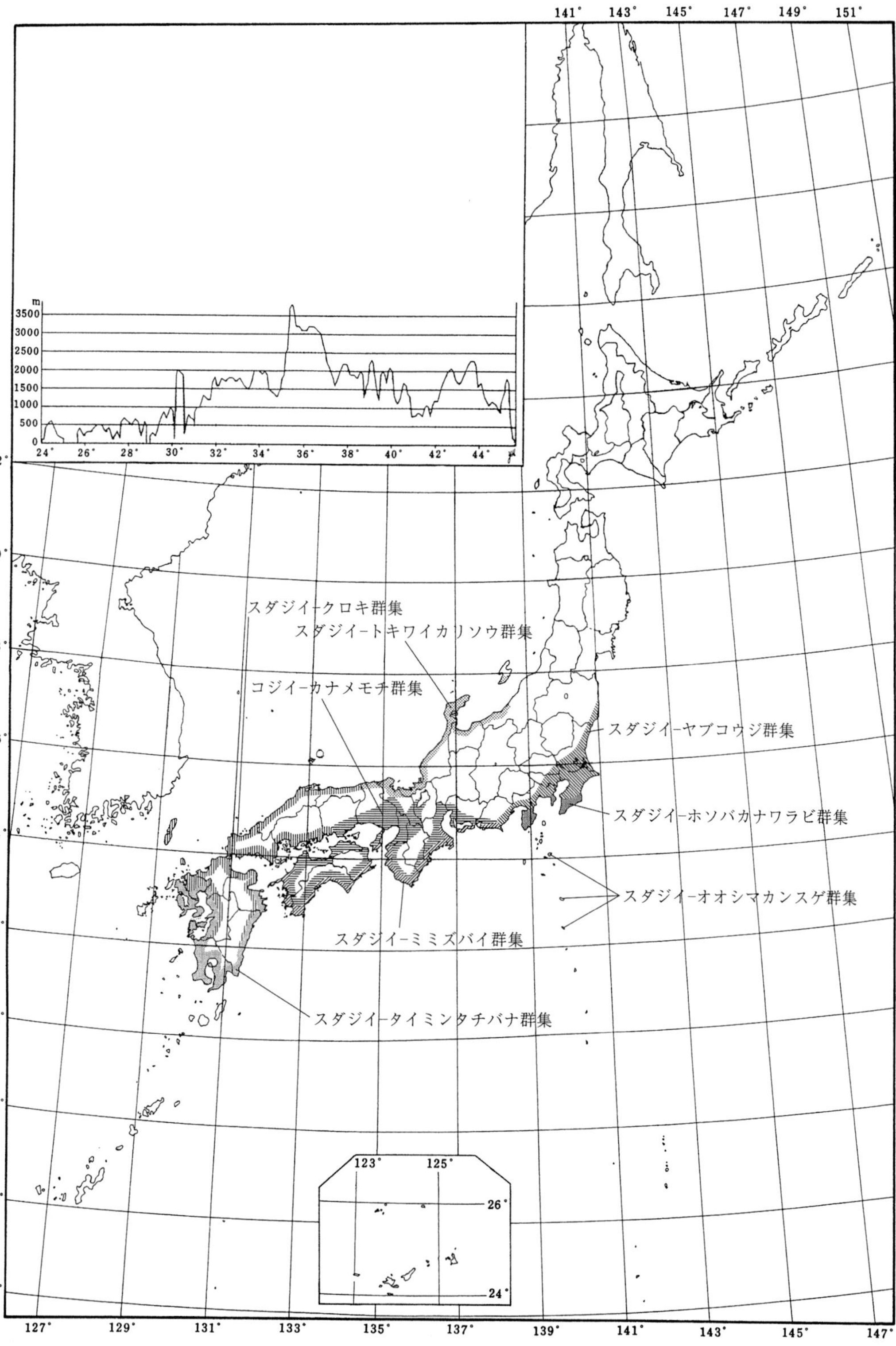

図 3.50　(a) スダジイ-ヤブコウジオーダー，スダジイ群団，スダジイ亜群団に含まれる群集の分布（シイ型群集の分布）

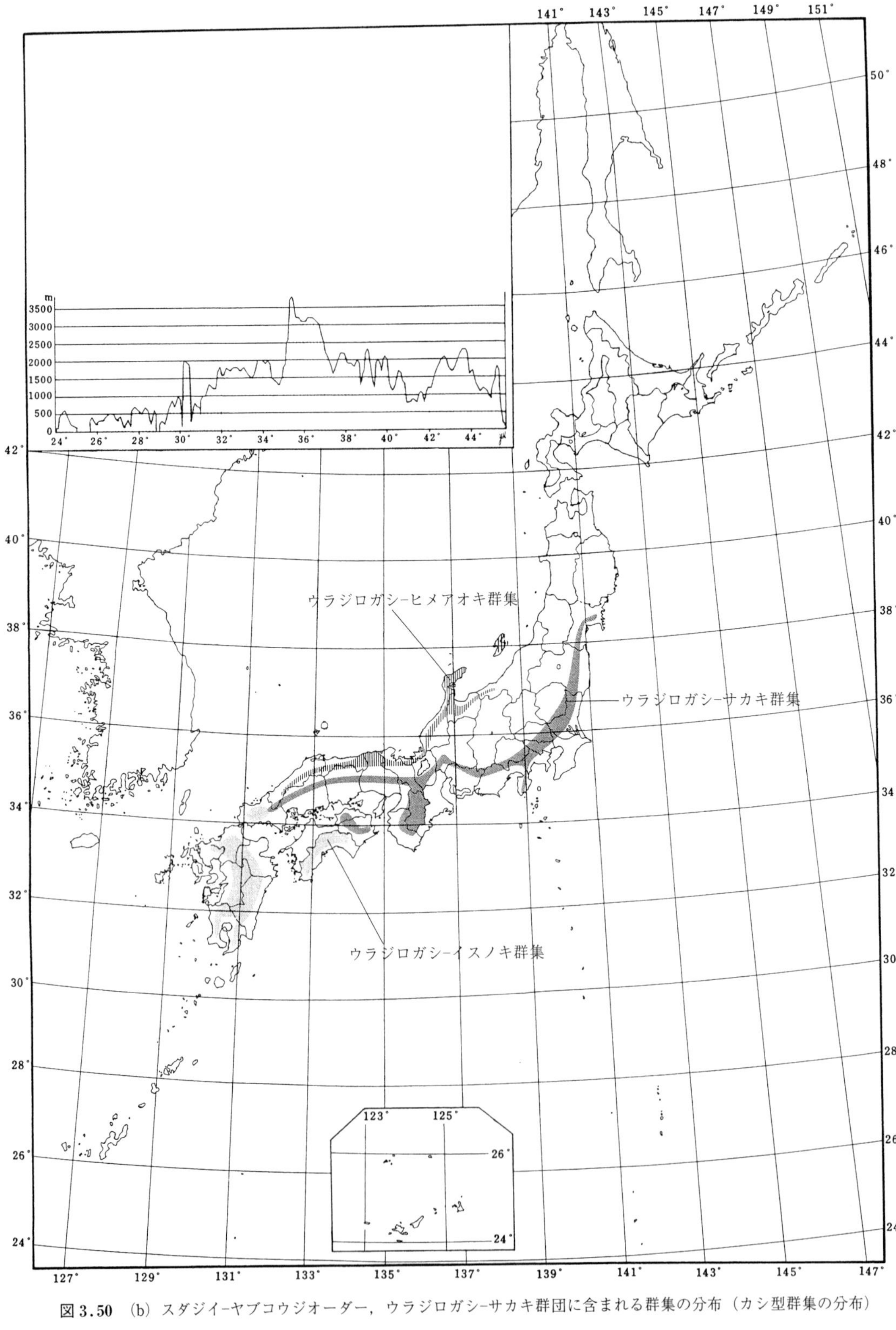

図 3.50 (b) スダジイ–ヤブコウジオーダー，ウラジロガシ–サカキ群団に含まれる群集の分布（カシ型群集の分布）

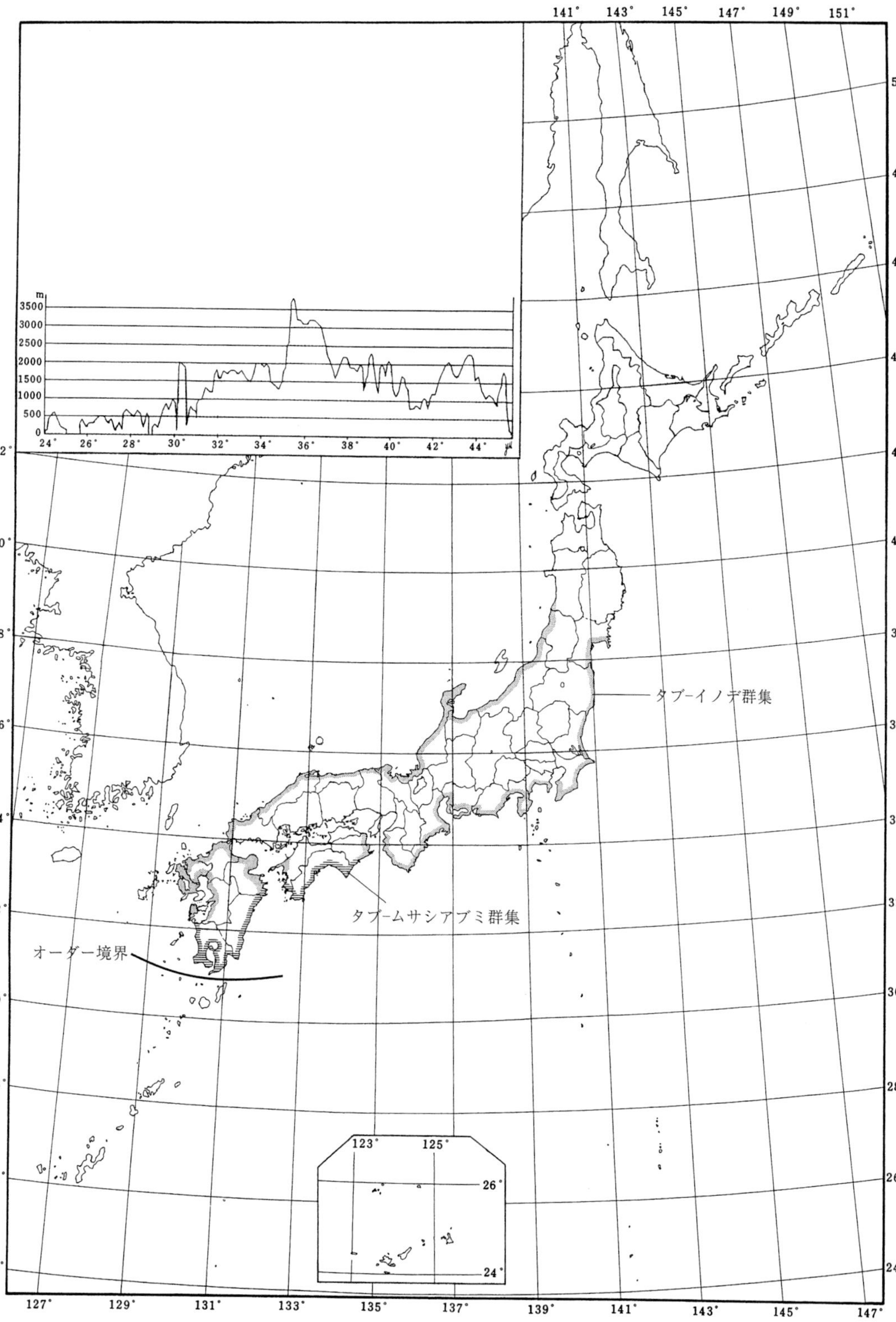

図 3.50 (c) スダジイ-ヤブコウジオーダー，スダジイ群団，タブ亜群団に含まれる群集の分布（タブ型群集の分布）

めに，耐潮性の低い本群団はそこには分布できず，タブ亜群団が広がっている．本群団に属するウラジロガシ–イスノキ群集，ウラジロガシ–サカキ群集，ウラジロガシ–ヒメアオキ群集は最終氷期の最寒冷期に，各々，九州南部，四国・本州の半島部，紀伊半島南端部をレフュジアとした照葉樹林に由来したと考えられる．ウラジロガシ–ヒメアオキ群集は日本海側の多雪地帯の低山部に広がり，チャボガヤ，チマキザサなどの日本海要素を多く含むことで特徴づけられる．なお，本群集の垂直分布の下部には同じように日本海要素を含んだスダジイ–トキワイカリソウ群集が分布している．日本海側の臨海部には積雪の影響が及ばず，そのためタブ亜群団では日本海型の群集が分化せず，太平洋沿岸と同じタブ–イノデ群集が広がっている．

各群集の分布については図 3.50 に示した．

3.6.4　照葉樹林の現状

照葉樹林は面積も小さく，集落の近くにあるだけに，以下に示したようなさまざまな問題が発生し，保全のための植生管理の必要性が高まっている．

神社や寺院に保全された照葉樹林は，当初は周辺の照葉樹林と一体化しており，原生状態を保っていたと考えられるが，開発によって孤立化，小面積化が進行し，それによって着生植物や腐生植物のような環境変化に弱い植物の絶滅が生じる．したがって社寺林は，原生状態にあるのではなく，孤立化・小面積化の程度に相応した自然性（種多様性）の低下した状態にある．孤立化・小面積化による種多様性の低下という点について，兵庫県南東部（石田ほか，1998），宮崎県中部（服部・石田，2000），長崎県対馬（石田ほか，2001）の 3 地域で社寺林を対象に調査した（図 3.51）．その結果，社寺林の面積とそこに出現する照葉樹林構成種の種数の各々の対数には相関関係が認められること，大面積の樹林にしか生育できない種があること，1 ha 程度の面積がないと

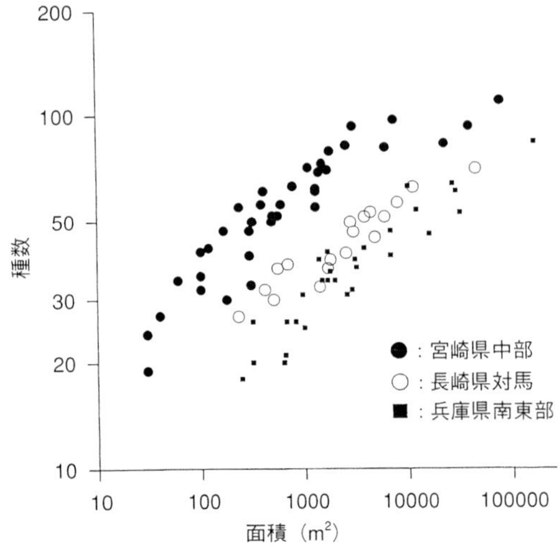

図 3.51　社寺林の面積と種数の関係

十分な種多様性が確保されないこと，その地域の照葉樹林フロラを満足するためには 100 ha 程度の面積が必要なこと，一定のフロラを確保するためには，小面積の樹林を多数残すほうが効率がよいことなどが明らかにされている（石田ほか，1998）．照葉樹林の面積が大きいほど自然性は高く，種多様性が維持されていることになるので，大面積の樹林の保全は，確実に進める必要がある．しかし，小面積の社寺林も自然性は低くても，全体が集まってその地域の照葉樹林フロラを維持し，地域のシンボルや郷土景観の要素として重要な機能を果たしているので，照葉樹林の断片であってもその重要性は失われることはない．

人はさまざまな目的をもって照葉樹林内に立ち入るが，保全・管理以外のすべての立入りは照葉樹林にとってマイナスである．林内の下刈りやシキミ，サカキ，ヒサカキなどの採取は社寺林ではよく行われているが，それらの行為は林床植生に大きな影響を与える．萌芽力の弱いルリミノキ，ミヤマトベラなどは下刈りによって消滅する．カンアオイ類，フウラン，セッコク，エビネなどの稀少種は，個体数が少ないこともあって，採取による絶滅の確率は高い．

社寺林にはサカキ，シキミといった宗教儀式に必要な植物が植栽されるほか，ツバキ，アオキ，

マンリョウといった植物が景観形成，美観の育成を目的として植栽されている．これらのように直接植栽される以外に，周辺の民家，公園等の果樹，庭園木，緑化木の種子が鳥によって社寺林に運ばれ，生育する例が近年よくみられるようになった．代表的な植物としては①ニッケイ，テンダイウヤク，シュロ，ヒイラギナンテン，トウネズミモチ，ゲッケイジュ，セイヨウイボタ，タチバナモドキ，②クロキ，ハクサンボク，サンゴジュ，ホルトノキ，③マンリョウ，センリョウ，アオキ，カラタチバナ，ヤブラン，ノシラン，カクレミノ，クロガネモチ，モチノキなどがあげられる．①の植物は外来種であり，林内に生育している個体は明らかに逸出とわかる．兵庫県を例に②の植物をみると，それらは国内には自生しているが，兵庫県には自生していないので，県内に②が生育している場合は，それらを逸出とみなすことができる．ところが③については兵庫県に自生もしくは自生の可能性があるために，林内に生育している個体は，稀少種であっても自生とみなされることが多い．兵庫県の絶滅危惧種に指定されているセンリョウ，ノシランなどが住宅地周辺の樹林内で確認されているが，それらは逸出の可能性が高い．いずれにしても外来種による自生種の生育阻害や遺伝的に異なった他地域の個体群の侵入による遺伝的攪乱などの問題が大きい．

マダケ，モウソウチク，ハチクなどの竹林の管理が近年行われなくなったために，それらの異常な繁茂や拡大が大きな問題となっている．社寺林においてもタケの侵入は樹林の破壊につながる重大な問題である．兵庫県の生島（大避神社）ではニタクロチク（ハチクの変種），鹿児島県の大野岳神社ではゴキダケ，兵庫県の日野神社ではモウソウチク，奈良県の弥富都比売神社ではマダケによる樹林被害が報告されている．

社寺林の大半は1 ha以下の小面積の林分であるために，前述したように生活力の弱い種は絶滅する可能性が高く，逆に強い種は全面的に繁茂して，他種の生育を抑制することがある．特にツル植物はその傾向が強く，兵庫県の生島（大避神社）ではムベの繁茂により林冠が破壊され，樹林全体が危機的な状況にあった（服部ほか，2002b）．

シカによる人工林の食害が問題となっているが，照葉樹林に対してもシカは多大な食害を与えている．特に大面積で残された自然性の高い屋久島，宮崎県綾町，熊本県市房山などの照葉樹林の被害が著しい．シカで有名な奈良公園にある春日山では，シカが食べないアセビ，ナギ，イヌガシ等のみが残り，種多様性は完全に失われているが，シカを放置すれば山地にある各地の照葉樹林もこのような状況になることは間違いない．

シカ以外では，兵庫県の鶏籠山や兵庫県再度山太龍寺のイノシシによる照葉樹林の林床破壊（土壌の攪乱）や滋賀県竹生島のカワウによる照葉樹林全体の破壊（糞害），京都府冠島等のオオミズナギドリによる照葉樹林の林床破壊，兵庫県日野神社のサギ類による林床破壊などが報告されている．

3.6.5　照葉樹林の保全

a. 照葉原生林

原生状態あるいはそれに近い照葉樹林（照葉原生林）の分布地として西表島，奄美大島，屋久島，御蔵島，宮崎県霧島，宮崎県綾南川，鹿児島県栗野岳，長崎県対馬などがあげられる．これらの地域については原生自然環境保全地域，森林生態系保護地域，林木遺伝資源保全林などの各種指定が行われており，伐採等による直接的な破壊といった問題はないと考えられるが，人の立入りによるごみ放棄，騒音，稀少種の採取，踏み付けによる林床の破壊およびシカの食害による林床植生の破壊などの問題が発生している．原生状態で残されている照葉樹林はブナ林に比較して極めて少ない．残された樹林は，すべて林内への立入りを制限すべきである．少なくとも立入り禁止区域を設定する必要があろう．シカに対しては個体数

図 3.52　工場緑化（照葉人工林）
姫路市関西電力内，1996 年 7 月 4 日．

の管理が望まれる．重要な拠点となるゾーンについては保護柵の設置も必要であろう．

b.　照葉自然林

照葉自然林（原生状態とはいえないが，保護されて自然性の高い照葉樹林）のほとんどは社寺林として残されたものである．宗教施設として機能してきたこともあって，一応保全はされてきたが，照葉樹林の現状で述べたようにさまざまな問題が発生している．原生林と異なって小規模の樹林が多い社寺林では，自然に任せることは事態を悪化させることになる．各々の樹林の課題に応じ，図 3.53 に示したような一連の作業手順（服部ほか，2002b；服部・浅見，1998）に従って保全を進めていく必要があろう．問題の多くは人の立入りが関連しており，林内への立入りは基本的には制限すべきであろう．照葉樹林の保全の事例として，兵庫県生島における活動をあげておきたい．

生島の照葉樹林は国の特別天然記念物に指定されたほど良好な樹林であったが，ムベの繁茂が 30 年ほど以前より目立つようになり，ついには林冠の破壊に至った．これ以上ムベを放置すると樹林全体の崩壊につながると著者は判断し，文化庁，教育委員会と協議を行ってムベの伐採を行うこととなった．ムベの伐採は市民参加で行うことになり，2002 年 2 月以降，図 3.53 の手順でムベの管理を行った（服部ほか，2002b）．200 名以上の参加のもとで約 15000 本のムベを伐採できた．2002 年の春以降，樹林は復元し始めている．

c.　照葉二次林

照葉二次林（照葉樹によって構成される薪炭林）は保全目標によって植生管理の方向がまったく異なる．薪炭林（低林）としての植生景観の回復をめざすのであれば，ただちに皆伐する必要がある．皆伐後，切り株からの萌芽枝によって再生をめざす．ただし，照葉樹林も年を経ているため萌芽しない場合もある．実際には薪炭の利用がなくなったために放置されたのであるから，薪炭林としての再生を目標にすることは大変難しい．一方，目標を照葉自然林と設定すると，林冠木の間伐が必要となる．間伐材等の利用は困難ではあるが，現状では林床が裸地化しているところも多く，土壌浸食の防止のためにも間伐は望まれる．林内を明るくし，多数の植物が生育できる樹林形

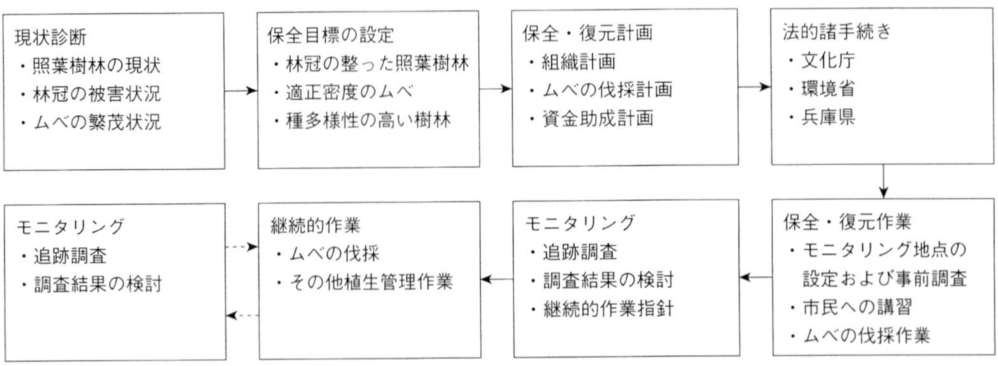

図 3.53　生島の照葉樹林保全の手順

成をめざすことになる．照葉二次林は外観については速やかに自然林風になるが，照葉自然林に比較して種多様性はかなり低いため，種多様化に長い時間が必要であろう．

d. 照葉人工林

照葉人工林（照葉樹の植林）を計画するにあたって，その立地の潜在自然植生と推定される照葉樹林が参考となり，また，それが目標となる．明治神宮，橿原神宮など古くに植栽された樹林は，自然林の状況に近づきつつある．一方，工場緑化法に基づいて植栽された人工林は，まだ十分な年数が経過していないため，10 m 以下の群落高の樹林が多い．

これらの照葉人工林には，前述したように2つの課題がある．1つは林冠木の密生である．密植であっても自己間引きによって適正な密度になると考えられていたが，実際にはもやし状の細い樹幹が密生する樹林となり，間伐が必要となっている．照葉人工林の林冠木は数種類以上が混植されている．その中で瀬戸内海沿岸ではタブノキ，ヤマモモ，マテバシイなどの生育が悪く，クスノキの生育は良好であるが，生育良好な個体を残していくとクスノキの優占林に変わる．したがって，生育の良い個体を残すということだけでなく，種のバランスを考えて間伐する必要がある．

他の1つは種多様性の問題である．林冠木の苗木が植栽され，それらが樹林を形成していく過程で，さまざまな照葉樹林構成種が周辺部より飛来し，種多様化は図られるものと考えられていた．ところが鳥による種子散布の距離は通常 100 m，長くても 300 m 程度であり，都市の工場地帯のように周辺の樹林から遠く離れたところでは，ほとんど種子の飛来の機会がない．瀬戸内海沿岸の隔離された照葉人工林の調査例によると，植栽された樹木に由来する実生がほとんどすべてであった（服部ほか，2001）．したがって種多様化をめざすためには低木，草本，ツル植物，着生植物等を植栽する必要がある．照葉人工林全体に植栽することは困難なので，照葉樹林構成種の母樹林を

図 3.54 照葉人工林（クス-ホルト林）
大阪府岬町多奈川発電所，1998 年 7 月 21 日．

形成する方法が考えられる．鳥による種子散布の有効距離を考えると半径 100 m，面積約 3 ha に 1 カ所の母樹林の形成によって照葉人工林の種多様化が進むことになる．現在，大阪府南港や兵庫県姫路市の照葉人工林内にヤブコウジ，ヤブラン，ベニシダ，クチナシ，ジュズネノキなど 44 種 693 個体を試験植栽し，その後の追跡調査を行っている．2000 年，2001 年，2002 年の 3 カ年続いた夏の少雨に無灌水で耐えた個体が半数近くあり，また，開花・結実した個体も少なくなかったので，母樹林形成による種多様化の可能性は高い．

社寺林として残された照葉自然林の面積は小規模のものが多く，1 ha を超えるものは稀である．工場立地法により工場の敷地面積の 20% 以上を緑地とすることが定められており，その緑地面積が 1 ha を超えるものは稀ではない．緑地の多くは照葉人工林より構成されているので，都市部には社寺林以上の大面積の照葉樹林が存在していることになる．未発達の樹林ではあるが，面積が広大なこと，都市部にあって利便性が高いこと，植生管理が行われていることなどの利点を照葉人工林は有しており，工場の緑地としての機能だけでなく，都市住民の憩いの場や生物多様性の保全の場としても機能することが期待される．その点からも照葉人工林をより発達させる植生管理技術の確立が必要である．

（服部　保）

文　献

1) Cain, S. A. 1944. Foundation of Plant Geography. 200pp. Harper & Brothers, New York.
2) Good, R. 1964. The Geography of the Flowering Plants. 300pp. Longmans Green & Co., London.
3) 服部　保．1985．日本本土のシイ―タブ型照葉樹林の群落生態学的研究．神戸群落生態研究会研究報告，**1**：1–98.
4) 服部　保．1992．タブノキ型林の群落生態学的研究 I．タブノキ林の地理的分布と環境．日本生態学会誌，**42**：215–230.
5) 服部　保．2002．照葉樹林の植物地理から森林保全を考える．「保全と復元の生態学」（種生物学会編）．pp. 203–222．文一総合出版.
6) 服部　保・浅見佳世．1998．照葉樹林の自然保護．「自然保護ハンドブック」．pp. 371–382．朝倉書店.
7) 服部　保・石田弘明．2000．宮崎県中部における照葉樹林の樹林面積と種多様性，種組成の関係．日本生態学会誌，**50**：221–234.
8) 服部　保・南山典子．2001．九州以北の照葉樹林フロラ．人と自然，**12**：91–104.
9) 服部　保ほか．2001．臨海部における照葉人工林の種多様性と種子供給源の関係．ランドスケープ研究，**64**(5)：545–548.
10) 服部　保ほか．2002a．照葉樹林フロラの特徴と絶滅のおそれのある照葉樹林構成種の現状．ランドスケープ研究，**65**(5)：609–614.
11) 服部　保ほか．2002b．兵庫県赤穂市生島における照葉樹林の育成管理．人と自然，**13**：1–10.
12) Hattori, T. and Nakanishi, S. 1985. On the distributional limits of the lucidophyllous forest in the Japanese Archipelago. *Botanical Magazine Tokyo*, **98**：317–333.
13) 堀田　満．1974．植物の進化生物学Ⅲ・植物の分布と分化．三省堂.
14) 石田弘明ほか．1998．兵庫県南東部における照葉樹林の樹林面積と種多様性，種組成の関係．日本生態学会誌，**48**：1–16.
15) 石田弘明ほか．2001．日本海側における孤立化した照葉樹林の樹林面積と種多様性，種組成の関係．植物地理・分類研究，**49**：149–162.
16) 中野治房．1930．植物群落と其遷移．120pp．岩波書店.

3.7　落葉広葉二次林（雑木林）

3.7.1　雑木林の生態

雑木林とは，薪炭林や農用林として定期的に伐採されることで維持されてきた広葉樹林といえる．林冠は萌芽再生木で占められていることが多い．中でもコナラやミズナラなどの落葉性のナラ類を主体とした落葉広葉樹からなる二次林は日本の代表的な雑木林といえ，九州から北海道まで広い範囲に分布している．雑木林で優占する樹種としてはコナラ，ミズナラのほかに，カシワ，クヌギ，アベマキなどがあげられる．クヌギとアベマキはコナラと混成した林を形成することも多い．雑木林にはこれらの優占種以外にもさまざまな植物が生活している．雑木林に暮らす植物には下刈りや定期的な伐採が行われることによってその生活が維持されている植物も少なくない．

これまでの植生学的な研究によって多くの群集の記載が行われている．コナラ林に関しては辻（2000）や鈴木（2001）などが広域的な比較研究を行っている．ミズナラ林の植物社会学的研究には星野（1998）の研究がある．また，鈴木（2002）によってコナラ林とミズナラ林の群集レベルでの組成比較が行われている．

コナラ二次林は日本の雑木林の中では最も普通な林であり，暖温帯から冷温帯にかけて広く分布する．九州から北海道南部まで広い範囲に分布している．日本のコナラ二次林全体を通してみるとクリ，イヌシデ，ヤマウルシ，エゴノキ，アカシデ，ネムノキなどの落葉高木，カマツカ，ガマズミ，ヤマツツジ，ムラサキシキブなどの落葉低木，フジ，サルトリバラ，オノドコロ，ヤマノイモなどの落葉ツル植物，コチヂミザサ，アキノキリンソウ，チゴユリなどの草本植物がよくみられる．林床には，ネザサやアズマネザサなどのネザサ類が優占することも多い．アカマツもコナラ林の構成種としてよく混生する．

ミズナラ二次林は本州中部以北で優勢で，北海道まで分布している．通常は，ミズナラ二次林はコナラ二次林よりも冷涼な地域にみられ，垂直分布ではコナラ二次林よりも上部に，水平分布では北部に分布の中心をもっている．ミズナラ二次林にはヤマウルシ，アズキナシ，ハリギリ，ノリウツギ，チゴユリ，アキノキリンソウ（広義），ツタウルシ，ミヤマガマズミなどの植物が全国的によく出現する．北海道と本州のミズナラ林は構成種に違いがみられ，本州のミズナラ二次林にはウリハダカエデ，リョウブ，コハウチワカエデ，ヤマボウシ，ブナ，ムラサキシキブなどの植物がよくみられるのに対して，北海道のミズナラ林にはエゾイタヤ，ヨブスマソウ，オオアマドコロ，サラシナショウマ，ヤマグワ，ヒトリシズカなどがみられることが特徴となっている．また，地域によってはシラカンバ，ウダイカンバなどのカンバ類が林冠の構成種となることがある．

日本のナラ類を主とした雑木林を構成する植物の多様さは，自然林であるブナ林やスダジイ林などのそれを下回ることはないと推定される．また，雑木林に固有な植物群の存在を考えると，中国大陸に大きな広がりをもつナラ型森林フロラとの植物地理学的なつながりや，過去の植生変遷が雑木林構成種の種多様生と特異性とかかわっている可能性がある．

雑木林は，宅地開発や植林事業などによって全国的に減少傾向にある．また，カシノナガキクイムシによるナラ類の集団枯死が北陸地方を中心に報告されており，これによるコナラ林やミズナラ林の衰退も報告されている．一方，マツノザイセンチュウによる被害によって，東北地方中南部以南のアカマツ林の多くでは林冠のアカマツが枯死し，雑木林に占めるコナラ二次林の割合は増加している．

かつて，薪炭林や農用林として利用されてきた雑木林の多くが，現在では使われなくなってきており，それによる雑木林の変貌が今日的な問題となっている．

関東地方のコナラ二次林では定期的な伐採が行われなくなり，落ち葉掻きや下刈りが行われなくなると，シラカシなどのカシ類やシロダモ，ヒサカキなどの常緑樹が侵入してくる．さらに，アズマネザザやモウソウチクなどのネザサ・タケ類が侵入・繁茂している．スイカズラ，オニドコロなどのツル植物が繁茂することもある．ネザサ・タケ類が侵入すると，常緑樹も生育できなくなることもあり，ネザサ類の草原（低木林）や竹林で維持され，常緑樹林に遷移する通常の遷移が進まなくなることがある．また，雑木林の周辺の宅地に植栽されたヒイラギナンテン，サンゴジュなどの緑化樹が雑木林に侵入した例も報告されていて，特に都市近郊の雑木林では外来種の侵入による雑木林の変質が危惧されている．最近では，キウイフルーツ（シナサルナシ）の野生化が目立っており，今後問題化する可能性が高い．　（**星野義延**）

文　献

1）星野義延．1998．日本のミズナラ林の植物社会学的研究．東京農工大学農学部学術報告，**32**：1－99．
2）鈴木伸一．2002．コナラ林との比較におけるミズナラ林の植物社会学的研究．生態環境研究，**9**：1－23．
3）鈴木伸一．2001．日本におけるコナラ林の群落体系．植生学会誌，**18**：61－74．
4）辻　誠治．2000．日本のコナラ二次林の植生学的研究．東京植生研究会．

3.7.2　雑木林の管理

雑木林の生態特性と今後の雑木林管理のあり方について，主に南関東地方の低地に成立する代表的な雑木林であるコナラ二次林の調査・観察事例から考察する．

a．雑木林の林木管理：萌芽更新

従来の雑木林では薪炭材，農用材の確保を目的に，短期間に新しい樹幹の入れ替えが必要であった．これを短期間で効率よく更新させていたのが，萌芽枝の伸長による樹幹の入れ替えを行う萌芽更新である．萌芽とは，樹幹の風折れ，雪折れ，腐朽によって頂芽優勢が失われると，樹幹の基部に潜在していたロングパッド（長命な休眠芽）が伸長して副次的な幹を形成する現象である（斉藤，1993）．

萌芽更新で一斉に更新を図るためには，小面積であっても林地の皆伐が望ましい．林地の樹木の半数を伐採して萌芽更新を図った場合，残存木が

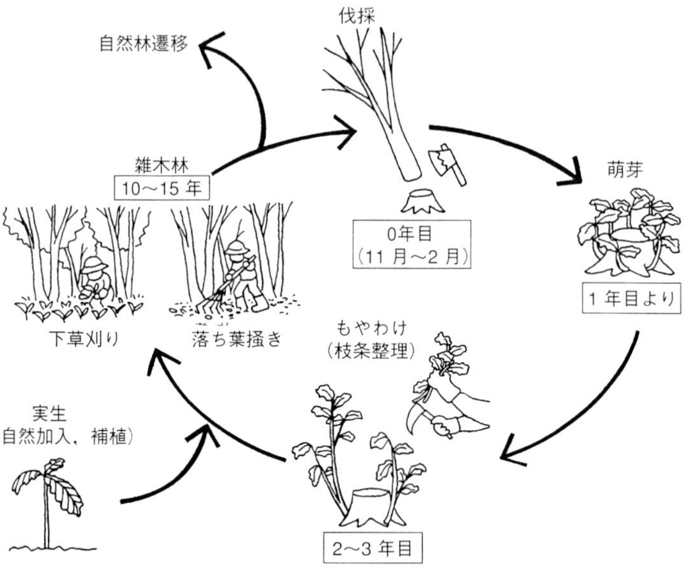

図 3.55　雑木林の伝統的管理による，萌芽更新サイクルの模式図（原図作成：能勢邦子）
雑木林の伝統的な管理手法としての萌芽更新は，「伐採→萌芽→もやわけ（枝条整理）→雑木林（夏：下草刈り，冬：落ち葉掻き）→伐採」のサイクルを10～15 年周期で繰り返していた．

間引き効果によって肥大成長し，伐採株から生じた萌芽に被陰を与えて枯死させるマイナス効果を与える（星野，2001）．雑木林の伝統的な管理手法としての萌芽更新は，図 3.55 に示したようなサイクルを繰り返していた．落葉広葉樹が落葉・休眠している 11 月から 2 月の期間に材木を伐採する．翌春，3 月に吸水して活性化したロングパッドが 4～5 月に萌芽する．そして多数萌出した萌芽枝を 2～3 年放置して伸長させた後，将来の樹幹として成長しそうな萌芽枝を 1～4 本ほど選んで残りを間引くもやわけ（枝条整理）を行う．その後，残った萌芽枝が順調に成長して雑木林を構成する．その間に雑木林の林床では夏季の下草刈りや，冬季の落ち葉掻きが行われて農業資源や燃料資源として利用される．伐採後 10～15 年経過して，雑木林の材木が薪炭材やシイタケ栽培などの農用材に適したサイズに成長してから再び伐採が行われて，新たな萌芽更新サイクルが始まる．このサイクルを 3～4 回繰り返すと，樹木の萌芽能力は失われるので，林内では実生の自然加入や人間による補植が行われていた．

雑木林を構成している樹種はすべて萌芽更新が可能であるとは限らない．南関東地方の雑木林の主要な構成樹種である落葉樹種のイヌシデ，ミズキ，ケヤキ，エノキ，ムクノキ，常緑樹種のシラカシは，実生成長は良好である一方，萌芽枝の成長がほとんどみられない．萌芽更新を計画する際には，伐採する雑木林の構成樹木が，萌芽枝の良好な成長が可能な樹種であるか，実生の良好な成長が期待される樹種であるかという点を考慮する必要がある．

b.　雑木林の林木管理：実生更新

林木が大径化して林分の階層構造が発達してきた雑木林では，林内の光環境が暗くなり，低木層によって被陰された林床でのコナラの実生による更新は困難であると考えられる．その一方で，コナラは光環境が良好で，実生や萌芽枝で順調に成長している場合では最低 2～3 年で高さ 1～2 m の稚樹に成長し，開花結実させることが可能である．林床にリターがほとんどなく，光環境が全天状態である皆伐地や苗圃（びょうほ）では，コナラの実生が順調に成長することが確認されている（松田，

1996；八木ほか，1999）．このことは，人間が林床のリターを除去して光環境を好転させた伐採地では，コナラによる実生更新が可能であることを示唆している．

c. 林床植物と管理

南関東地方の低地で東京近郊の台地・丘陵地に成立するコナラ二次林は，植物社会学的にコナラ-クヌギ群集に分類される．このコナラ-クヌギ群集の中で，農用林施業を継続している雑木林では，さらにシラヤマギク変群集に分類される（奥富ほか，1976）．シラヤマギク変群集の識別種（主要構成種）はシラヤマギク，アキノキリンソウ，ミツバツチグリ，ニガナ，ノハラアザミなどの好陽地性の草本で，この雑木林が明るい林床環境を維持していることを指標している．一方，この管理を停止した雑木林では林床環境が暗くなり，シラヤマギク変群集の識別種である好陽地性の草本を欠いた典型変群集に分類される．このように雑木林の管理の有無は植物群落の構成種を変化させ，管理を停止することによって雑木林の構成種の多様性は低下する（辻・星野，1992；奥富，1998）．

雑木林の林床植物の種組成は多様なフロラ要素を含み，前述のコナラ-クヌギ群集ではその地域に普遍的な構成種，山地のススキ草地の構成種，ブナ林の構成種に加えて，朝鮮半島や中国大陸北部にみられるナラ類の自然林の構成種もみられる．これらの種は気候が寒冷だった氷期に大陸から日本に渡ってきた植物で，最終氷期以降にナラ類の自然林が日本列島から消失する一方，野火などで自然に成立した雑木林内へ入りこんで生き永らえてきた種（遺存種）であろうと推察されている（大野，2003；野嵜，1999）．このように多様な起源をもった種が共存している雑木林では，林床植物の刈取り，落ち葉掻きといった管理活動が自然攪乱を代償して，植物群落の環境，種間競争に大きく影響を与えていると考えられる．

大野（2003）は，雑木林の林床に生育する草本は10～15年に一度，皆伐によって光環境が好転することで開花・結実できていたが，定期的な伐採，下草刈りが行われなくなったことで開花・結実が困難になり，特にシラヤマギク変群集の識別種のような好陽地性の草本は個体の活性が低下した状態にある，と指摘している．これらの種は，重量1mg以下の軽い種子をつくり，雑木林の地面が露出している場所で発芽して小さな芽生えを出す．このような種にとってリターが堆積すると，種子の定着や発芽が困難になる．またリターの堆積によって新葉の芽吹きが妨げられたり，葉を埋没させて光合成が困難になるといった悪影響も考えられる．落ち葉掻き等の管理活動はこのような悪影響を除去して，林床植物の定着，生存，繁殖を可能にしている．

d. 林縁管理

ある程度の広がりをもったコナラ-クヌギ群集の雑木林では，アズマネザサや低木からなるソデ群落，クズ，ヤブガラシなどのツル植物からなるマント群落などの林縁植生が発達する．雑木林のサイズが小さくなると林分全体が林縁植生の要素の強い雑木林となる．そして，この林縁部分では，適度な光環境から，アズマネザサやクズなどの繁殖が旺盛となって，これらの種が分布を拡大する拠点となるケースがみられる（八木ほか，1996；星野・八木，2001）．このような分布の拠点についても早期に地上部の刈取りや地下部の除去といった対策を行うことが早急に望まれる．

e. 今後に望まれる雑木林の管理

現在，南関東の低地に残されているコナラ二次林では，伝統的な管理によって維持されている雑木林は少なくなり，その生態特性も変質しつつある．それでは，現在管理が行われなくなったコナラ二次林を，明るい状態の多様な種が共存するコナラ二次林へと復元させることは可能であろうか．

ここで，東京都武蔵村山市の東京都海道（かいどう）緑地保全地域内で，筆者が実際に観察してきたコナラ二次林の更新事例を紹介する．1993年2月，林齢が23年生であったコナラ二次林で皆伐を行い，

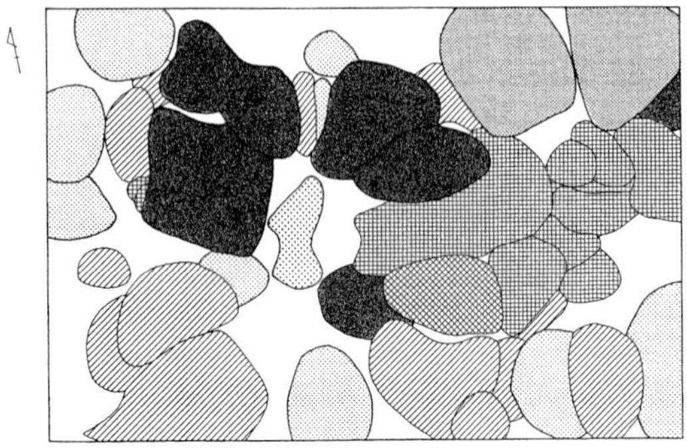

図 3.56　皆伐後 10 年が経過したコナラ二次林の樹冠投影図（東京都武蔵村山市・海道緑地保全地域）

図は 1993 年に皆伐を行った 24 m×16 m のコナラ二次林で，10 年後の追跡調査で樹高 2 m 以上の高木樹種で林冠を形成している樹冠の広がりを示した．図中，■はコナラの萌芽由来樹冠 ▒はクヌギの萌芽由来樹冠 ▒はエゴノキの萌芽由来樹冠 ▒はヤマザクラの萌芽由来樹冠 ▒はコナラの実生由来樹冠 ▒はクリの実生由来樹冠 ▨はその他の実生由来樹冠を示す．

伐採後に年 1 回の下草刈り，ツル切り，2～3 年に 1 回の落ち葉掻きなどの管理を行ってきた．図 3.56 は，伐採から 10 年経過した時点での樹冠投影図である．萌芽由来の樹冠はコナラ，エゴノキ，ヤマザクラ，クヌギが占めている．これらの伐採した株のうち約 50% の萌芽株が生存して，萌芽由来の樹幹は最大樹高で約 11 m に達している．一方，萌芽株が枯死した場所では，実生由来のコナラ，クリ，ヤマザクラ，ミズキ，エノキ，ウワミズザクラ，ヤマグワなどの樹種が成長している．その実生由来の樹幹の最大樹高はクリで約 12 m に達し，萌芽由来の樹幹とともに樹冠を形成している．図 3.56 の東側では萌芽による樹冠形成が不調であったためにギャップが生じて，実生由来のコナラが大きな樹冠を形成している．これは，伐採前年にコナラの種子が豊作で林床のリターが除去されている状態で伐採を行ったことが，萌芽更新と実生更新を同時に進行させたと推察される．伐採間隔が長期化して萌芽更新が不可能と考えられているコナラ二次林でも，実生由来のコナラが新しい構成樹として加入して林を維持していくことは可能であると考えられる．しかし，その場合には，コナラの種子の豊凶の状態，伐採前の林床のリターの状態，光環境を良好にする皆伐による林木伐採といったコナラの実生成長を促進させる条件を，現地調査・観察結果から分析する必要がある．

また大野（2003）は雑木林の林床植物について，雑木林で伝統的な管理を再開することで減少・消滅した種の復活，もともと存在していない種の出現を期待できると考えることは禁物であると指摘している．雑木林の伝統的な管理は農業資源の需要に応じた手法・スケジュールであり，必ずしも現在の雑木林にとって最適な管理活動であると画一的に考えることはできない．管理活動はさまざまな植物種に雑木林に加入するチャンスを与えている．その例として，管理された雑木林では繁殖力が旺盛な帰化種も多く入りこんでくることがある（星野，2001）．雑木林を貴重な植物群落として維持していくには，群落構成種の特性や生活史を考慮して個々のケースに応じた管理策を検討する必要がある．

雑木林を生態的に管理するには，それぞれの現場の立地環境，生育している植物の種特性を把握して管理前の状況と管理後の状況の変化を注意深く観察・記録すること，そしてそのデータに基づいて雑木林の林木構成，群落種組成，立地環境が維持できる管理方法をそのつど，計画，実施すること，その結果を追跡調査・モニタリングしながら持続的に管理方法を改善していくことが，最も重要なことである．

（八木正徳）

文　献

1) 星野義延．2001．二次的自然の保護管理．植物群落の生態学的管理—フィールドでの生物多様性保全—（NACS—J 自然保護セミナー）．pp. 35–54．（財）日本自然保護協会．

2) 星野義延・八木正徳．2001．アズマネザサの分布と生態．「多摩丘陵の自然と研究—フィールドサイエンスへの招待—」（土器屋由紀子・小倉紀雄編）．pp. 95–102．けやき出版．

3) 松田こずえ．1996．コナラの種生態．「雑木林の植生管理」（亀山　章編）．pp. 69–77．ソフトサイエンス社．

4) 野嵜玲児．1999．代償植生の評価に関する植生学的課題．植生情報，**3**:36-39.
5) 奥富　清．1998．二次林の自然保護．「自然保護ハンドブック」（沼田　眞編）．pp. 392-417．朝倉書店．
6) 奥富　清ほか．1976．南関東の二次林植生—コナラ林を中心として—．東京農工大学農学部演習林報告，**13**:55-66.
7) 大野啓一．2003．林床草本の管理．「野の花 今昔」（原田　浩編）．pp. 108-119．千葉県立中央博物館．
8) 斉藤新一郎．1993．カシワの萌芽可能な樹齢および萌芽幹の解剖的な所見について．日林論，**104**：483-484.
9) 辻　誠治・星野義延．1992．コナラ二次林の林床管理の変化が種組成と土壌に及ぼす影響．日本生態学会誌，**42**(2):125-136.
10) 八木正徳ほか．1996．多摩地域の丘陵地におけるアズマネザサの分布拡大．第43回日本生態学会全国大会講演要旨集，p.80.
11) 八木正徳ほか．1999．伐採間隔が長期化した雑木林で萌芽更新は可能か？．植生学会第4回大会講演要旨集．

3.8 アカマツ林

3.8.1 アカマツ林の生態

a. アカマツの分布と特性

アカマツは青森県から鹿児島県まで分布し，朝鮮半島や中国大陸の一部にまで及んでいる．気候的には暖温帯と冷温帯の2つの気候帯にまたがり，痩せ地，肥沃地，湿地，乾燥地など極めて幅広い土壌条件で生育できる．一方，光環境については典型的な陽樹であり，陽光の当たらない場所では生育できない．すなわち，アカマツ林の成立には光環境が制限要因となる．アカマツは，4月頃開花して，翌年の10月頃種子が成熟し，12月頃ほとんど種子散布を終える．実生のみにより繁殖し，萌芽による再生は行わない．風散布型の種子を形成して，樹高の3倍程度までの距離にアカマツ林再生に十分有効な量の種子散布がなされる（井上，1960）．アカマツ林の伐採は一般に皆伐方式をとり，種子散布を終えた冬季に行って，更新が効果的になされるよう配慮される．芽生えの根が無機質の土壌層まで到達できないものは枯れるので，腐植をレーキで攪乱することも行われる．その結果再生したアカマツ林の樹齢はだいたい同齢になる．アカマツは萌芽力のない点を除けば雑草と似た性質をもち，攪乱立地に対する適応力が極めて強い．アカマツは人間活動のもとに分布を拡大し，森林植生の中で卓越した面積を占めるようになった．アカマツの存在は人間活動の指標として現存植生図の判読や植生の変遷を調査する花粉分析などで注目されている．

b. 多様なアカマツ林：初生林・土地的極相林・二次林・植林

一般に植物群落は，一定の環境条件においてのみ成立するものとみなされる．同一の群落に属する植分は，種組成や相観の似ていることが原則である．その点アカマツ林はさまざまなものがあり，さまざまな環境にみられるのが特徴である．アカマツは光条件さえよければさまざまな環境に適応できる性質をもっているので，多くの群落に区分される．さらに，アカマツ林の主要な成立要因として人為的攪乱があげられるが，それはさまざまなかたちの人間活動によるものであり，その結果アカマツ林がさらに複雑なものになっている．

1）初生林　アカマツは溶岩地，地滑り跡，ダムや切り通し道路の法面などの裸地に最初に定着してアカマツ初生林を形成し，一次遷移の初期相（パイオニア）となる樹木である．河川の氾濫（はんらん）原のように攪乱立地においてもアカマツ初生林が形成される．

2）土地的極相林　アカマツ自然林は，土壌条件が悪いため気候的極相の植物が育たない場所で，土地的極相として成立する．樹木が密生することのできない露岩地，禿山（はげやま），湿原のまわりなどでアカマツ自然林が成立する．アカマツの年齢構成はさまざまであり，極相林としての群落構造をみることができる．また，低木層に陽生植物のツツジ科植物が優占し，林床に陽生植物のハナゴケ類（地衣類）が生育する．露岩地ではシノブやセッコクなどの岩上植物が特徴的に存在し，人為的影響に起因する禿山ではトダシバ，キキョウ，オミナエシなどの草原植物がみられ，湿地ではイヌノハナヒゲなどの湿原植物が生育している．さらに，アカマツはミズゴケ湿原にも生育できる．土地的極相林のアカマツは100年生のアカマツでも樹高5m以下で，矮形木林となっている．アカマツ自然林の立地は限られたところのみであり，人為的影響の少なかった時代の原植生では，アカマツはむしろ稀少植物であったものと思われる．

峡谷や岩山の露岩地は，ツガ，ヒメコマツ，ヒノキ，コウヤマキなどの針葉樹自然林やシャクナゲなどのツツジ科稀少種が生育する立地であるが，そのうちアカマツ林が最も厳しい場を占めており，ツガなどの針葉樹が混生することもある．露岩地のアカマツ林は地形的に伐採するのが難しく経済的価値も少ないので，強い人為的影響を免れて残され，景勝地として保護されていることが多い．

3）二次林　現存するアカマツ林の大部分は照葉樹林や夏緑広葉樹林などが伐採された跡に生じた二次林である．アカマツ二次林では，本来の自然植生構成種の多くが消失して，別の植物が侵入してできた代償植生になっていて，自然植生の構成種が残存する程度はさまざまである．

たとえば，照葉樹林の1つであるコジイ原生林を伐採するとその跡にコジイ二次林が再生するが，それをさらに伐採し続けるとコジイはしだいに減少してアラカシなど別種類の照葉樹二次林に変化し，さらにコナラなどの落葉ナラ類二次林，次にアカマツ二次林へと変化して，最後は禿山に変化してしまう．本田（1912）は人間活動による影響として，照葉樹二次林から落葉広葉二次林への変化を第一期の変化，次のアカマツ二次林への変化を第二期，禿山になる第三期の変化をあげ，明治時代には第三期の変化が急速に進んで危機的であるとし，後に「アカマツ亡国論」として論議を呼んだ（豊原，1988）．

裸地から照葉樹林に変化することは，一次遷移が進行することであるが，逆に照葉樹林が人為的影響により裸地になる方向の変化は退行遷移とみなされる．伐採や山火事などの攪乱後に生じる植生変化は，攪乱前に存在していた植物が関与する二次遷移である．退行遷移は攪乱により土壌条件が悪化したときに生じ，一次遷移の段階が下がることである．進行遷移と退行遷移の経路は必ずしも同じではないが，遷移段階の低いアカマツ期からコナラ期，アラカシ期を経て遷移段階の高い気候的極相のコジイ期に至るとする段階的なとらえ方は，両者に共通である．実際にはコナラ期が欠如したりすることもあるが，遷移を優占種の交代として把握するのがわかりやすい．しかし，アカマツ期の中にも，またさまざまな遷移段階の群落があり，アカマツ林の多様性がここにもみられる．

冷温帯のブナ林もミズナラ二次林を経てアカマツ二次林に退行遷移する．アカマツ二次林は，暖温帯から冷温帯にかけての極相林が破壊された跡に生じたもので，潜在自然植生はさまざまである．アカマツ二次林群落は，人による森林破壊のなかった時代の原植生が何であったかにより異なる．しかし，アカマツ林の林床には共通してツツジ属植物がみられるという特徴があり，そのツツジの種類に着目した群落区分がなされてきた．ヤマツツジ，モチツツジ，コバノミツバツツジ，オンツツジ，ミヤマキリシマなどを群集名に冠したアカマツ-ヤマツツジ群集，アカマツ-モチツツジ群集，アカマツ-コバノミツバツツジ群集などがそれであり，筆者も以前にはツツジに着目したアカマツ林の群落体系を提案してきた（豊原，1973）．それによるとツツジの分布型には特徴があるので，どの群集に属するのか同定が容易であり，群集を地理的分布の違いとして把握することができるが，情報として得られるのはアカマツ二次林であることと地理的な位置くらいであり，さらに情報量に富む群落分類が必要とされる．

二次林は遷移の途中相であるから群集としてのまとまりはないとされてきたが，筆者らは里山における一定の二次林利用がアカマツ二次林を一定の遷移段階にとどめることになり，同じ種組成を維持し続ける持続群落になっていることに着目して群集名をつけてきた．しかし，近年，里山が放置されてきたことにより，持続群落としてのアカマツ二次林はしだいに失われつつある．

4）植　林　スギやヒノキと同様に，アカマツの苗を植林することがある．マツの植林はふつうクロマツで行われ，アカマツは直根を傷（いた）めると生育不良になるといわれあまり行われてこなかった．アカマツは天然更新により造林され，競争樹やツルを切ったりして育てる方法が一般的であるが，伐採後まったく人手を加えなくてもアカマツ林が再生するところもあり，それらは二次林として扱われる．アカマツ植林はスギ・ヒノキ植林と同様に密生して林床に植物がみられないが，本来アカマツが更新できるところに植林をしているので間伐などの手入れがなされると二次林と同じようになり，アカマツ植林特有の群落はできない．

3.8.2　日本のアカマツ林の現状と今後

a．潜在自然植生に着目したアカマツ林の群落体系

アカマツ林の群落分類には遷移の観点が重要であり，潜在自然植生に着目した分類が試みられた（豊原，1984）．それは中国地方のアカマツ林についてまとめたもので，全国的な調査ではないが，関東のアカマツ二次林は里山としての歴史が浅く，アカマツ群落の要素となるネジキなどの植物を欠くことが多い．それらはコナラ群落として扱うのが適当と思われるので，以下に述べるアカマツ林の群落体系はほぼ全国的に通用するものとみて差し支えない．各々の群集は潜在自然植生と関連している．

アカマツ群目（アカマツ群落）
- アカマツ–ハナゴケ群団（アカマツ自然林）
  - a. アカマツ–シノブ群集（露岩地）
  - b. アカマツ–トゲシバリ群集（禿山）
  - c. アカマツ–イヌノハナヒゲ群集（湿地林）＊4
- アカマツ–ナラ群団（冷温帯アカマツ二次林）
  - a. アカマツ–ミズナラ群集（ブナ林域）
  - b. アカマツ–ツガ群集（ツガ林域）
  - c. アカマツ–レンゲツツジ群集（山草採草地）
- アカマツ–カシ群団（暖温帯アカマツ二次林）
  - a. アカマツ–クロバイ群集（里山の存在しない広島県宮島）
  - b. アカマツ–アラカシ群集（シイ林域）
  - c. アカマツ–ウラジロガシ群集（ウラジロガシ林域）
  - d. アカマツ–シラカシ群集（モミ・シラカシ林域）
  - e. アカマツ–ウバメガシ群集（ウバメガシ林域）

b．里山の変遷

アカマツ林の大部分は二次林であり，人間活動により成立し維持されてきた．人為的影響の程度はさまざまであり，その結果，裸地から極相林に至る一次遷移途上のさまざまな遷移段階のところで持続群落として存在した．一次遷移を停止させる要因は里山の二次林利用や山火事などの人為的影響であり，攪乱後の二次遷移により，一次遷移の段階が上がる前に次の攪乱を受けることになる．日本における二次林利用は，土木建築材や薪炭の採取に限らず，もっと日常的な利用がなされてきた．それは柴刈り，山草刈り，落ち葉掻き，マツの根掘りなど二次林のあらゆるものを利用するものであった．稲作を中心とする日本の農業は里山の資源を利用することにより成り立ってきた．林学ではそのような林を農用林と呼んできた．人口の増加とともに里山の利用が激しくなり，禿山が増えて，砂防緑化事業がさかんに行われてきた．しかし，1960年代頃から燃料革命，肥料革命，農業の機械化などが急速に進行して，里山の利用がなされなくなった．その結果，里山

＊4：Hada, 1984.

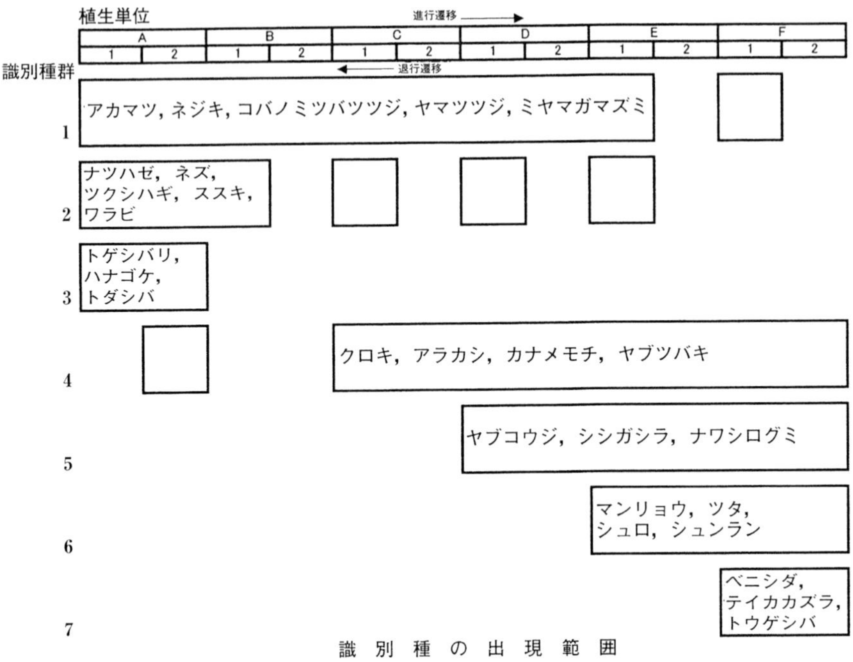

図 3.57　里山としての利用が放棄された森林の遷移系列

のアカマツ二次林では遷移の進行が始まり，群集としての安定した種組成が保てなくなってきている．今日，稲作が始まって以来の大革命が起こったことになる．その結果，里山の生物に絶滅の危機が指摘され始め，現在では里山を復元する試みも始められた．

図 3.57 は広島大学東広島キャンパス付近の放棄された里山におけるアカマツ-トゲシバリ群集とアカマツ-アラカシ群集の遷移系列を示したものである．植生単位 A から F は遷移段階を示し，1 と 2 はその下位区分である．里山利用がなされていたときは，種群 1 のツツジなどは植生単位の F2 まで存在し，種群 2 のナツハゼなどは E2 まで存在した．里山が放棄されて種群 1 と 2 の陽生植物が急速に消滅し始め，禿山に出現する種群 3 はほとんど絶滅した．逆に，種群 4 から 7 の陰生植物は増加して，全体として遷移段階の高い E や F の植生単位の面積が増加した．そのことは植生図化による追跡調査で明瞭に示された．

（豊原源太郎）

文　献

1）Hada, Y. 1984. Phytosociological studies on the moor vegetation in the Cyugoku district SW Honshu, Japan. Bulletin of the Hiruzen reserch institute, *Okayama University of Science*, **10** : 73–110.
2）本田静六．1912．日本森林植物帯論．400pp．三浦書店．
3）井上由扶．1960．アカマツ林の施業．390pp．日本林業技術協会．
4）豊原源太郎．1973．マツ林の植物社会．「生態学講座 4．植物社会学」（佐々木好之編）．143pp．共立出版．
5）Toyohara, G. 1984. A Phytosociological study and a tentative draft on vegetation mapping of the secondary forests in Hiroshima prefecture with special reference to pine forests. *J. Sci. Hiroshima Univ. Ser. B. Div.* 2 (Botany), **19**(1): 131–170.
6）豊原源太郎．1988．燃料文明と植物社会．「日本の植生」（矢野悟道編）．226pp．東海大学出版会．

3.9　針葉樹植林

3.9.1　針葉樹植林の面積と造成の歴史

わが国の森林面積は 2520 万 ha で，国土の 67.5% を占めている．所有関係では国有林 790 万

ha（23.5%），公有林250万ha（11.6%），私有林1480万ha（64.9%）で，民有林の占める割合が極めて高く，250万戸が所有している．所有者全体の89%が5ha以下の所有者であり，極めて零細な所有者の多いことがわかる．これがわが国の森林所有の特徴であり，この状況が日本の森林のあり方に大きな問題を投げかける結果になっている．

ここで扱う針葉樹植林は1040万haを占める．これは国土の24.7%，森林全体の39.9%を占めている（環境庁，1988）．この針葉樹植林が高い割合を占めていることには，第二次世界大戦後の国の政策が大きくかかわっている．すなわち，昭和30年代からの10年間は「拡大造林計画」と呼ばれた植林政策が全国的に強力に進められ，針葉樹植林の面積が飛躍的に拡大した時期である．この計画遂行段階では，これまでの植林対象地に加えて，自然林であるブナ林やシイ林，カシ林，薪炭林として利用されてきた二次林（雑木林）が伐採されて植林地とされた．さらに家畜の放牧地や採草地であったススキ草原の広がる地域も新たに植林地化された．10年の間に針葉樹植林地は大きく拡大し，九州や四国では森林面積全体の半分以上を占めるまでになった（表3.9）．しかし，この急激な植林地の拡大は，植林不適な立地にも植林を進めることになり，生産性の低い植林地が各所で発生することになった．拡大造林施策で植林されたスギやヒノキは，現在では45年生を中心に40から50年生のものがほとんどで，材としての利用にはもう少しの時間が必要である．

3.9.2 針葉樹植林の置かれた現状

植林地には多くの段階で人の関与が必要である．拡大造林政策が押し進められていた1960（昭和35）年には森林管理に携わる人は44万人を数えた．しかし，35年を経た1996（平成7）年になると，それは9万人に減少している．現在，その管理に携わっている人の年齢は69%が50歳以上である．将来を担うであろう高校を卒業した若者の就業者数は全国でもたった200人前後であるという．このように，管理に携わる人的資源が急減している．

森林管理に携わる人の労災度数は全産業の5倍であるといわれるほど危険を伴うが，労働賃金は平均12000円/日であり，建設労働者のそれよりも低い．加えて，所有面積の小ささは，所有者が林業収入だけで生活できないことであり，他に収入を求めなければならない．林業が所得に占める比率が20%以下の者は森林所有者の68%に達しており，それが森林管理への関心の低下にもつながっている．

敗戦後，国際社会への復帰が進むにつれて，安い材木が外国から輸入されることになった．これに押されて国産材の木材価格は急落した．スギの立木価格は1975（昭和50）年に1m^{3}あたり19700円であったものが，1998（平成10）年には9191円にまで落ち込んでいる（林業技術協会，2002）．これに伴って国産材による国の自給率は，1960（昭和35）年時点は86.7%であったが，35年後の1996（平成7）年には22.4%にまで低下している．この値は，同じ先進国でありながら，フランスが86%，ドイツが71%であるのに比べ

表3.9 各地の森林率（%）

	北海道	東北	関東	中部	近畿	中国	四国	九州	沖縄	全国
森林率	69.9	69.5	46.1	69.4	68.5	69.5	76.8	63.3	44.8	67.1
その他	30.1	30.5	53.9	30.6	31.5	30.5	23.2	36.7	55.2	32.9
針葉樹植林地	17.0	26.5	22.9	24.2	31.1	16.9	41.9	37.2	1.1	25.0
針葉樹植林率	24.3	38.1	49.7	34.9	45.4	24.3	54.6	58.8	2.4	37.3

環境庁・アジア航測（株）「第4回自然環境保全基礎調査植生調査報告書」（1994年）より作成．

ると，極めて低い値である．

このように針葉樹植林をとりまく社会環境は悪化の一途にあり，所有者の森林の管理意欲の低下が進んでいる．その結果，良質の木材を得るための間伐が行われず，植栽地は荒廃が進んできた．これらの社会的問題を総合的に解決しない限り，針葉樹人工林の将来は暗い．

農林水産省は2001（平成13）年に森林・林業基本法を改定した．その大きな変更点は，民有林は私有財産ではあるが，土砂災害の防止，水源涵養，生物多様性の保全，快適環境の形成，自然教育，保健休養やレクリエーションなど，多くの公益的機能をあわせもつ社会的資産としても位置づけたことである．この観点によって，これまで木材資源の供給に主眼を置いた管理方針を大幅に変更した．そして，森林を期待する機能で以下のように区分した．① 水源涵養や治水，生物多様性などの機能を高めるために，現在の針葉樹林の間伐を進め，広葉樹を増やすことで，将来的には針広混交林に導く「水土保全林」，② 多くの人が訪れる森林とするために，積極的に整備を進め，保健休養やレクリエーションなどの機能を高めることをめざす「人との共生林」，③ 効率的な管理によって木材資源の確保をめざす「資源の循環利用林」の3つである．これを受けて，地方自治体も国の改定に沿うかたちで森林の管理方針を変更し，再点検を進めている．これにより，滞っていた森林管理の動きは加速することになった．

3.9.3 東京都が考える現状打開の方策

針葉樹植林によって進む荒廃をいつまでも放置することはできない．各地の自治体ではさまざまな方法で保全策を立案している．その基本は，資金を投入して公共財としての森林を管理しようとするものであり，それは同時に森林地域に生活する人々の経済的なサポートをめざすものである点でも共通している．

高知県では県民1人あたりに500円の「森林環境税」を徴集して，森林の再生に役立てようとしている．また，同じ高知県の檮原（ゆすはら）村では森林管理者が生活ができる経費を得られるように，独自の支援対策を講じているという（朝日新聞，2003）．

東京都では税金を投入して針葉樹植林地の管理を進めようとしている．次に，東京都の針葉樹植

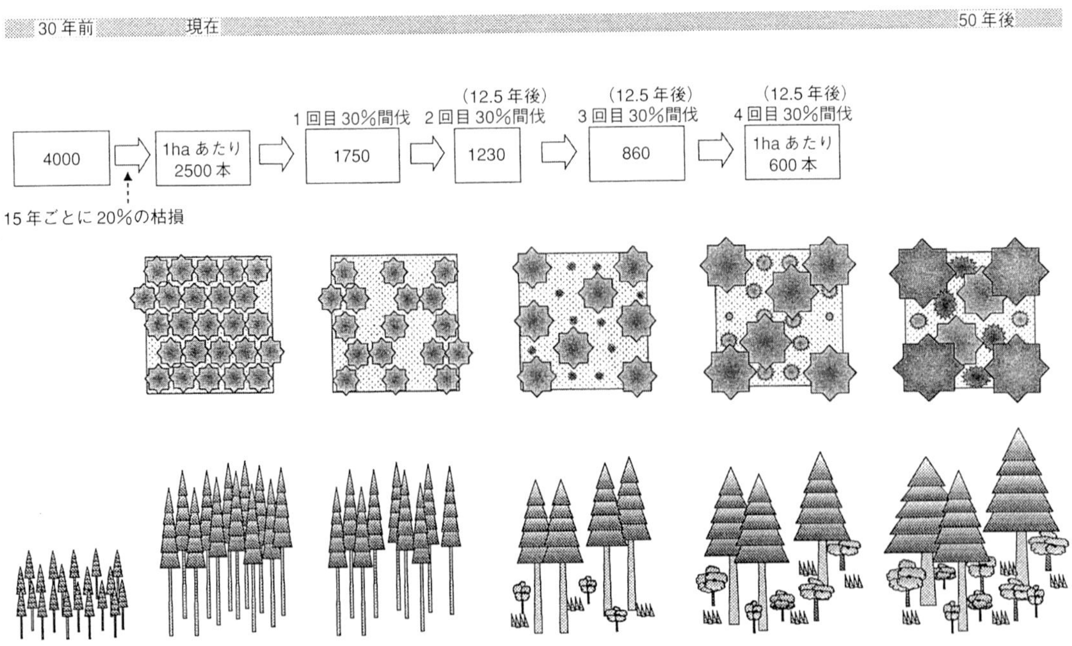

図3.58 東京都の「森林保全地域」での森林管理計画模式図（東京都環境局，2001）

林の現状と管理対策を紹介しよう．

東京都の水瓶である奥多摩地方には 53093 ha の森林が広がっている．所有関係は，国有林 9.7%，公有林 19.3%，私有林 71.0% であり，圧倒的に私有林が多い．この私有林は 1 ha 未満が 13515 人，1～5 ha が 4829 人で，両方で全所有者の 91% が所有している．零細な所有者の割合は，全国平均よりもはるかに高い．森林のうち，針葉樹植林は 33983 ha で，森林面積の 64% を占めているが，植林されてからの時間は全国平均よりも短く，樹齢は 31～50 年生の林分が多い．それが植林地全体の 61% を占めている．針葉樹植林地への改善対策の 1 つとして，東京都は 2000（平成 12）年に改訂した「東京における自然の保護と回復に関する条例」の第 17 条に新たな保全地域として「森林環境保全地域」を位置づけた．手入れ不足で荒廃した針葉樹植林地に環境面からの対応として，間伐を公的資金で行うことができるようにした．具体的には，この 50 年の間に，15 年に一度，30% ずつ，計 4 回の間伐を行い，最終的には広葉樹と針葉樹の混生した針広混交林を造成しようとしている．加えて山村に生活する管理技術をもつ人々への雇用を創出し，地域を活性化することをめざしている．これにより公益機能を高めると同時に，資源としての生産をも求めようとするものである（図 3.58）．2003（平成 15）年には青梅市に「青梅上成木森林環境保全地域」228 ha を指定して，5 億円の予算で，ボランティアの協力も得て間伐作業を実施した．2004（平成 16）年には 4 億 6000 万円を投入して作業を行う予定である．しかし，針葉樹植林地を針広混交林へ誘導するには，まだ，解決しなければならない多くの問題を含んでいる．たとえば，間伐であいた空間にうまく広葉樹の種子が供給されるのか，発芽した個体が他の草本や木本との競争に勝って生育できるのか，成長した個体が 30%の空間で果たして十分に成長できるのか，さらには，高度や地形的な変化のある立地に画一的な手法で針広混交林が同じように形成できるのかなど，まだまだ実証的な検討も必要なものが多い．しかし，閉塞状態の現状を打破するための試みとして，問題点を解決しながら，おおいに試行したいものである．

（福嶋　司）

文　献

1）朝日新聞．2003 年 2 月 13 日記事．
2）環境庁自然保護局，1988．第 3 回自然環境保全基礎調査報告書．213pp.

3.10　竹　林

3.10.1　竹林の生態

a．日本の主な竹林

日本に自生，あるいは移入・植栽され，またしばしば野生化している大型～中型のタケによって構成されている竹林（ちくりん）としては，マダケ林，モウソウチク林およびハチク林がその主なものである．それらは日本の三大有用竹（上田，1979）とされるマダケ，モウソウチクおよびハチクがほぼ純林的に優占した森林群落である．

1）マダケ林　中国原産の植物とも日本の自生植物ともいわれているマダケ（*Phyllostachys bambusoides*）（鈴木，1974）からなる高さ 20 m ぐらいの大型竹林で，九州，四国から東北南部まで分布し（栽培北限は青森県西津軽郡）（鈴木，1974），生育地の中心は常緑広葉樹林帯（ヤブツバキクラス域）である．もともとは主として竹材の採取を目的として民家・集落のまわりや集落に近い丘陵・山地の斜面下部，盆地周辺などに植栽造成された竹林であるが，現在は野生化しているマダケ林も多い．また民家周辺では防風・防火，山地斜面では土砂崩れ防止，河川沿いでは水害防備をそれぞれ目的として植栽造成されたマダケ林が多くみられる．

2）モウソウチク林　1700 年代中期に中国から移入されたモウソウチク（*Phyllostachys pubescens*）からなる，通常 20 m，時には 25 m にも達する植生高をもった，日本で最も大型の竹林である．九州，四国から東北南部まで分布し（栽培北限は北海道函館）（鈴木，1974），生育地の中心はマダケ林と同じく常緑広葉樹林帯である．主として筍(たけのこ)生産，一部は竹材生産を目的として広く植栽造成され，特に九州，四国，近畿地方などでは一山全体に広がっている大規模なモウソウチク林もみられる．

3）ハチク林　ハチク（*Phyllostachys nigra* var. *heminis*）はマダケと同じく中国原産ともいわれる原産地のはっきりしないタケである（鈴木，1974）．ハチク林は通常 15 m，生育がよいと 20 m に達する植生高の中型～大型の竹林で，沖縄から北海道南部まで広域的に分布しているが，その広がりは上記のマダケ林やモウソウチク林ほど大きくはない．ハチクは植栽され，水害防備，竹材生産，あるいは筍生産などを目的とした竹林となっている．

b. 日本における竹林の広がり

日本における竹林の広がりは，図 3.59 に示した地方別竹林優占メッシュ出現率からわかるように，西日本，特に九州，四国，近畿で大きく，東日本で小さい．都道府県別の同メッシュ数は鹿児島，福岡，佐賀の順で多く，これら西日本 3 県の竹林はそれぞれ全国竹林総面積の 1 割前後を占めている（表 3.10）．ちなみに，これら 3 県の筍生産量も全国で上位 3 位を占め，3 県で全国筍生産量のほぼ半分を占めている（表 3.10）．

これらのことは，竹林の広がりと筍生産量には極めて深い関係があり，わが国の竹林の主体は筍生産用のモウソウチク林であることを示している．

c. 竹林の構造・組成の特徴

モウソウチク林やマダケ林は一般に，① 林冠は同じ生育形の植物（タケ）だけで構成されて相観が均質であり，② 太さ，高さが著しく違わない竹稈(ちくかん)だけで構成され，③ 株立ちせずすべて単立の竹稈がほぼ一様に配置し，④ 階層構造も極めて単純で，通常，高木層と亜高木層は連続しており，それらが一体となってつくる厚い葉群層の

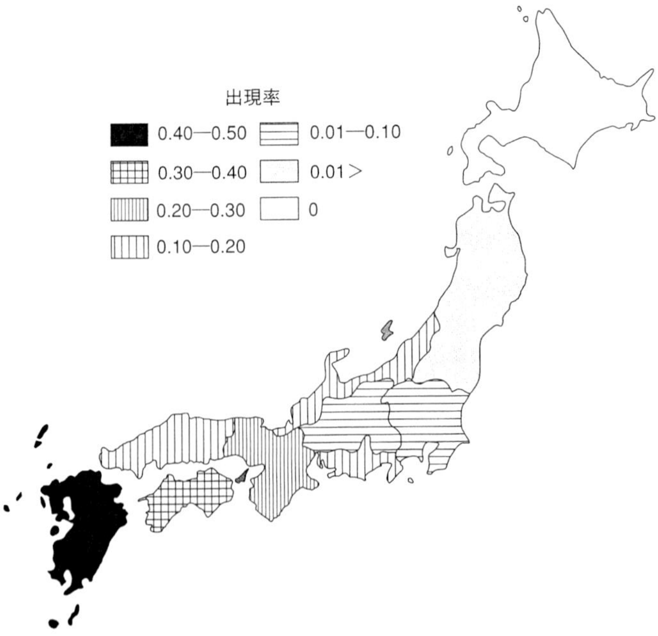

図 3.59　地方別の竹林優占メッシュ（1 km×1 km）出現率（環境庁自然保護局・アジア航測，1994 より作成）
中部地方は太平洋沿岸県，日本海沿岸県および内陸県の 3 ブロックに分けて示す．

表 3.10 上位10府県における竹林面積（竹林が優占する1 km×1 km メッシュの数で示す）とそれらの府県の筍生産量
それぞれの順位は全国における順位（竹林面積は環境庁自然保護局・アジア航測，1994；筍生産量は林野庁，1995により作成）.

府県	竹林面積（1990～92年調査）			筍生産量（1993年）		
	メッシュ数	対全国（%）	順位	t	対全国（%）	順位
鹿児島	51	11.6	1	16139.7	17.9	2
福岡	43	9.8	2	16763.0	18.6	1
佐賀	41	9.3	3	9101.0	10.1	3
京都	32	7.3	4	4212.0	4.7	8
大分	31	7.0	5	410.3	0.5	23
山口	28	6.3	6	1225.4	1.4	14
石川	20	4.8	7	1274.4	1.4	13
島根	17	3.9	8	780.4	0.9	17
三重	14	3.2	9	1008.9	1.2	16
千葉	13	2.9	10	1352.9	1.5	11
全国	441	100.0		90164.0	100.0	

林冠と，低植被率の低木層・草本層の林床とから構成されている（林床植生をほとんど欠いている植分も多い），という構造上の特徴をもっている．

しかし竹林の構造は，管理（施業）されている竹林と，放置され，あるいは二次的に形成された竹林とでは，若干異なっている．前者は上述のような構造上の特徴を示すが，後者，特に長期にわたって放置されている竹林では竹稈は細くて高密度になり，枯死稈も多くなっている．また二次的に形成された竹林では，前生広葉樹林の残存木（ケヤキ，エノキ，ムクノキなど）の大きな樹冠が竹冠層の上に超出している植分や，前生樹林構成木の立枯れ木や半腐朽の倒木が散在している植分も多くみられる．

モウソウチク林の低木層や草本層に出現している植物は地域，立地や，管理など人為の種類とその程度，植分の辺縁部か中心部かなどの違いによって多少の差異はあるが，一般に，モウソウチク林分布域の自然林である常緑広葉樹林（タブノキ林，シイ林，カシ林など）構成種の低木や幼樹・稚樹のほか，林縁植生の構成種やツル植物がよく出現する．また集落周辺では，植栽地から逸出したシュロやチャノキの幼木や稚樹が生育している竹林も多い．

d. 竹林の持続性

沼田（1993）は「竹林そのものは遷移の途中相であって極相ではない．日本などでは竹は栽培することが多いが，放任された場合にはふつう遷移が進行して竹林は崩壊する」と述べている．しかし，多くの竹林は，相当長期間にわたって同じ生態的特性を維持しながら更新を重ねている持続群落としての性格をもっている．これについて上田（1979）は，「マダケやモウソウチクなどマダケ類の地上の竹稈の寿命は最高20年ぐらいであって年々順次枯死するが枯死数とほぼ同数の新稈が発生し，また地下茎も10年余りで枯死するが毎年地下茎が伸びて新稈を発生，供給するので竹林としての寿命は無限である」としている．竹林が持続できるのはこのようなタケの繁殖特性によるところが大きい．

しかし一方，細い竹稈が高密度に立ち並び，その中に斜めに倒れかかった枯死稈や直立したままの枯死稈が多数混在して，錯雑とした林相を示す竹林もよくみかけられる．このような竹林は崩壊過程にある竹林とみられ，放置されている元栽培竹林に多い．

崩壊した竹林の跡地では，徐々に竹林が再生される場合，先駆性二次林が形成される場合，タケの葉群下で被圧されながら生育していた常緑広葉樹の幼樹や稚樹が成長を速めて樹林が形成される場合など，種々のケースがあるようである．

3.10.2 竹林の異常拡大

a. 竹林の拡大とその影響

1）竹林の拡大状況 ここ十数年の間に，日本各地から竹林，特にモウソウチク林の異常ともいえる著しい拡大の状況が報告されている（東京都多摩（奥富・福田，1991），京都府南部（鳥居・井鷺，1997），高知市北山（三宅ほか，2000）など）．それらの報告（一部）をまとめた表3.11から，1990年前後までの約30年間に，東京都多摩では2.8倍，高知市北山では1.6倍，京都府山城では8.0倍というように，いずれの地域でも竹林が著しく拡大したことがわかる．このような竹林の拡大は，たとえば京都の山城地域のように筍生産林の造成による場合（鳥居・井鷺，1997）もあり，竹林拡大のすべてが自然拡大ではなく人工拡大によるものも多いと推定される．しかし，そのいずれであるにせよ，近年日本各地で竹林が著しく拡大したことは明らかな事実である．この現象は引き続き現在も各地で大なり小なり起こっており，特に竹林の自然拡大が種々問題となっている．

2）竹林拡大の影響 竹林の著しい拡大は，当該地域の自然景観を大きく変貌させているほどである．筍の大生産地を除き，かつては丘陵の脚部や斜面下部などだけに帯状に広がっていた竹林がいまでは中腹はおろか尾根筋にまで広がり，時には一山全体が竹林で覆われているようなケースも各地でみることができる．

竹林が，複雑で多様性に富む雑木林など落葉広葉二次林や常緑広葉二次林を侵略して拡大していることは，それらの樹林が中核をなしている里山の生物多様性を低下させ，里山生態系の貧化，さらには破壊を招くおそれがなきにしもあらずである．また同時に，拡大している竹林のうちモウソウチク林が最も多いということは，コナラ林やシイ・カシ萌芽林など在来の植物群落がモウソウチクという移入種が優占する群落によって徐々に置き換えられつつあることを示し，この点にも留意しておく必要がある．

一度定着したら容易に退行しないのが竹林の特徴でもあり，そのため自然力による元の自然の回復は不可能か，仮に可能だとしてもそれには極めて長期間を要する．一方また，人為的に退行させるにしても多大な労力を必要とすることは明らかである．

竹林の拡大は農林業にも影響を及ぼしている．たとえば，竹林に接した幼齢の針葉樹植林に侵入したタケがスギやヒノキの樹冠を覆ってそれらを枯死させている植林地がしばしばみられ，一方ま

表3.11 各地の竹林拡大状況（東京多摩は奥富・福田，1991；高知北山は三宅ほか，2000；京都山城は鳥居・井鷺，1997の報告からそれぞれ資料の一部を引用再編して作成）

地 域	東京多摩	高知北山	京都山城
比較基準年	1961	1962	1953
比較年	1987	1994	1985
期間（年）	26	32	32
調査面積ha	3423	896	1539
竹林面積			
基準年面積 ha（対調査面積%）	30（0.9）	114（12.7）	54（3.5）
比較年面積 ha（対調査面積%）	83（2.4）	181（20.2）	432（28.1）
比較年面積/基準年面積	2.8	1.6	8.0
増加面積 ha（対調査面積%）	53（1.5）	67（7.5）	378（24.6）
増加面積/年 ha（対調査面積%）	2.0（0.1）	2.1（0.2）	11.8（0.8）

た，タケが侵入して竹林化してしまった耕地や草地も多い（奥富・福田，1991；三宅ほか，2000）．

b. 竹林拡大とその機構

1）竹林に侵略されている森林植生　竹林の異常な自然拡大は，生態学的には竹林が隣接している樹林などを次から次へと侵略してその生育域を著しく広げている現象といえる．

竹林によって侵略された植生には，東京多摩ではコナラ林などの落葉広葉二次林（武蔵野の雑木林）が多く（図3.61）（奥富・福田，1991），また金沢市田上でも同様にコナラ林が多い（瀬嵐ほか，1989）．一方，高知市北山（三宅ほか，2000）や北九州小倉（奥富ほか，1991）ではスダジイ二次林など常緑広葉二次林が多く侵略されている．まだ全国を対象としてまとめられたデータはないので詳細はわからないが，各地からの報告や著者の観察などを総合して判断すると，モウソウチク林を主とした竹林によって侵略され，また現に侵略されつつある森林植生のほとんどは二次林で，西日本ではシイ・カシ萌芽林などの常緑広葉二次林，東日本ではコナラ林などの落葉広葉二次林がその主体をなしている．ただし，同じ二次林でも，数十年もの長期間一度も伐採されず，植生高がおよそ25 m以上にも達しているような二次林には，竹林によって侵略されている林はほとんど見当たらない．

図3.60　常緑広葉二次林を侵略して広がったモウソウチク林
尾根付近ではモウソウチクが引き続き樹林に侵入中（福岡県北九州市南部，1988年7月）．

このように竹林によって広葉二次林が広く侵略されているのに対し，広葉自然林が竹林に侵略されているという報告はないようである．著者も四国高知で常緑広葉自然林内にごく少数のモウソウチクが侵入している状況は観察しているが，自然林が侵略されているという状況には至っていなかった．

竹林の自然林侵略がほとんどみられないのは，1つには，筍の大生産地を除けば一般に竹林は民

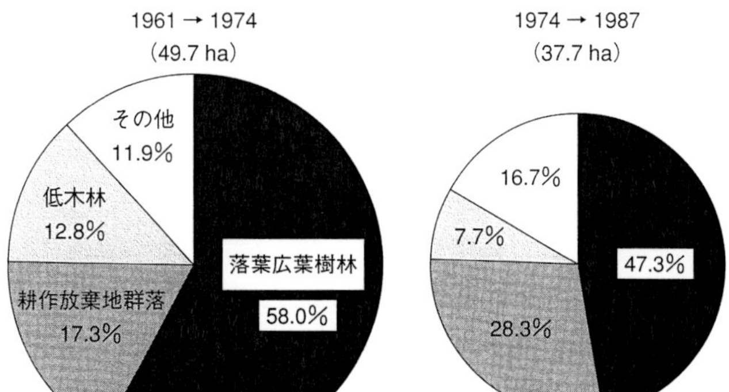

図3.61　東京多摩地域（一部）における竹林拡大植生型の配分（Okutomi et al., 1996）
左：1961〜74年（13年間）．右：1974〜87年（13年間）．円の大きさはそれぞれの期間に竹林が拡大した総面積に対応している．

図3.62　落葉広葉二次林（写真上方，開葉前）を侵略中のモウソウチク林（岡山市西部，2003年3月）

家や集落の近くにあり，そのようなところにはよく管理されている社寺林などを除いて常緑広葉自然林（照葉樹自然林）がほとんど残存しておらず，そのため竹林による侵略の実例が見出されていないことによるとも考えられる．しかし竹林が常緑広葉自然林を侵略できない最大の要因は，タブノキ林，シイ林，カシ林などの常緑広葉自然林は一般に竹林よりも植生高が高くまた植被率も大なので，もし仮にタケが侵入したとしても照葉樹に被圧されて光合成速度を高めることができない．そのため地下茎など地下部への光合成産物の供給が不十分となり，年次的に次から次へと太い筍（新稈）を発生させることができないことにあると考えるのが妥当であろう．

2）竹林の広葉樹林侵略の機構

(1) 侵略のプロセス（図3.63，3.65参照）

竹林の広葉樹林侵略は一般に次のようなプロセスで進む（Okutomi et al., 1996）．① まず最初に，竹林に隣接した樹林の辺縁部にタケの地下茎が侵入する．② 侵入したタケの地下茎から少数の筍が発生し，地上に現れて急速に伸長して新稈となり，枝葉を展開する．③ 侵入したタケは年ごとに周辺に稈を増やし（多い年と少ない年がある），タケの葉群も増大する．④ それとともに稈の周辺の広葉樹はしだいに衰退してやがては順次枯死する．したがって，その部分は一時期広葉樹とタケの混交林となる．⑤ タケは年々さらに稈を増やし，それに伴って葉群は密度を増す．他方，残存していた広葉樹はさらに枯死して生存木は減少する．⑥ タケは高密度となりタケによる鬱閉（うっぺい）した葉群層（林冠）ができ，広葉樹は樹高が高くタケの葉群層の上に突き出たクローネをもったごく少数の高木だけが生き残る．⑦ 最後に，竹林に接していた広葉樹林辺縁部は，立枯れ木や朽ち木とごく少数の高い残存樹木をまじえてはいるものの，ほぼ完全に竹林に置き換わり，そこが隣接広葉樹林に対する竹林の新最前線となる．

以上のような竹林の樹林侵略プロセスが少しずつ場所を樹林側にスライドさせながら連続的に繰り返され，竹林最前線が年々順次隣接広葉樹林中に進出する．その結果竹林は拡大する．通常，竹林の広葉樹林侵略速度（竹林拡大速度）は2 m/年程度である（Isagi and Torii, 1998；奥富ほか，1991；三宅ほか，2000）．

(2) 侵略の成因（タケの広葉樹に対する競争力）

竹林が広葉樹林を侵略できるのは，成長特性を含む次のようなタケの形態学的諸特性が広葉樹との競争上極めて有利に働き，タケが広葉樹との競争に打ち勝つことによるものと考えられる（Okutomi et al., 1996）．

① タケは強力な土中貫通力のある地下茎をもっている（それによって隣接樹林の地下土中に侵入して筍を発生させることができ，また地下茎は周辺樹木の根茎の発育を阻害できる）．

② 筍は成長が極めて速く，通常2～3カ月の短期間でほぼ最大の高さにまで伸長し，その伸長の最終段階に枝葉の展開を始める（そのため，枝葉をもたず先端の尖った筍は侵入した樹林の林冠葉群層を容易にかつ急速に突き抜けて伸長できる）．

③ 伸長した筍すなわち新稈は樹林の林冠内，さらには林冠の上にまで枝葉を展開し，筍発生の2～3カ月後にはほぼ完全なクローネを形成する（それによって周辺の樹木を急速に被圧できる）．

④ タケの稈や枝条は大きくしなって折れずに曲がることができるので，樹木に比べてよく強風や冠雪に耐え，折れることは少ない（それによっ

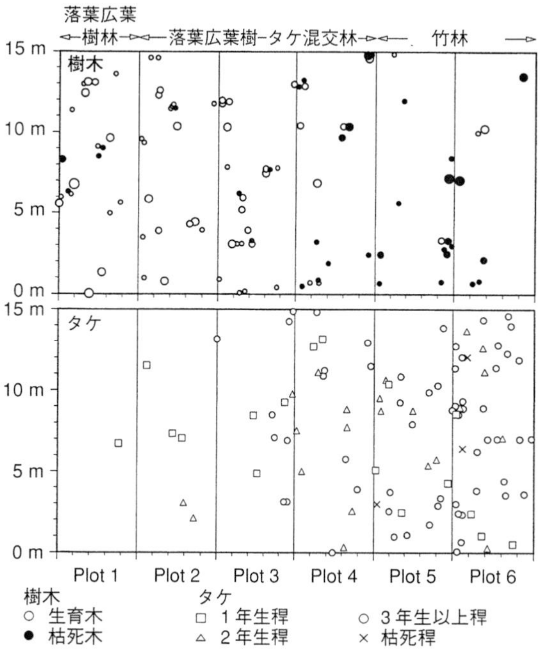

図 3.63　モウソウチク林のコナラ林侵略 ① (Okutomi, et al., 1996)
コナラ林（plot 1）からモウソウチク林（plot 6）へのベルトトランセクトにおける落葉広葉樹樹幹（上段）とモウソウチク稈（下段）の分布状況の変化で示す．調査地は東京都多摩地方（秋川）．

図 3.64　落葉広葉樹林に侵入したモウソウチクによる被圧と機械的攪乱を受けて樹冠が衰退消失した広葉樹（写真中央，東京都八王子市北部，2001 年 4 月）

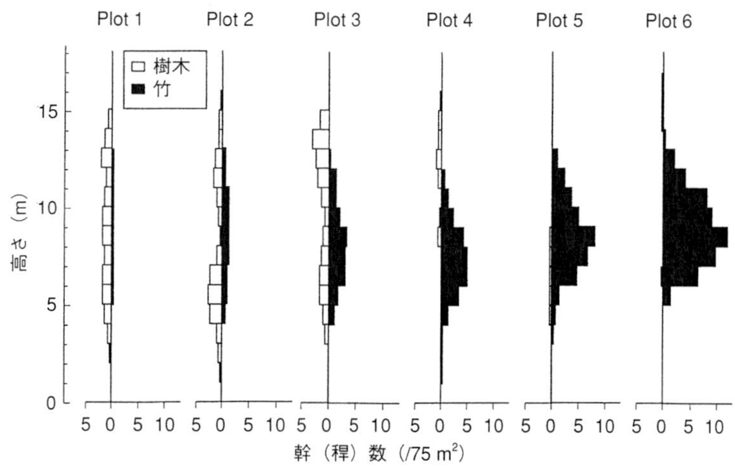

図 3.65　モウソウチク林のコナラ林侵略 ② (Okutomi, et al., 1996)
コナラ林（Plot 1）からモウソウチク林（Plot 6）へのベルトトランセクトにおける林冠構造（各樹（稈）高階での葉群をもった樹幹数と竹稈数）の変化で示す．調査地ならびにプロット（番号も）は図 3.63 と同じ．

てタケは強風時にも折れずに大きく揺れ動いて隣接木に強く当たり，その枝葉を落としたり損傷させたりして衰退させることができる）．

c. 竹林拡大の原因と対策

竹林が隣接の広葉樹林などを侵略し拡大している最大の原因は，竹林そのものとそれに隣接した樹林などが管理（手入れ）されず放置されていることにある．農家の周囲や裏山などで竹林に接している広葉樹林（雑木林など）でも，近時のように竹林によって次々と侵略されている現象は，かつてはほとんどみられなかった．これは，放っておけば年々樹林内に絶えず侵入してくるタケを除去して樹林を護っていたからである．その理由は，農家にとっては雑木林などの広葉樹林は薪炭材，堆肥材料，温床熱源（発酵材料）などの供給源として貴重な林であったことによる．それが戦後の燃料革命や農業革命などにより，広葉樹林が農林資源としての価値をほとんど失ったことによって放置され，タケの侵入が野放しにされてきたため，竹林の異常な拡大が起こったものとみられる．

耕作放棄地や放棄草地への竹林の拡大も，竹林に隣接していた耕地や草地の管理放棄がその主因とみなされる．

竹林拡大防止策としては，何をおいてもまず隣接地へのタケの侵入，具体的にはタケの地下茎の侵入を防ぐことである．それには，以前から竹林と耕地，草地などとの境界線に深さ1m前後までトタン板やスレート板を垂直に埋め込んで地下茎の侵入を防ぐ方法や，幅0.5～1m，深さ1mほどの溝を掘り，頻繁に見回って竹林から溝の中に伸びてきた地下茎を切断し，耕地や草地などの土中に地下茎が貫入しないようにする方法など，いろいろな手段がとられてきた．しかし，この方法は樹林では樹木の堅い根が密に広がっていて溝を掘るのに多大の労力を要し，ふつうは適用困難である．そのため，樹林への地下茎侵入を防ぐのに有効で容易な手だてはないようだ．

一度竹の地下茎が侵入してしまったら，それから出てくる筍がタケに成長しないようにすることが重要である．毎年筍シーズンに竹林の隣の樹林地や農地の，特に竹林に接した部分を頻繁に見回り，筍をみつけたらすぐに，見逃すことなくすべて切り倒すのがよい．この場合，筍は時には竹林から30m以上も離れたところに出ることもあるので幅広くみる必要がある．地上に出てきたばかりの筍ならば足で押し倒して折っただけでも筍は正常な稈とはならない（この作業は比較的に容易である）．

（奥富　清）

文　献

1）Isagi, Y. and Torii, A. 1998. Range expansion and its mechanisms in an naturalized bamboo species, *Phyllostachys pubescens*, in Japan. *J. Sustainable For.*, **6** : 127–141.
2）環境庁自然保護局・アジア航測．1994．第4回自然環境保全基礎調査植生調査報告書（全国版）．390pp. 環境庁自然保護局．
3）三宅　尚ほか．2000．高知市北山地域における竹林の分布拡大 I．過去30年間の竹林面積の変化．*HIKOBIA*, **13**(2) : 241–252.
4）沼田　眞．1993．竹林．「生態の事典」（沼田　眞編）．p. 226．東京堂出版．
5）奥富　清・福田裕子．1991．竹林の拡大とその機構に関する生態学的研究―とくに東京多摩地方における竹林の拡大状況について―．第38回日本生態学会大会講演要旨集．p. 82.
6）奥富　清ほか．1991．竹林の拡大とその機構に関する生態学的研究―とくにモウソウチク林の広葉樹林侵略について―．第38回日本生態学会大会講演要旨集．p. 83.
7）Okutomi, K. et al. 1996. Causal analysis of the invasion of broad-leaved forest by bamboo in Japan. *J. Vegetation Science*, **7** : 723–728.
8）林野庁．1995．林業統計要覧1995年版．191pp. 林野弘済会．
9）瀬嵐哲夫ほか．1989．竹林群落の構造と遷移の特性―雑木林の竹林化―．金沢大学教育学部紀要（自然科学編），**38** : 25–40.
10）鈴木貞雄．1974．竹と笹入門（15版）．238pp. 池田書店．
11）鳥居　厚・井鷺祐司．1997．京都府南部地域における竹林の分布拡大．日本生態学会誌，**47**(1) : 31–41.
12）内村悦三．1994．「竹への招待」―その不思議な生態―．188pp. 研成社．
13）上田弘一郎．1979．竹と日本人．230pp. 日本放送出版協会．

3.11　二次草原

3.11.1　草原の現状

世界には，降水量が少ないか，それが季節的偏在するために形成される熱帯や亜熱帯のサバンナ，北米のプレーリー，南米のパンパ，ロシアのステップなどの温帯草原が陸地の16%分布する（Whittaker, 1975）．わが国はほとんどの場所で年降水量が1000 mm以上あり，それが季節的に偏らずに降る．このため森林の発達が可能で，水の欠乏で生じる自然草原は成立しない．いま，われわれが目にする草原は二次草原で，火入れ（野焼き），採草，放牧などの利用によって森林化が阻止された妨害極相（disclimax）である．

a.　わが国の草原の面積の変遷

環境庁（1988）によれば，草原は国土の3.2%を占めている．森林が国土の76.2%を占めるのに比べるとその面積は極めて小さい．かつては九州の阿蘇・久住，中国地方の中国山地，中部地方の霧ヶ峰，東北地方の北上山地などの高原状立地には広く分布していた．律令時代には信州一帯には牧野が広がり，朝廷に馬を献上した歴史をもつ．また，鎌倉時代には霧ヶ峰や北上山地などは駿馬の生産地として有名であった．江戸時代には各地に牧や茅場としての草原が広がり，家畜の生産とともに人々の生活にはなくてはならない存在であった．統計（図3.66）によれば，草原（原野，草生地）の面積は，1910（明治43）年には330万haに達していたが，その後は徐々に減少し，第二次世界大戦前（1940年まで）は290万haであった．その後，1950年には110万haにまで減少し，戦前の半分以下の面積にまで減少した．その後，いったんは増加傾向を示したものの，再び減少に転じ，1970年には60万ha，1975年に40万haにまで減少した．その後は微減を保ちながら今日に至っている．阿蘇・久住地域にはかつては6万haの草原が広がっていたが，1966年には4.5万haに減少した．

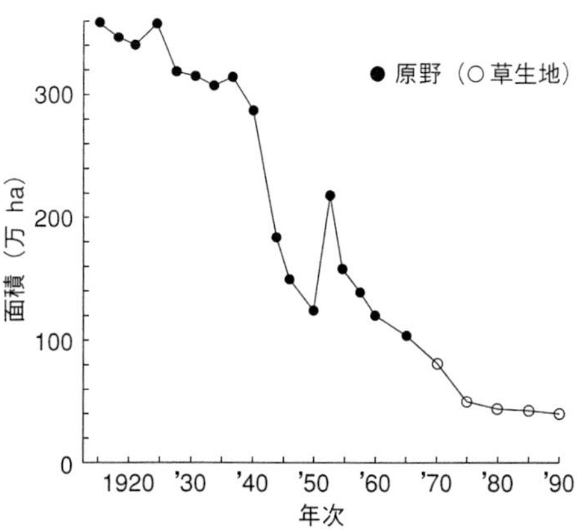

図3.66　原野（草生地の面積の推移，岩波，1995より改編）

b.　わが国の草原タイプとその構成種の特徴

沼田（1969）は，わが国の草原の種類構成が地理的に異なることに注目して，大きく3つのタイプに区分した．さらにそれぞれを利用型によって採草地（meadow）と放牧地（pasture）の2つに分け，合計6つのタイプに区分している（表3.12，図3.67）．これは各地の草原が置かれた気候的条件とインパクトの加わり方の違いを示しているもので，群落の種類構成も構造も大きく異なり，相観的な違いとしても現れている．わが国の二次草原を植物社会学的な区分でみると，全体がススキクラスに属する．沼田の採草地型はススキ オーダーに，放牧地型はシバスゲ オーダーと対応する関係にある．ススキ オーダーは南西諸島に分布域をもち，4群集を含むススキ–ナガバカニクサ群団と，九州以北に分布し，11群集を含むススキ–トダシバ群団に区分されている．一方，シバスゲ オーダーの中には5群集を含むシバ群団が区分されている（宮脇ほか，1994など）．

群集の種類構成は地域の管理状態と歴史的背景を反映したものであるが，いま，九州の阿蘇・久住の草原であるススキ–トダシバ群集を例にとると，ススキ，トダシバ，ワラビ，ネザサなどの常在的な種に混じって，アジアの草原と共通するキスミレ，エヒメアヤメ，ヒゴタイ，オキナグサ，ホクチアザミ，ハバヤマボクチ，ヒロハヤマヨモギなどが生育している．それらは第四紀の寒冷・乾燥の時期に大陸から渡ってきたとされる草原性の種であり，満鮮要素と呼ばれる（図3.68～3.71）．これらは九州の草原を特徴づける貴重な種であるが，草原の管理放棄地の拡大やオーチャードグラス，ケンタッキー31フェスクなど高カ

表 3.12 日本の草地植生帯と代表的な構成種（沼田，1969）

植生帯	採草地	放牧地
A 亜寒帯	ササ型，ノガリヤス型	イチゴツナギ型，ウシノケグサ型
B 冷温帯	ススキ型	シバ型
C 暖温帯	ススキ型，ネザサ型	ネザサ型

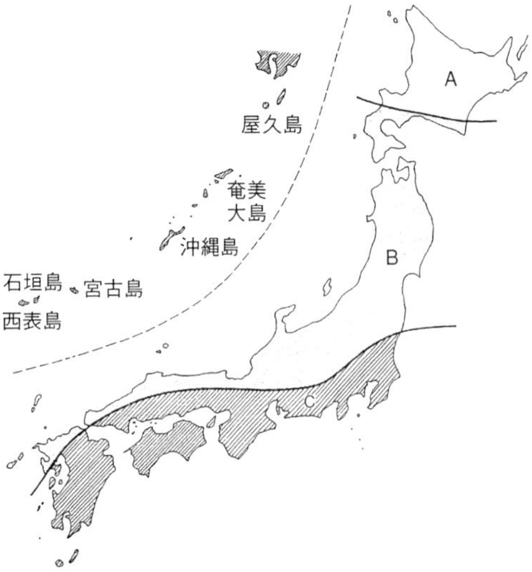

図 3.67 わが国の草原タイプと優占型（沼田，1969）
A,B,C の区分は表 3.12と同じ．

図 3.68 久住高原の二次草原を人工草地に転換し，その中に放牧された和牛

図 3.69 満鮮要素の植物，オキナグサ（キンポウゲ科）

図 3.70 満鮮要素の植物，エヒメアヤメ（アヤメ科）

ロリーの外来牧草地への転換による二次草原面積の減少が，これらの種を絶滅に追いやっているのである（図 3.72）．

c. 退行遷移と遷移の進行

わが国の草原は，利用を停止すれば再び森林化の方向をたどるし，家畜による採食圧や踏圧が強くなるとススキ，トダシバなどの草丈の高い草原からシバなどの草丈の低い草原になり，さらにそれが強くなると裸地化する．これが退行遷移（retrogressive succession）である．当然のことながら，この変化の過程で群落の構造と構成種も変わってくる．九州の草原で放牧による退行遷移をみると，ススキ優占群落に採食圧が加わるとネザサが顕著となりススキ−ネザサ群落→ネザサ群落→ネザサ−ワラビ群落→ワラビ群落→シバ群落→オオバコ群落→裸地へと退行する．途中段階に

図 3.71 満鮮要素の植物，キスミレ（スミレ科）

図 3.72 満鮮要素の植物，ヒゴタイ（キク科）

優占するネザサ，ワラビ，シバは地下茎で増殖する植物であり，ススキ，トダシバなどよりもはるかに採食，踏圧に強い．加えて，ワラビは不嗜好植物である．これとは反対に，採草地や放牧地としての利用が停止されると，進行遷移（progressive succession）が進むことになる．ススキに混じってノイバラ，ウツギ，ノリウツギ，アセビなどの低木が生育し，藪状の群落を形成する．その後，エゴノキ，アカシデ，コナラなど多くの落葉高木樹種の侵入が進み，最終的にはそれぞれの場所で極相群落と呼ばれる森林へと移行する．

d. 草原の利用と維持

草原は，家屋の屋根を葺く材料採取のための茅場，牛馬のための採草場や放牧場として利用されてきた．この草原を長期間維持するために「火入れ（野焼き）」が行われてきた．この火入れ（野焼き）は，枯れ草の整理やダニの駆除を目的に，新芽が吹く直前の毎年早春の3月15日から20日頃に行われる．これは4月に入ると植物の成長が遅れ，その後の草の収量が減少してしまうためである．阿蘇地方では毎年1万6000 haを火入れ（野焼き）しており，それに従事する人数は延べ8000人という．一面真っ黒になった草原地帯は，4月になると新芽が吹き，新緑の世界に一変する．農家は5月の初めにはこの草原に牛を放牧し，それは9月末の彼岸まで行われる．また，9月の彼岸から10月上旬には成長した草を刈り，乾燥させる．これが「刈り干し」である．干し草は冬に畜舎で餌として与え，堆肥を生産した．これを熟成させ耕地に散布することで，農地の生産力の維持・向上に大きく貢献してきた．成牛1頭あたりが冬期に消費する干し草を得るには50 aの刈り場が必要という．それによって3 tの堆肥が生産でき，それで30 aの地力を維持できたといわれる．昭和30年代には阿蘇地方で1万 haの採草地を利用して，牛2万頭を飼育し，干し草6万 tを生産していたという集計もある．このように，草原，家畜，農業とは直接的なつながりをもって，そのサイクルは長い年月にわたって維持されてきたのである．しかし，そのサイクルも種々の社会的条件の変化によって切れようとしている．それは草原の利用が急激に減少したためである．阿蘇地方では1995（平成7）年以降の火入れ（野焼き）中止面積は430 haという．火入れ（野焼き）の停止はそのまま草原利用の放棄につながっているのである．

e. 草原の抱える問題と改善方策

草原放棄の最大の原因は畜産農家の減少である．社会情勢の変化は，収入源が変化したこと，労働収益性の低い放牧が敬遠されたことによる管理に携わる人の不足，管理者の老齢化，1991年からの牛肉の輸入自由化が放牧牛生産地を直撃し，子牛の値段を暴落させたことなど多様である（岩波，1995）．しかし，この悪条件を克服する方策はまだみつかっていない．

草原の保護は，家畜生産の資源として必要であ

図 3.73 火入れ（野焼き）

るが，独特な景観をもつ自然として長い歴史の中で維持されてきた「わが国固有の文化」であることに注目したい．草原維持方法の 1 つである「火入れ（野焼き）」の停止は，草原の消失のみならず，文化が消えることでもある（図 3.73）．それだけは何としても避けなければならない．さらに，自然保護の観点からは，草原は，草原特有の貴重な植物の生育空間のみならず，そこを生活の場とする昆虫類，鳥類，ネズミ類，ノウサギ，それらを捕獲するキツネ，イタチなど野生動物の生活空間である．つまり，草原の保護は草原生態系を保護することでもあり，その空間の生物多様性を維持することでもある．そのためには草原を維持し，地域の生態系を護るという観点からの植生管理が必要である．昔から行われてきた管理方法を維持するための採草や火入れ（野焼き）が欠かせない．また，その作業を助けるボランティア活動も重要である．すでに阿蘇や久住の草原では火入れ（野焼き）ボランティアの試みが始まっている．これに加えて，今後は地域行政レベルでの取り組みが不可欠であり，それを後押しする国の経済的援助も必要である．（福嶋　司）

文　献

1）岩波悠紀．1995．わが国草原の現状と課題．国立公園，**534**：2–5．
2）環境庁自然保護局．1988．第 3 回自然環境保全基礎調査報告書．213pp．
3）宮脇　昭・奥田重俊・藤原陸夫．1994．日本植生便覧．910pp．至文堂．
4）宮脇　昭ほか．1997．日本植生便覧．910pp．至文堂．
5）沼田　眞．1969．図説植物生態学．朝倉書店．
6）Whittaker, R.H.1975．（宝月欣二訳）Communities and Ecosystems 2nd.ed．（生態学概説），363pp．培風館．

3.11.2 久住高原での草原再生

九州の阿蘇・久住火山高原地帯には，牧野として利用され，火入れ（野焼き），放牧，採草によって維持されてきた広大な半自然草原が分布していた．しかし，戦後は拡大造林によるスギ等の植林や人工牧草地化によってその多くが急速に失われた．さらに，現在わずかに残された草原でも，管理放棄による低木の侵入や観光開発が進んでいる．草原を永続的に維持する牧野利用の方法は，地域の自然風土の中で長い歴史をかけて確立されたもので，草原特有の植生と景観はその文化的所産といってよい．牧野利用が行われなくなった後，観光資源として草原を維持する場合，その管理は困難となっているのが実情である．久住火山群の南側山麓に位置する久住高原の台地上で，牧野として利用されていた在来の半自然草原に 1993 年に建設されたリゾートホテルでは，このような現状を踏まえ，できる限り草原を保全しながら開発することが計画され，実行された．

開発以前のホテル敷地内には約 12.3 ha の在来草原が広がり，台地上の緩斜面にススキ–ネザサ群落，台地縁部や谷斜面にススキ–トダシバ群落

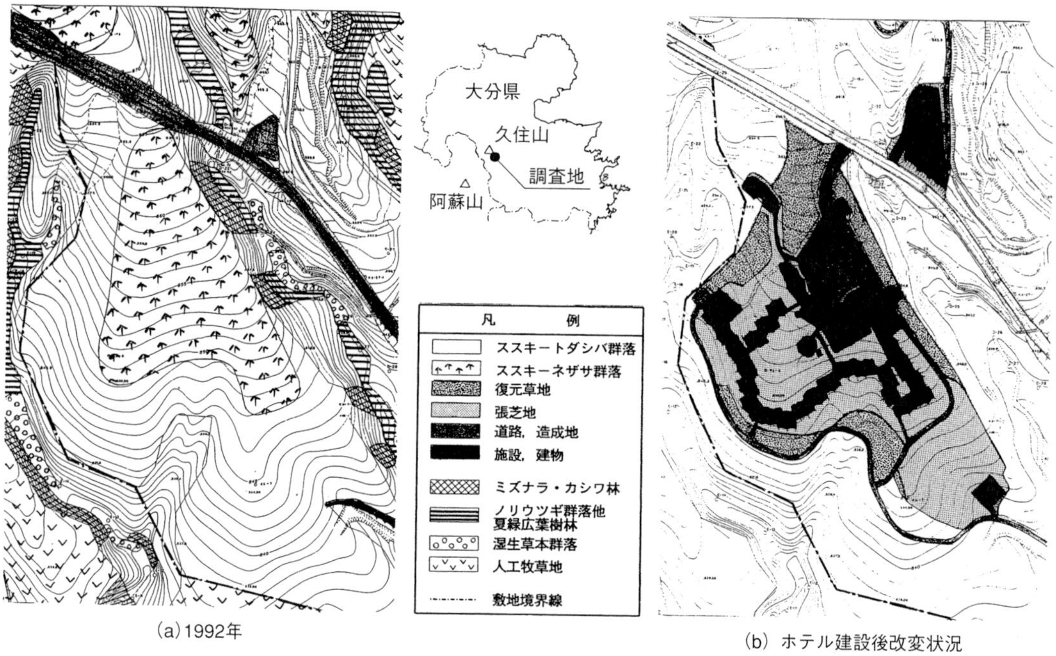

図 3.74 久住山の植生図

が分布していた．これらの群落では，ススキやトダシバ，ワラビが優占し，ススキ-ネザサ群落では下層にネザサが密生していた．また，中層～下層にはリンドウ，ミツバツチグリ，オミナエシなど 90 種以上が混生していた．この中には，ヒゴタイ，キスミレ，エヒメアヤメなど，絶滅が危惧されている大陸系の草本類も含まれていた．ホテルの建物はこのうち主にススキ-ネザサ群落の分布域を改変して建設された（図 3.74 参照）．

工事にあたっては，1992 年秋の着工時に改変予定地の草原表層をあらかじめロール状に巻き取って工事範囲の外周に現地保存しておき，1993 年早春に工事完了後の跡地に張り戻す方法によって，草原の復元を図った．この方法で約 0.6 ha の復元草地が造成されたが，土地形状変化の大きい建物の周囲約 1.3 ha には他県の圃場で生産された張芝（シバ）が植栽された．一方，ホテル敷地内には約 8.6 ha の在来草原が残され，1994 年より毎年火入れ（野焼き）管理を実施している．

敷地内では，ホテル開業後の 1994 年より，草原の保全と，より良い管理方法を求めるためのモニタリング調査を行った．

以下に，10 年間の調査で，明らかになった内容と，保全上の問題点について紹介する．

a. 草原の追跡調査

モニタリング調査は，在来草原，復元草地，張芝地に固定調査区（1m × 30 m ライントランセクトおよび 1 m 方形区）を設置して，毎年春季と秋季に植生調査を行い，群落の組成・構造や分布等の変化を記録している．このほか，張芝地の植物相および在来草原内の貴重種の分布や個体数等の追跡調査も実施している．

在来草原では，ホテル開業後に秋の採草管理を停止したため，ススキの株が年々大型化し，一部では草丈 1.5 m を超える場所もみられるようになった．これにより，2000 年以降は夏季に下層植物への被圧が顕著になってきた．ただし，早春の火入れ（野焼き）によって春季は日照が保障されるため，キスミレ，エヒメアヤメ等の稀少な小型春植物の生育は良好に維持されている．

表 3.13 に，復元草地と張芝地それぞれの固定調査区での経年変化を常在度で示した．また，ス

図 3.75　1997 年，芝布状の復元草地とヤハズソウ群生

図 3.76　2000 年，草刈り停止で復旧した復元草地

図 3.77　2002 年，群落高の上昇

スキなど優占種については平均被度，ネザサについては稈数も示した．

2 つの復元草地と張芝地では，種組成が明確に異なっており，もとの群落や復元方法の違いが強く反映されている．

復元草地では，初期にはトダシバが優占し，ハイメドハギ，リンドウ，アリノトウグサ等が混生する草丈の低い草地が再生した．その後，1996 年まで構成種は増加し，もとの群落の種組成が急速に復元した．しかし，当初夏季から秋季にかけて 2～3 回の草刈管理が毎年実施された結果，1996 年にはススキの矮生化と構成種の生育不良が顕著となり，相観上も芝生状になった．このため，1997 年以降夏季の草刈りを停止した結果，ススキが増殖し，2000 年にはススキの優占する相観を回復した．しかし，ネザサ植被の回復は 10 年を経てもみられず，小型個体の稈数が若干増加する程度にとどまっている．

復元草地の組成推移については，復元当初はセンブリ，カリマタガヤなどの小型一年草が多く出現したが，2001 年以降ではススキの大型化に伴って減少が進んでおり，その傾向はススキ–トダシバ群落で顕著であった．ススキ–トダシバ群落では，多様な構成種の多くが当初から再生したが，コマツナギ，アマドコロなど，この群落に特徴的な種については少し遅れて出現した．また，チゴユリのように復元が認められない種もあった．比較的組成の単純なススキ–ネザサ群落では，ネザサを除いて 1995 年にはほとんどの種が再生したが，オガルカヤのように出現が安定しない種もあった．

張芝地では，1994 年には張芝に伴って外部から侵入したメヒシバ，トキンソウ，フタバムグラなどの一年生耕地雑草類が優占し，在来草原種はワラビやトダシバがわずかに点在し，イトハナビテンツキ，アリノトウグサなどがシバの隙間に生育する程度であった．移入種群は 1995 年以降急速に減少したが，ヨモギ，ヒメクグなどの多年草は 10 年後も生育し続けている．しかし，2002 年以降は弱まる傾向にある．張芝地への在来草原種の侵入は緩やかで，草刈管理を停止した 1997 年以降ススキの侵入が進み始め，復元草地で常在度の高いミツバツチグリ，シバスゲなど一部の小型種のみが増加した．在来草原を特徴づけるアキノキリンソウからオガルカヤまでの種群（表 3.13）

表 3.13 復元草地と張芝地の経年推移

植生区分		ススキ–トダシバ群落復元草地 $N=9$											ススキ–ネザサ群落復元草地 $N=7$										張芝地 $N=4$									
年		94	95	96	97	98	99	00	01	02	03		94	95	96	97	98	99	00	01	02	03	94	95	96	97	98	99	00	01	02	03
管理等		夏季草刈り											夏季草刈り										夏季草刈り									
平均群落高（cm）	80	30	20	20	30	40	45	55	70	75	85	90	35	30	35	50	50	65	75	90	95	100	20	20	30	40	65	65	80	90	105	105
被度（%） ススキ	40	15	8	8	10	10	17	20	30	35	50	20	15	10	15	30	30	30	40	50	55	60		+	1	8	12	12	30	30	40	35
トダシバ	25	60	70	90	60	60	65	65	60	50	50	20	40	50	60	60	60	60	60	50	50	45	+	2	+	2	12	15	20	20	25	30
ワラビ	25	1	2	+	5	5	5	8	8	15	15	5	+	+	1	2	2	1	1	2	3	1	5	1	1	1	2	1	1	2	1	+
ネザサ												55	r	+	+	+	+	+	+	+	+	+										
シバ	+	+	2	10	30	15	12	5	5	2	+												75	85	75	35	75	80	55	25	20	20
ネザサ稈数（本/m^2）																	2	3	4	9	12	18										
単位面積平均種数	13	15	17	24	19	22	21	20	19	19	18	15	13	15	18	17	18	18	17	16	14	13	17	15	18	14	15	15	14	15	14	14
ススキ	V	V	V	V	IV	IV	V	V	V	V	V	V	V	IV	V	V	V	V	V	V	V	V		I	III	V	V	V	V	V	V	V
トダシバ	V	V	V	V	V	V	V	V	V	V	V	V	V	V	V	V	V	V	V	V	V	V	III	IV	III	III	IV	V	V	V	V	V
ワラビ	V	II	V	V	V	V	V	V	V	V	V	V	IV	V	IV	IV	IV	IV	IV	IV	IV	V	V	V	V	V	IV	III	III	IV	IV	III
ネザサ												V	I	III	III	III	III	III	II	III	IV	IV										
シバ	I	II	III	IV	V	V	IV	V	IV	III	I												V	V	V	V	V	V	V	V	IV	IV
アキノキリンソウ	V	V	IV	V	IV	V	III	IV	IV	V	IV	V	III	III	III	IV	IV	III	III	III	II	II										
リンドウ	V	IV	III	IV	IV	IV	IV	III	III	II	III	V	II	I	II	II	IV	IV	IV	II	II	I	I		I		I	I	I	I		I
ツクシゼリ	I	I	II	II	II	II	II	II	II	II	III	III	II	IV	IV	IV	IV	V	IV	V	V	IV			I	I		I	I			
アオウシノケグサ	II	II	III	III	III	III	III	III	III	III	III	I		I	I	I	I	I	I	I	I	I										
ノアザミ		I	I	II	III	III	III	III	III	IV	II	I		II		I	I	II	II	I	II	I										
ワレモコウ	I					I		I		I	I	II	I	I	I	I	I	I	I	I	II	II										
オガルカヤ											I	II				II			II	I												
コバギボウシ	III	II	I	III	I	II	III	II	III	III	II				I	I				I												
ヤマラッキョウ	I	III	III	V	V	IV	IV	IV	IV	III	I	I																				
サワヒヨドリ	I	I	I	I	II	I	II	I	I	I	II																					
サイヨウシャジン	I		I	I	I	I	I	II	II	II	II																					
コマツナギ	I			I		III	III	V	V	V	V																					
アマドコロ	I			I	I	I	II	II	I		II																					
チゴユリ	III																															
ハルリンドウ			IV	V	III	III	I	I						IV	III	II	IV	IV	II	IV	I	III		II		II						
センブリ	III	I	I	III	I	I						I		V	V	IV	IV	II	III	I	I	II			I						I	
イトハナビテンツキ	II	II	IV	IV	II	I	II	I			I	I	V	V	IV	III		IV	II	II	II	I	V	V				II		II	I	I
カリマタガヤ	I	IV	II	IV	IV	IV	I	I				I	V	V	V	V	V	IV	II				V	V	IV			I				
ハイヌメリグサ	II	III	II	V	I	III	III		II				IV	III	IV	II	II	IV	IV		I	I	II	V	I			II				
ハイメドハギ	V	V	IV	V	IV	III	III	II	II	I	I	IV	V	V	V	IV	V	V	V	IV	V	V	II	II	II	I	II	III	II	II	III	II
ネコハギ	V	V	V	V	V	V	V	V	V	V	V	I	IV	III	V	IV	V	V	V	V	IV	V		II	IV	II	III	III	I	III	IV	V
アリノトウグサ	V	IV	V	V	IV	V	V	V	V	IV	IV	IV	V	V	V	V	V	V	V	V	V	V	IV	IV			II	III	III	II	II	I
ニガナ	III	V	V	V	V	V	V	V	V	V	V	II	IV	IV	V	V	V	V	V	V	V	IV		I	I	I	III	IV	III	III	IV	V
ミツバツチグリ	II	IV	IV	V	IV	V	V	V	V	V	V	III		II	II	II	II	II	III	III	II	II		II	IV	III	IV	IV	V	V	V	V
シバスゲ	II	V	V	V	V	V	V	V	V	V	V	IV	II	II	IV	IV	V	V	V	V	V	V					II	III	IV	V	V	IV
フモトスミレ	II	IV	III	IV	IV	IV	IV	IV	III	IV	IV	III	V	V	V	V	V	V	V	IV	IV	IV		III	II	II	I	I	I	I		I
ヒメハギ	IV	II	IV	IV	I		V	IV	IV	III	IV	I	II	IV	IV	V	IV	IV	V	IV	V	IV			I	I	II		II	I	III	I
ヤマヌカボ		I		V	III	V	V	III	V	V	III	I	II	II	V	V	V	V	V	IV		II	II		III	IV	V	IV	V	V	I	III
カワラケツメイ			I	III	II	I	I	I	I		I	I	I	II	III	III	IV	IV	II	II		I		IV	V	V	V	V	III	IV	II	I
スミレ	I	I		II	I	I	II	I	II	IV	III	I												II	III	I						
ヤマスズメノヒエ		I	I	II	I	II	II	I	I	II	II						I		II	II							II		II	I		
スズメノヤリ				II		II	I	II	II	I	I			I		I	II	II						I	I	I	III	II	I	III	I	I
ヤハズソウ					II	II	II			I	I		IV	I	III	IV	IV	III		II			III	II	V	V	V	V	IV	V	II	IV
スズメノヒエ				I	I	I	I							II	I			II	I	I			I	I	II	IV	II	I			II	I
ヨモギ																							IV	V	IV	IV	III	V	III	III	I	II
ヒメクグ																							V	V	V	III		III		II		I
イヌタデ																							IV	I	I							
メヒシバ																							V	II		I						
コニシキソウ																							II		II	II	I					
コブナグサ																							I	I	I							
コケオトギリ																							V	I								
トキンソウ																							V									
フタバムグラ																							IV									
オオアレチノギク																							I									
タチイヌノフグリ																								I			I		I	I		I
オランダミミナグサ																								I			I					
ヒメジョオン					II	I																			III	I					II→I	I
メリケンカルカヤ						I	I	I	I	I	I																					

(網掛け)復元もとの在来草原（1992 年 11 月，1994 年 9 月）.

は，リンドウ，ツクシゼリなどの散発的な生育はあるものの，10年後も定着していない．

また，固定調査区以外の張芝地を観察すると，ススキが多く侵入した場所では，大型のススキ草原の相観を呈するようになり，下層植物は極端に貧化した．さらに，適湿地では繁殖力の強いエゾノギシギシやイタドリが局地的に繁茂し，ホテル施設管理に伴う攪乱跡地にはヒメムカシヨモギ等の荒地雑草類が発生を繰り返しており，これらの移入植物は景観阻害の要因ともなっている．なお，防災上草刈管理が長期間継続されている建物直近地では，シバの密生する芝生が維持されており，生育種の貧化が年々進んでいる．

以上の結果から，表層張戻し方法は，復元もとの植生内容に左右されるものの，早期に在来草原の質を復元するには有効である．しかし，ネザサの再生には10年以上の長い時間を要する．また，張芝地では，管理方法によっては本来の植生回復を遅らせ，10年後も在来草原の復元は認められないことがわかった．

b. 今後の管理

これまでの調査結果から管理上の問題として，次の3点が明らかになった．① 夏季の草刈りは，その頻度や時期によっては草原植物に大きな負荷を与え，群落構造や組成の退行を引き起こす．② 火入れ（野焼き）のみの管理は，小型春植物の保護には有効であるが，ススキ大型化の抑制とそれに伴う下層植物の被圧の阻止にはならない．③ 圃場からの移入植物の持込みによる植生攪乱は長期間継続する．特に，人為攪乱の繰り返しは，移入種の存続を助長する．

① と ② について，適切な群落の状態を維持するための草刈頻度や時期を模索するため，1998年より草刈り試験を実施した．ススキ–トダシバ群落で，7月，9月および11月にそれぞれ調査区を設定して地際から刈り取り，現存量と組成の推移を測定した．この結果，最も草丈抑制効果が高いのは7月区であったが，ススキへの負荷が強く，1回の刈取りでも現状復帰には5年以上を要した．9月区では，草丈抑制効果は1年のみであった．持続した効果を得るには数年間草刈りを継続する必要があるが，4年継続した時点で，ススキが優占する相観は完全に失われた．11月区では，群落高の抑制は緩やかであったが，4年間草刈りを継続した結果，ススキ現存量は明らかに減少し，下層種群の増加が認められた．

これらの結果から，作業の労力などを考慮すれば，7月草刈り後数年の放置が有効と判断された．ただし，刈草の処理には問題が多く，廃棄物処理か焼却処理しか有効な方法がないのが現状である．

また，③ については，定着してしまった移入種の制御は非常に困難である．これらの種は結実前に選択的に引き抜き除去して，増殖拡散を予防するしか，いまのところ方法は見出せていない．ススキ株を放置して被圧する方法も一部で有効であったが，その後の植生回復の手段はいまだ未知である．　　　　（桑原佳子）

文　献

1）嶋田　饒ほか．1973．草地の生態学（生態学研究シリーズ5）．築地書館．
2）環境庁．1979．第2回自然環境保全基礎調査 植生調査報告書 大分県．

3.11.3　海岸草原植生の復元・管理

a. 北海道の海岸草原

日本はユーラシア大陸の東側に位置し，温暖で湿潤な気候条件であるため，自然状態では北から南までほとんどの地域が森林となる．そのため，世界各地でみられるような広大な草原，たとえば中央アジアのステップや北米のプレーリー，南米のパンパ，アフリカのサバンナのような草原植生は発達しない．これらの自然草原は，樹木が生育できない降水量の少ない乾燥地域に分布している．したがって日本の自然草原は，環境条件が厳しく樹木が生育できない限られた場所に出現する．湿原植生や山岳地帯の高山草原，海岸の砂浜

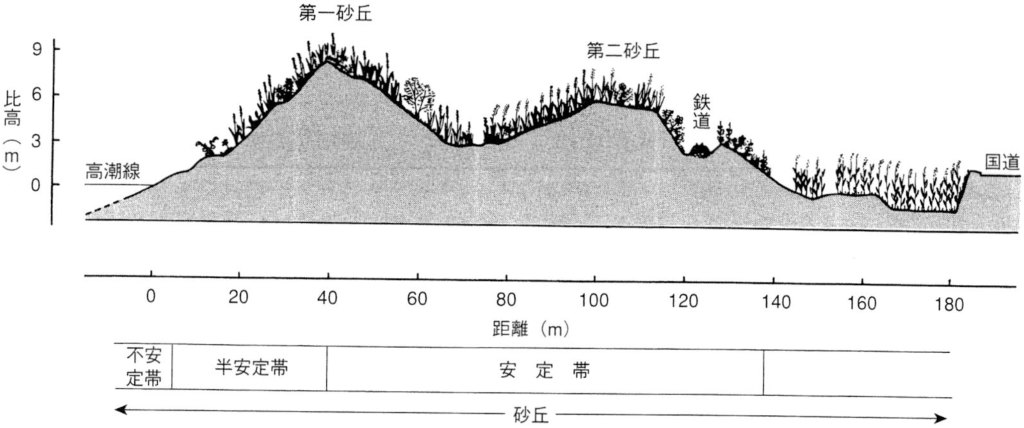

図 3.78 小清水原生花園における海岸砂丘の地形と植生（冨士田, 1993）
主な優占植物は，不安定帯：ハマニガナ，シロヨモギ，半安定帯：ハマニンニク，ハマボウフウ，ハマエンドウ，ハマナス，エゾノコウボウムギ．安定帯：ハマナス，ハマニンニク，ナワシロイチゴ，オオヨモギ，ヤマアワ，ヒロハクサフジ．

植生などがそれにあたる．北海道の海岸草原もその1つである．

北海道の沿岸部の砂浜や砂丘の発達する地域では，水分や養分の欠乏，塩分を含んだ潮風，強風，強烈な紫外線などの海岸の厳しい環境条件が森林の発達を制限し，さらに飛砂によって地表が攪乱される不安定な地形，寒冷な気候条件などが複雑に絡まり合い海岸草原が成立する．

砂浜や砂丘では上記のような厳しい環境条件が，海側から内陸側に向かって徐々に弱まるので，植生もそれに伴い帯状に変化していく．砂浜の最も海に近い不安定な部分には，耐塩性や耐乾性をもち貧栄養な条件で生育できる植物がまばらに群落を形成する．冨士田（1993）によると，北海道ではオカヒジキやハマアカザなどの一年生の草本や，コウボウシバ，ハマベンケイソウ，ハマヒルガオ，ハマハコベ，シロヨモギ，ハマボウフウなどの多年生草本が生育する（図3.78）．さらに第一砂丘の前面の不安定帯や半安定帯には，ハマボウフウやハマニガナ，エゾオグルマ，ハマニンニク，コウボウムギ（北海道北部から東部はエゾノコウボウムギ）といった植物が優占する群落が分布する．そして砂の移動が小さくなった第一砂丘の背面や内陸側の古い砂丘はさらに立地が安定し，ハマニンニクや（エゾノ）コウボウムギ，ハマボウフウ，ハマニガナに加え，ハマエンドウやナミキソウ，ウンラン，ハマハタザオなどの砂丘植物が出現するようになる．さらに内陸側は，砂の移動がほとんどない安定帯と呼ばれる立地が形成される．ここが海岸草原の成立場所となり，ハマナス，エゾスカシユリ，エゾキスゲ，センダイハギ，ヒロハクサフジ，ムシャリンドウ，エゾノヨロイグサ，ナミキソウ，キタノコギリソウ，オオヤマフスマ，ヒメイズイ，カラフトニンジン，オオウシノケグサなど，さまざまな種類の草本や木本からなる草原が成立する．ここでは鮮やかな色彩の花をつける植物が多いため，大変美しい草原が形成される．このような草原は，北海道では特にオホーツク海沿岸で最もよく発達している．ついで十勝から釧路の沿岸部，さらには日本海側では石狩川や天塩川の河口沿岸などでみられる．いずれも河川によって土砂が運ばれ，沿岸流との関係で砂丘や砂原の発達することが重要な背景となっている．

b. 原生花園の成立

海岸草原のうち，北海道の開拓とともに始まった家畜の放牧利用や，蒸気機関車の火の粉による野火などの人為の影響で，ハマナスやエゾスカシユリ，エゾキスゲ，センダイハギ，ヒロハクサフジなど，色彩豊かな花をつける植物の優占度が高まった状態の二次的な海岸草原は，俗称で「原生花園」と呼ばれ，半自然草原の一種と考えられる．家畜を放牧すると，成長点が地下あるいは地表近くにある採食や踏圧に強い植物や，不嗜好植物が選択的に残り，原生花園を特徴づける種の優占度が高まる（冨士田，1993）．さらに原生花園では，空気の乾燥している4～5月に蒸気機関車の火の粉が原因で，昭和40年代後半までしばしば野火が起こった．野火は草原の遷移進行を止め，ハマナスなどの新条再生を促進し，病害虫も駆除するなどの効果があった．

c. 小清水原生花園の現状

原生花園の中で最もよく知られているのが，オホーツク海に面した小清水町から網走市にかけて広がる小清水原生花園である．小清水原生花園は全長8 kmもの細長い海岸砂丘に鮮やかな色彩の花が咲きそろい，しかも砂丘の内陸側には濤沸湖，海側には知床連山を望むというきわだった景観の美しさから，1951年に北海道の名勝に，1958年には網走国定公園の一部に指定された．しかし近年，原生花園を特徴づける植物の衰退と，ケンタッキーブルーグラス（ナガハグサ）や，チモシー，オーチャードグラスといった外来牧草の繁茂が問題となっている．

衰退の原因として，冨士田（1993）は以下をあげている．第一の原因は，名勝や国定公園の指定後，原生花園内でそれまで行われてきた粗放的な牛馬の放牧が社会的・経済的理由により中止されたことである．放牧は原生花園の成立にかかわる重要な要因であるが，反面，家畜は牧草の種子を，排泄物を通じてあるいは体につけて草原内に持ち込んだ．放牧が実施されていた間は，家畜の選択的な採食で牧草拡大は抑えられていた．蒸気機関車の火の粉によって頻繁に起こる春先の野火も，牧草の拡大を抑える要因となっていた．

第二の原因は，自然公園の誤った利用法にあった．俵（1986）によると，観光客の無秩序な利用や踏圧，盗掘により植物群落は荒廃し，踏み付けの著しい場所ではシロツメクサやセイヨウタンポポ，オーチャドグラスなどが増加した．

第三の原因は，原生花園の一部は飛砂や強風の影響を受けなくなり，砂丘自体の安定度が高まり，自然状態でも遷移が進行する環境に変わったことである（冨士田・津田，1994）．飛砂減少の理由としては，波消ブロック設置による沿岸流の変化，河川上流部でのダム建設や河川改修により，陸から海へ運ばれる土砂の量や頻度が減少したことなどが考えられる．砂丘は絶えず変化している場所であるから，砂丘上の植物群落の分布も常に環境に対応して変化する．したがって砂丘の安定度が増せば，海岸草原は海岸林へと遷移が進行する．

d. 火入れによる植生管理

放牧や野火といった人間の影響による適度な攪乱の存在下で成立する半自然植生の維持には，同じ程度の攪乱を人工的に起こし，植生を持続・管

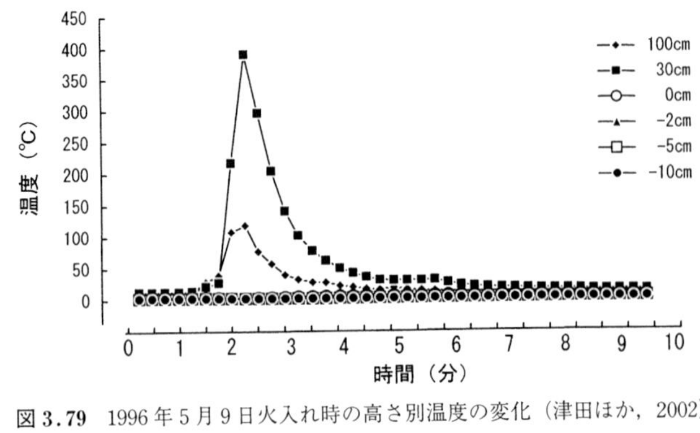

図3.79 1996年5月9日火入れ時の高さ別温度の変化（津田ほか，2002）

理するのが最も安易で効果的である．繁殖力の強い牧草が繁茂し，海岸草原の構成種を圧迫する状態になった原生花園でも，これまでの研究から火入れが最も有効な手段であることが明らかになっている（Ajima et al., 1998；津田ら，2002）．

1）火入れ時期と温度変化　火入れにより植物にダメージを与えるためには，その植物の生育期間中に火入れを行う必要がある．しかし夏季の火入れは，多くの自生植物にもダメージを与え逆効果である．海岸草原で火入れによる植生管理を考えるならば，外来牧草類は生育を開始しているが，多くの自生植物はまだ生育を開始していない5月上旬がベストである．

図3.79は，1996年5月9日の火入れ時の地上100 cm，30 cm，地表（0 cm），地下2 cm，地下5 cm，地下10 cmの温度変化を測定した結果である（津田ほか，2002）．最も温度が上昇するのは地上30 cm付近で，最高温度は350～400℃である．しかしピークは一瞬で，すぐに温度は低下し始め5，6分で20℃前後まで下がる．次に高温になるのは地上100 cm付近であるが，ここでは140℃前後までしか温度は上がらない．他の高さでは顕著な上昇はみられず，地下2 cmよりも深いところでは温度上昇はほとんど起こらない．このように原生花園での5月上旬の火入れは，地上に出ている植物体には影響を与えるが，地下の根や地下茎，埋土種子，地中の動物には直接影響を与えない．

表3.14　火入れ後のハマナス結実および非結実個体（シュート）の割合（%）

	1992年	1993年	1994年	1996年
着果個体	7.0	13.4	19.6	20.6
非着果実個体	93.0	86.6	80.4	79.4

1992年5月に火入れ．津田ほか，1999より作成．

一方，火入れの際の地上の温度上昇具合は，燃料となるリター蓄積量と関係する．1992～96年の燃料調査によると，小清水原生花園の燃料の平均値は約870 g/m^{2}で，燃え残りから計算すると燃焼した燃料は約600 g/m^{2}となる（津田・冨士田，未発表）．この値は，宮城県利府町のスギ林の1560 g/m^2，コナラ林の950 g/m^2（Tsuda et al., 1986）や，山形県鶴岡市の焼畑地の6900 g/m^2（津田ほか，1992）に比べると，かなり少ない．

2）ハマナスへの影響　火入れは牧草類の繁茂を抑制する目的で実施するが，短時間とはいえ地上に出ている植物が高温にさらされるため，期待に反して本来の原生花園の景観をつくり出している植物がダメージを受ける可能性もある．図3.80は，火入れ前，火入れ当年から5年間のハマナスの地上部シュートの数（地際から出ている1本1本の茎をシュートとする）と長さ，表3.14は着果数の調査結果を示したものである（津田ほか，1999）．調査区内のシュートは火入れによっ

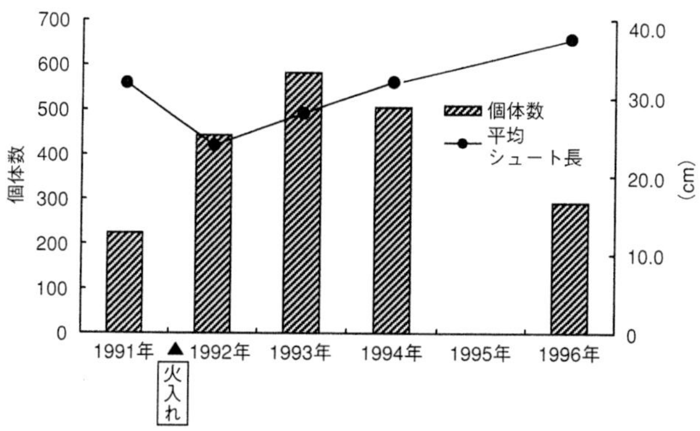

図3.80　火入れ実験後のハマナス個体数と平均シュート長の変化（津田ほか，1999）

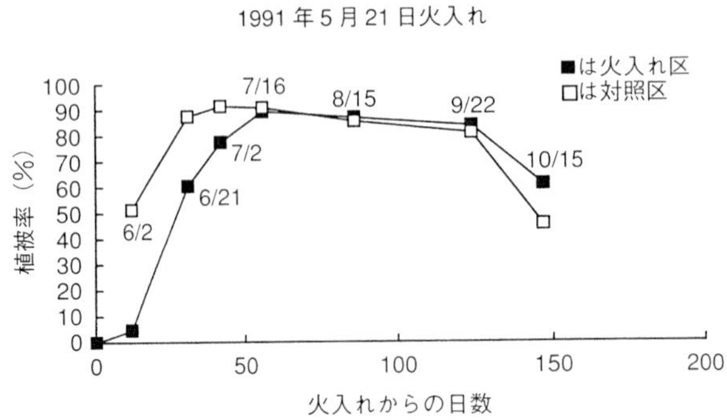

図 3.81 小清水原生花園における火入れ区と対照区の植被率の推移

てすべて焼死するが，火入れを行った年のうちに，地下に残った親個体から火入れ前を上回る数の新しいシュートが出る．翌年にはシュート数はさらに増加したが，翌々年から徐々に数が減少し，火入れ当年から5年目には火入れ前と同じ程度となった．火入れ前のハマナスのシュート長は，火入れ後には火入れ前より短くなるが，時間の経過とともに長さは長くなり，翌々年には火入れ前の水準まで回復した．また火入れを実施した年でも，ある程度地上部の成長が進めば，花を咲かせる個体もあり，花を咲かせたハマナスの割合は火入れの翌々年まで増加した．以上から，原生花園の管理に火入れを導入する場合，ハマナスに限ってみれば，3年あるいは4年のインターバルで火入れを行うのが有効と考えられる．

3）火入れによる植生の変化　図3.81は火入れ区と対照区の植被率の平均値の季節変化を示したものである（冨士田・西坂，未発表）．火入れ区の植被率は7月中旬まで対照区より低いが，その後は差がなくなり10月には逆に火入れ区が高くなる．このように火入れで消失した植被は，火入れから2カ月足らずで，地下から再生あるいは発芽した植物によって地表面が覆われ，対照区と差がなくなる．

さらに植生調査から種ごとの平均被度を計算すると，被度が対照区よりも火入れ区で小さかった種は，ナガハグサ，ハマニンニク，オオウシノケグサであった（冨士田・西坂，未発表）．一方，火入れで被度が増加するのはナミキソウ，傾向がない種はオオヨモギ，ハマナス，ヒロハクサフジ，ナワシロイチゴなどであった．

火入れ当年の地上部の植物体現存量の季節推移は，火入れ区では火入れ直後から8月上旬まで対照区よりも現存量が小さいが，9月に対照区の最大値とほぼ同等の最大値となる（冨士田・西坂，未発表）．

このように火入れによって植物の地上部は，一時的にダメージを受けるが，回復は早く，被度，現存量，組成の面からみても，景観上の問題は起こらない．また，火入れ当年はナガハグサなどの牧草類を減らす効果があり，牧草以外の植物の種子発芽個体を増やす効果も認められた．

小清水原生花園では，1993（平成5）年からは，それまでの調査結果を受けるかたちで，北海道と小清水町が事業主体となって，毎年連休明けに大規模な火入れが行われ，徐々にかつての景観がよみがえっている．　**（冨士田裕子・津田　智）**

文　献

1）Ajima, M. et al. 1998. Vegetation change after burning and grazing on the coastal grassland in Koshimizu, Hokkaido, Northern Japan. *Vegetation Science*, **15**：61–64.
2）冨士田裕子．1993．海岸草原．「生態学からみた北海道」（東　正剛ほか編），pp.53–63．北海道大学図書刊行会．
3）冨士田裕子・津田 智．1994．北海道の海岸草原の現状について．群落研究，**10**：1–10.
4）俵　浩三．1986．川湯・硫黄山および網走・濤沸湖の自然保護と植生景観の変遷—自然公園特別保護地区における植生保護の問題点—. 専修大学北海道短期大学紀要, **19** : 55–68.
5) Tsuda, S. et al. 1986. Initial stage of vegetational recovery after Rifu forest fire on April 27, 1983. *Ecological Review*, **21** : 1–10.
6) 津田　智ほか. 1992. 焼畑の火入れが野生植物に与える影響. 森林文化研究, **13** : 71–79.
7) 津田　智ほか. 1999. 北海道小清水原生花園における火入れ後のハマナス (*Rosa rugosa* Thunb.) の生長と開花. 横浜国立大学教育人間科学部理科教育実習施設研究報告, **12** : 113–121.
8) 津田　智ほか. 2002. 小清水原生花園における海岸草原植生復元のとりくみ. 日本草地学会誌, **48** : 283–289.

3.12　農耕地

3.12.1　農耕地の種類と植物

a. 農耕地の種類と環境

「農耕」とは田畑を耕すことである. また, 作物を得るために農耕を行っている土地が「農耕地 (crop land)」であり, 水田・畑・果樹園などが該当する. 「田畑」ということばがあるように, 農耕地の代表は水田と畑である. 作物の栽培はしないが, いつでも耕作が再開できるように草刈りや耕起を実施している休耕田・休耕畑は農耕地と考えられる. しかし, 耕作も特別な管理もせずに放置してある放棄水田や放棄畑は, 農耕地とはいえない.

農耕地では, 作物の栽培と収穫のために, 耕起・播種・植付け・施肥・除草・収穫などのさまざまな農作業が毎年繰り返されている. また水田では水管理があり, イネの生育期間中は乾田・湿田ともに水を湛えた湿地となる. 第二次世界大戦直後までは素手と家畜による農作業が主体であったが, その後は農業の機械化・化学化が進み, 農業機械・農薬・化学肥料が普及した.

b. 農耕地の植物

農耕地の植物には, イネのように人が栽培する「作物」とヒエ類のように作物に有害であり防除の対象となる「雑草 (weed)」とがある. この区別は厳密なものではなく, ある植物が除草の対象になれば「雑草」であるが, 山野に生えて農業生産とかかわりなければ「野草」であり, また栽培されるなら「作物」となる. 雑草は作物と光・水分・養分・空間などを奪い合って作物の生育を阻害する. また収穫作業を妨げたり, 収穫物に混じって品質を低下させる場合もあるため, 雑草の防除が行われる.

農耕地の雑草は, 農作業などの人為的な攪乱が大きい環境に特有な植物群である. 攪乱が停止されたり攪乱の程度が弱まると, 一年生雑草群落は多年生雑草群落に, さらには野生に近い草本群落や木本群落へと植生が変化する. このような植生変化を遷移 (succession) と呼ぶ. 農耕地の雑草群落は, 耕作により遷移の進行が阻止されている環境に, 遷移初期の植物群落として成立しているものである.

農耕地の雑草の多くは一年草であり, 生育期間から冬雑草と夏雑草に分けられる (下田 (2003a) の図 2–11 参照). 水田の冬雑草は, 春の田植えまでに開花・結実を終え, イネの生育期間中は休眠している. 代わって夏雑草がイネとともに生育する. 水田環境の季節変化とともに, 雑草の種類も変わっていく. 畑は水田ほどの大きな季節変化はないが, 作物は季節により異なる. 畑の冬雑草にはオオイヌノフグリ, ナズナなどのほか, スズメノテッポウ, ノミノフスマのような水田雑草との共通種もある. 夏雑草はスベリヒユ, メヒシバなど乾いた土地に特有な植物であり, 水生・湿生の水田雑草との共通種は少ない.

c. 水田とかかわりのある植物

九州から東北地方にかけての農耕地で, 水田は最も広い面積を占めている. 水田の周囲には稲作に必要な畦・水路・ため池などがあり, また農業の近代化以前には, 堆肥や家畜用の採草地もあった. これらの水田を中心としたさまざまな環境は, 里山とともに多様な動植物のすみかとなっていた.

かつては全国に普通にみられた水田雑草の中には，絶滅危惧種（threatened species）に指定されているものが多数ある（表3.15）．これらの種は水生・湿生の草本であることから，湿田の乾田化が水田雑草の生育に大きな影響を及ぼしたことがうかがえる．また除草剤（herbicide）も水田雑草の変化の要因となっている．表3.16に，除草剤の種類の移り変わりとそれに伴う害草の発生状況の変遷を示した．稲作に深刻な害を与える雑草に関しては，雑草学の分野で多くの研究報告がある．しかし問題とならない種に関しては，近年の稲作技術の大きな変化の前後で，どのような雑草類の変化があったのかを具体的に示す情報は非常に乏しい．

表3.15　絶滅のおそれのある水田雑草（下田，2003 a）

種名	害草度*	評価
デンジソウ	全国害草	絶滅危惧Ⅱ類
サンショウモ	全国害草	絶滅危惧Ⅱ類
オオアカウキクサ	全国害草	絶滅危惧Ⅱ類
ヌカボタデ	弱害草	絶滅危惧Ⅱ類
アゼオトギリ	全国害草	絶滅危惧ⅠB類
ミズキカシグサ	南部害草	絶滅危惧ⅠB類
ミズマツバ	南部害草	絶滅危惧Ⅱ類
タチモ	全国害草	準絶滅危惧
ミゾコウジュ	弱害草	準絶滅危惧
オオアブノメ	弱害草	絶滅危惧Ⅱ類
カワヂシャ	全国害草	準絶滅危惧
タヌキモ	全国害草	絶滅危惧Ⅱ類
アギナシ	全国害草	準絶滅危惧
スブタ	全国害草	絶滅危惧Ⅱ類
コバノヒルムシロ	弱害草	絶滅危惧ⅠB類
トリゲモ	弱害草	絶滅危惧ⅠB類
ミズアオイ	全国害草	絶滅危惧Ⅱ類
ヒンジモ	北部害草	絶滅危惧ⅠB類
イチョウウキゴケ	弱害草	絶滅危惧Ⅰ類

*：笠原，1951による．

稲作技術の向上により米の生産量は急増したが，米の消費量は減少を続けた．米の供給過剰に対処するため，1969年に米の生産調整対策が始まり，1970年からは本格的な減反が実施された．農林水産省による毎年度の「耕地及び作付面積統計」によれば，イネの作付面積は1950年から1969年まで300万haを超えていたが，1970年以降は減少を続け，2003年は166.5万haとなった．耕作田の減少と放棄水田の増加も，稲作技術の変化と並び，水田の生物に大きな影響を与えている．

水田が耕作放棄されると，イネの栽培や水田維持のためのさまざまな管理作業が行われなくなる．耕作放棄の初年度から植物が繁茂し，時間が経過するほど復田が困難になる．このため，生産調整が始まった直後から，雑草対策と植生変化の観点から多数の研究報告が公表されている（下田，2000）．最近では，稀少種を含めた生物多様性（biological diversity）を保全する場として，休耕田・放棄水田を取り扱った報告もみられる

表3.16　除草法と水田雑草の変遷（下田，2000）

時期	除草法・除草剤	水田雑草の種類
第二次世界大戦直後まで	人力除草（手取り・除草機）	ヒエ類などの一年生雑草が主体で，多年生雑草はマツバイを除き発生は局所的
1950年代	除草剤（2,4-D）の使用開始	コナギなどの広葉雑草が減少したが，イヌビエ類は抵抗性が強く最強害草となる
1960年代	PCPの登場・普及	一年生雑草全般が防除されたが，多年生雑草のマツバイ，ヒルムシロが多発して問題化
1970年代	CNPの普及	多年生雑草のミズガヤツリ，ウリカワ，イヌホタルイ，ヘラオモダカが増加
近年	低薬量除草剤，選択性除草剤の開発，進展	多年生雑草のオモダカ，クログワイ，セリ，シズイなどが問題雑草となる

（下田，2000）．

3.13.2 農耕地の植物の管理と保全—中池見の湿田を例に—

a. 中池見の湿田と植物

中池見(なかいけみ)は敦賀市の市街地の東にある約 25 ha の盆地である（図 3.82）．歴史書によれば，中池見はスギの生い茂る沼地であったが，江戸時代に新田開発が始まり，江戸時代後期に全域が水田となった（下田，2003a）．中池見と，その南の余座池見(よざいけみ)，北の内池見(うちいけみ)は非常に泥深い水田であり，田舟や田下駄を使う湿田特有の稲作が行われていた．

余座池見と内池見では圃場(ほじょう)整備が実施されたが，中池見は土壌が軟弱すぎて圃場整備が困難であったため，伝統的な湿田と土水路が残っていた．本格的な減反が開始された 1970 年以前から，耕作条件の悪い水田が放棄され始め，その後も放棄水田が増えていった．中池見の耕作田，放棄後間もない水田，耕起を行うがイネは栽培しない休耕田，水路などには，多様な水生・湿生植物が生育していた．またその中には，表 3.15 にあげたデンジソウ，サンショウモ，オオアカウキクサ，アギナシ，ミズアオイをはじめ，多数の絶滅危惧種や稀少種があった（下田，1998）．

図 3.82　1995 年の中池見と周辺の景観
上方に敦賀湾と市街地がみえる．画面右が北になる．大阪ガス（株）提供．

b. 植物の保全と植生の管理

1992 年に，敦賀市議会は中池見へ液化天然ガス基地を誘致することを決議した．事業者は環境保全措置（mitigation）として，基地建設を予定する地域の南部に約 10 ha の環境保全エリア（約 4 ha の平地部の水田地帯と約 6 ha の周囲の山地）を設定することを計画した（下田，2003a）．2002 年に基地建設中止，2004 年に中池見を敦賀市へ寄付することが決まったが，環境保全エリアの維持管理は現在も続いている．

筆者は 1997 年から，環境保全エリアの保全計画の立案や植物調査に携わってきた．耕作田・休耕田・放棄後間もない水田が稀少種を含む多様な生物のすみかとなっていることと，管理を停止すれば大型の植物が繁茂して水田雑草の多くが姿を消すことが，事前の調査で確認されていた（藤井，2000）．このため，環境保全エリア平地部では，休耕田が主要な土地利用となる管理計画を立て，管理作業の実施は地元の農家に依頼した．1997 年に行った主な作業を表 3.17 に示した．

表 3.17　1997 年に行った維持管理作業（下田，2003 a）

実施場所*	作　業
耕作田	田起こし，代掻き，施肥，田植え，水位の調整，草取り（手取り），稲刈り
休耕田	田起こし，代掻き，水位の調整，草刈り（機械刈り），ヨシの根切り**，ヒエ類の刈取り
放棄水田	草刈り（機械刈り・手刈り），刈草の搬出，ヨシの根切り**，セイタカアワダチソウの刈取り
水路	江ざらい***，草刈り（機械刈り・手刈り），水位の調整，水門の操作
池	周囲の樹木の伐採
畦	草刈り（機械刈り），畦シートの設置，畦づくり
土手	草刈り（機械刈り）

*：1997年の土地利用．
**：ヨシの地下茎を鎌で切断して掘り起こし，植生を除去する作業．
***：水路の掃除と補修．

図 3.83　耕起が植生に及ぼす影響
放棄水田の手前半分を5月に耕起した．耕起部分にはミズアオイ，ケイヌビエなど多数の水田雑草が，放置した部分にはアシカキ，ヒメガマなどが繁茂し，互いに異なる植生となった．1997年9月．

1997年の夏から秋にかけて，耕作田と休耕田にサンショウモやミズアオイなどの絶滅危惧種を含む多様な水田雑草が発生した（下田ほか，1999）．表3.17の「ヨシの根切り」を実施した放棄水田も同様であった（下田ほか，2000）．1993～1994年の環境影響評価の調査では確認されていないシソクサやマルバノサワトウガラシなども確認することができた（下田ほか，1999；下田ほか，2000）．また環境保全エリア以外の放棄水田でも，耕起により絶滅危惧種を多数含む水田雑草群落が復元できることを確認した（図3.83，下田・中本，2003）．

耕作田では，除草剤を使用せず手取り除草を継続した結果，稲刈り後の水田には水生・湿生の雑草が多数繁茂するようになった．休耕田では春の耕起によりヨシ・ガマ類などの大型の抽水植物の繁殖は防ぐことができたが，多年草のサンカクイが密生し小型の雑草が減少する休耕田がみられるようになった．そこで，サンカクイが繁茂した休耕田の一部で，2000年に稲作を再開する「復田」を実施したところ，秋の雑草は一年草が大半を占めているのを確認できた（中本ほか，2002）．さ

復田

2回耕起

1回耕起

図 3.84　復田と耕起回数が植生に及ぼす影響（2001年7月）
復田した区と2回耕起（4月と6月）の区では一年生の雑草が多いが，春1回の耕起を続けた区には多年草のサンカクイが繁茂した．

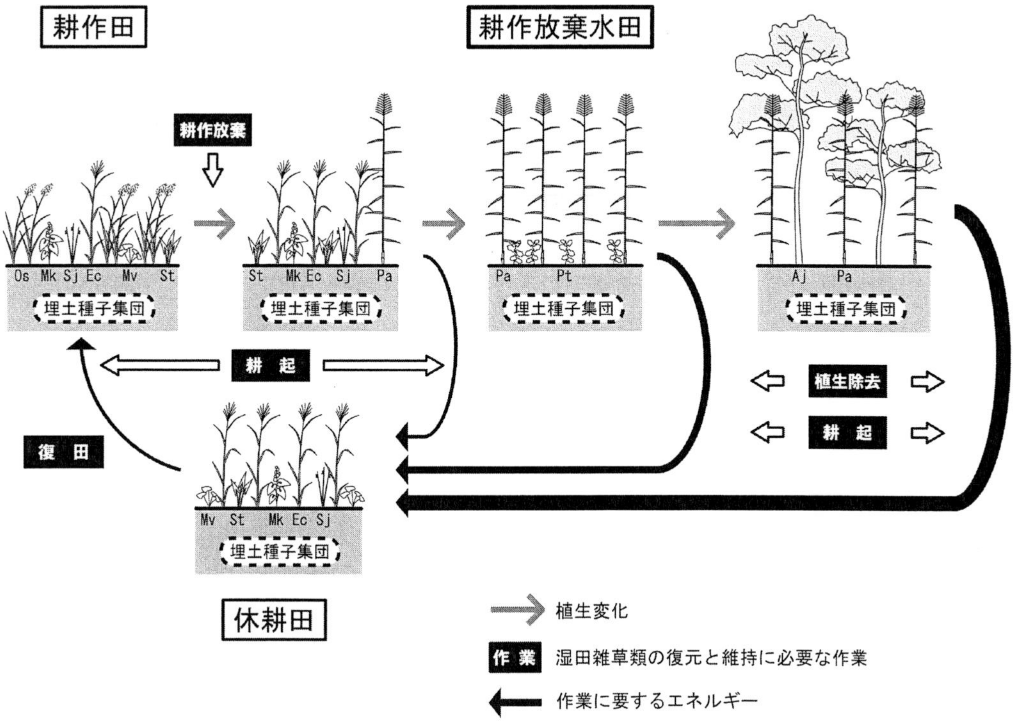

図 3.85　耕作放棄湿田の植生変化と雑草群落の復元

稲作や耕起を継続すれば，多様な水田雑草を維持できる．管理を停止すれば，群落構成種は大型の多年草や木本に代わっていくが，雑草類は埋土種子集団として残っている．Aj：ハンノキ，Ec：イヌビエ類，Mk：ミズアオイ，Mv：コナギ，Os：イネ，Pa：ヨシ，Pt：ミゾソバ，Sj：ホタルイ類，St：オモダカ．

らに 2001 年には復田区と 2 回耕起する区をもうけ，1 回耕起の区との比較を行ったところ，2 回耕起の区でも一年草を主とする群落となった（図 3.84）．

c. 湿田の多様な植物の保全と復元

中池見の環境保全エリアで行った維持管理と調査結果から，除草剤を使用せず湿田環境を維持すれば，絶滅危惧種を含む多様な水田雑草の生育地となることが確認できた．耕起はするがイネは栽培しない休耕田管理は，多様な水田雑草の保全に有効な手段であるが，春に 1 回の耕起だけでは遷移を完全に止められず，多年草の割合がしだいに増加することも明らかになった．また管理を停止して水田を放置すれば，遷移により「水田雑草群落」は短期間で姿を消すが，地中には多様な雑草の埋土種子集団（seed bank）が存在していることも確認されている（中本ほか，2000）．

中池見における調査・研究結果は，各地の放棄湿田で遷移が進行しても，埋土種子からの水田雑草群落の復元が可能であることを示している．復元に要するエネルギーは，遷移が進み群落構成種が大型になるほど大きくなる（図 3.85）．また多様な種からなる水田雑草群落を維持するには，稲作や耕起などの適切な維持管理を継続して，図 3.85 の右方向に向かう遷移の進行を止める必要がある．

3.12.3 ため池の植物の保全

a. ため池の環境

ため池（irrigation pond）は水田の灌漑用につくられた人工の水域である．代掻きの時期からイネの生育期間にかけて，池の水は水路を通って水田に引き込まれる．池の水位はその間に低くなるが，降水量の多少によって水位は大きく異なる．

図 3.86　多様なため池と植生（東広島市）

a：山間の大型の池．水が引いた泥地に小型の両生植物群落がみられる．b：山間のジュンサイが繁茂する池．右手の岸にヨシの抽水植物群落，水が引いた岸に両生植物群落がみえる．c：山麓の池．ジュンサイ採りの小舟が浮かんでいる．d：水田に囲まれヒシが密生する池．

日照りの年には，底がみえるほど水位が下がる池もある．ため池の管理は農村の水利集団による共同作業で，稲作のサイクルに伴って毎年繰り返されている（下田（2003a）の図 2-15 参照）．

ため池の大きさや形，周囲の環境はさまざまである．農村の多様なため池は自然の湖沼と同様に，水生・湿生の動植物の重要なすみかとなっている．

b. ため池の植生

ため池では，水中から水辺，あるいは減水期に干上がる岸にかけて，さらには水域を取り囲む陸生の湿地や土手にも多様な植物が生育している（図 3.86）．

一年中干上がることのない水中では，浮葉植物（floating-leaved plant），沈水植物（submerged plant），浮遊植物（free-floating plant）が水草群落をつくっている．ジュンサイやヒシのように水面に葉を浮かべる浮葉植物が繁茂する池が多いが（図 3.86 の b～d），フサモ類，イバラモ類のような沈水植物だけが生育することもある．また浮遊植物のウキクサ類が水面を覆っている池もある．

広島県黒瀬町のため池で，水質と水草の分布を調査した結果によれば，電気伝導度の値が低い山間や山麓の池に分布する水草が多いが，ヒシだけは非常に広い範囲に分布していた（図 3.87）．市街地やごみ捨て場と接した池では，山間や水田地帯の池よりも電気伝導度が極端に高く，またこのような池にはヒシが繁茂することが多かった．東広島市のため池でも全窒素・全リン濃度が低い池に分布する水草が多く，濃度の高い池ではヒシが繁茂していた（下田・橋本，1993）．図 3.86 でも山間や山麓の池にはジュンサイ，ヒツジグサ，フトヒルムシロなどのさまざまな水草が生育している（b，c）が，水田に囲まれた池ではヒシが密生

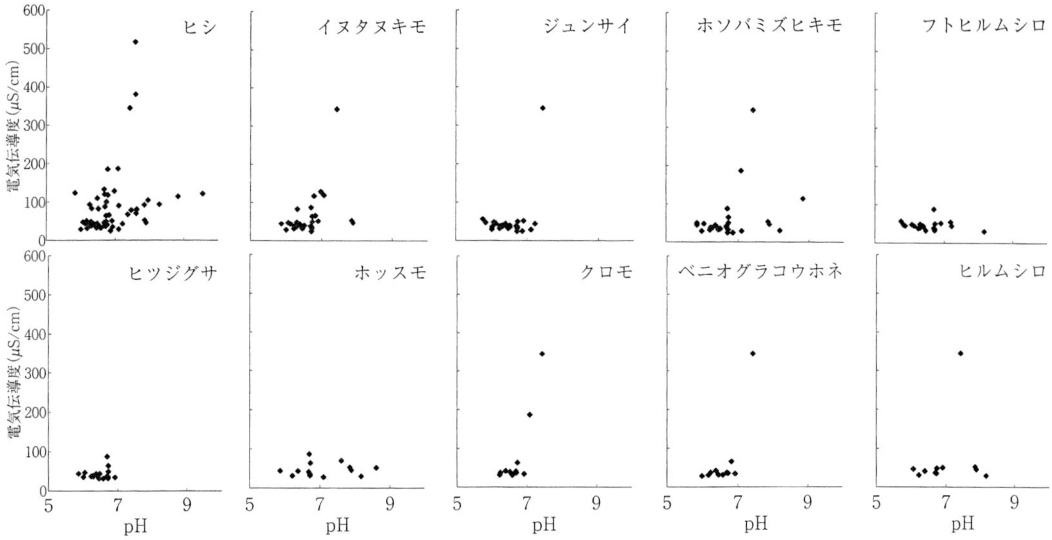

図 3.87　ため池の水質と水草の分布

広島県黒瀬町の調査結果（下田，2003b）による．

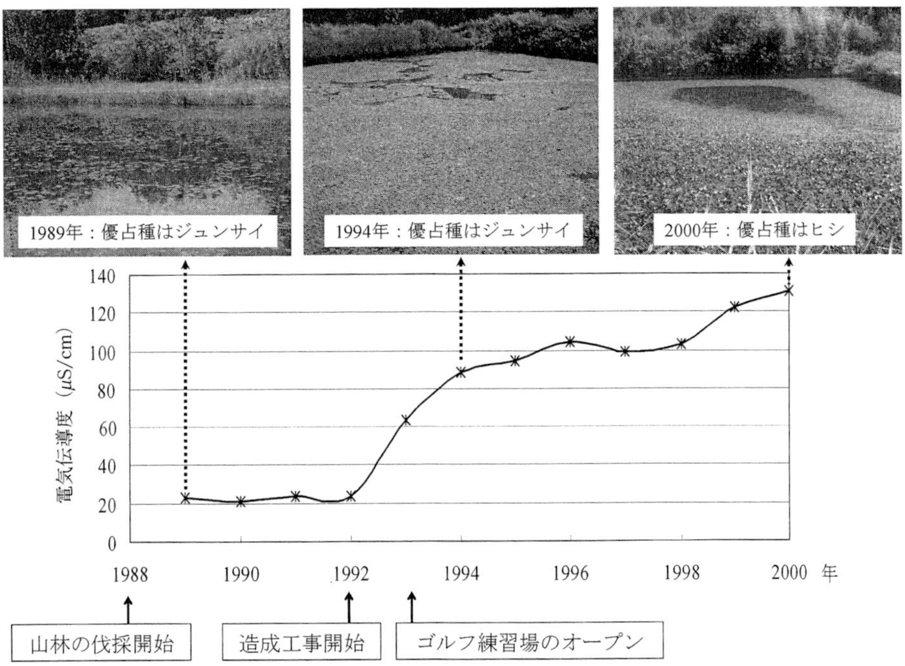

図 3.88　ため池の周囲の開発による水質と植生の変化（東広島市）

背後の山林がゴルフ場となり，電気伝導度の値が上昇するとともに，優占種がジュンサイからヒシに代わった．

している（d）．ため池の周辺の環境は，池の水質や水草の生育に大きな影響を与えている．

水が浅い池岸にはヨシ，マコモなどの抽水植物（emergent plant）が繁茂し，水が少なければ池全体が抽水植物群落で占められることもある．夏から秋に水が引く水際や池底の砂地や泥地では，ハリイやホシクサ類などの小型の植物が一面に繁茂する群落をみることができる（図 3.86a）．これらの小型の植物は，干上がった状態でも雨後の増水で水に浸かっても生育が可能であるため，「両生植物（amphibious plant)」と呼ばれることもある．

c. ため池と植物の保全

耕作田の減少・人手不足・都市化などの農村の変化は，ため池や池の生物に従来にはなかった影響を及ぼすようになっている．池の管理作業や利用の停止・水質汚濁・大規模な改修工事などが，池の生物相を大きく変化させている．水を抜いて放置した池では，水生の植物群落は陸生の群落に変化する．水をためたまま放置された池では水位が下がる時期がないため，両生植物群落は発達しない．また土地開発による環境の変化が水質を変化させ，これに伴って短期間で植物群落も変化することが確認されている（下田，2003a）．図3.88は池と周辺環境の変化の一例であり，池の背後の山林が開発されると，水質の変化に続いて水草群落も変化した．

水質が良好な池は多様な水生植物の生育地となるため，植物を保全するには集水域も含めて保全し水質の悪化を防ぐ必要がある．池の改修は生物に影響の少ない時期を選び，工事中にも水域や湿地部分を残せば，生物が生存できる可能性が高くなる．灌漑用に利用されなくなった池が増加しているが，このような池を生物の保全の場として社会的に評価し，池の管理や活用を検討することが大きな課題となっている．（下田路子）

文　献

1) 藤井　貴．2000．農村ビオトープの保全・造成管理—敦賀市中池見での事例—．農村ビオトープ（自然環境復元協会編）．pp. 83-107．信山社サイテック．
2) 笠原安夫．1951．本邦雑草の種類及地理的分布に関する研究第4報．農学研究，**39**：143-154.
3) 中本　学ほか．2000．耕作放棄水田の埋土種子集団—敦賀市中池見の場合—．日緑工誌，**26**：142-153.
4) 中本　学ほか．2002．復田を組み入れた休耕田の植生管理．ランドスケープ研究，**65**：585-590.
5) 下田路子．1998．福井県敦賀市中池見の農業と植生，および維持管理試験について．植生情報，**2**：7-18.
6) 下田路子．2000．水田の植物相．農村ビオトープ（自然環境復元協会編）．pp. 123-134．信山社サイテック．
7) 下田路子．2003a．水田の生物をよみがえらせる．214 pp．岩波書店．
8) 下田路子．2003b．ため池の植物．黒瀬町史　環境・生活編（黒瀬町史編さん委員会編）．pp.139-154．黒瀬町（広島県）．
9) 下田路子・橋本卓三．1993．ため池の水草の分布と水質．水草研究会会報，**49**：12-15.
10) 下田路子・中本　学．2003．中池見（福井県）における耕作放棄湿田の植生と絶滅危惧植物の動態．日本生態学会誌，**53**：197-217
11) 下田路子ほか．1999．深田の植物—敦賀市中池見の場合—．水草研究会会報，**66**：1-9.
12) 下田路子ほか．2000．「水田雑草」の動態と保全—敦賀市中池見の事例—．水草研究会会報，**69**：5-11.

3.13　海浜植物群落

砂浜には，砂浜特有の植物によって構成される海浜植物群落が成立している．しかし，複雑で複合的な成立要因と突発的な攪乱の予測の難しさなどから，その植生管理学的研究は端緒についたばかりである．一方，近年自然の海岸線の減少が重大な環境問題と認識され，保全復元の要望が高まりつつある．海浜植物群落の植生管理手法を研究することは，自然海岸の保全を推進する上での重要な課題と考える．

3.13.1　海浜植物群落の生態

a. 成帯構造と生態

1）海浜植物群落における成帯構造　海浜植物群落については，海側から陸側へかけて漸次的に相観が変化することが知られており，帯状に変化する相観をもって，一般に成帯構造（zonation，ゾーネーション）と呼ばれている．この構造は，相観の特徴に基づき海側から順に「一年草を主とした群落」「多年草を主とした群落」「低木群落」「高木群落」と大きく区分できる（大場，1979）（図3.89参照）．

(1) 一年草を主とした群落

波打ち際に最も近く傾斜がゆるやかな前浜部分

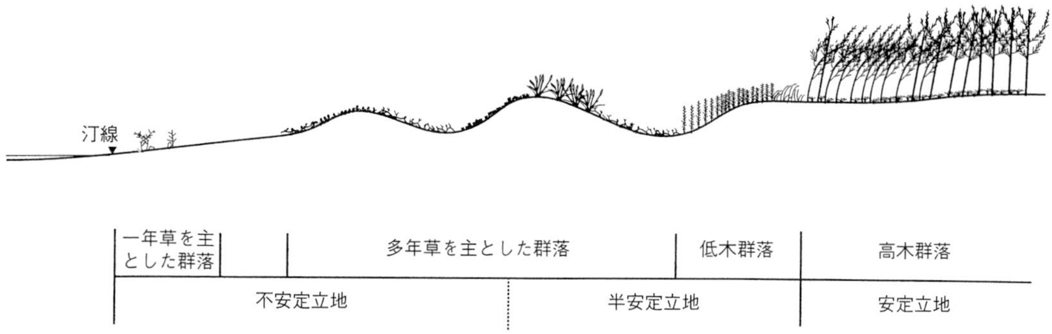

図 3.89　海浜植物群落による成帯構造の模式図（大場，1979 をもとに作成）

で，大潮や荒天時に打ち上げごみが帯状に堆積する場所には一年草を主とした群落が成立する．この群落は，主にオカヒジキやホソバノハマアカザ，アキノミチヤナギ，ヒロハマツナなどの一年生草本によって構成されている．この群落は，秋季の台風等によって破壊され，次年度には別の場所で再び新たな群落を成立させる．

(2) 多年草を主とした群落

砂の堆積が多く不安定あるいは半安定的な砂浜部分には，イネ科やカヤツリグサ科などの多年草を主とした群落が成立する．

これらの群落は，コウボウムギ，ケカモノハシ，オニシバなどが優占するほか，ハマニガナ，ハマボウフウ，ハマヒルガオなどがこれらに混じって出現する．コウボウムギは比較的砂の移動が多い不安定な立地に出現し，ケカモノハシやオニシバはやや内陸側の半安定立地に出現する．

図 3.90　砂に埋もれるハマゴウ（高知市）

(3) 低木群落

多年草を主とした群落の後背には，丈の低い低木群落が発達する．これらの低木群落は，南日本ではハマゴウが，北日本ではハマナスが優占する．両者の移行帯にはハイネズ群落が分布する．

(4) 高木群落

ハマナスやハマゴウの低木群落の後背には，琉球ではアダン，本州の南半分と四国，九州ではクロマツ，東北地域の三陸海岸沿いではアカマツ，本州の北端部から北海道ではカシワ，北海道の北端と東部ではモンゴリナラなどが優占する高木群落が成立する．

2）海浜環境と植物の生態

(1) 環境変化と植物の生態

成帯構造が成立する要因については，波の飛沫の塩分濃度，地下水位の高さ，風の強さ，砂の堆積，砂丘の安定性など，海浜特有の複数の環境要因と，それに対する植物の適応が相互に作用して成立していると考えられる．

Ishikawa et al.（1991）は，海浜植物群落の成帯構造の主な構成種であるハマヒルガオ，コウボウムギ，ケカモノハシの 3 種について，海側の植被が始まる地点の塩分濃度と同程度の塩分を含んだ水で生育させた場合の相対成長率（relative growth rate）がハマヒルガオ＞コウボウムギ＞ケカモノハシの順で低くなることを確認し，これは実際の海浜上での環境の変化に対応していることを指摘している．

また，低木群落や高木群落について，延原（1980）は，群落の前線ほど枝分かれが多い灌木型の樹形になることや，台風の後の葉につく塩分濃度や枯死の状況から，風速と塩分濃度の両方がそろって塩風害が成立していると指摘している．

風の強さは，砂の堆積とも密接な関係にあるが，通常の風と台風のような年に数度の大きな風の影響は異なる．通常の風環境下では，コウボウムギやハマヒルガオ，ネコノシタなどの海浜植物は匍匐(ほふく)枝や地上部が砂を集め，海浜砂丘の初期形態である舌状(ぜつじょう)砂丘を形成し，より大きな海浜砂丘に発達すると考えられている（延原，1980）．一方，海浜植物群落の大きな変化は台風（延原，1980）や河口域での河川の氾濫で砂の移動が起きた後に起こる．一度に数十 cm も砂に埋もれたり，あるいは砂から露出したりすることが，次の海浜植物群落の成帯構造を決定する大きな要因となる．

(2) 地下器官の違いと分布特性

砂の堆積環境への適応は，植物たちの地下の生態に着目するとおもしろい．たとえば，より砂の堆積が多い不安定な場所に優占するコウボウムギなどは深根性(しんこんせい)にみえるのに対し，内陸側などより安定的な環境で優占するケカモノハシ，ハマゴウ，ネコノシタ，オニシバなどは浅根性とみえる（矢野，1965）．深根性にみえる植物は地下深く根を張るのではなく，地上部が砂に埋もれた結果である．これらは，砂に埋もれるとすばやく垂直方向へ伸長し，他の種に優先して地上部を優占することができる．実際，台風が通過した1週間後に浜に行くと，新しく砂が堆積した場所ではコウボウムギが地上部に出現しているが，逆に根が露出する禿砂部では，根が焼けたように黒くなって枯死している．

また，内陸側で砂の堆積が少なくなる場所に優占する浅根性の種は，砂に埋もれた後に上へ伸長する能力が弱いと考えられる．その代わり匍匐枝を短期間に広い面積に広げる能力に優れており，

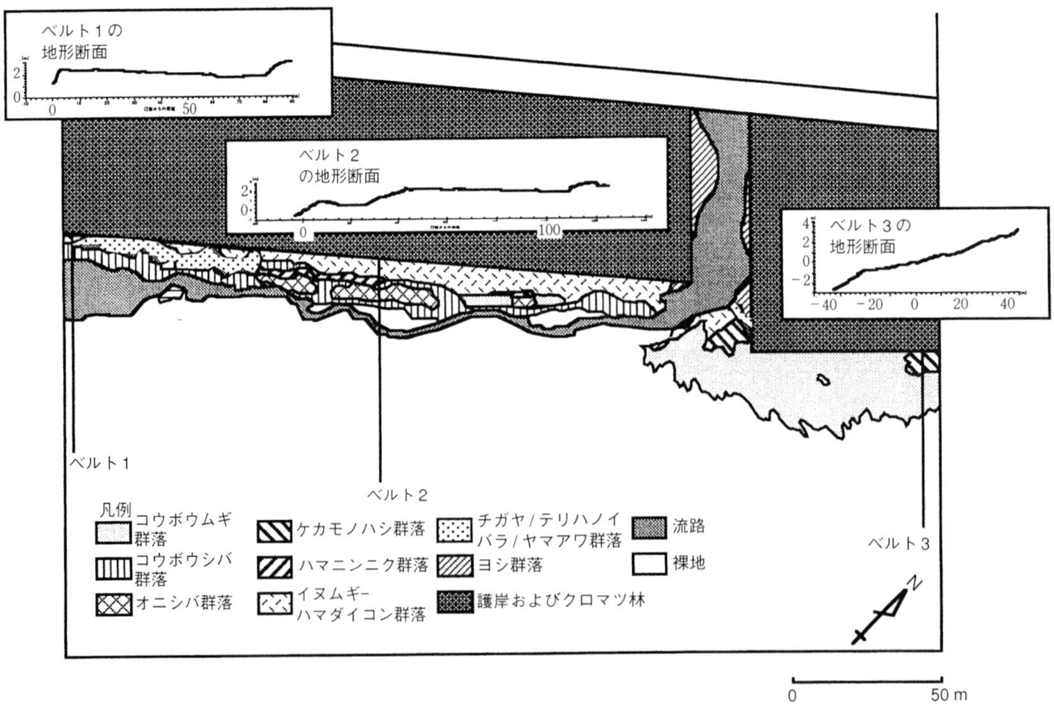

図 3.91　海浜内での地形変化と成帯構造の違い（伴，1996）
地形断面のグラフの縦軸は海面からの高さ（m），横軸は汀線からの距離（m）．

砂の堆積が少ない場所ではコウボウムギなどに優先して分布を拡大することができる．このように，海浜では飛沫に含まれる塩分や砂の堆積状況など複雑な環境要因に対する海浜植物の適応の結果として，成帯構造が成立している．

3）地形と海浜植物群落の分布　海浜植物群落の分布は，間接的に海浜地形と関連づけることができる．図3.91は，千葉県の房総半島に位置する丸山川河口周辺の海浜の地形断面と植物群落の分布を示したものである．ベルト1とベルト2は砂の堆積が少ないなだらかな地形断面を形成しているのに対し，ベルト3は砂の堆積が進み，砂丘状の地形断面が形成されている．この場所では，通常は沿岸流や卓越風は北から南に向いており，それにより供給される砂に阻害されて河川は南に流下している．流路沿いでは，恒常的に流水による砂の掘削が起こっており，年に数回は増水による攪乱がある．

砂の堆積が少ないベルト1とベルト2では，コウボウシバやハマダイコン，イヌムギが優占する群落が成立しているのに対し，砂の堆積が進んでいるベルト3ではコウボウムギやケカモノハシなど海浜砂丘に一般的な種が優占する群落が成立しており，まったく対照的な相観をつくっている．

従来は，海浜植物群落の成立要因や分布特性について，海からの距離で一元的に説明されることが多かったが，海浜地形は海側だけでなく周辺の河川や供給される砂の量にも規定されることを考えれば，海浜内の地形変化とその形成過程を踏まえた時系列的な議論も重要であろう．

b. 海浜植物群落の現状と問題点

わが国では自然海岸の減少が進んでおり，海浜でも人為的な影響を受けていない場所はごくわずかになってきている．

図3.92は，全国の海岸線のタイプ区分とその増減割合を示したものである．1978（昭和53）年（第2回自然環境保全基礎調査「海岸調査」，環境庁）から1993（平成5）年（第4回自然環境保全基礎調査「海岸調査」，環境庁）の間に，自然海岸が減少し，半自然海岸と人工海岸が増加している様子がわかる．

半自然海岸は，後背側に防潮堤などを配し，供給された砂はそこで阻止され内陸に移動できない場合が多い．したがって，波の営力などとのバランスで海側に前進できない海浜では，奥行きのない海浜となる．また，一般には人的利用が難しい岩石海岸のほうが残されることが多いことを考慮すると，砂浜海岸は今後さらに減少する可能性が高い．

もう1つの問題として海岸侵食がある．海浜は，砂の供給収支バランスで成立しているが，近年そのバランスが崩れ海岸侵食が深刻化している．国土交通省によれば，現在，年間160 haの海岸侵食による国土消失が進んでおり，15年後には2400 ha，30年後には4800 haが消失するとしている（国土交通省河川局ホームページ，

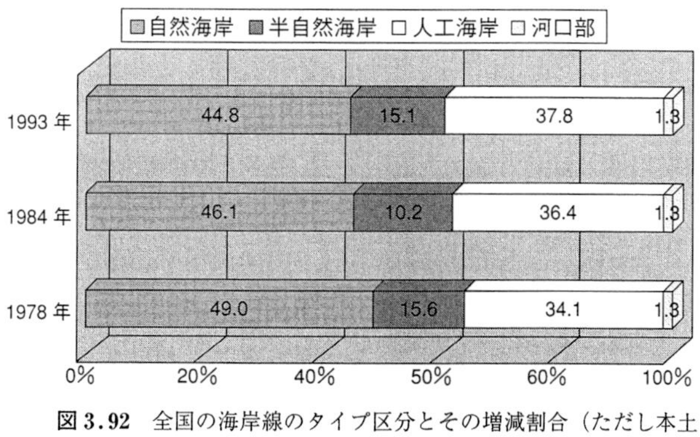

図3.92　全国の海岸線のタイプ区分とその増減割合（ただし本土四島分）（環境庁ほか，1994をもとに作成）

http://www.mlit.go.jp/river/).

3.13.2 人 工 海 浜

a. 人工海浜の現状

国内では自然海岸における埋め立てや人工構造物の設置が進み，自然な海岸線が失われたことへの代償行為の1つとして，1980年代から人工海浜の造成が行われてきた．近年は「エコ・コースト事業」や「エコポート事業」といった環境保全型事業も増え，国土交通省が所管するものだけで約250地区（2002年5月現在（国土交通省，2002)），農林水産省所管（漁港関係など）のものを含めるとさらに多くなる．人工海浜についての明確な定義はないが，多くの場合，人工海浜は埋め立てた港湾の水際部分に造成される．すなわち，垂直護岸構造の前面に砂を入れ海浜型のエコトーンを復元することが生態学的な観点からのポイントとなる．人工海浜の造成で浅瀬がつくられることにより，底生生物相や魚類相の多様性が増大し，水質浄化機能が回復するなど効果がある（木村ほか，1992)．また，後背部にはクロマツの植栽などにより飛砂を防止する措置がとられている．

一方，人工海浜でも土砂の流出が問題となっている．人工海浜での土砂流出には，養浜用に搬入した砂が沖に流出するものと，埋め立て材部分が地下で流出し人工海浜が内部的に空洞化するものとがある．養浜用に搬入した砂が沖に流出してしまうパターンについては，潜堤や離岸堤を海中に設置し，沖への流出を防ぐ方法がとられているが，実際に海浜に行くとその効果には疑問がある（図3.93)．なお，砂に細石を混ぜる方法もあり，この場合は砂丘地形の発達はみられないものの，表面的な砂の流出は少ないように思われる．埋め立て材の地下流出については近年，陥没事故対策等について検討が進められている．

図3.93　砂が流出した人工海浜

海浜という立地は表面的には安定しているようにみえても，常に砂の移動が起こっている動的な環境である．したがって，第一に考えるべきは海浜への土砂供給バランスを維持し，動的安定性を確保することであろう．

b. 人工海浜における海浜植物群落

1）人工海浜の植生　東京湾内での人工海浜と，自然海浜に成立する海浜植物群落を比較した結果を，図3.94に示す．自然海浜では，より汀線に近い位置から海浜植物群落が成立している点が人工海浜と異なるが，コウボウムギやネコノシタなどが優占せず，コウボウシバやチガヤが優占する群落が成立している点が人工海浜と共通している．なお，自然海浜では，その後背に自然堤防を抱えるヨシ帯が成立し，内陸に近づくと再びチガヤ帯が成立し，最後はクロマツ帯へと移行するなど，人工海浜よりも多様な環境とそれに対応した群落の成立がみられる．

このことから，東京湾の人工海浜においては，当該地域の自然海浜に成立する海浜植物群落に類似の植物群落と成帯構造が成立しつつあるが，海浜の奥行きならびに環境の多様性が確保されていないと考えられる．

3.13.3 海浜植物群落の植生管理

a. 自然海浜における植生管理

自然海浜の現状と問題点を踏まえると，自然海浜における植生管理の視点は表3.18のように整理できる．自然海浜の減少によって，遺伝的多様性，種多様性さらに群落多様性の低下が進んでいると考えられる．これらは，おおむね人為的な改

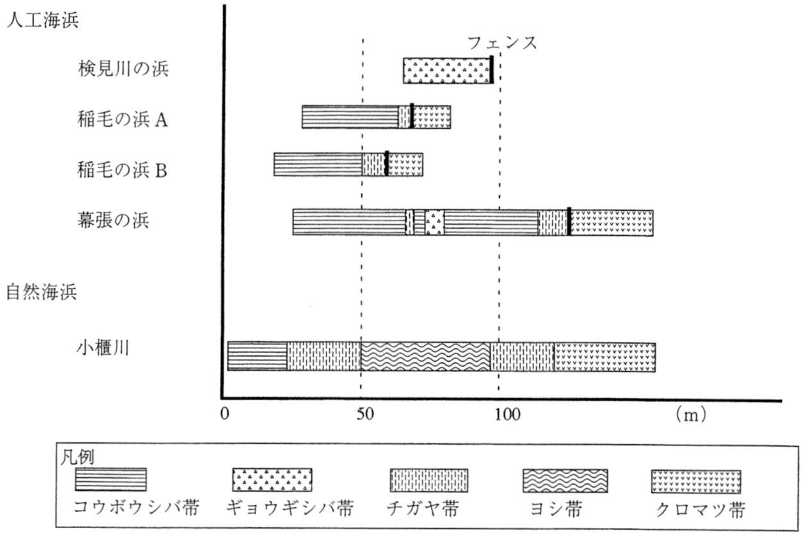

図 3.94 人工海浜と自然海浜における海浜植物群落の比較（伴，1994）

表 3.18 海浜植物群落の植生管理

現状と課題		海浜植物群落への影響	植生管理の視点（目標）	具体的な対策
自然海岸の減少	港湾事業等による自然海浜の消失	種散布源の消失による遺伝的多様性の低下	自然海浜の保護，保全	保全地域の設定
				土地利用の制限
	人工構造物の設置による海浜幅の制限	成帯構造を形成する群落群多様性の低下	奥行きが広い海浜の保全	後背にある防波堤等の人工構造物の除去
				後背における土地利用制限
	人工構造物（主に河口域）の設置による攪乱の低下	海浜内に成立する群落群多様性の低下	河口における氾濫等，攪乱機構の維持	河口部における導流堤等の人工構造物の除去
海岸侵食の増進	人工構造物の設置による砂の供給バランスの崩壊	海浜内に成立する群落群多様性の低下，改変	砂の供給バランスの保たれた動的安定性の確保	土砂供給量の確保および人工構造物の撤去 土地利用の制限

変によるところが多く，植生そのものの管理というよりは，改変の制限あるいは自然生態系に配慮した工法の開発などによって解決されるべき点が多い．また，海岸の侵食によって受ける影響としては，砂の堆積環境の変化によって海浜内の群落多様性の低下が考えられる．海岸侵食についての対策は，土木工学分野で検討されているが，偏向的にたまる砂を人為的に移動させるサンドバイパスの実施，離岸堤や突堤，人工リーフなどを連続的に設置して沿岸漂砂量を減少させるなど海浜の静的安定化の対策が多い．しかし，海浜植物群落は，砂の堆積作用を含む動的安定性の中で自らの存在を維持しているため，供給土砂の絶対量を減らしての海浜の静的安定化は逆効果である．人為的な破壊活動によってゆがんだ土砂供給バランスを，可能な限り自然な状態に近づけることが最も重要な視点である．

b. 人工海浜における植生管理

人工海浜における海浜植物群落の植生管理を行う場合には，当該人工海浜の造成目的を勘案した上でバランスのとれた植生管理を行う必要がある．

人工海浜において海浜植物群落に期待される役割を表 3.19 に示した．人工海浜における植生管理では，その人工海浜に適切な機能を選択していくことが望まれる．

表 3.19　人工海浜における海浜植物群落の果たす効果

期待される役割	植生管理による効果
生態系の回復	生態系の基盤となる植生が保全されることにより，より自然海浜に近い生態系の回復が可能となる
生物多様性の補完	地域的に減少・消失した海浜植物群落を復元することにより，海浜植物群落の遺伝的，種あるいは群落の多様性の補完が可能となる
海浜景観の修復	人工的な海浜に，自然海浜の構成要素の1つである植生を配置することで海浜らしさを高めることが可能となる
海浜砂の維持	早期の植被回復が養浜砂の流出量を低減させる
海浜環境の指標	成立している海浜植物群落の種類によって，現在の海浜の環境を把握することが可能となる

人工海浜の海浜植物群落の植生管理には，自然海浜と同様，造成する場所の立地条件や，目標植生をよく見極めた上で，土砂の供給バランスや河口域で起きる攪乱についても細心の配慮が必要である．また，河口域における攪乱や長いスパンでみたときの河道位置の変化および砂州の形成などが重なり，砂浜からクリークや後背湿地までをセットとしてもつことで，海浜本来の姿をめざすことが望まれる．

人間の土地利用はあまりに河口や海浜に近づきすぎた．十分な土地面積の確保や防災面の考慮から，上記のような理想的な海浜の造成は難しいかもしれない．しかし，自然に配慮した海浜を回復するためには，海浜が土砂の供給バランスで成立していることに注意し，これら海浜の成立機構の確保維持を図るべきである．成立機構が保全された海浜は，海浜植物群落ひいては，自然生態系の回復も早まるものと考える．　　　　（伴　武彦）

文　献

1) 伴　武彦．1994．東京湾の人工海浜と自然海浜における植生の比較研究．東京農工大学農学部．平成5年度卒業論文．
2) 伴　武彦．1996．関東地方東部における海浜植物群落の分布特性．東京農工大大学院農学研究科．平成7年度修士論文．
3) Ishikawa, S.I., Oikawa, T. and Furukawa, A. 1991. Responses of photosynthesis, leaf conductance and growth to salinity in three coastal dune plants. *Ecological Research*, **6**: 217-226.
4) 環境庁自然保護局・アジア航測株式会社編．1994．第4回自然環境保全基礎調査　海岸調査報告書　全国版．pp.71-76.
5) 木村賢史・三好康彦ほか．1992．人工海浜（干潟）の浄化機能について．東京都環境科学研究所年報 1992．89-101.
6) 国土交通省．2002．人工海浜の安全確保のため留意すべき事項について．国土交通省記者発表資料．
7) 延原　肇．1980．海辺の植物．植物と自然，**14**(9): 4-9
8) 大場達之．1979．日本の海岸植生類型　①―砂浜海岸の植物群落．海洋と生物 4（vol. 1-vol. 4）：55-64.
9) 矢野悟道．1965．地下器官の類型とその生態的意義 II．根系の深度による類型．ヒコビア．**4**: 222-236.

3.14　島嶼植生

3.14.1　小笠原の植生と移入動植物

a. 小笠原諸島の概要

小笠原諸島は，東京の南南東，約 1000 km の太平洋上，北緯 24～28 度の範囲に広がる 30 以上の島々からなり，琉球列島とほぼ同緯度にある（図 3.95）．島の面積は最大の父島でも 24 km^2 にすぎない．小笠原諸島は第三紀生成の小笠原群島と第四紀生成の火山列島からなり，いずれもかつて大陸とつながったことのない海洋島である．

小笠原は 1593 年小笠原貞頼により発見されたという伝承もある（小笠原の名の由来）が，有史以来無人島であった．1830 年に米国人ナサニエル・セボレー（Nathaniel Savory）ら 22 人が初めて父島に入植し，小笠原開拓の祖となった．1862 年に日本人の入植が始まり，その後住民は 7000

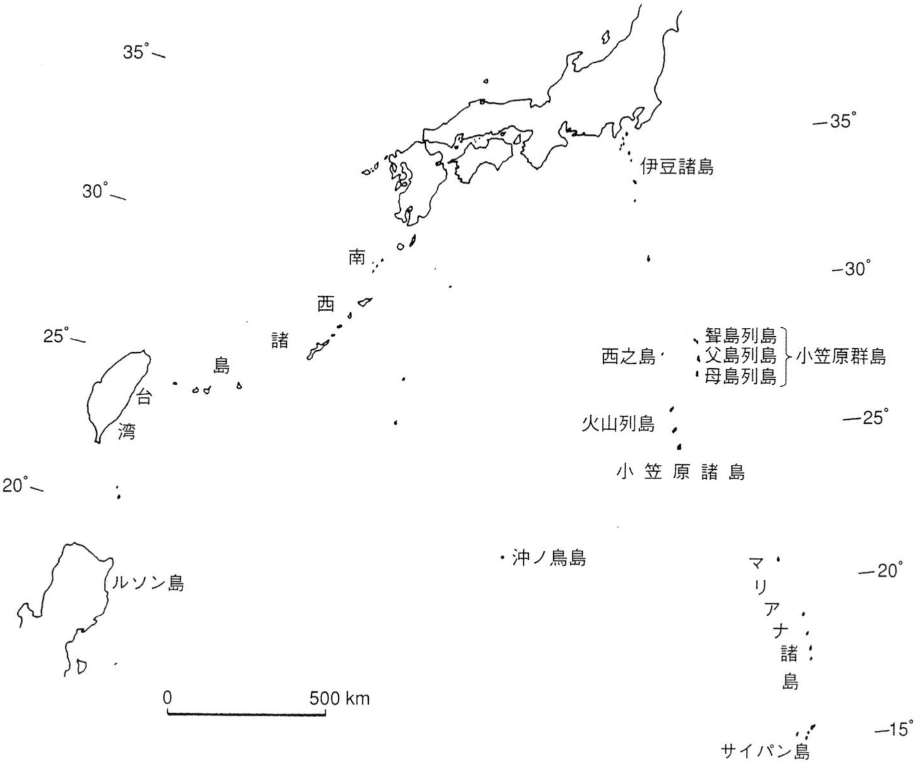

図 3.95 小笠原諸島位置図

人あまりに達した．しかし，太平洋戦争の勃発に伴い 1944 年一般住民は本土に強制疎開させられ，4 万人近くの軍隊が駐留した．戦後は米軍統治下に置かれほぼ無人島化したが，1968 年に本土復帰し，東京都小笠原村（人口 2500 人余）として現在に至っている．

父島の年平均気温は 23.0℃（1971～2000 年），吉良の温かさの指数は 216.4 で，亜熱帯気候に属する．また，年降水量平均値は 1276.7 mm（1971～2000 年）で，同期間の那覇の平均降水量 2036.9 mm と比べ少ない．

b. 小笠原諸島の植生

1）植物相　小笠原諸島では 87 科 221 属 317 種の植物が記録されている（小野・小林，1985）．小笠原の植物相には，他の海洋島にも共通する以下のような特色がある．種子散布は鳥類散布が最も多く植物相の 70% 近くを占め，それ以外は風散布と海流散布がほぼ同率で重力散布はない（小野・菅原，1981）．また，シダ植物の種類が多い，シイ，カシなどブナ科植物を欠く，さらに針葉樹（ビャクシン属を除く）を欠くなどという海洋島特有の現象がみられ，植物相の非調和性と呼ばれている．さらに小笠原の植物相は固有種の占める割合が高く，固有率は 36.9% で，ハワイの 94.4%，ガラパゴスの 43.0% よりは小さいが，琉球列島の 5.0% よりはるかに大きい（小野・小林，1985）．

2）植物群落　奥富ほか（1985）によると，南硫黄島を除く小笠原諸島全体で 114 の植物群落が識別されている．これらのうち 46 群落が自然植生（うち 11 が自然林）である．表 3.20 に小笠原の主な自然林の配分を列島ごとに示した．これらのうち主要なものはコバノアカテツ–シマイスノキ群集（乾性低木林），ウドノキ–シマホルトノキ群集（湿性高木林），ワダンノキ群集およびモクタチバナ–ムニンヤツデ群落（雲霧林），ムニン

表 3.20　小笠原諸島における主な自然林群落の配分模式

	父島列島	母島列島
乾燥地	内陸部：コバノアカテツ–シマイスノキ群集 周縁部（特に父島南部）：コバノアカテツ–ムニンアオガンピ群集	コバノアカテツ–ムニンアオガンピ群集 （属島部および母島南部）
適潤地	ムニンヒメツバキ–コブガシ群集	モクタチバナ–テリハコブガシ群集のムニンヒメツバキ亜群集典型亜群集（高海抜地）
湿性地	ウドノキ–シマホルトノキ群集 （ほとんど破壊されている）	ウドノキ–シマホルトノキ群集（石門・桑の木山） ワダンノキ群集（脊梁部雲霧林） モクタチバナ–テリハコブガシ群集典型亜群集ムニンヤツデ変群集 （＝モクタチバナ–ムニンヤツデ群落）

なお，聟島列島は大半がノヤギ被害により草原化しており，沢筋等に組成が貧化したモクタチバナ–テリハコブガシ群集典型亜群集が生育．また，火山列島は北硫黄島・南硫黄島はチギ–オオバシロテツ群集，硫黄島にはほとんど自然林は残っていない．

ヒメツバキ優占林である．自然林以外で特筆すべきものは岩上荒原植生（マツバシバ群集等）と海岸断崖植生（オガサワラススキ群集等）で，いずれも稀少固有種の生育地として知られている．

湿性高木林は小笠原の気候的極相林として，かつてはより広く分布しており，明治期の開拓・伐採により多くが消失したとされる．ただし現在の平坦地のすべてが湿性高木林であったわけではない（清水，1988 ほか）．なお，小笠原諸島では代償植生域の広がりが大きく植生の自然度は低い（奥富ほか，1985）．また，植物群落の遷移系列や更新機構についても研究途上で，十分に解明されているとは必ずしも限らない．

小笠原諸島の植物群落には以下のような特色がある．まず，記録された植物群落 114 のうち 25 群落，約 20% が小笠原固有の植物群落である．ただし，51 の群落が外来植物の植物群落であり，外来種の影響も大きい（奥富ら，1985）．外来種は後で述べるように，乾性低木林や湿性高木林など小笠原固有の自然植生内にも侵入し，自然保護上問題となっている．また，植物群落の構成種数が特に森林植生で少なく，琉球などのほぼ半分である（奥富ら，1985）．さらに小笠原では同じ種類組成の群落が多形の構造・相観をとって，いろいろな立地に生育する現象がみられる（生態的解放の 1 型）．たとえば，シマイスノキ–ムニンヒメツバキ林は乾性地では群落高が 70 cm まで矮小化し，反対に適潤地では 10 m にも達する．なお，日本本土でいうコナラ林，アカマツ林に相当するような二次林は，小笠原では在来植生として

図 3.96　兄島の乾性低木林：コバノアカテツ–シマイスノキ群集の広がり

図 3.97　母島石門の湿性高木林：ウドノキ–シマホルトノキ群集の状況

はほとんど発達せず，二次遷移初期から極相林構成種が生育する．

c. 小笠原諸島の植生への影響要因と植生管理

1）自然環境による影響　旱魃や台風により小笠原の植生が大きな影響を受けた例は，清水（1982，1985），吉田（1999）などによって報告されている．また，島であることは長期的な気象変動時にも逃げ場がないことを意味する．

2）開発による直接影響　小笠原に加えられた人為影響は，明治期の入植当初の開拓・伐採が最大のものである．さらに，開拓やその後の農地管理に伴う放火や失火により山火事が発生し，乱開発や薪炭採取のための盗伐も加わって小笠原の森林はかなり荒廃していた（東京府小笠原島庁，1914）．また戦時中は，小笠原群島では陣地構築や食料・燃料調達により，島の植生にも影響が及んだとされる．一方，硫黄島では陸戦のため植生は徹底的に破壊された．

戦後の小笠原で最大の開発計画は，小笠原空港建設計画である．1988年頃から兄島を計画地として調査等が行われた．その後，父島時雨山に計画を変更したが，自然保護上の問題はクリアされず，2001年11月都による時雨山案中止決定となった．しかし，今後計画が再浮上する可能性もあり，それが実現すれば地形改変を伴う大規模開発となり，小笠原の植生に及ぶ影響は非常に大きい．なお，戦後の人為影響で見落とせないものがラン科植物などの稀少植物の盗掘である．

3）外来種の影響　小笠原には1830年のセボレーらの入植以来，さまざまな外来の動植物が移入され続けている．これらのうちいくつかの動植物は，小笠原の生態系の単純さも手伝って，野生化・増殖し植生に対しても大きな脅威となっている．小笠原における外来植物は，在来種と競合し

表 3.21　小笠原の主な外来種群落の在来種ニッチとの関係と存続期間

在来種ニッチとの関係／持続期間	在来種と競合	在来植生の「穴」を埋める	
		人為介在が小：在来種で埋められていないニッチ（二次遷移初期など）に侵入 ⇔	人為介在が大：従来存在しなかった人為的立地の創生（耕作放棄地など），人為的植栽
短期			耕地雑草群落（ハイニシキソウ等）*
			空地雑草群落（オオバナセンダングサ等）
			サトウキビ群落，ハチジョウススキ群落（耕作放棄地）
		デリス群落，シチヘンゲ群落（マント群落）	
			シュロガヤツリ群落（放棄水田）
		セイロンベンケイ群落（乾性断崖）	
			ホナガソウ，スズメノコビエ，オキナワミチシバ群落等のノヤギ影響下草原*
	リュウゼツラン群落（露岩地）		
			ギンネム群落（耕作放棄地・住宅跡等）
		リュウキュウマツ群落（二次遷移初期相）	
	モクマオウ群落（露岩地・海浜）		ソウシジュ林（造林地）
			ガジュマル林（住宅跡等）
長期	アカギ群落（湿性林），ガジュマル群落（将来の危険性）		

＊：その立地に加えられている営力（耕作，ノヤギの放牧等）が続く限り存続期間は長期に及ぶ．

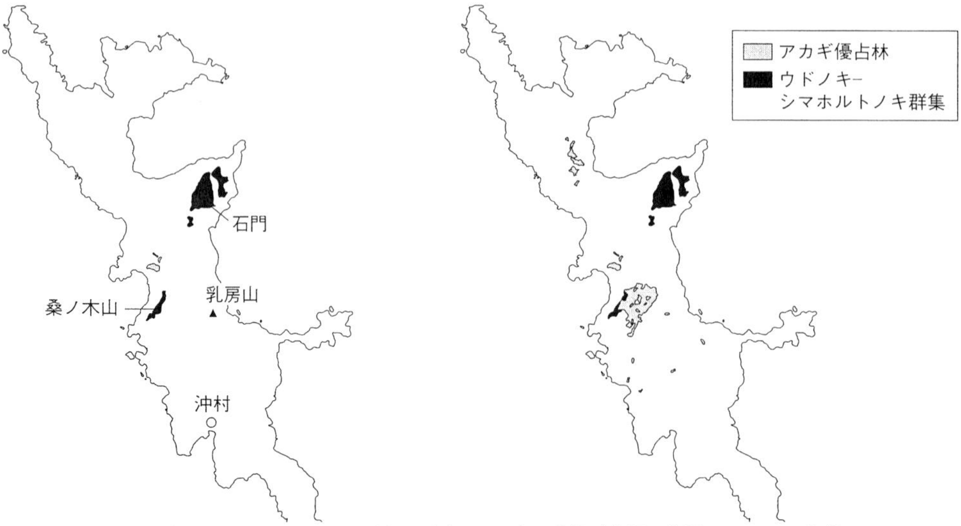

(a) 1982年ごろの状況（奥富ほか，1985より作成） (b) 1991年の状況（大野・井関，1991より作成）

図 3.98 母島におけるアカギ優占林とウドノキ-シマホルトノキ群集（自然林）の変化

同一立地を侵略するもの（アカギ，モクマオウなど）と，在来種が十分利用できていない二次遷移初期相や攪乱地，耕作地などの立地に生育しているもの（リュウキュウマツ，ギンネム，帰化雑草の一部など）がある．表3.21に小笠原の主な外来種（群落）と在来種（群落）のニッチ（生態的地位）の関係と，群落の存続期間を模式的に示した．在来種とニッチが競合し，存続期間の長い群落が植生に与える影響は大きい．特に現在小笠原において最も問題となっている外来植物はアカギである．アカギは母島で戦前の植栽地から戦後に逸出，1980年代後半に急激に増加し現在も拡大中である．図3.98からも1982年～91年のわずか10年間で急増したことが読みとれる．なお，逆にリュウキュウマツは戦後増殖し広大な林をつくっていたが，1970年代以降マツノザイセンチュウ症によりほぼ壊滅した．現在リュウキュウマツは主に遷移初期の植物として生育している．

一方外来動物ではヤギ，アフリカマイマイ，クマネズミなどのように食害という直接的影響が大きい．特に戦後の野生化ヤギの影響は深刻で，聟島（むこじま）列島では森林が草原化し，一部は裸地にまでなっている．また，シマグワ，セイヨウミツバチ，ネズミ類，ノネコなどの外来動植物の一部は交雑による遺伝子汚染，受粉・種子散布の妨害などを通して生態系への間接的な影響も懸念されている．さらに父島・母島では外来種アノールトカゲにより昆虫相が壊滅したとの報告がなされている（苅部・須田，2004など）．今後その深刻な影響が植生にも及んでくるものと思われる．

なお，これらの外来種の多くは戦前小笠原に移入されたものである．影響の顕在・深刻化は戦後返還後の1970年以降であり，外来種の影響が現れるまでに比較的長期の潜伏期間のようなものがあることを示している．

図 3.99 聟島列島媒島の野性化ヤギ影響下草原
土壌浸食が進行している．

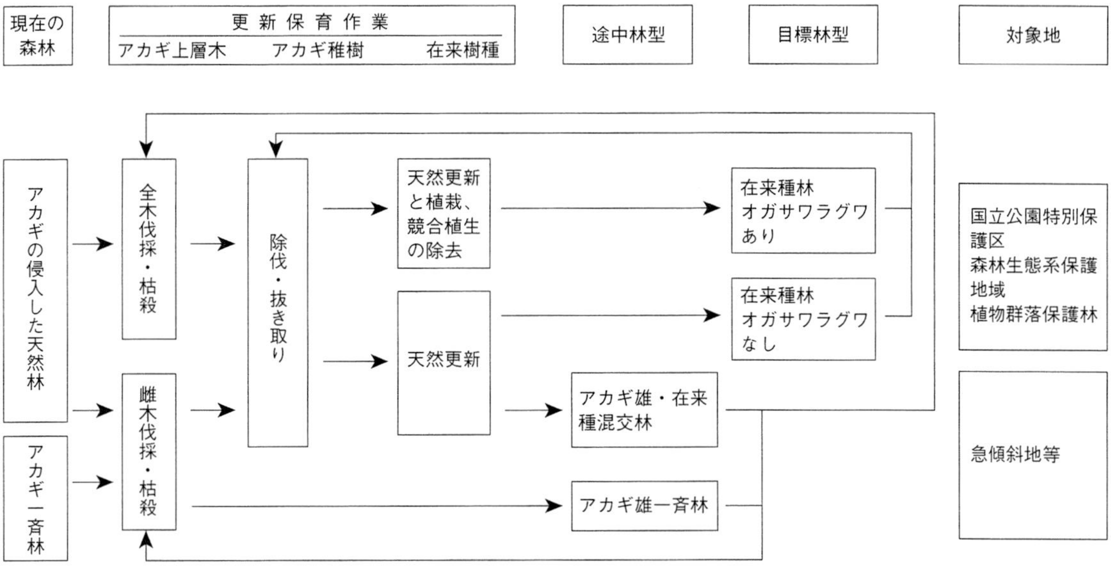

図 3.100 アカギの侵入した森林の管理指針（田中，2002 より）

4) 植生管理

(1) 保護区

小笠原は硫黄島・南硫黄島，および父島・母島の集落地などを除き，ほぼ全域が 1972 年より小笠原国立公園に指定されている．指定地のほとんどは特別地域で母島石門，南島等は特別保護地区である．また，南硫黄島は原生自然環境保全地域に指定され（1975 年），立入り等も含め，人間活動が厳しく制限されている．さらに林野庁は 1994 年に母島東岸森林生態系保護地域を，2001 年に南島特定地理等保護林を設定した．続いて東京都は母島石門と南島を 2002 年自然環境保全促進地域に指定した．なお，2003 年 5 月環境省・林野庁の検討委員会は小笠原を世界自然遺産の国内候補地として知床，琉球諸島などとともに選定した．しかし，開発に対する法規制や管理計画の策定が不十分と同委員会で指摘もされている．

小笠原はよく「東洋のガラパゴス」と呼ばれる．実際に東京都でもガラパゴスをモデルとした自然環境と観光の両立を図るシステムづくりをめざしているようである．しかし小笠原は面積が狭い点，ガラパゴス（0.91 人/km^2），ハワイ（7.38 人/km^2）より人口密度が高い点（38.36 人/km^2），過去人為の及んだ地域が広面積に及ぶ点などから，ガラパゴスやハワイと比べ人間活動との調和をとることがより困難になっている．

(2) ヤギの駆除

野生化ヤギの駆除は，1970～71 年に南島で全頭捕獲がまず行われ（豊田ほか，1994），その後，父島や聟島列島などで実施され，聟島列島ではほぼすべてのヤギが捕獲された．小笠原諸島では父島，兄島，弟島の 3 島にまだそれぞれ 200 ～ 300 頭以上の野生化ヤギが現存しており，特に貴重な乾性植生が広がる兄島での影響が懸念されている（安井，1999）．

(3) アカギの除去

アカギ対策の調査・研究は，1994 年度より母島桑ノ木山国有林で始まり，この結果を踏まえてアカギの侵入した森林の管理指針が図 3.100 のように提案された（関東森林管理局東京分局，2000）．これに基づき，2002 年からボランティアも一部参加しての除去事業が，関東森林管理局東京分局により開始されている．ただし，早くも事業の改善を求める研究報告もあがっている（清水，2004）．

(4) 稀少植物の増殖

ムニンノボタン，ムニンツツジ，ホシツルラン，タイヨウフウトウカズラ等の絶滅に瀕している植物の増殖事業が森林総合研究所，環境省，東京都，東京大学植物園などによって進められている．ただし，これらの種を自然に戻す場合，現在の植物群落をかえって攪乱する結果にならないよう注意する必要がある．　　（井関智裕）

文　献

1) 苅部治紀・須田真一．2004．グリーンアノールによる小笠原の在来昆虫への影響（予報）．小笠原における昆虫相の変遷—海洋島の生態系に対する人為的影響—．神奈川県立博物館調査研究報告．自然科学，**12**：21–30．神奈川県立生命の星・地球博物館．
2) 関東森林管理局東京分局計画第二部．2000．アカガシラカラスバト希少野生動植物種保護管理対策調査報告書．82pp.
3) 奥富　清ほか．1985．小笠原の植生．小笠原の固有植物と植生・第2部，pp. 97–262．アボック社．
4) 小野幹雄・小林純子．1985．小笠原の固有種子植物．小笠原の固有植物と植生・第1部，pp. 3–96．アボック社．
5) 小野幹雄・菅原俊子．1981．散布様式にもとづく小笠原種子植物フロラの解析．小笠原研究，**5**：25–40．東京都立大学．
6) 大野啓一・井関智裕．1991．父島，母島，兄島，弟島の植物群落と植生図—近年の植生変化にふれて—．第2次小笠原諸島自然環境現況調査報告書．pp. 76–126．東京都立大学．
7) 清水善和．1982．1980年夏の旱魃が父島の植生に与えた影響について．小笠原諸島自然環境現況調査報告書，**3**：31–38．
8) 清水善和．1985．台風17号（1983.11.6～7）が小笠原の森林に与えた被害．小笠原研究年報，**8**：21–28．東京都立大学．
9) 清水善和．1988．小笠原諸島母島桑ノ木山の植生とアカギの侵入．地域学研究，**1**：31–46
10) 清水善和．1989．小笠原諸島にみる大洋島森林植生の生態的特徴．「日本植生誌 沖縄・小笠原」（宮脇　昭編），pp. 159–203，至文堂．
11) 清水善和．2004．小笠原諸島母島桑ノ木山におけるアカギ侵入林分のモニタリング調査—10年間の変化と巻枯らしの影響—．駒澤地理，**40**：31–55
12) 田中信行．2002．小笠原における森林生態系保全の現状と提言．森林科学，**34**：40–46．
13) 東京府小笠原島庁．1914．小笠原島ノ概況及森林．231pp.
14) 豊田武司ほか．1994．父島列島南島における野生化ヤギ駆除後25年間の植生回復．小笠原研究年報，**17**：1–24，東京都立大学．
15) 安井隆弥．1999．小笠原の植物に忍び寄る危機．プランタ，**63**：25–30．
16) 吉田圭一郎．1999．1997年25号台風による小笠原諸島母島石門地域の斜面崩壊について．小笠原研究年報，**22**：1–6．東京都立大学．

3.14.2　三宅島の噴火と植生遷移

相模湾南方海上に位置する三宅島（面積5514 ha）は，2000年7月～8月にかけて大噴火し，直径約800 mの新カルデラが形成された（中田ほか，2001）．8月18日の噴煙高度は15 kmに達し，大量の火山灰を放出した（中田ほか，2001）．9月には全島民避難が実施され，島の人々は不自由な避難生活を余儀なくされた．島の植生は，これまでにない大規模の噴火被害を受け，山頂部の植生は壊滅した．火山灰の放出は，2001年以降ほぼ終息しているが，亜硫酸ガスを中心とする火山ガスは，現在も放出されており，植生に影響を与え続けている．

三宅島は，1874年，1940年，1962年，1983年にも噴火しているが，いずれも，溶岩の流出を伴う割れ目噴火であり，カルデラの形成を伴った2000年噴火は，これまでのおよそ1000年間の噴火（割れ目噴火）とは，様式がまったく異なるタイプのものであった．したがって，本項では2000年噴火より以前の植生研究と噴火後に分けて，三宅島の火山と植生に関する研究を紹介する．

a. 三宅島の溶岩上の一次遷移（2000年噴火前の研究例から）

一次遷移の研究には，時間変化を直接観察する手法と，成立年代のみが異なる立地を相互比較することによって，時間変化を明らかにする方法がある．後者は，1人の人間が直接観察することができない，数十年から数千年といった長期的な遷移を研究するのに適している．三宅島では，噴火

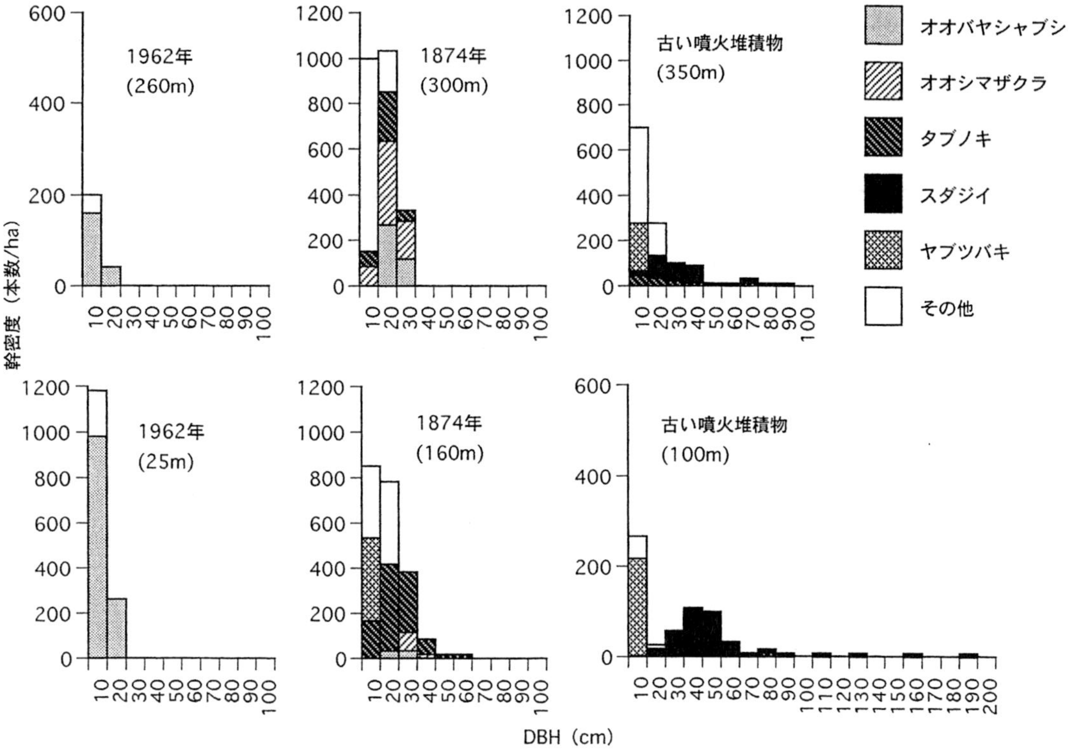

図 3.101 1962 年溶岩，1874 年溶岩，および島の北西部の古い噴火堆積物上の固定調査区（極相林）における樹種別の胸高直径（DBH）階分布図（DBH ≧ 5 cm）
Kamijo et al., 2002 の結果より作成した.（ ）内は調査区の標高を示す.

年代の異なる溶岩流が，島中腹から麓にかけて分布している．特に，1983 年，1962 年，1874 年の溶岩流は，基質や規模などがよく類似しており，相互比較することによって，長期的な遷移の研究が可能になる．筆者は，1998 年から 1999 年にかけて，これらの溶岩上において，植生と土壌の研究を行った（Kamijo et al., 2002）．以下この研究を中心に，三宅島の一次遷移について説明する．

1）溶岩上の植生の遷移パターン 噴火後 16 年経過した 1983 年溶岩上では，裸地が大部分を占め，先駆植物であるオオバヤシャブシとハチジョウイタドリがパッチ状に生育するのみである．37 年経過した 1962 年溶岩上になると，部分的にはオオバヤシャブシが森林を形成するようになる（図 3.101，表 3.22）．ハチジョウイタドリ，クロマツ，カジイチゴ，タマシダなどの先駆性の植物が多いが，タブノキなどの極相性の樹種の稚樹も出現するのが特徴的である．植物社会学的にはオオバヤシャブシ–ニオイウツギ群集に相当する．

125 年経過した溶岩上では，遷移途中相の落葉広葉樹であるオオシマザクラなどと，極相性の常緑広葉樹のタブノキなどが混交した森林が形成される（図 3.101，表 3.22）．オオバヤシャブシは林冠層には出現するが，林内にはまったく出現しない．低木層や草本層には耐陰性のある，タブノキ，ヤブニッケイなどの樹木や，アスカイノデ，ハチジョウベニシダなどのシダ植物，オオシマカンスゲ，テイカカズラなどがみられ，極相林との共通性が高くなる．植物社会学的にはオオシマザクラ–オオバエゴノキ群集に相当する．

最も古い噴火堆積物上（少なくとも 800 年以上は噴火活動の影響を受けていない）に成立する極相林では，スダジイが優占し（図 3.101，表 3.22），タブノキ，ヤブニッケイなどが混生する．林床で

表 3.22　2000 年噴火前の 1962 年溶岩，1874 年溶岩，および島の北西部の古い噴火年代の堆積物上における各種の出現頻度（Kamijo et al., 2002）

ローマ数字は出現頻度階級を示す（Ⅴ：100～80%，Ⅳ：80～60%，Ⅲ：60～40%，Ⅱ：40～20%，Ⅰ：＜20%）．ローマ数字の右には，Braun-Blanquet の優占度の最小値と最大値を示してある．

		1962年溶岩 37年経過	1874年溶岩 125年経過	古い噴火堆積物 800年以上経過
地点数		7	7	6
種名	生活型			
オニヤブソテツ	シダ植物	Ⅰ+	·	·
ハルノコンギク	多年草	Ⅰ+	·	·
タケダグサ	一年草	Ⅲ+	·	·
オニタビラコ	一年草	Ⅲ+	·	·
トラノオシダ	シダ植物	Ⅰ+	·	·
ツルソバ	ツル植物	Ⅲ+	·	·
ハチジョウイタドリ	多年草	Ⅴ1-3	·	·
ハチジョウススキ	多年草	Ⅴ+-1	·	·
ニオイウツギ	落葉広葉樹	Ⅲ+-1	·	·
ヤナギイチゴ	落葉広葉樹	Ⅲ+	·	·
クロマツ	針葉樹	Ⅰ+-1	·	·
トベラ	常緑広葉樹	Ⅰ+	·	·
シチトウエビヅル	ツル植物	Ⅰ+	·	·
イヌホオズキ	一年草	Ⅰ1	·	·
ナガハヤブマオ	多年草	Ⅰ+	·	·
ハチジョウイノコヅチ	多年草	Ⅰ+	·	·
ラセイタソウ	多年草	Ⅰ1	·	·
クサギ	落葉広葉樹	Ⅰ+	·	·
マツバラン	シダ植物	Ⅳ+	Ⅰ+	·
タマシダ	シダ植物	Ⅴ+-2	Ⅰ+	·
シチトウダラ	落葉広葉樹	Ⅱ+	·	·
カジイチゴ	落葉広葉樹	Ⅴ+-1	Ⅰ+	Ⅰ+
ラセイタタマアジサイ	落葉広葉樹	Ⅲ+-2	·	Ⅰ+
テリハノブドウ	ツル植物	Ⅲ+	Ⅱ	·
オオバヤシャブシ	落葉広葉樹	Ⅴ+-4	Ⅴ+-3	·
ハチジョウイチゴ	落葉広葉樹	Ⅱ+	Ⅰ+	·
ウツギ	落葉広葉樹	Ⅴ+	Ⅴ+-2	Ⅰ+
スイカズラ	ツル植物	Ⅰ+	Ⅰ+	·
ノシキノブ	シダ植物	Ⅴ+	Ⅳ+	Ⅴ+
アカメガシワ	落葉広葉樹	Ⅴ+	Ⅲ1-2	Ⅱ+
アスカイノデ	シダ植物	Ⅴ+-1	Ⅴ+-2	Ⅰ+-2
オオイタチシダ	シダ植物	Ⅲ+	Ⅲ+	·
ヒトツバ	シダ植物	Ⅴ+-1	Ⅲ+	Ⅳ+
トウゲシバ	シダ植物	Ⅱ+	Ⅱ+	·
ハチジョウキブシ	落葉広葉樹	Ⅱ+	Ⅱ+	Ⅰ+
イワイタチシダ	シダ植物	Ⅰ+	Ⅰ+	·
エノキ	落葉広葉樹	Ⅰ+	Ⅲ+-1	·
ヒメユズリハ	常緑広葉樹	Ⅱ+	Ⅲ+	Ⅰ+
ガクアジサイ	落葉広葉樹	Ⅲ+	Ⅲ+-1	Ⅱ+-2
ナツヅタ	ツル植物	Ⅰ1	Ⅲ+	·
ヘクソカズラ	ツル植物	Ⅱ+-1	·	Ⅲ+
ホルトノキ	常緑広葉樹	Ⅰ+	Ⅰ+	Ⅰ+
オオムラサキシキブ	落葉広葉樹	Ⅲ+-2	Ⅴ+-3	Ⅱ+-1
ミツバアケビ	ツル植物	Ⅱ+	Ⅴ+	Ⅰ+
ハチジョウウラボシ	シダ植物	Ⅲ+-1	Ⅲ+	Ⅲ+
オオシマザクラ	落葉広葉樹	Ⅱ+-2	Ⅴ2-4	Ⅰ1
ハチジョウイボタ	落葉広葉樹	Ⅱ+	Ⅴ	Ⅲ+-1
サカキカズラ	ツル植物	Ⅰ+	·	Ⅱ+
ハチジョウベニシダ	シダ植物	Ⅲ+-1	Ⅴ+-3	Ⅴ+-2
サンカクヅル	ツル植物	·	Ⅰ+	·
ジュウモンジシダ	シダ植物	Ⅰ+	Ⅴ+-2	Ⅰ2
センニンソウ	ツル植物	·	Ⅲ+	·
タブノキ	常緑広葉樹	Ⅲ+-1	Ⅴ+-4	Ⅴ+-2
ハチジョウシュスラン	多年草	·	Ⅳ+	·
リョウメンシダ	シダ植物	·	Ⅱ+-3	·
フユイチゴ	矮小常緑広葉樹	·	Ⅰ+	·
マメヅタ	シダ植物	Ⅰ+-1	Ⅴ+-1	Ⅴ+
イヌビワ	落葉広葉樹	Ⅰ+	Ⅴ+-2	Ⅴ+-1
フウトウカズラ	ツル植物	Ⅰ+	Ⅲ+-2	Ⅴ+-2
ヤブニッケイ	常緑広葉樹	Ⅰ+	Ⅲ+	Ⅴ+-2
ハチジョウイヌツゲ	常緑広葉樹	·	Ⅳ+	Ⅱ+
オオバエゴノキ	落葉広葉樹	·	Ⅴ+-2	Ⅳ+-3
アオキ	常緑広葉樹	·	Ⅲ+-1	Ⅲ+-1
ウチワゴケ	シダ植物	·	Ⅲ+	Ⅲ+
ウラシマソウ	多年草	·	Ⅲ+	Ⅱ+
スダジイ	常緑広葉樹	Ⅰ+	Ⅰ+	Ⅴ2-5
オオシマカンスゲ	多年草	·	Ⅳ+-5	Ⅳ1-4
イタビカズラ	ツル植物	·	Ⅱ+	Ⅱ+-2
テイカカズラ	ツル植物	·	Ⅴ+-4	Ⅴ+-5
マンリョウ	多年草	·	Ⅴ+-1	Ⅴ+
キヅタ	ツル植物	·	Ⅴ+	Ⅴ+
アケボノシュスラン	常緑広葉樹	·	Ⅲ+-1	Ⅲ+-1
ツルグミ	常緑広葉樹	·	Ⅲ+	Ⅳ+-1
ヤブコウジ	矮小常緑広葉樹	·	Ⅲ+	Ⅲ+-2
ヤブツバキ	常緑広葉樹	·	Ⅳ+-3	Ⅴ2-4
オオツルコウジ	矮小常緑広葉樹	·	Ⅴ+-	Ⅴ+-1
シロダモ	常緑広葉樹	·	Ⅳ+-1	Ⅴ+-2
シチトウハナワラビ	シダ植物	·	Ⅰ+	Ⅰ+
ヒサカキ	常緑広葉樹	·	Ⅳ+-3	Ⅴ+-3
シマササバラン	多年草	·	Ⅲ+	Ⅳ+
イヌマキ	針葉樹	·	Ⅲ+-1	Ⅳ+-1
ホウチャクソウ	多年草	·	Ⅱ+	Ⅰ+
アリドオシ	矮小常緑広葉樹	·	Ⅲ+	Ⅴ+-2
サルトリイバラ	常緑広葉樹	·	Ⅱ+	Ⅳ+
カクレミノ	常緑広葉樹	·	Ⅱ+	Ⅳ+-2
シシラン	シダ植物	·	Ⅰ+	Ⅲ+
ビナンカズラ	ツル植物	·	Ⅰ+	Ⅳ+
ツゲ	常緑広葉樹	·	Ⅰ+	Ⅲ+
モクレイシ	常緑広葉樹	·	Ⅰ+	Ⅳ+-1
ユズリハ	常緑広葉樹	·	Ⅰ+	Ⅰ+
キッコウハグマ	多年草	·	Ⅰ+	Ⅱ+
オオバグミ	ツル植物	·	Ⅰ+	Ⅴ+
ヤマグルマ	常緑広葉樹	·	·	Ⅰ2
セッコク	多年草	·	·	Ⅰ+
ヨウラクラン	多年草	·	·	Ⅰ+
コウヤコケシノブ	シダ植物	·	·	Ⅰ+
シシガシラ	シダ植物	·	·	Ⅰ+
ヌカボシクリハラン	シダ植物	·	·	Ⅰ+
ハクサンボク	常緑広葉樹	·	Ⅰ+	Ⅴ+-2
ムベ	ツル植物	·	·	Ⅱ+
マサキ	常緑広葉樹	·	·	Ⅰ+
サカキ	常緑広葉樹	·	·	Ⅱ+
ツルマサキ	ツル植物	·	·	Ⅳ+-2
シキミ	常緑広葉樹	·	·	Ⅱ+
ヘラシダ	シダ植物	·	·	Ⅴ+-2
ミゾシダ	シダ植物	·	·	Ⅴ+-2
ナツエビネ	多年草	·	·	Ⅰ+
シュスラン	多年草	·	·	Ⅰ+
サンゴジュ	常緑広葉樹	·	·	Ⅱ1
アオノクマタケラン	多年草	·	·	Ⅱ+-1
クロガネモチ	常緑広葉樹	·	·	Ⅰ+
ヤツデ	常緑広葉樹	·	·	Ⅰ+
アマチャヅル	ツル植物	·	·	Ⅰ+

は，ハチジョウベニシダ，ホソバカナワラビなどのシダ植物，オオシマカンスゲ，テイカカズラなどが多い．また，オオバヤシャブシなどの先駆性の植物はまったく出現しなくなる．植物社会学的にはスダジイ-オオシマカンスゲ群集に相当する．

同じ伊豆諸島に属する大島における一次遷移と比較すると，種組成の変化パターンはよく類似している．しかし，遷移に要する時間については，三宅島と大島とでは大きく異なった．すなわち，大島の場合，約 180 年経過した溶岩上においても森林が発達していない（Tezuka, 1961）．これは，調査区の標高が大きく異なるためであり，大島の調査区は強風と飛砂により植生発達が妨げられている場所（標高 400 m～500 m）に設定されていたためと考えられる．一方，三宅島や大島と同じく暖温帯域にある火山の桜島の研究（Tagawa, 1964）と比較すると，ハチジョウイタドリ，ハチジョウススキ，オオバヤシャブシなどとそれぞれ近縁の，イタドリ，ススキ，オオバヤシャブシが遷移初期に出現する点で類似性がみられる．また，クロマツは共通して出現するが，桜島で多く，大正溶岩上の主要構成種となっている（Tagawa, 1964）．最も顕著な相違は，桜島では，クロマツ林からアラカシ林を経て，タブノキ林に遷移するのに対して，三宅島や大島ではアラカシ林の段階を欠いていることであり，これは，伊豆諸島にアラカシが自生しないことによる．この背景として，鹿児島湾内にある桜島と異なり，伊豆諸島の島は本土とつながったことがない海洋島であるため，植物相的により単純であることが関係している．

2）土壌の遷移とオオバヤシャブシによる遷移の促進効果　1962 年や 1874 年溶岩上の土壌は非常に少なく，溶岩の隙間にたまっている程度であり，土壌の有機物含量（%）が 25% 前後と高かった（Kamijo et al., 2002）．これら溶岩上の土壌は，落葉などの植物遺体から形成された有機質の未熟な土壌であることがわかる．次に，主要な土壌養分である窒素についてみてみると，溶岩上の有機質の土壌は，乾土あたりの窒素量が多いという特徴をもっていた（Kamijo et al., 2002）．この結果は，遷移初期に優占するオオバヤシャブシが微生物（放線菌）と共生することによって行う，窒素固定作用が関係していると考えられる．すなわち，微生物との共生により形成された根粒を通じて，オオバヤシャブシが大気中の窒素分子を吸収し，吸収された窒素が落葉などを通じて土壌に供給された結果と考えられる．実際，オオバヤシャブシの葉の窒素含量を分析すると，ほとんど土壌の形成されていない溶岩上においても高い窒素含量（約 2%）を保っていた（Kamijo et al., 2002）．オオバヤシャブシと同じハンノキ属であり，窒素固定を行うミヤマハンノキでは，落葉の際に 20% 程度の窒素しか回収しないことが報告されている（Sakio and Masuzawa, 1992）．オオバヤシャブシについても，窒素濃度の高い落葉を溶岩上に供給している可能性が高い．火山から放出される溶岩やスコリアには，リン，カルシウム，カリウムなどの植物に必要なミネラルが含まれている．これらのミネラルは，そのままの形態では植物に吸収されないが，風化により吸収可能な形態（水溶性のイオン）に変化する．三宅島のスコリア母材の火山放出物未熟土は，実際にミネラルの放出量が多いことが報告されている（Kato et al., 2005）．このように多くの養分は潜在的に溶岩中に存在するのに対して，窒素だけは溶岩中にはほとんど含まれていない．窒素は大気中に分子の状態で存在するが，高等植物はこれらを直接利用することはできない．したがって，根粒部から直接分子状の窒素を利用することができる窒素固定植物は遷移初期において非常に有利となるのである．

三宅島の 125 年経過した溶岩上の地上部現存量を推定すると 200 t/ha と 120 t/ha となった．一方，三宅島と同じ玄武岩質火山であり，多雨条件下にあるハワイでは，137 年経過した溶岩上の地上部現存量が 19 t/ha と推定されている（Aplet and Vitousek, 1994）．同じ玄武岩質の火山ではあるものの，ハワイと比較して三宅島の地上部現存量の蓄積速度が速いことがわかる．この理由として，ハワイにはオオバヤシャブシのような窒素固定をする先駆樹木が，生育していないことが関係していると考えられる（Kamijo et al., 2002）．すなわち，一次遷移初期段階においては，窒素固定植物が地域的に生育するかどうかが，地上部現存量などの生態系の発達に大きく影響すると考えられる．オオバヤシャブシは，三宅島の生態系発達のキーストーン種（ある生態系のかなめとなる種

(a) 2000年噴火により裸地化したところ（標高700 m，2001年3月21日）

(b) 噴火により完全に落葉した森林（標高500 m，2001年5月28日）

(c) 噴火により完全に落葉した樹木が混交する森林（標高350m，2001年5月28日）

(d) 胴吹きを出したオオシマザクラ（標高400 m，2001年6月12日）

図3.102　2000年噴火後の三宅島

図3.103　2001年3月時点の植生被害地（灰色部分）と2001年9月時点の植生被害の外縁（上條，2002）

のこと）といえる．

b. 2000年大噴火が植生に与えた影響

1）植生被害　2000年大噴火とそれに続く火山活動が，植生に与えた影響について整理すると，直接的な影響として，① 火山灰堆積，② 亜硫酸ガスを中心とする火山ガスがあげられ，間接的な影響として，③ 泥流の発生，④ 火山灰や土壌の酸性化があげられる．泥流被害は局所的であるが，新たに形成されたガリーが土石流の発生の原因となっている．堆積火山灰のpHは3前後と低く，また，灰には硫酸が多量に含まれていることから，酸性化は亜硫酸ガスによるものと考えられている（加藤ほか，2002）．

今回の噴火パターンは，溶岩を流出しないなどの点で，これまでの噴火と大きく異なるとともに，その被害様式も異なっている．すなわち，大部分の被害地は完全に植生が破壊されるのではなく，生きた植物が存在し，灰の堆積深などに応じて，さまざまな中間段階の被害地があるということである（図3.102）．露崎（2001）は火山遷移において，溶岩流を除くと，完全な一次遷移というのは少なく，生き残った植物が存在する二次遷移的な例のほうが多いことを指摘している．

火山ガス被害も，これまでにない被害様式であり，生態系回復を妨げる要因となっている．火山ガスと火山灰による被害は複合していることが多く，両者を完全に分けることはできないが，火山灰の堆積がほとんどなかった地域においても，常緑広葉樹のタブノキなどの全面落葉が確認されており，火山ガスの影響は非常に強いことがわかる．図3.103は三宅島の2001年3月と9月の植生被害の外縁変化を示している（上條，2002）．これをみると，短期間に被害外縁は変化し，特に，島の北部と東部で大きな変化がみられた．2000年の噴火で大量の火山灰が堆積した島の北部では，当初は灰の堆積による植生被害が著しかったが，植生被害は縮小した．一方，島の東部についてみてみると，植生被害が明らかに拡大した．三宅島では西風が卓越することが多く，島の東側は風下となるため，亜硫酸ガスを中心とする火山ガスの影響を受けやすい位置であるためと考えられる（山西ほか，2003；上條，2002）．

2）植生の回復過程　植生回復の中で最も顕著なものは，全面落葉した樹木の胴吹き（幹から直接，新しい枝と葉が出てくること）である（図3.102）．噴火後の2001年夏に行った樹木の被害・回復状況調査では，樹冠部が全面落葉した調査地点においても50%以上の樹木に関して胴吹きが認められた（上條，2002）．胴吹き以外の植生回復としては，種子からの芽生えによるものと，火山灰に埋もれた根や茎からの再生によるものがある．火山灰に埋もれた根や茎からの再生は，ハチジョウイタドリ，ハチジョウススキ，オオシマカンスゲなどの種でみられた（上條，2002）．1977～1978年の有珠山噴火では，噴火堆積物により1.5m埋没したオオイタドリが根茎から再生したことが報告されている（Tsuyuzaki, 1989）．

今回の噴火の特徴としては，火山活動が長期間継続していることがあげられる．したがって，現在の三宅島では，火山灰被害からの植生回復と継続的な火山ガス被害が同時に存在している状況にある．今後，火山ガスの影響が少ない地域では植生は順調に回復するが，ガス影響の強い地域では，緑の回復と火山ガスによる緑の後退が繰り返されることが予測される．三宅島の調査は現在も継続中であるが，今後，継続的な調査を続けることによって，回復と退行を含めた植物の変化を正確に追跡していくことが必要である．

3）植生管理上の問題点　現在，三宅島では泥流などに対する安全対策ための土木工事が行われている．このような土木工事は，植生とそこに生息する動物に直接的な影響を与えることとなる．また，緑化による外来種（国内産も含む）の導入が三宅島独自の生態系を変化させる危険性がある．小笠原諸島では，移入植物のアカギやギンネムが繁茂し，小笠原の自生植物に影響を及ぼしている（清水，1989；吉田・岡，2000）．外来の植物と島の植物が交雑することによって，島独自の系統が失われる場合もある．大島では伊豆諸島の固有変種であるオオシマツツジと園芸ツツジとの交雑により，オオシマツツジの純系の絶滅が危惧されている（倉本，1986）．三宅島では，これらの問題を踏まえ，緑化が行われた場合に，遺伝子汚染を含めた生態系攪乱を最小限にするための研究が現在なされている（Iwata et al., 2005）．すなわち，事前にオオバヤシャブシなどの自生種に関して，三宅島と他の伊豆諸島などとの間で，集団間の遺伝的な比較を行い，遺伝的類似性を考慮した上で，種や産地の選定を行う研究がなされている．

1980年に噴火した北米のセントヘレンズ火山では，自然の教科書として火山生態系の保全を行い，緑化や帰化植物の除去などの人為を加えず，自然の回復プロセスそのものを保全するという保護地域が設定されており，これをエコツーリズムや環境教育に利用している（伊藤，2000）．三宅島においても，計画的に保護地域を設定し，このような環境教育の場，あるいは生態系回復の長期モニタリングの場として，噴火跡地を保存することも重要と考えられる．三宅島の生態系と美しい自然は，環境教育の素材や観光資源となるものである．島の生物の保全や利用を含めた復興計画の立案と実施が重要な課題である．（上條隆志）

文　献

1）Aplet, H. A. & Vitousek, P. M. 1994. An age-altitude matrix analysis of Hawaiian rain-forest succession. *J. Ecol.*, **82** : 137–147.

2）伊藤太一．2000．アメリカの国立公園システムから探る保護地域のあり方（I）プロセスを保全するセントヘレンズ山．国立公園，**586** : 2–6.

3）Iwata, H. et al. 2005. Genetic structure of *Miscanthus sinesis* ssp. *condensatus*（Poaceae）on Miyake Island: implications for revegetation of volcanically devastated sites. *Ecological Research,* **20**（印刷中）.

4）上條隆志．2002．三宅島大噴火と植生．遺伝，**56** : 27–30.

5）Kamijo, T. et al. 2002. Primary succession of the warm-temperate broad-leaved forest on a volcanic island, Miyake-jima Island, Japan. *Folia Geobotanica,* **37** : 71–91.

6）加藤　拓ほか．2002．三宅島 2000 年噴火火山灰試料の化学的および鉱物学的諸性質について．ペドロジスト，**46** : 14–21.

7）Kato, T. et al. 2005. Initial soil formation processes of Volcanogenous Regosols（Scoriacious）from Miyake-jima Island, Japan. *Soil Science and Plant Nutrition,* **51**（印刷中）.

8）倉本　宣．1986．伊豆大島におけるオオシマツツジの保全．人間と環境，**12** : 16–23.

9）中田節也ほか．2001．三宅島 2000 年噴火の経緯―山頂陥没口と噴出物の特徴―．地学雑誌，**110** : 168–180.

10）Sakio, H. and Masuzawa, T. 1992. Ecological studies on timberline of Mt. Fuji : III. Seasonal changes in nitrogen content in leaves of woody plants. *Bot. Mag. Tokyo*, **105** : 47–52.

11）清水善和．1989．小笠原諸島にみる大洋島森林植生の生態学的特徴．日本植生誌沖縄・小笠原（宮脇　昭編著）．pp. 159–206．至文堂．

12）Tagawa, H. 1964. A study of the volcanic vegetation in Sakurajima, south–west Japan : I. dynamics of vegetation. *Mem. Fac. Sci., Kyushu Univ., Ser. E.*（*Biol.*）, **3** : 165–228.

13）Tezuka, Y. 1961. Development of vegetation in relation to soil formation in the volcanic island of Ohshima, Izu, Japan. *Jap. J. Bot.*, **17** : 371–402.

14）Tsuyuzaki, S. 1989. Analysis of revegetation dynamics of the volcano Usu, northern Japan, deforested by 1977–1978 eruptions. *Amer. J. Bot.*, **76** : 1468–1477.

15）露崎史朗．2001．火山遷移初期動態に関する研究．日本生態学会誌，**51** : 13–22.

16）山西亜希ほか．2003．衛星リモートセンシングによる伊豆諸島三宅島 2000 年噴火の植生被害の把握．ランドスケープ研究，**66** : 473–476.

17）吉田圭一・岡　秀一．2000．小笠原諸島母島においてギンネムの生物学的侵入が二次植生の遷移と種多様性に与える影響．日本生態学会誌，**50** : 111–119.

4. 都市域での植生管理

「都市域」は多くの人々が生活する極めて特殊な空間である．本章では都市に分布する植物群落の種類と特徴を示し，それを護るための方策として行政が指定する保全地域やNPOなどの活躍によるナショナル・トラストの取り組みを紹介し，さらに，都市植生のもつ機能の1つとしての植生の防火機能について解説している．

4.1 都市植生の特徴

4.1.1 主な植生タイプ

都市化による建築物や道路などの整備は，必然的に既存の植生の破壊を引き起こすことになる．そのため，高度経済成長期を中心とする都市化の急激な進展により，日本の都市とその近郊の植生は極端に減少してしまった．たとえば，東京都（島嶼を除く）では，緑被地が1932年から1990年の間に半分に減っている（田畑，2000）．また，千葉県の都川流域では，1887年には64%ほどあった森林が1981年には11%にまで減少している（大沢ほか，1988）．

しかし，このような構造物が卓越する人工的な生態系である都市にも，実際には多くの植物が生育している．

a. 植栽地

都市の中で，最もふつうにみられる植生タイプは，植栽樹群地や花壇，芝生などの植栽地である．植栽地にはハナミズキやキンモクセイ，パンジーなどの園芸種（garden species）が植栽されていることが多いが，ケヤキやコナラ，コブシなど，その地域に本来生育している在来種（native species）もかなりふつうに植栽されている．また，植栽樹群地や芝生を中心に，周辺の群落から侵入してきた在来種や外来種（alien species）も生育している．

たとえば，かつて筆者が調査した住宅団地の植栽地では，園芸種ばかりでなく，耕地雑草群落の構成要素とされる在来・外来種や，都市周辺の自然林や二次林の構成要素とされる在来種が多数生育していた．つまり，植栽地も場合によっては，植生回復のための潜在的な種子供給源となりうるのである．ただし，この中には，他の地域から持ち込まれた在来種や在来種を品種改良した園芸品種（cultivar），本来はその地域に分布していない近縁種が含まれている可能性が高く，植栽個体が遺伝子汚染を引き起こしてしまう可能性がある．潜在的な種子供給源としての評価は，その植栽地の種組成だけではなく，都市化の進展状況や，都市周辺の生態系の種組成・構造，構成種の分布状態などを考慮したものでなくてはならない．

b. 雑草・人里植物群落

道端や空き地，グラウンド，河川敷などでみられる雑草群落（weed community）や人里植物群落（rural plant community）も，都市ではごくふつうの植生タイプである．オオバコ–カゼクサ群集やカナムグラ–アキノノゲシ群集など，除草や草刈り，掘り起しなどの人為的攪乱により維持されているか，もしくは攪乱・破壊された立地（habitat）上に繰り返し再生してくる群落が，このタイプの代表的な群落である．また，ツメクサ–ギンゴケ群集など，構造物の上や隙間にたまった少量の土壌などの，極めて劣悪な立地上に成立する群落も，市街地ではよく目にする群落である．

この植生タイプの群落には，セイタカアワダチソウやセイヨウタンポポなどの外来種が生育していることが多く，外来種が優占している植分もしばしばみられる．外来種の主体は，耕地や耕作放棄地などの雑草とされているものであるが，花壇などに植栽されていた園芸種が逸出し，野生化したものもかなり含まれている．

在来種もふつうに生育しているが，大部分は耕地雑草や路傍・踏跡の人里植物（ひとざとしょくぶつ），林縁のツル植物といった，農耕をはじめとした人間活動とのかかわりが深い種である．そのため，現在は在来種とされているが，もともとは人間の移動に伴って他地域から持ち込まれた可能性を否定できない種が多い．

つまり，このタイプの群落には，外来性の強い種が多いのである．

c.　都市林

市街地の中で孤島のように他の樹林から隔離された孤立林（fragmented forest）も，都市ではよくみかける植生タイプである．この樹林は一般に都市林（urban forest）と呼ばれているが，都市化以前から存在していた自然・二次林の残存林分など，都市の中では比較的自然性の高い植分を含んでいることが特徴である．すでに多数の在来種が地域絶滅してしまった都市では，都市化以前から存続している残存林分はとても貴重な存在である．

林内に外来種や園芸種が生育していることが多いということも，都市林の大きな特徴である．都市林には植栽地から遷移した林分も含まれているため，林内には植栽された園芸種が残存していることがある．また，多くの林分では植栽個体からの逸出と考えられる実生や幼樹が生育している．もっとも，中には，一時的には異常なほど繁茂しても，いつのまにか消えてしまう種もあり，野生化しているのか，逸出した個体が一時的に生育しているだけなのかについては，わかっていない種が多い．

（亀井裕幸）

文　献

1）大沢雅彦ほか．1988．都市における植生．「都市計画の基礎としての都市生態系の総合的研究Ⅲ」（小原秀雄編）．pp. 155-162.

2）田畑貞寿．2000．緑と地域計画Ⅰ　都市化と緑被地構造．320pp．古今書院．

4.1.2　孤島林としての都市林

市街地の中に孤島状に点在する都市林は，連続的に分布している森林とは異なった，孤立林としての特徴をもっている．本項では，まず孤立林の特性について整理し，実例をあげながら都市林の特徴をみていくことにしよう．

a.　分断・孤立化の影響

分断・孤立化（fragmentation）による都市林への影響を，他の林分との隔離（isolation）と，小面積化の2点から整理すると以下のようになる．

1）他の林分からの隔離　　他の林分との距離が長くなるにつれ，散布体の相互の移出入が起こりにくくなる（山本，1987など）．たとえば，浜端（1980）は孤立林化によって，堅果類（けんかるい）のような重力散布（ネズミ等の貯食による移動を含む）型の種が減少することを指摘している．そのため，このような隔離の影響を受けやすい種が何らかの理由により失われると，都市林では再移入により補充される確率が低くなる傾向がある．

一方，孤立化に伴ったポリネーター（Pollinator）などの欠如による繁殖への影響（鷲谷・矢原，1996）も深刻である．他の集団との花粉や散布体のやりとりが起こらないため，遺伝的に近い個体間での繁殖が繰り返され，近交弱勢（inbreeding depression）による遺伝的退化が起こる可能性が高いからである．また隔離されてからの期間が長くなると，同じ林分面積でも種数が少なくなることから（石田ほか，2002など），時間とともに隔離による影響が大きくなることが考えられる．

2）小面積化　　小面積化による影響としては，

まず種数の減少があげられる（石田ほか，2002；山本，1987など）．これは，樹林の面積が小さくなることによって，生育する種の個体群サイズも小さくなり，低頻度種を中心に偶然による絶滅確率が増加することで説明されている（山本，1987）．

また，面積が小さくなると，その中に含まれる立地の多様性が低下することで，ある特定の立地に依存している種が生育できなくなることもその原因とされている．多くの場合，立地環境は均質ではなく，尾根—谷といった地形，乾性—湿性といった水分条件などの差異によって，性質の異なる種が微環境に応じてすみ分けながら，その結果1つのエリアの中でより多くの種が共存しうると考えられる．しかし，植生が小面積の断片になると，本来多様な立地環境を含む土地の中から一部のタイプしか残されない．さらに，孤立林の面積が一定以上でないと，林縁効果（edge effect）による乾燥化により湿潤な林内環境が形成されなくなるため，好適湿性の種が欠落することが指摘されている（石田ほか，2002）．

b. 都市林の類型とそれぞれの特徴

東京都内には，皇居，明治神宮，新宿御苑，国立科学博物館附属自然教育園などの，まとまった面積をもった都市林が存在している．主な植生タイプとしては，スダジイ，アカガシ，シラカシ，クスノキなどが優占する常緑広葉樹林と，コナラ，クヌギ，イヌシデ，ミズキ，イイギリなどが優占する落葉広葉樹林があげられる．これらの都市林のうち，遷移が進行している林分では，林内が暗くなることにより陽性の種が少なくなり，種数の減少や組成の単純化がみられる（福嶋・木村，2001など）．ここでは自然教育園の調査結果を紹介しながら，都市林の特徴と実態を述べる．

1）常緑広葉樹林　都内の常緑広葉樹林は，主に社寺や庭園などの植栽起源と考えられる林分と，崖地など土地利用のしにくい場所に残存した林分にみられる．

奥富ほか（1975）は，都内の比較的保存状態のよい常緑広葉樹林群落について，房総や伊豆諸島の自然林と比較しながら自然林要素（自然林に生育の本拠をもった植物）と階層構造から特徴づけている．これによると都市林は，構成種数が少な

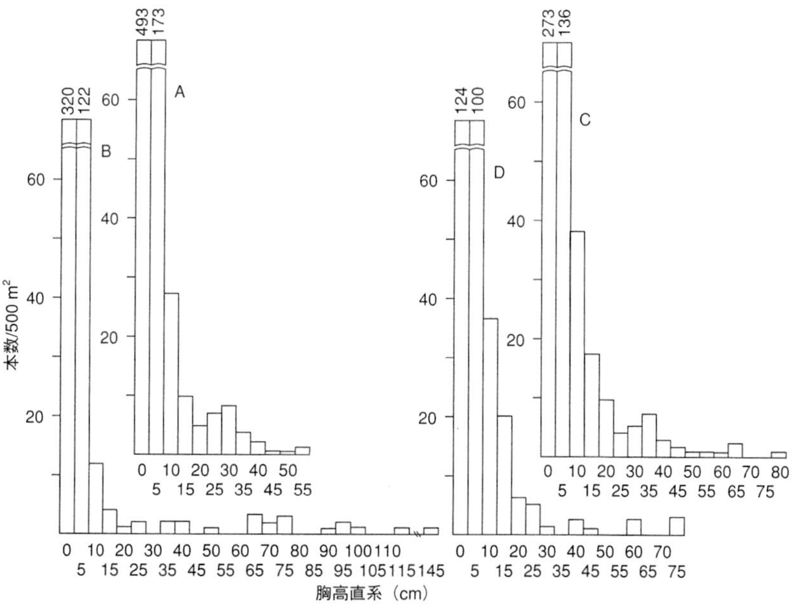

図4.1　都市植生の構成的特性（奥富ほか，1975）

A：都市自然林，B：都市半自然林（自然教育園），C：千葉県下自然林，D：御蔵島・三宅島自然林．

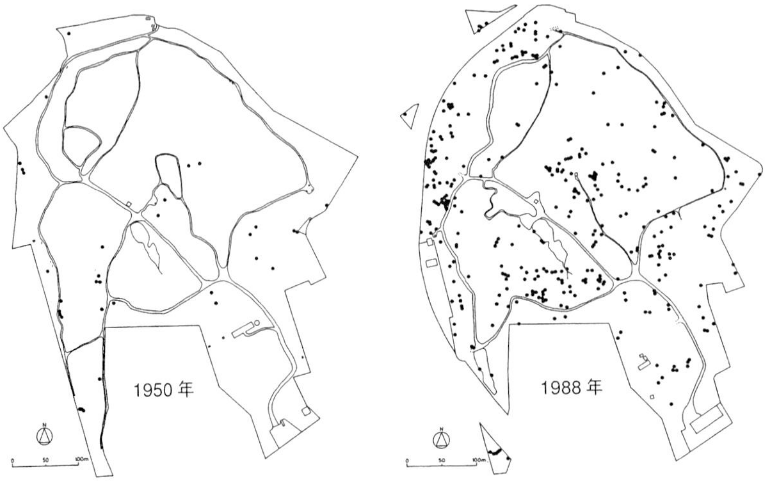

図 4.2　自然教育園内のイイギリの分布（胸高直径 10 cm 以上）

く，自然林要素の種が占める割合が低く，階層分化が明瞭で，草本層の発達が悪く，直径階分布がL字型を示すとしている．この傾向は，特に自然教育園のシイ林のような植栽起源とみられる都市半自然林において明瞭である（図 4.1）．また，都市域のスダジイ林やタブ林では，周辺地域のものと比較してヤブコウジ，テイカカズラ，マンリョウ，カクレミノ，ヤブランが減少する（Taoda, 1979）．

ところで，自然教育園では，スダジイ大径木の衰弱が指摘され，特に 1965 年以降急激に進行したといわれる（奥富ほか，1975）．1988 年の調査では，園内のスダジイのうち健全と判断された個体は 20.5% しかなく，大半の個体は枝枯れや幹の腐朽など何らかの損傷をもち，小径木と比較して大径木のほうが衰弱の進行している個体が多いことが示された（宮崎，1988）．衰弱の進行している個体は園の外縁部に多く，スダジイ大径木の衰弱は単に老齢というだけでは説明は難しい．

2）落葉広葉樹林　都内の落葉広葉樹林では，旧農用林の残存林分と考えられるコナラ・クヌギ林と，都市化後に成立したと考えられるミズキ・イイギリ林が主なタイプである．

コナラ・クヌギ林は最近都市化が進展した多摩地域に多く，都心部では自然教育園や皇居でみられる．このタイプの林分は，保護あるいは放置により遷移が進行している林分と，人の立入り等により林床が劣化している林分に分かれ，その違いは種組成の差に反映されている（浜端，1980）．

ミズキ・イイギリ林は，最近増加してきたタイプの二次林で，気象害などにより荒廃した放置人工林や耕作放棄地などに成立する．都市域では，自然教育園や皇居吹上御苑などで特に発達した林分がみられる．

自然教育園では，ミズキの繁茂（沼田，1973 など）やイイギリの増加（明田川ほか，1985）が指摘されてきた．そこで筆者はイイギリの分布や生育状況について調べてみた（島田，1988）．イイギリの分布図（図 4.2）をみると，1950 年にはわずかに散在していたが，1988 年には多数の個

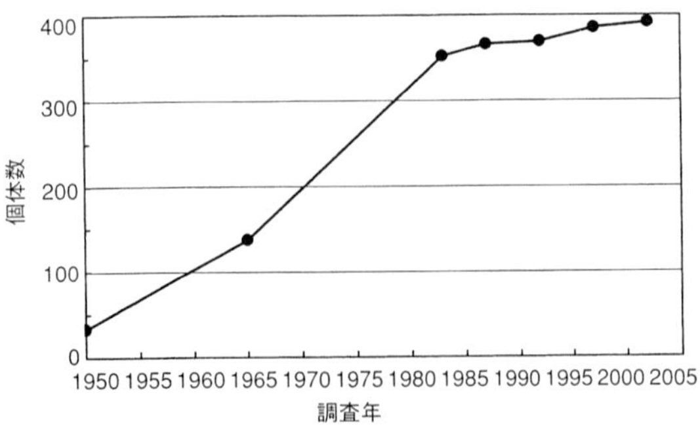

図 4.3　自然教育園におけるイイギリの個体数の変化（胸高直径 10 cm 以上）

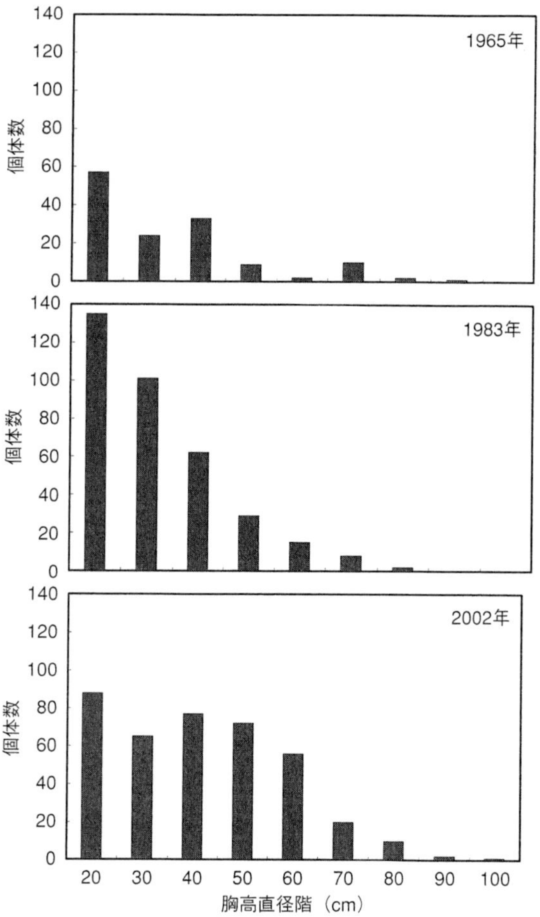

図 4.4　自然教育園におけるイイギリの胸高直径階の変化

体が園内全域に分布している．胸高直径 10 cm 以上の個体数の変化をみると，1950 年から 1987 年までは急増し，以降も微増を続けていることがわかる（図 4.3）．しかし，年ごとの胸高直径階を比較すると（図 4.4），最小の 10～20 cm クラスの個体数は 1987 年には 130 個体を超えたが，2002 年には 80 個体前後で頭打ちになっていた．一方，40～60 cm クラスの個体が年々増加してピークは大きいクラスのほうに移行していた．このことより，既存の個体は成長しているが，新規個体の加入は徐々に頭打ちに向かいつつあることがわかる．また，一部のイイギリの樹齢を成長錐により解析すると（図 4.5），1955 年前後と 1968 年前後に定着している個体が多かった．イイギリは成長量の変動が大きいため樹齢とサイズの相関関係を出すのが難しく，少数の個体の年輪解析から議論することは難しいが，上記の事実から，自然教育園でイイギリが多いことは以下のように考えられる．自然教育園では戦時中の防空壕設置，終戦直後の混乱期の燃料不足による盗伐，1964～67 年の首都高速 2 号線建設工事やそれに伴う園内整備（鶴田・坂本，1998）の影響などによって，先駆性樹種（pioneer tree species）が侵入しやすい空地が一時期に多数生じたものと考えられる．こうして侵入した先駆性樹種のうち，ヌル

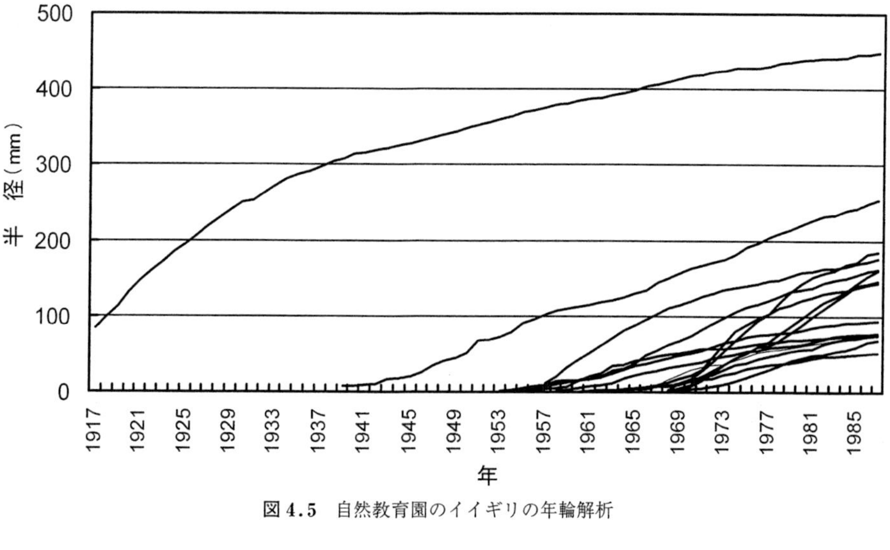

図 4.5　自然教育園のイイギリの年輪解析

デ，クサギなど短命で最大サイズの小さい種が消失し，最大サイズが大きく90年近く生きるミズキ，イイギリが旺盛になったと思われる．都市林で現在イイギリが多いことは，このような一時期の攪乱によってまとまった定着が起こったことによるものと考えられる．これらの現在一時的に主役となっている種が衰退した後に，森林群落がどのように推移していくかをさらに追求することによって，都市生態系の本質が一層明らかになっていくと考えられる．

c. 都市林の価値

以上のように，都市林は自然林とは異なる生態的特性を有しているが，都市の中では貴重な自然であることに変わりはない．たとえ小面積であっても，自然性が多少低くても，多くの人が住んでいる都市の中に，身近な緑，身近な自然として「存在すること」自体が重要なのである．

しかし近年，緑に対する理解や関心の低下がさらに進行し，また，生活空間に近接しているがゆえに，日照や落ち葉などのさまざまなあつれきが増加している．都市林を身近な自然として評価し，今後も維持していくためには，周辺の住民の理解と協力が不可欠である．環境教育などにより住民に都市林の必要性や重要性を伝え，地域の自然をともに考えながら住民意識と都市林の両方を育てていくことが必要と考える． （島田和則）

文 献

1) 明田川晋ほか．1985．自然教育園における樹木および森林群落の最近18年間の変化．自然教育園報告，**16**：1–38．
2) 浜端悦治．1980．都市化に伴う武蔵野平地部二次林の草本層種組成の変化—都市近郊の森林植生の保全に関する研究 I—．日本生態学会誌，**30**：347–358．
3) 福嶋 司・木村研一．2001．自然教育園内植物群落の組成と構造．自然教育園報告，**33**：93–111．
4) 石田弘明ほか．2002．大阪府千里丘陵一帯に残存する孤立二次林の樹林面積と種多様性，種組成の関係．植生学会誌，**19**：83–94．
5) 宮崎裕子．1988．自然教育園におけるスダジイの衰弱の現状について．東京農工大学卒業論文．
6) 沼田 真．1973．都市生態系の構造と動態．都市生態学．pp. 23–94．共立出版．
7) 奥富 清ほか．1975．都市植生の構成的特性．人間の生存にかかわる自然環境に関する基礎的研究．pp. 287–296．
8) 島田和則．1988．自然教育園におけるイイギリの分布と侵入に関する研究．東京農工大学卒業論文．
9) Taoda, H. 1979. Effect of urbanization on the evergreen broad-leaf forest in Tokyo, Japan. 日本の植生と景観—チュクセン教授80歳記念論文集—（宮脇 昭・奥田重俊編）．pp. 161–165．横浜植生学会．
10) 鶴田総一郎・坂本正典．1978．自然教育園沿革史．自然教育園報告．**8**：1–19．
11) 鷲谷いづみ・矢原徹一．1996．保全生態学入門—遺伝子から景観まで—．270pp．文一総合出版．
12) 山本進一．1987．孤立林のダイナミクス．生物科学，**39**(3)：121–127．

4.1.3 種の異常繁殖

都市林では，時として特定の植物が異常なほど繁殖することがある．たとえば，東京都では，区部の常緑広葉樹林でのアオキ，シュロ，ネズミモチ類，ミズキ（Taoda, 1979），自然教育園でのアオキ，シュロ，シロダモ，イロハモミジ（明田川ほか，1985），明治神宮でのムクノキ，エノキ（石神，1980），小石川後楽園でのアオキ，シュロ（亀山，1981）などの増加が注目されている．また，京都では，下鴨神社でのアオキ，シュロ類などの増加が報告されている（坂本ほか，1985）．

アオキやムクノキ，エノキなどは自然林や二次林の構成種であるが，庭木や緑化樹としてよく使われる種で，シュロやトウネズミモチなどは，かつて庭木・緑化樹として多用された園芸・外来種である．特定の種が増加すること自体は自然林や二次林でもみられる現象で，珍しいことではないが，園芸・外来種を含む庭木・緑化樹の著しい増加は，都市や都市近郊以外ではあまりみられない特異な現象である．

以下では，いくつかの種に注目し，その繁殖実態について考えてみよう．

a. 自然教育園での動向

まず，多くの種について継続調査が行われている自然教育園での，アオキ，シュロ，シロダモ，イロハモミジの動向をみてみよう（図4.6）.

アオキは1965年頃にはすでに異常なほどに繁殖していたが（国立科学博物館，1965），全域を10 m×10 mのメッシュで区切り，樹高が1.2 m以上のアオキのメッシュ被度を調べた1979年には，メッシュ被度から推定した園内全域でのアオキの被覆率は45％を超えていた．アオキの被覆率はその後ほとんど上昇せず，2000年にはむしろ大幅に低下していたが，低木層の第一優占種であることに変わりはなかった．

シュロは，1965年頃には林内での実生の大量分布が注目されていたが，最大の個体でも樹高は3 mほどで（小滝・岩瀬，1966），開花・結実個体はまだ発生していなかったようである．その後，全域調査を行った1980年には193本の成熟個体（開花歴のある個体）が確認されたが，成熟個体数は1980年以降ほぼ一貫して増え続け，2001年には676本（1980年の約3.5倍）にまで増加した．

シロダモは，園内全域での毎木調査が開始された1965年には，胸高直径が10 cm以上の個体が24本確認されたが，その後も増え続け，2002年には883本（1965年の約36.8倍）にまで増加した．

イロハモミジも，胸高直径が10 cm以上の個体は1965年の46本から増え続け，2002年には631本（1965年の約13.7倍）にまで増加した．

シュロ，シロダモ，イロハモミジは，現在では，亜高木層で最も目立つ種の1つとなっているが，なお増勢を維持している．

このように，自然教育園では，アオキの増勢はすでにおさまっているが，特定の種の増加はいまなお続いている．

b. なぜ特定の種が異常繁殖するのか

では，なぜ，都市林ではアオキやシュロなどの特定の種が異常ともいえるほど繁殖できるのであろう．その原因はいくつかあるが，筆者は，環境汚染や孤立林化，林床管理などによって，林内のニッチ（niche）に空白が生じている点を特に重視している．また，都市林や市街地で結実してい

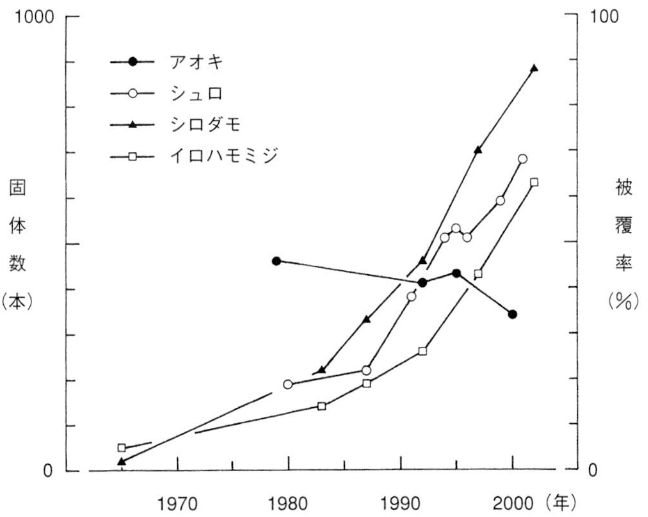

図 4.6 自然教育園におけるアオキの被覆率と，シュロ，シロダモ，イロハモミジの個体数の変化

アオキのデータは右目盛．他は左目盛．アオキのグラフは，1979年は矢野（1980）から，2000年は矢野・桑原（2001）から，他は亀井未発表資料から作成．シュロのグラフは亀井（2002）から作成．シロダモのグラフは大山未発表資料から作成．イロハモミジのグラフは大山・福嶋（2001）および大山未発表資料から作成．

る植栽個体の種子を果実食鳥が都市林に散布したことが都市林で増加が顕著な種の中に園芸・外来種が含まれていることの主な原因であると考えている．

1）不自然な種子供給　都市林での増加が注目されている植物の特徴の第一は，被食散布型の種が大部分を占めているということである．実際，都市に多いとされるヒヨドリ，ムクドリ，ツグミのフンの中からは，都市林での増加が注目されている，ネズミモチ，トウネズミモチ，シュロ，アオキ，エノキなどの種子が多数見つかっている（福井，1993；唐沢，1978；中越，1982；岡本，1992）．しかも，その中には，都市林や都市近郊林で生育が確認されている種が多数含まれているのである（福井，1993；唐沢，1978；故選・森本，2002；山岡ほか，1975）．かつて筆者も，電線の下でシュロの種子を集めていたときに，上からシュロの種子が落ちてきたので急いで上をみたら，真上の電線にヒヨドリがとまっていたという経験がある．都市林で異常繁殖している種の種子は，主にヒヨドリなどの果実食鳥によって都市林に持ち込まれたと考えて間違いなかろう．

一方，果実食鳥のフンの中から種子が見つかった種の中には，園芸・外来種が含まれているということも重要である．果実食鳥が，都市林周辺の市街地に植えられている植物や都市林内に残存した植栽個体の種子を，都市林に持ち込んだことの傍証となるからである．植栽個体の中には，他の地域から持ち込まれた在来種や在来種を改良した園芸品種が含まれている．果実食鳥が植栽個体の種子を都市林に持ち込んだのであれば，園芸・外来種だけでなく，在来種と判断された種子も，その地域に固有のものとは限らなくなる．果実食鳥による都市林への種子供給は，自然状態ではみられない不自然なものであると考えておいたほうがよい．

2）繁殖阻害要因の軽減・解消　都市林に持ち込まれた種子がたとえ大量であったとしても，それだけでは林内で繁殖することはできない．都市林での特定種の異常繁殖には別の要因も関与したはずである．

その1つとして，筆者は，都市での既存生物の減少もしくは衰弱に注目している．種子散布者やポリネーターなどの生活環の完結に不可欠な種を失った場合や競争に敗れた場合，致命的な植食者（herbivore）・寄生者（parasite）が現れた場合は，その種の繁殖は著しく阻害されることになるが，逆に，植食者や寄生者，競争相手が減少・衰弱した場合には，繁殖阻害要因が軽減もしくは解消されることになるからである．

都市化に伴う既存生物の減少・衰弱の原因としては，土地の改変や構造物の建設による生息・生育地（habitat）の消滅と都市活動に起因する環境汚染の影響が特に重要である．実際，東京では，都市化の進展による緑地の減少に伴い，ホタルやタヌキなどの野生生物が市街地から姿を消している（品田，1974）．最近，再び姿をみせるようになった種もあるが，市街地から姿を消したままの種も多い．また，東京23区内では，かつては普通にみられたモミやアカマツ，スギの大木は都市化の進展とともに枯れ始め（井下，1973），都市化が急激に進展し，大気汚染が深刻になった1960年代後半には，一部の都市林を除けば，西郊の区以外の地域では，ほとんど姿を消している（小林，1968）．

都市林では，さらに，孤立林であることの影響も考慮する必要がある．たとえば，孤立林では，小規模な林分ほど林縁環境が卓越し（Levenson, 1981），極相性の種が減少する傾向がある（Curtis, 1956）．また，他の樹林から隔離されているため，重力散布型種子など特定の散布様式の種については，林外からの種子供給が阻害されやすくなっている（井手，1994）．つまり，極相性の種などは，一度都市林から消滅してしまうと，たとえ近郊の森林群落などに生育していたとしても，簡単には再生してこないのである．

林縁だけでなく，林内でも群落構造が攪乱されやすくなっていることも都市林の大きな特徴である．樹勢が衰えた高木の倒木などにより，群落構造の攪乱が頻繁に生じている都市林や，下草刈りによる林床植物の除去など，人為的に攪乱されている都市林は非常に多いのである．

構成種の一部が減少・衰弱した都市林や人為的攪乱後放置された都市林では，林内のニッチに空白が生じる．公害に対する耐性がかなり強いとされているシュロやネズミモチ類，アオキ，シロダモなどの種（本多，1980）が，空いたニッチを埋めるかたちで異常繁殖したとしても，決して不思議ではないのである．

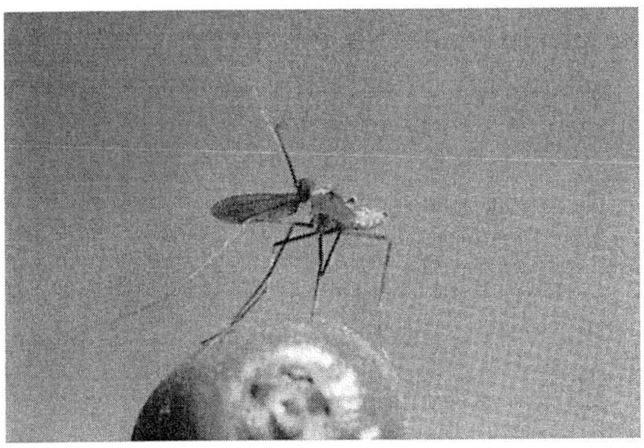

図 4.7　アオキミタマバエとアオキの果実（矢野亮氏提供）

図 4.8　胴枯病を罹患したアオキの幹（矢野亮氏提供）
幹にこぶが多数発生している．

c. 敵はいないのか

では，都市林で異常繁殖している植物には弱点はないのであろうか．実は，アオキにもシュロにも，その繁殖を阻害する敵が存在する．

自然教育園では，アオキの果実にはアオキミタマバエが寄生し（図 4.7），種子の大部分は結実不能になっている（矢野，1980）．また，胴枯病の被害も大きい（図 4.8）．実は，2000 年に低木層のアオキの占める割合が低下したのは，この胴枯病によって枯死する個体が大量に現れたためである（矢野・桑原，2001）．

シュロの場合も同様に敵がいる．シュロは地上部には頂端分裂組織が幹頂部の下に 1 つあるだけなので，これを破壊されてしまうと枯死してしまうが，自然教育園ではハシブトガラスがこの部分をつついて破壊してしまうのである（図 4.9）（国立科学博物館，1999）．1995 年から 1996 年の

図 4.9　幹頂部を破壊されたシュロの幹上にとまっているハシブトガラス

図 4.10　幹頂部をつついているハシブトガラス
このハシブトガラスは図 4.9 の個体と同一個体．

間に成熟個体数が減少したのは，実は，この間のツツキ害が深刻なものであったためである．また，開花個体も花序を破壊されていることが多い（図4.10）．そして，残った花序もアオバハゴロモの幼虫が寄生すると，着果量は大幅に減少してしまうのである（亀井，2002）．

d. これからも都市林での異常繁殖は続くのか

近頃筆者は，「自然と共生する都市」をめざすという考え方が市民権を得てきたと感じている．時間はかかるかもしれないが，環境汚染に対する規制措置や，都市林相互や近郊の在来森林群落をつなぐネットワーク緑化などにより，在来種の生育環境や種子供給は改善されるであろう．また，自然に対する市民の理解はさらに深化するであろうから，いずれ，都市林は，求められる機能によって，自然回復過程を重視する林分と二次的自然として維持していく林分に二分されるにちがいない．自然回復のために放置された林分では，偏向遷移が進行しないかぎり，群落構造はいずれ安定し，特定の種が異常繁殖できるニッチは減っていくはずである．一方，二次的自然として維持される林分では，定期的な管理によって特定種の異常繁殖は抑えられることになる．

つまり，都市林での特定種の異常繁殖は，「自然と共生する都市」化が進展するにつれ，発生しにくくなると考えられるのである．

しかし，園芸種や外来種などの侵入は止まらないであろう．

「自然と共生する都市」を志向している人が，必ずしも「在来種による都市自然の回復」をめざしているわけではない．都市や都市近郊の住宅地では，園芸種による「ガーデニング」が花盛りで，衰退する兆しはみられない．都市林周辺の市街地では，これからも園芸種や外来種が結実し続けると考えざるをえない．新たな種が都市林の中に好適なニッチを見つけ出し，繁殖する可能性を否定することはできない．　**（亀井裕幸）**

文　献

1）明田川晋ほか．1985．自然教育園における樹木および森林群落の最近18年間の変化．自然教育園報告，**16**：1–38.

2）Curtis. J. T. 1956. The modification of mid-latitude grasslands and forests by man. Man's Role in Changing the Face of the Earth（Edited by W. L. Thomas, Jr.）. pp. 721–736. The University of Chicago Press.

3）福井晶子．1993．被食種子散布における動植物の相互関係—ヒヨドリによる種子散布—．「動物と植物の利用しあう関係」（鷲谷いずみ・大串隆之編）．pp. 222–235．平凡社．

4）本多　侔．1980．公害調査報告書 明治神宮林苑の環境緑地学的研究．「明治神宮境内総合調査報告」（明治神宮境内総合調査委員会編）．pp. 335–419．明治神宮社務所．

5）井手　任．1994．孤立二次林における種子供給が下層植生に与える影響．造園雑誌，**57**(5)：199–204.

6）石神甲子郎．1980．毎木調査報告書．「明治神宮境内総合調査報告」（明治神宮境内総合調査委員会編）．pp. 1–205．明治神宮社務所．

7）井下　清．1973．井下清著作集 都市と緑．653pp．東京都公園協会．

8）亀井裕幸．2002．自然教育園におけるシュロ成熟個体の開花・結実動態（1980–2001）．自然教育園報告，**34**：85–105.

9）亀山　章．1981．小石川後楽園の植生．応用植物社会学研究，**10**：19–38.

10）唐沢孝一．1978．都市における果実食鳥の食性と種子散布に関する研究．鳥，**27**(1)：1–20.

11）小林義雄．1968．大気汚染と都市樹木．森林立地，**9**(2)：6–10.

12）国立科学博物館附属自然教育園編．1965．自然教育園の植物．43pp．国立科学博物館附属自然教育園．

13）国立科学博物館附属自然教育園編．1999．自然教育園50年の歩み．89pp．国立科学博物館附属自然教育園．

14）故選千代子・森本幸裕．2002．京都市街地における鳥被食散布植物の実生更新．ランドスケープ研究，**65**(5)：599–602.

15）小滝一夫・岩瀬　徹．1966．自然教育園内の人里植物の分布と遷移．「自然教育園の生物群集に関する調査報告第1集」（自然保護研究会編）．pp. 49–61．（財）野外自然博物館後援会．

16）Levenson. J. B. 1981. Woodlots as biogeographic islands in southeastern Wisconsin. Forest island dynamics in man-dominated landscapes（Edited by R. L. Burgess and D. M. Sharpe）. pp. 13–39. Springer-Verlag.

17）中越信和．1982．広島大学構内における鳥類による種子散布．種子生態，**13**：1–6.

18) 岡本素治．1992．鳥と多肉果—果実の形態，生長・成熟フェノロジーとヒヨドリの好み；都市公園における観察から—．生物科学，**44**(2)：58-64．
19) 大山亮平・福嶋　司．2001．自然教育園におけるイロハモミジの増加とその要因に関する研究．自然教育園報告，**33**：113-125．
20) 坂本圭児ほか．1985．京都・下鴨神社の社寺林における林分構造について．造園雑誌，**48**(5)：175-180．
21) 品田穣．1974．都市の自然史．200pp．中央公論社．
22) Taoda, H. 1979. Effect of urbanization on the evergreen broad-leaf forest in Tokyo, Japan.「日本の植生と景観—チュクセン教授80歳記念論文集—」(宮脇　昭・奥田重俊編)．pp. 161-165．横浜植生学会．
23) 山岡景行ほか．1975．都市における緑の創造．第1報．都市化の植物社会に及ぼす影響．東洋大学紀要教養課程篇（自然科学)，**18**：11-30．
24) 矢野　亮．1980．都市林におけるアオキの生態学的研究（Ⅰ）分布．自然教育園報告，**10**：25-37．
25) 矢野　亮・桑原香弥美．2001．自然教育園におけるアオキの最近20年間の変化．自然教育園報告，**33**：81-92．

4.2　都市域での緑を守るための方策

4.2.1　保全地域の設定—東京都の場合—

東京都の面積（2166 km^2）は沖縄県とほぼ同じであるが，そこに日本の人口の1割が生活している．島嶼部を除く東京都は，植生分布の状況から3つの地域に大別できる（図4.11）．すなわち，東京都の全人口の75% が生活する23区は皇居，明治神宮など一部の大規模緑地を除き，市街地がそのほとんどを占めている．そこでは小面積で残った「緑」の消滅が依然として続いている．西に位置する奥多摩地域は関東山地に連続する地域で，森林が全域の80% 以上を占める．そこでは針葉樹植林の占める面積が大きく，その林の管理の遅れと荒廃が問題になっている．多摩地域は両地域に挟まれた台地状の地形が広がる地域である．そこには，江戸中期に始まった新田開発の名残を残す雑木林や畑が広大に広がっていた．しかし，そこの土地利用は戦後の経済活動の活発化によって大きく変化し，いまでは極端に「緑」の減少が進んだ地域になっている．環境庁（1972，1995）の資料から，緑被率（ある地域内で，何らかの緑によって覆われている率）の変遷をみると，23区は1972（昭和47）年に25.0% あったものが，1995（平成7）年には22.3% になっており，23年間に2.7% 減少している．奥多摩地域は96.6% から94.8% の変化で，1.8% の減少である．これらに対して，多摩地域では57.4% から44.0% に減少しており，23年の間に13.4% もの緑が消滅している．この主な原因は宅地開発や学校建設によるものである．この開発によって，雑木林や耕作地は分断化とその1つ1つの小面積化が進んでいる．この虫食い状態で残った雑木林は管理が放棄され，コナラ，クヌギの大径木化の進行，マツノザイセンチュウによるアカマツの枯れの発生，フジやクズの繁茂，林床でのアズマネザサ・アオキなどの繁茂などに示される，いわゆる荒廃が進んでいる．これに加えて，間伐がされないスギやヒノキ人工林の増加，モウソウチク林の異常な分布拡大も起こっている（3.10節参照)．これらのことから明らかなように，東京ではいま，多摩地域に残された「緑」の保全が最も重要な課題になっている．

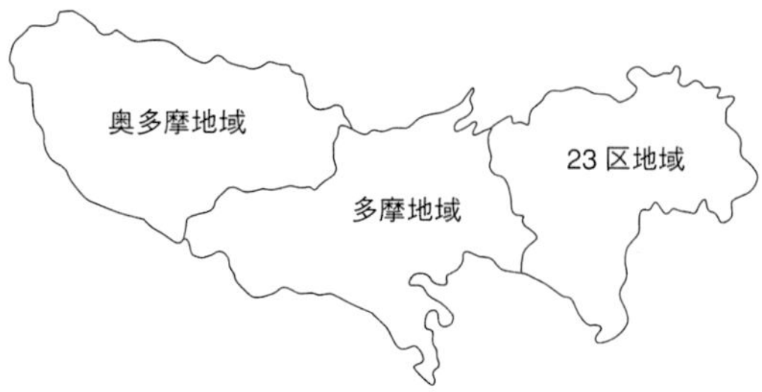

図4.11　植生分布の状況から区別した東京都の3地域

a. 東京都における保全地域の種類と指定状況

自然の消失と荒廃に危機感をもった東京都は，国の「自然環境保全法」(1972（昭和47）年）の成立と同年，「緑」を保全するための条例として「東京における自然の保護と回復に関する条例」(1972（昭和47）年）および「同条例施行規則」(1973（昭和48）年）を制定した．その条例第31

条に「自然環境保全地域」「歴史環境保全地域」「緑地保全地域」の3種の保全地域を定め，残された緑を保護する立場を明確にした．さらに，2000（平成12）年にはそれを改定し，新たに「森林環境保全地域」「里山保全地域」の2種の保全地域を追加した．この改定で追加された保全地域は東京都独自のものであり，その効果が注目される．各保全地域の概要は表4.1に示したが，次に，その内容について概観してみよう．

人の手が加わっている地域が大部分を占める東京都では，自然群落の分布地域は関東山地に残るのみで，良好な自然地域を指定する「自然環境保全地域」は奥多摩地域（檜原村南部）の1カ所のみである．「森林環境保全地域」は管理放棄によって荒廃が進む針葉樹植林地を，より公益的機能の高い針広混交林へ誘導することを目標に指定するものである．具体的には，公費を投入して管理を行うことで，森林の現状の改善と地域活性を図ることが計画されている．現在は奥多摩地域の1カ所（青梅市上成木）のみの指定であるが，今後，この保全地域の指定地は増えるものと期待される．「里山保全地域」は雑木林や畑，水田と湧水等が一体となった，昔ながらの土地利用形態が残る地域の自然を維持することをめざして指定するものである．まだ具体的な指定地はないが，このような保全地域が規定されていなかった2000（平成12）年以前は，次の2つの保全地域として指定されてきた経緯がある．「歴史環境保全地域」は歴史的遺産とその地域の自然を一体として保護する地域で，江戸時代初期に江戸の街への給水を目的に掘削され，整備された玉川上水と，その後，武蔵野の新田開発のために玉川上水から分水された野火止用水など，6カ所が指定されている．「緑地保全地域」は自然の破壊が最も危惧される市街地とその近郊地域の自然を護るために有効な保全地域で，これまでに36カ所が指定されている．しかも，そのほとんどが現在も開発が進行中の多摩地域にある．これまでに指定された場所の面積は1 haから14 ha（平均指定3.5 ha）で「緑」を保護するのに大きな効果をあげている．なお，1 ha以下の緑地であっても，保護を必要とする「緑」については，それを区市町村が指定することで，東京都と区市町村との役割分担が図られている．

b. 指定のための手続き

これら保全地域の指定は自然環境保全審議会の議を経て行うが，その具体的調査と検討は4つの部会のうちの1つ「計画部会」が担当する．計画部会では現地調査と具体的な計画，保護のあり方等の検討を行う．検討の結果，保全地域「指定

表4.1　東京都の保全地域の種類と指定の現状（東京都環境局，2003より作成）

保全地域の区分	内　容	指定個所	総面積（ha）
自然環境保全地域	環境大臣が指定する自然環境保全地域に準ずる地域で，その自然を保護することが大切な区域	1	405.3
森林環境保全地域	水源を涵養し，または多様な動植物が生育し，もしくは生育する良好な自然を形成することができると認められる植林された森林の存する地域で，その自然を回復し，保護することが必要な区域	1	22.8
里山保全地域	雑木林，農地，湧水等が一体となって多様な動植物が生息し，または生育する良好な自然を形成することができると認められる丘陵斜面地およびその周辺の平坦地からなる斜面で，その自然を回復し，保護することが必要な区域	未指定	0
歴史環境保全地域	歴史的遺産と一体となった自然の存する地域で，その歴史的遺産とあわせてその良好な自然を保護することが必要な区域	6	134.6
緑地保全地域	前各号にあげる地域を除き，樹林地，水辺等が単独で，または一体となった自然を形成している市街地の近郊地域で，その良好な自然を保護することが必要な区域	36	125.7
全保全地域合計		44	688.4

書」と「保全計画書」を作成して，これを審議会に提案，承認の後に東京都知事に答申することになる．

「指定書」には 1．保全地域の種別，2．名称，3．位置，4．区域，5．指定面積，6．区域の概要，7．指定理由が述べられ，指定地域の区域図が添付される．一方，具体的な保全のあり方を示す「保全計画書」には 1．自然の概況，2．保全の方針，3．保全のための規制，4．運営管理の方針，5．植生の概況，6．目標とする植生などが含まれる．これには現況植生図（指定地内の現存植生図），目標植生図（それぞれの場所で目標とする植物群落の分布図）が添付される．また，このうち，保全する緑地の「現況の植生」「保全の考え方」「目標とする植生」「管理方針及び方法」については，すでに作成されている保全計画のマニュアル（表 4.2）（東京都，1977）をもとに，該当する項目を選び示すことで，誰でも内容が理解できるように工夫されている．保全地域指定までの事務手続きは，図 4.12 に示す流れで段階的に進められている．

これらの保全地域は 2003（平成 15）年までに 44 地域（3 区 22 市 1 村）で 688.4 ha が指定されている．指定した地域は公有地化することを原則とし，これまでに指定地の 79.6% にあたる 548.0 ha を購入している．表 4.3 は 1974（昭和 49）年から 2002（平成 14）年までに東京都が指定した保全地域の指定年度，指定地数，各年度の指定面積と公有地面積，公有地化率を示したものである．値は年によってばらつきがあるが，これは所有関係の複雑さ，交渉の困難さを示すものである．今後，都職員の努力によって公有地化率は上昇していくものと期待される．公有地化されていない指定地域の保全については，地権者と協定を結び進めていくことになる．1993（平成 5）年からは「保全地域指定協力奨励金制度」がもうけられ，地権者 256 人（94.9 ha を所有）を対象に 1214 万円（最低 3 万円，最高 53 万円（平均 5 万円））を交付して，所有者の協力を得ながら指定

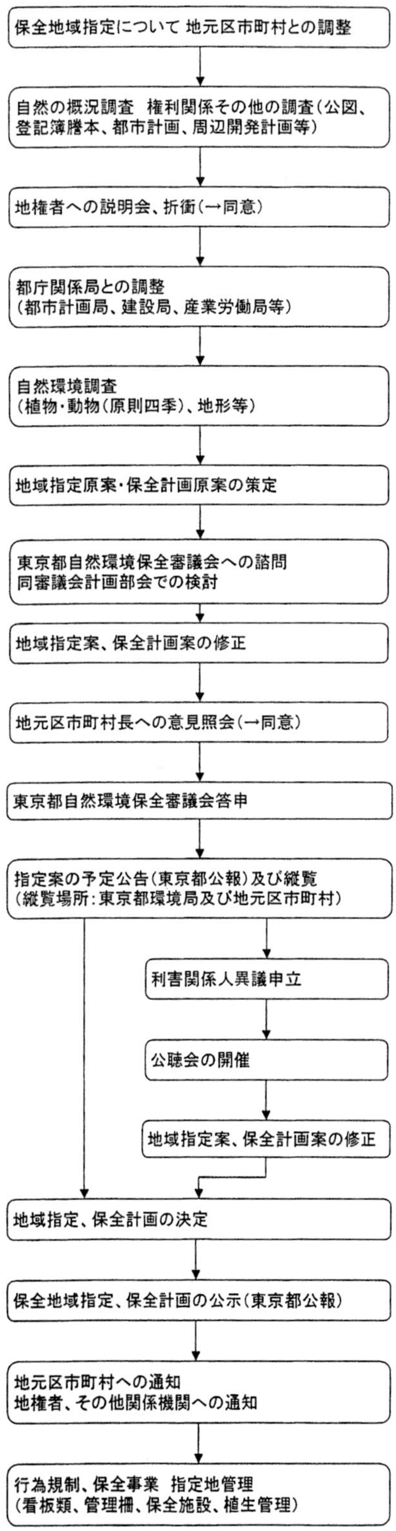

図 4.12 東京都における保全地域指定などの流れ（東京都環境局，2004）

表 4.2 保全地域における植生保全の考え方と管理方針

(1977 (昭和 52) 年 2 月，東京都自然環境保全審議会決定)

(1) に大別する現況の植生について，(2) のような考え方により，(3) の目標を設定して，その管理方針及び方法を (4) から選択する．

(1) 現況の植生		(2) 保全の考え方
自然林 1～10 47～56 63	過去に一度も伐採や下刈等の干渉が加わっていない原生林及び二次的な林であるが，長期間人為的な干渉が加わらなかったため，景観や種類組成が自然林に近づいている林	原則として，現状のまま保全する
二次林 17～22 57, 65	自然林と植栽林以外の，二次的に形成された林．現在も人手が入っているか，人手が入らなくなっても，明らかに自然林とは異なる，雑木林，マツ林等の林	(ア) 現在既に自然植生に向かいつつある雑木林は下刈や落葉採取を行わず，自然林への移行をはかる (イ) 周辺の状況等から明るい林として存続させるべきものについては，下刈，除伐等を行う (ウ) 現在も薪炭等の利用を行っている林については，利用慣行は尊重するが，伐採の方法及び量について一定の制限を加える (エ) 自然の多様性を確保し，野生動物の生息環境を守るため，拡大造林 (針葉樹の植栽林に変えること) は抑制する
植栽林 23～28 58	スギ，ヒノキ，アカマツ等の人工植栽林	森林の多面的機能に留意して，伐期令 (伐採する木の年令) の引き上げや，小面積伐採による伐採区域の分散等の指導を行う
草原 11～15 29～34, 36 40～44, 46 59～62, 64		(ア) 山地，河川敷等の自然草原は，原則として現状のまま保全する (イ) その他の二次草原については，周辺の環境条件や地域としての多様性を考慮して，草地としての保存，自然林もしくは二次林への誘導植栽等，その方法を選択する
その他		地域の状況に応じ，個々に定める

(3) 目標とする植生
1 針葉自然林
2 落葉広葉自然林
3 常緑広葉自然林
4 湿生林
5 二次林
6 植栽林
7 竹林
8 陸生自然草原
9 湿原
10 水生草地
11 二次草地
100～その他

(4) 管理方針及び方法	
A 主木の取扱い	1 伐採せず，現在の状態を継続させる． 2 伐採せず，遷移に委ねて自然林への移行を図る． 3 伐採更新を行うが，林種は変えない． 4 伐採して林種の転換を図る．あるいは，林種の転換速度を速める．
B 下草及び下層木の取扱い	1 下刈，除伐は行わず，現在の状況を継続させる． 2 樹種，時期，場所を選んだ上で．下刈，除伐を行い，目標とする植生への移行を促す． 3 全面的に下刈を行う．
C 落葉・落枝の取扱い	1 採取を行わない． 2 採取を行う．
D 植栽	1 行わない． 2 目標とする植生の構成樹種の植栽を行う． 3 防災用植栽を行う． 4 野生動物の食餌植物の植栽を行う． 5 緩衝用植栽を行う．
E 草地の取扱い	1 現状の草地のまま，放置する． 2 現状の草地のまま，刈り取りを行う． 3 自然の侵入を待って，放置する． 4 自然の侵入を待って，刈り取りを行う． 5 播種又は植え付けの後，放置する． 6 播種又は植え付けの後，刈り取りを行う．

注1. (1) の左欄の番号は，参考；植物群落名及びその植生図一覧の番号である．

注2. (4) は，植生が変化した結果として，目標達成のために当初定めた管理方針が不適当となった場合には，適宜管理内容を変更する．

表 4.3　東京都の保全地域面積と公有地面積（東京都環境局，2003より作成）

指定年次	指定地数	指定面積（ha）	公有地面積（ha）	公有地化比率（%）
1974（昭和49）年	1	19.5	16.7	85.3
1975（昭和50）年	5	39.8	31.6	79.4
1977（昭和52）年	1	2.1	1.9	90.5
1978（昭和53）年	1	33.2	18.6	56.0
1980（昭和55）年	1	405.3	360.3	88.9
1985（昭和60）年	1	2.5	2.0	80.0
1986（昭和61）年	1	4.3	4.3	100.0
1987（昭和62）年	2	2.2	1.0	45.5
1988（昭和63）年	1	1.5	0	0.0
1989（平成元）年	3	5.5	2.8	50.9
1992（平成 4）年	2	6.8	4.6	67.6
1993（平成 5）年	4	19.7	14.7	74.6
1994（平成 6）年	6	11.8	7.2	61.0
1995（平成 7）年	4	16.4	3.9	23.8
1996（平成 8）年	4	13.5	7.7	57.0
1997（平成 9）年	4	14.2	5.7	40.1
1998（平成10）年	1	1.9	0.5	26.3
1999（平成11）年	1	65.4	65.4	100.0
2002（平成14）年	1	22.8	0	0.0
合計	44	688.4	548.0	79.6

注：各年度の値は四捨五入して示してあるので，合計とは一致しない．

地の保全を図っている．（福嶋　司）

文　献

1）環境庁．1972．第1回自然環境保全基礎調査報告書．
2）環境庁．1995．第5回自然環境保全基礎調査報告書．
3）東京都．1977．東京における自然の保護と回復の計画．

4.2.2　保全地域の植生管理―図師小野路歴史環境保全地域―

a.　図師小野路歴史環境保全地域の概要

1）保全地域の指定　1978年7月，東京都は町田市図師（ずし）町から小野路（おのじ）町にかけて広がる多摩丘陵の里山を「図師小野路歴史環境保全地域」として指定した．図師小野路の里山は，貴重な動植物の生息地として極めて高い価値をもった地域であった．当時は，里山を保全するという考え方はなかったため，小野路城跡などの歴史的遺産と一体となった自然環境を保全することを指定理由として，歴史環境保全地域に指定したものである．

里山は，たくさんの生物が生息する豊かな自然であると同時に，地域の農家にとっては農業生産の場であり，日々の生活環境そのものである．したがって，里山を保全しようとするときには農業生産活動との調整を図る必要が生じる．東京都では，保全地域指定に伴って策定する保全計画において，耕作放棄水田や公有地となった水田については湿生林に誘導する方向性を示すとともに，民有地における水田耕作を認めることを計画上位置づけ，地域での営農の継続を保証したのである．

里山の豊かな自然をそのまま保全するためには，保全地域に指定した上で開発行為に厳しい規制をかける必要がある．しかし，規制をかけると

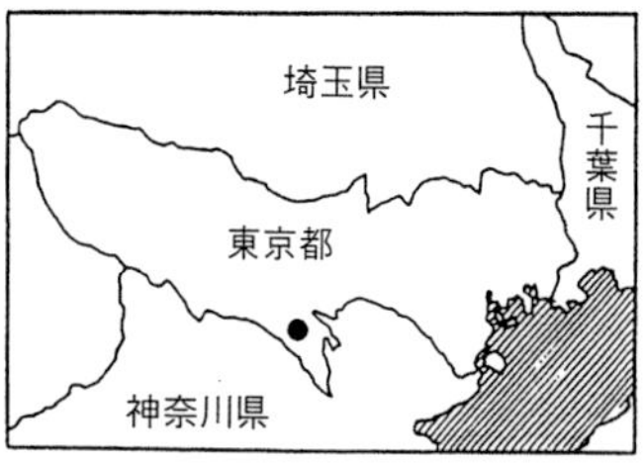

図 4.13　図師小野路歴史環境保全地域の位置（●）

地権者にとっては土地の自由処分権を害されることとなるので，都は条例で地権者からの申し出により土地を買い取る仕組みをもうけた．このことにより，保全地域内で開発が行われることはなくなったのであるが，後述するように里山の保全に不可欠な「持続的な管理作業」については問題が生ずることとなった．

2）豊かな自然環境　図師小野路歴史環境保全地域の指定面積は33 haであるが，保全地域に指定されていない周辺の里山を含めると，100 haにも及ぶ広さの里山となる．ここには4つの大きな谷戸(やと)がある．地域北側には最大の谷戸である万松寺(ばんしょうじ)谷戸が東西方向に広がっている．地域の南側には東から白山谷戸，五反田谷戸，神明(しんめい)谷戸の3つの谷戸が南西方向に向けて口を開いて並んでいる．

五反田谷戸では，現在でも地元の農家が稲作を続けている．谷戸の上流部は棚田状になっており，1枚の田んぼの面積はかなり小さい．田に接する斜面地は「穴刈り」と呼ばれる習慣に従ってきれいに刈り込まれ，草地状の土手となっている．農道や水路周辺も農家による草刈りがなされている．谷戸中央部のため池は常に水を湛えるように復元され，水路には豊富な水が流れている．ここには昔ながらの多様な環境が有機的なつながりを保ちつつ丸ごと保全されており，景観的に大変優れているとともに，極めて良好な生物の生息環境となっている．

五反田谷戸以外の谷戸では，水田耕作は一部を除いて行われていない．山林からせり出した樹木に覆われて水路や田んぼが暗くなったり，ヨシやセイタカアワダチソウのような背丈の高い草本が占拠する湿地になっているところが多い．

b. 図師小野路における里山の復元と保全

1）里山管理の現状　農家によって日常的に行われている草刈りや，農道，水路の手入れという管理作業が植生の遷移を抑え，多様な生物の生息環境を形成するとともに，独特の景観をつくり出していることが里山の特徴であろう．そこには「ふるさと景観」といってもいいおだやかで心安らぐ風景が広がっている．

図師小野路の谷戸のような地形条件では，機械化も大規模化も困難なことから，農業の生産性を高めることは困難である．そのうえ，市街地近郊という立地条件のゆえに地価が高く，そのため固定資産税や相続税の負担が重いことなどから，農業から撤退する動きがみられる．農業従事者の高齢化や後継者不足の問題も深刻であり，相続等を原因として，田んぼや山林を東京都に売却する事例が相次ぐことになった．こうなると，生産環境を護るためにこれまで地域ぐるみで行ってきた作業，たとえば畦道，土手，農道，水路，ため池などの補修や草刈りなどの管理作業が成り立たなくなってくる．そうした事情から，保全地域にふさわしい豊かな里山を将来世代に残していくために，公有化された田んぼなどを誰がどのように管理していくのかという，新しい里山管理の仕組みが必要になってきた．

2）里山復元の取り組み　保全地域の管理を担当する都では，まず，公有化された上，四半世紀以上も管理されないまま荒廃してしまった谷戸（神明谷戸）について，昔の姿を復元する作業を1996年の秋から始めることにした．谷戸を埋め尽くしたセイタカアワダチソウなどを刈り払い，いつの間にか湿地内に侵入したクヌギやタケを伐採した．両側の斜面から湿地に覆い被(かぶ)さる樹木を切り倒した．埋もれた水路を回復し，田んぼに畦を復元した．土手を築いて農道もつくり直した．

都は，この作業を地元の農家によって構成される「町田歴環管理組合」に委託して行った．地域に伝わる技術を生かし，図師小野路の環境に最もふさわしいやり方で昔の里山の自然環境を復元したのである．

復元の成果はすばらしいものがあり，見違えるように大きくて明るい谷戸が再生した．復元前と比べるとアカガエルの産卵数は1年で100倍にも増えているし，ネキトンボやショウジョウトンボなど確認されたトンボの種類は大幅に増加してい

図 4.14　復元する前の神明谷戸（図師小野路）

図 4.15　復元した神明谷戸（図師小野路）

る．また，ミズニラのような絶滅が危惧される水田雑草が谷戸の復元に伴って回復してきていることは注目すべきことである．

3）望ましい里山管理の仕組み　保全地域の管理作業については，これまで都は地元市を経由して造園業者に委託して行ってきた．しかし，業者による委託作業では，地域の特性に応じて築き上げられた里山管理技術とは関係のない一般的な作業マニュアルに従って，淡々と草刈りなどを処理することが普通である．これでは，里山の自然を保全することが困難であるばかりか，何よりも貴重な地域の伝統的な管理技術が，活用されることもなく時とともに失われてしまうことにもなりかねない．

地域の事情に即した管理を適切に行うことができるのは，これまでずっと里山の管理主体であった地域の農業者であることは論を待たない．里山の管理を業者に委託した場合には一定の委託費用がかかるわけで，その費用をより効果的に使うためにも，地域の農業者集団に委託することが理想である．

先述した町田歴環管理組合は，図師小野路地域の農家で構成され，地域における組合員の生活と里山保全の両立を図るために，保全地域の管理を都から請け負うことを組合の目的の1つに掲げて発足した．それを受けて都は，里山復元作業を委託したことに引き続き，保全地域の管理作業についても組合に委託することにした．

昔から行われてきた伝統的な管理作業が，里山のふるさと景観と生きものの豊かな生息環境をつくり出してきたのである．土手の草刈りにしても，ただ単に草を刈ればいいというものではなく，地域の生活と同調した谷戸の農事暦に沿って行われる必要がある．なぜならば，いまや貴重になってしまった里山の生きものたちは，昔からずっと行われてきた作業の内容，程度，頻度によって形成された環境に強く依存して生息しているからである．

したがって，保全地域におけるこれからのあるべき里山管理システムは，地域に伝わる伝統的な里山作業体系を実現する管理の仕組みでなければならない．もちろんその担い手は，地域の農業者が中心的な役割を果たす必要があるが，相続等で土地を手放して管理の主体から退き始めていることを考えると，市民ボランティアに活躍してもらう機会を設定することが必要であろう．

保全地域の管理に必要な経費は，都が負担している．今後は，それとは別枠で，市民による資金的なバックアップを検討する必要があろう．行政に頼りすぎることなく，資金的にも担い手の問題にしても，広範な市民と地域の農業者が交流を図りながら，自立した里山管理活動を持続的に進めることができる態勢づくりが望まれる．

（荻野　豊）

文　献

1）北川淑子．2001．「里山の環境学」（武内和彦他編）．

pp. 150-164. 東京大学出版会.
2) 荻野 豊. 2001. 都市近郊の里山の保全. pp. 103-104. トトロのふるさと財団.

4.3 ナショナル・トラスト

4.3.1 ナショナル・トラスト運動

a. ナショナル・トラスト運動とは

1) ナショナル・トラストの歴史 ナショナル・トラスト運動は，19世紀の末，英国のロバート・ハンター（Robert Hunter），キャノン・ローンスリー（Canon Rawnsley），オクタビア・ヒル（Octavia Hill）の3人によって始められた．当時の英国は，産業革命の急速な進展に伴い，国土の荒廃が顕著になっていた．公害による荒廃のほか，資本家による土地の囲い込みや歴史的建造物の取り壊しなどが始まっていた．そうした動きに対抗するために，共有地（コモンズ）や古い建築物の保存をめざす活動を開始したが，所有権が絶対的に優位である英国ではおのずと限界があった．所有権を取得して保存する運動を起こす必要性を感じた3人は，「ザ・ナショナル・トラスト」を設立して，ナショナル・トラスト運動を開始したのである．

「ザ・ナショナル・トラスト」は，“1人の1万ポンドよりも，1万人の1ポンドずつを”を合言葉にして，英国国民に資金や労力の提供を呼びかけた．ピーターラビットの作者で知られるベアトリクス・ポター（Beatrix Potter）が，湖水地方の美しい田園風景を保全するためにピーターラビットの著作料の一部を寄贈して，全面的にナショナル・トラスト運動を支援したことも大きな力となり，「ザ・ナショナル・トラスト」は現在では会員数255万人を数えるほどの運動に発展していった．

現在，「ザ・ナショナル・トラスト」は，土地を約25万ha（東京都の面積はおよそ22万haであり，その広大さがわかる），海岸線を960 km，歴史的建造物を200カ所以上，保全管理している．また，1907年にナショナル・トラスト法と呼ばれる法律が制定され，「ザ・ナショナル・トラスト」に寄贈された土地や「ザ・ナショナル・トラスト」が取得した土地は，譲渡不能宣言をすることが可能となった．宣言された土地は，売却されたり抵当に入れられたりする心配がなく，国会の特別議決がなければ土地収用もされない権限が与えられた．

2) ナショナル・トラスト運動の特質と意義 ナショナル・トラスト運動とは，寄付金などにより土地を買い取り，または土地の所有者から寄贈を受けるなどにより，その自然を保全，管理，公開して後世に残そうとする運動である．ナショナル・トラスト運動の特質を列挙すると次のようになる（木原，1998）．

① 自発性： 優れた自然環境を保全しようと考えた市民が自発的に呼びかけ，その呼びかけに応える任意の寄付やボランティア活動によって保全しようとする運動である．

② 教育的効果： 呼びかけに応じて寄付を行う過程で，保全すべき対象である自然を学ぶ教育的な効果がみられる．

③ 先見性： 将来への洞察を踏まえて，保全を呼びかける対象を特定する先見性がある．

④ 協力性： 寄付というわかりやすい行為を通して，保全対象地の周辺に限らず広く協力を呼びかけることができる．また，企業からの協力も受けやすい．

⑤ 多様性： 運動のスタイルは地域の事情によって多様な手法が展開される．土地の取得をめざすよりも，むしろボランティア活動による自然の保全管理を進めるやり方もある．

こうした特質から，緊急に保全すべき自然であれ，将来への布石として確保する自然であれ，市民のアイデアで多彩な展開が可能となる手法であることがナショナル・トラスト運動の意義としてあげられる．それまでの自然保護運動は，開発事業者への異議申し立て的な運動か，行政にお願いして保全してもらう運動か，という選択でしかなかったが，ナショナル・トラスト運動は独自の力で土地を取得してしまうというパワーを示すことができる．また，市民の力で具体的な土地取得を行う実績を示すことによって，行政の協力を引き出しやすくする側面も見逃せない．

b．ナショナル・トラスト運動による保全手法

1）取得による保全（買い取り，無償譲渡）　土地の所有権を買い取りまたは無償譲渡によって取得する保全手法であり，一般的なナショナル・トラストのイメージはこの手法である．保全の担保性は最も確かである．

土地の値段は，近年では地価下落の趨勢（すうせい）にあるが，特に都市部においては依然として高く，個人レベルの努力ではなかなか手が出せない状況である．保全すべき自然地であっても，地価の高さゆえにみすみす開発によって失われてしまうことが多い．しかし，保全を願う市民が多ければ，ナショナル・トラスト運動を展開することによって，個人では実現できない土地の買い取りが可能になってくる．

土地所有者がナショナル・トラスト運動団体に無償で土地を譲渡する事例や，相続時に遺言によって譲渡が行われる遺贈も事例があるが，残念なことにあまり一般的ではない．買い取りによる保全には資金的におのずと限界があるので，譲渡による保全は有力な手法である．

2）契約による保全（保全契約，保全協定）　保全契約は，土地を賃貸借等によって借り上げ，ボランティアで保全管理を行い自然環境の確保を図る手法である．費用が当面少なくてすみ，地権者の理解が得られれば効果の高い方法である．保全協定は，複数の地権者とナショナル・トラスト運動団体との間で合意を取り交わして保全する手法である．

しかしこれらの手法は地権者の都合などによって解除されるおそれがあり，保全の担保性は低い．保全期間が長期にわたる場合には，支払う経費が土地取得費よりも高くなることもある．

c．寄付金の確保（ファンドレイジング）

ナショナル・トラスト運動の根幹をなすのが，任意で行われる市民や企業からの金銭の寄付である．どれだけ多くの寄付を集められるかで，運動の成否が決まってしまうことがある．それくらい重要な寄付の呼びかけなので，たくさんの市民に訴えるために，いかに新聞やテレビなどのマスコミに好意的に取り上げてもらうかが大事な戦略となる．

寄付金を募って緊急に土地を取得しなければならない理由や，保全の対象とする自然環境の価値などを明確に訴える必要がある．時には対象地の見学会や講演会などをトラスト活動の一環として実施する必要もあろう．いずれにしても，対象を絞り込んだ効果的な呼びかけが重要である．

しかし，現在の日本の税制度では，寄付をした個人あるいは企業がその寄付金を損金あるいは経費として税額控除することは十分に認められていない．寄付に関する税の控除制度としては，自治体や特定の公益法人に対して寄付をした場合に，そのうちの一定部分のみが損金として控除されるにすぎない．

d．日本におけるナショナル・トラスト運動

現在わが国では，自然の特質や地域の事情に応じて多様なナショナル・トラスト運動が展開されている．運動の主体で分類すると，民間の発意と情熱によって進められる民間主導型の運動，自治体が運営する官主導型の運動，官民協調して進める型の運動がある（日本ナショナル・トラスト協会，2000）．

民間によるトラスト運動は，日本におけるナショナル・トラスト運動の草分け的な存在である天神崎の自然を大切にする会（和歌山県田辺市），富士山からの清冽な湧水群を保全の対象とした柿田川みどりのトラスト（静岡県清水町），トトロのふるさと基金などがある．官主導型の運動としては，「知床で夢を買いませんか」というキャッチフレーズで有名な知床 100 m^2 運動を北海道斜里（しゃり）町が進めている．また，官民協調型の運動で

は，神奈川県がかながわトラストみどり財団を，埼玉県がさいたま緑のトラスト協会を，大阪府が大阪みどりのトラスト協会をそれぞれ立ち上げ，県民，府民と一体となってトラスト運動を推進している.　　　　(荻野　豊)

文　献

1) 木原啓吉. 1998.「ナショナル・トラスト」(新版). pp. 234-236. 三省堂.
2) (社) 日本ナショナル・トラスト協会. 2000.「ナショナル・トラスト・ガイドブック 2000」.

4.3.2　ナショナル・トラストの実例「トトロの森」(埼玉県所沢市)

a.　トトロの世界

「トトロ」とは，1988年に劇場公開され，その年のほとんどの映画賞を独占し，その後も変わらぬ人気を保っている人気アニメーション『となりのトトロ』のキャラクターのことである．トトロは，森の生命を代表する「森の精」として登場する．トトロがすむ世界は，生命が生命として尊重される森，すなわち豊かな生態系が機能している森であって，そこはわれわれ人間にとっても暖かくてやさしい「ふるさと」の世界である.

振り返ってみると，1960年頃の日本にはトトロの世界はどこにでも当たり前に存在していた．農家や屋敷林，農道，水田，雑木林という環境要素が見事に調和した美しい農村が市街地のすぐ近くにもあって，慣れ親しんだ風景となっていた．当時は，時代遅れのものであって克服すべき対象とみられていたトトロの世界だが，今にして思えば何と輝きにみちた世界なのだろうか．これは単にノスタルジアのなせるわざとみるべきではなく，世代や時代を超えた普遍的な価値，たとえば持続可能性のある生活様式のモデルとしての価値がそこには認められるからだと考えるべきだろう.

b.　トトロの森を守る

「トトロの森」とは，東京都心から北西におよそ40 kmのところにある狭山丘陵のことである．首都圏への都市機能の過度な集中に伴って進められてきた急激な宅地開発やレジャー開発などのために，狭山丘陵では1970年頃から都心に近い所沢市や東村山市で開発が始まり，みるみるうちにかつての里山風景（先述したトトロの世界）が破壊されていった.

1980年には，狭山丘陵における最大規模の谷戸で，自然が極めて豊かな所沢市三ケ島の谷戸を埋めつぶす早稲田大学による新校地造成計画が発表された．紆余曲折の末に，大学校地の造成は実施されたのであるが，この問題を契機にして狭山丘陵のもつ価値の大きさが再確認され，開発が際限なく進行することに対する危機感が官民共通の認識となったことは重要である．そしてその後，大規模な開発計画は影をひそめることとなった.

しかし，時はバブル経済の最盛期であり，狭山丘陵の里山では土地投機などのために地価が高騰し，農的な土地利用がなされていた里山を残土の

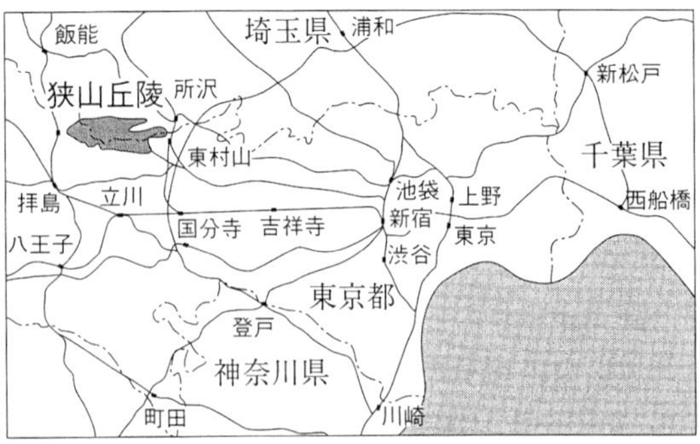

図 4.16　狭山丘陵の位置

図 4.17　狭山丘陵の景色

処分地や建設資材置場などに転用するケースが増え，小規模ではあってもゲリラ的で乱暴な自然破壊が頻発することになった．大規模開発が終息したこともあり，狭山丘陵の自然保護運動はこれまでのような開発事業者への抗議型，行政への陳情型では対応しえなくなってきた．土地を所有する小規模地権者への対応をどうするか，市民の多くが参加できる運動をどのように構築するか，といった課題が明確になってきた．そこでたどりついた結論は，ナショナル・トラスト運動を始めようということであった．

c. トトロのふるさと基金の発足

それまで狭山丘陵での自然保護運動を担ってきた「狭山丘陵を市民の森にする会」「狭山丘陵の自然と文化財を考える連絡会議」「財団法人埼玉県野鳥の会」の3団体の支援のもとに，トラスト運動に関するすべての事項を主体的，自律的に決定し実行する組織として「トトロのふるさと基金委員会」を設立し，1990年4月，「トトロのふるさと基金」が発足した．

準備段階で基金委員会が真っ先に行ったことは，トトロの生みの親である映画監督・宮崎駿さんから「トトロ」の名前を使わせてもらうことの了解をいただくことであった．宮崎さんからは快く了解していただき，アニメ原画も数枚貸与を受けることができた．これは後日，トトログッズの作成に利用して，その収益を委員会の活動費に充てることができた．

市民からの寄付を募る運動の進め方としては，わかりやすいパンフレットの作成，狭山丘陵の自然のすばらしさを理解してもらう本の出版，トトロの森の現地を見て歩くイベントの開催など，広くたくさんの市民に呼びかける活動に重点を置いたものとした．

d. トトロの森1号地の取得

トトロのふるさと基金は，社会から大きな関心をもって迎えられた．トトロという子どもたちに大人気のキャラクターを旗印にして呼びかける新しいタイプのトラスト運動として，マスコミはおおむね好意をもって頻繁に取り上げるところとなった．そのために，寄付の申し込みはスタート時から殺到し，基金開始から3カ月で早くも5000万円を超した．時はまさにバブル経済の絶頂期であり，お金は世間に潤沢に出回っていた頃である．1000万円という巨額の寄付も数件寄せられた．基金を始めるにあたって目標として掲げた金額は1億円であったが，1年半の期間でその目標もクリアした．金額的には順調に滑り出したといえる．

土地の取得は，しかし，なかなか進まなかった．集まったお金のレベルをはるかに超える地価の高さもさることながら，値上がり期待感を強く抱いている地権者が多く，森を売ってもいいという地権者の情報をとらえることができなかったためである．このような運動にとって情報の不足は致命的であり，そうした情報を比較的入手しやすい市町村との連携を図ることが重要である．

ところで，1990年11月，狭山丘陵の一画で大規模な墓地と寺院の造成計画が発覚した．基金委員会では，墓地計画地に隣接する森の地権者が相続に直面しているとの情報を入手することができたので，地権者と交渉してその森（約1200 m^2）をトトロの森1号地として，約6000万円で買い取ることに成功した．1991年8月，トラスト運動開始後1年と4カ月が経過したときであった．

この森の取得に際して，基金委員会では地元の所沢市当局と綿密に打ち合わせを行った．トトロのふるさと基金で取得しようとする森の隣接地が，墓地の造成で大きく破壊されるということになると，寄付を寄せてくれた全国の人たちに対してとても説明できるものではないことから，地元自治体として講じることが可能な対策の内容について協議をしたのである．

トトロの森1号地が実現したその日には，所沢市長と会って，墓地開発の許可を出さないこと，墓地計画地を含む1号地周辺の森は市で取得して保全することを要請した．翌1992年に，市は基金委員会等の要請に応えて，トトロの森1号地周辺の森4000 m²を買い取ることになった．さらに1994年には，埼玉県が「さいたま緑のトラスト基金」を使って，トトロの森1号地と所沢市が取得した森を大きく取り囲むように，3.4 haの森を約10億円で取得して保全することとしたのである．

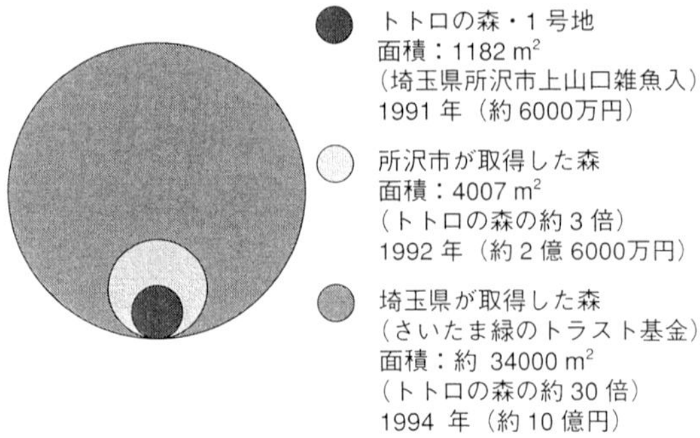

図4.18　大きくなったトトロの森

e. トトロの森2号地の取得

宅地開発からかろうじて免れたような雑木林が，所沢市久米にあった．狭山丘陵いきものふれあいの里スポット4（雑木の森）に指定され，すぐ北側には市の鳩峰公園もある．

ここの山林を所有する地権者から「相続税の納入のために先祖から引き継いできた森を開発によって失いたくない」という相談が基金委員会に寄せられた．残念ながらトトロのふるさと基金では，地権者の所有する森をすべて買い入れるだけの資金を持ち合わせていなかったので，基金委員会が仲介役を引き受けて地権者と市の三者間での協議を行い，1996年4月，それぞれが痛みを分かち合う解決策に合意した．

まず，トトロのふるさと基金は，基金の能力に応じて，約5600万円で1700 m²の広さの森を地権者から購入する．所沢市は，地権者から2400 m²の別の森を約3億円で買い入れる．相続税はこれで納めることができる．一方，買い入れた森とほぼ同じ面積の森を地権者から寄付してもらう．そうした処理をした後でも，地権者はまだ森を少し残すことになるが，これについては地権者と基金委員会が覚書を結び，保全し続けることとした．

これは，保全を願う関係者が少しずつ痛みを分かち合って保全する方法であり，以後このやり方が相続がらみの森の保全については標準的なスタイルとして定着することになった．基金委員会が森を保全する主体の1つとなれたことは，多くの

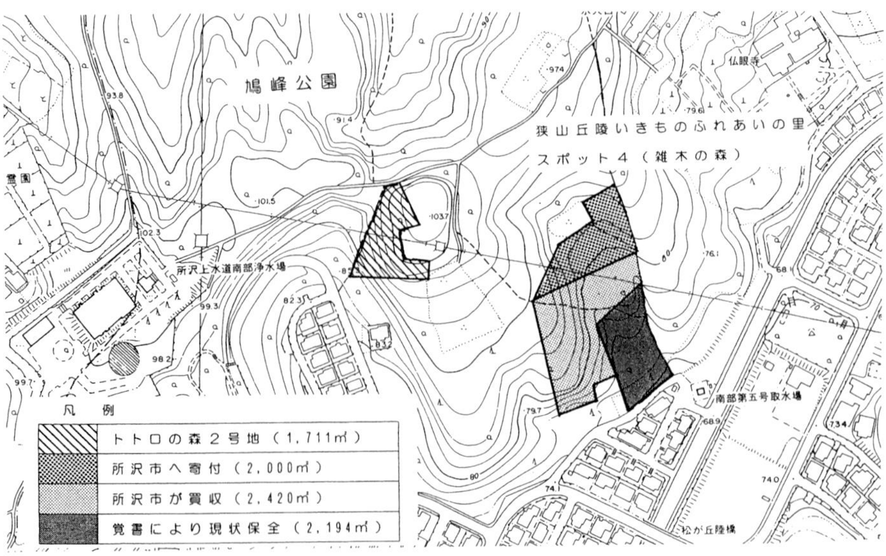

図4.19　トトロの森2号地関連地図

市民からの寄付が創り出した力であり，ナショナル・トラスト運動の大きな効果である．

f. 3号地から4号地へ

その後，トトロのふるさと基金は3号地（1998年5月）と4号地（2001年6月）の取得に成功した．

3号地は，トトロの森1号地への進入口部分に位置しており，ここが開発されたら周辺の緑地全体が大きな打撃をこうむることになると判断し，取得したものである．地権者には借金の返済という事情があり，交渉の結果約2000万円で購入することにした．面積は1250 m^2 である．

4号地の周辺では資材置場が乱立し始めており，保全のためのくさびを早急に打ち込んでおかないと狭山丘陵の森全体に与える影響が大きくなる危険性が感じられたことから，企業が所有する森であったが，取得することにした．バブル期と比べて地価は大幅に下落しており，約1200 m^2 の広さの森を800万円ほどで取得することができた．

g. トトロのふるさと財団の設立

ナショナル・トラスト運動は，寄付金によって土地を取得して保全するという活動であるため，大変わかりやすく，誰もが参加しやすいというメリットがある．反面，土地の取得，登記，保有などという法律的行為が避けられない．また，寄付金の受け入れや管理などを適切に行わなければならない．こうしたさまざまな行為を，責任をもって処理するためには，組織的な対応や事務局の整備などを考える必要が生じてくる．

トトロのふるさと基金設立から8年間，基金委員会は法人格をもたない任意団体のままで活動してきた．そのため，取得した土地の登記は，財団法人埼玉県生態系保護協会（旧名，財団法人埼玉県野鳥の会）の名義を借りて行っていた．しかしこれでは，ナショナル・トラスト運動にとって最も重要な寄付者の信用を十分につなぎとめることはできない．

トトロのふるさと基金は，1998年4月に環境

図4.20 市民による落葉掃き（トトロの森2号地）

庁（当時）を主務官庁として財団法人の設立許可を得ることができた．「トトロのふるさと財団」の誕生である．これにより，土地の登記はトトロのふるさと財団名義で行うことができるようになったのである．

h. これからのトトロの森

ナショナル・トラスト運動によってトトロの森を取得したことが，狭山丘陵の保全にとって大きなインパクトを与えたのは事実であるが，それで保全が終わったわけではない．むしろ保全に向かってスタートが切られたというべきであろう．

取得した森をどのように管理し活用していくかが，これからのトトロの森にとって最も重要な課題である．「トトロのふるさと」というイメージどおりに，野生の生きものが豊かに生息している里山として保全するためには，下草刈りや落ち葉掻きなどの管理が十分に行われていなければならない．地域の農業者からの技術的な支援を受けて，トトロのふるさと基金を支えている市民（同時に里山管理活動を楽しみながらボランティアとしてかかわる市民）が，トトロの森の管理の担い手となれるような活用の仕組みを確立することが求められている．（荻野　豊）

文　献

1) 工藤直子．1992．あっ，トトロの森だ！．徳間書店．
2) 荻野　豊．1999．武蔵野をどう保全するか．pp. 47–56．トトロのふるさと財団．

4.4　植物の防火機能と避難緑地

1995年1月17日早暁，マグニチュード7.3の地震が神戸・淡路島一帯を襲った．この地震では，24万9180棟が全半壊し，6433人もの尊い人命が失われた．さらに，神戸市長田地区を中心に火災が発生し，7456戸の家屋が焼失，67.5 haの地域が灰燼（かいじん）に帰した．このように，地震発生後には，必ずといってよいほど二次災害として火災が発生する．地震後は交通の麻痺，水道管の破損などで防火設備が壊滅状態になり，機械力による消火活動は期待できない．そうなると消火は自然の力に頼るしかない．昔から，空間の存在による熱の冷却，樹木や森林による熱遮蔽や消火の効果が経験的に知られていた．震災時の防火では，これらの機能をフルに生かすことが有効な防火手段として期待できよう．ここでは「植物の防火機能」に焦点をしぼり，その防火効果を生かした「避難場所のあり方」について考えてみたい．

4.4.1　防火に役立った「火伏の木」

植物がもつ防火力は古くから経験的に知られており，サンゴジュ，イチョウ，コウヤマキが三大防火樹と呼ばれて，屋敷や社のまわりに植えられてきた．この防火効果をもつ木は他にもあり，「火伏木（ひぶせのき）」と呼ばれた．沖縄ではフクギ，東海ではイヌマキ，関東ではスダジイ，アカガシ，モッコク，シラカシ，サンゴジュ，モチノキ，東北ではヒバ，山陰ではクロマツなどがそれである．これらはすべてが厚い葉をもつ常緑樹である点で共通する．この「火伏木」は樹木自体の燃えにくさによる効果だけではなく，配置による効果も大きい．それを利用した例を江戸時代には松平讃岐守の下屋敷であった東京都港区にある国立科学博物館附属自然教育園にみることができる．そこでは敷地の周囲を土塁で囲み，その上にスダジイ，アカガシなどを植え，外からの「もらい火」に備えていた．300年以上を経た現在でも，そのはたらきは維持されている．

4.4.2　防火効果を発揮した樹木と都市の森林

1923（大正12）年9月1日，午前11時54分．関東地方は相模湾を震源とする大規模な地震に襲われた．いわゆる関東大震災の発生である．二次災害としての火災が東京市内で134カ所で発生した．火災の半分は消し止められたが，延焼を続けた火事は丸3日間燃え続け，東京市の約半分が灰燼と化した．行方不明者を含めた死者は10万人を数え，その9割が焼死であったという．人々は安全な避難場所を求め逃げ込んだが，逃げた場所の条件の違いによって生死が分かれることになったのである．

隅田川のほとり，陸軍被服廠（ひふくしょう）跡（現在の横網町公園一帯）には周囲を板塀で囲まれた4 haの空き地があった．そこに家財道具を抱えた4万人もの人が避難した．延焼を続けた火災はその周囲を囲み，火の粉を降らせて，それが家具に着火した．さらに熱旋風が襲来したことで3万8000人が焼死する大惨事になった．一方，隅田川のやや下流には同じ面積の清澄（きますみ）庭園（岩崎邸跡）があった．そこは周囲を煉瓦塀が囲み，内側には幅7 m，高さ3 mの土塁が築かれていた．土塁の上にはスダジイ，タブノキ，イチョウなどが植えられ，樹林帯がつくられていた．そこにも周囲から火が襲来したが，樹木は枝葉を焦がしながらも，火と熱の内部への侵入を食い止めた．その結果，そこに避難した2万人全員が助かった．同じ立地，同じ面積でありながら，対照的な結末をもたらしたのは，まさに樹木と樹林帯の防火効果であった．

震災直後，農商務省山林局の技官であった河田杰・柳田由蔵，田中八百八は，人々が逃げ込んだ公園や神社などを対象に樹木の耐火力と避難場所の安全性について詳細な調査を行った（田中，1923；河田・柳田，1923）．河田・柳田の調査結果によれば，火に耐える力，いわゆる，燃えにくい順位は高木では強いものから，スダジイ，イチョウ・シラカシ，タブノキ・カシワ・ツバキ，低木ではマサキ・アオキ・ヤツデ，サザンカ・カラタチ，アジサイ，ツツジ類の順としている．さらに，安全な避難場所の条件として，1万坪(3.3 ha）以上の面積があること，その形状は円か正方形が望ましく，周囲に有力な樹林帯があること，空き地や崖などがあることなどの条件がそろうことが望ましいとした．第二次世界大戦中には，空襲による火災の発生に備えて植物の延焼防止効果を期待した防空緑地帯の構想が提案された．また，燃焼実験によって植物の耐火力も測定された（中村，1948，1951，1956など）．このように，実際に効果を発揮したことを背景に高まった「植物を用いた防火効果」を活用する意識の高揚も，敗戦後にはいつの間にか沈静化し，耐火建築，機械的な消防力などの整備へと意識と関心が移り，いまでは植物の防火効果については完全に忘れられてしまったかにみえる．

4.4.3 植物の防火性

人々を火から守った植物であるが，その効果は「防火性」に大きく関係する．この防火性とは，

表 4.4 植物の防火性（高橋・福嶋，1980）

防火力	既往文献による区分			推定による区分			
大	アスナロ	イヌマキ	コウヤマキ	ニオイヒバ	ビワ	マルバシャリンバイ	カクレミノ
	コウヨウザン	スダジイ	アカガシ	シロダモ	チャ	ジンチョウゲ	ツルグミ
	シラカシ	タブノキ	ヤブニッケイ	ナワシログミ	ムベ	ビナンカズラ	キズタ
	モチノキ	クロガネモチ	ネズミモチ	オオバイボタ	マンリョウ	ジャノヒゲ	オオバジャノヒゲ
	シャリンバイ	カナメモチ	ヤマモモ	ヤブラン	キチジョウソウ		
	タラヨウ	ツバキ類	サザンカ				
	モッコク	サカキ	シキミ				
	キョウチクトウ	サンゴジュ	マサキ				
	アオキ	ヤツデ	ユズリハ				
	ヒメユズリハ	カラタチ					
中	ヒノキ	サワラ	カラマツ*	ヒヨクヒバ	シノブヒバ	キャラボク	コナラ
	イチイ	イチョウ*	マテバシイ	ピンオーク	クリ	オニグルミ	クマノミズキ
	ウバメガシ	カシワ*	ヒイラギ*	アメリカハナミズキ	コブシ	アカメガシワ	イイギリ
	ミズキ*	イチジク*	センダン*	クサギ	トキワサンザシ	ヒイラギナンテン	イボタ
	ユリノキ	キリ	アオギリ	ヤマアジサイ	マユミ	ゴンズイ	ヤマウコギ
	プラタナス	ヒサカキ	トベラ	ニワトコ	ヤブデマリ	ガマズミ	ヤブコウジ
	イヌツゲ	クチナシ	アジサイ	サルトリイバラ	アケビ	エビヅル	ノブドウ
	ツツジ類	ハコネウツギ		ヤブマオ	メヤブマオ	ノダケ	ウラシマソウ
				イノコヅチ	フタリシヅカ	ドクダミ	ナルコユリ
				ホウチャクソウ	ヤマユリ	コバノギボウシ	ミョウガ
				タチシオデ	シオデ	シラヤマギク	カモガヤ
				ベニシダ	イタチシダ		
小	カヤ	モミ	ポプラ類	イヌガヤ	メタセコイヤ	イヌシデ	アカシデ
	タチヤナギ	シダレヤナギ	アラカシ	ムクノキ	エノキ	エゴノキ	カツラ
	ケヤキ	クスノキ	サクラ類	カマツカ	イヌエンジュ	キハダ	シンジュ
	ウメ	カリン	エンジュ	ハゼノキ	ヤマハゼ	ヤマグワ	コウゾ
	ニセアカシア	フジキ	カエデ類	ボケ	ホザキナナカマド	ヤマブキ	モミジイチゴ
	カキ	サルスベリ	シナノキ	クサイチゴ	ユキヤナギ	ムラサキシキブ	ヒウガミズキ
	バラ類	ハギ類	ニシキギ	サンショウ	ハナズオウ	メギ	ドウダンツツジ
	アセビ			ハナゾノツクバネウツギ	コウヤボウキ	フジ	ナツヅタ
				ツルウメモドキ	トコロ	ヤマノイモ	ヘクソカズラ
				アマチャヅル	カラスウリ	スイカズラ	ミズヒキ
				タチツボスミレ	ヤマシロギク	テキリスゲ	ナキリスゲ
				エビネ	ヌカキビ	チヂミグサ	トボシガラ
				ハリガネワラビ	クマワラビ	ハシゴシダ	イヌワラビ
				ヤワラシダ	ミゾシダ	シケシダ	ゼンマイ
				カニクサ			
危険	アカマツ	クロマツ	ダイオウショウ	トウジュロ	タケ類	ササ類	ススキ**
	ヒマラヤシーダー	スギ	ダイサンボク	ノガリヤス**	シバ**		
	キンモクセイ	シュロ	マダケ				
	オカメザサ	クマザサ	アズマネザサ				
	ウィーピング						
	ラブグラス**						

＊：夏期の着葉時は防火力が大きい．＊＊：冬期の枯葉・枯茎が危険．

枝葉による耐火性や遮断効果などで示される延焼防止に役立つ性質をいい，植物の耐火力と植物群落の遮断力に支配される．

a. 植物の耐火力

耐火力とは難引火性，難燃性を示すもので，葉の含水量，蒸散力，熱伝導率などに関係する．生きている植物の葉は60～70%の水分を含んでいる．この水分が蒸発し，熱源と同じ温度になったときに初めて発火する．耐火力は種で異なるが，葉の有炎発火の平均温度は針葉樹で400℃，落葉広葉樹で500～575℃，常緑広葉樹で575～600℃である（山下，1986）．高橋・福嶋（1980）は，河田・柳田（1923），田中（1923）の調査結果，燃焼実験の結果（佐藤，1944；井上・中元，1951；中村，1948,1949,1950,1951,1956；岩河，1984）を整理して，樹種ごとの耐火力（防火力）を整理した（表4.4）．これによれば，常緑広葉樹を中心に，常緑植物は耐火力の大きいものが多い．これは葉肉が厚く，葉に水分が多く含まれていることから昇温阻止効果が大きいことによっている．反対に，薄い葉をもつササやタケ，樹脂を多く含むマツ類，スギなどの針葉樹は燃えやすく，危険である．

b. 植物の遮断力

遮断力は植物が林帯を成すことで発揮される衝立てとしての効果で，火災時の輻射熱や有害な煙を遮断し，拡散する作用である．それは樹木の高さと密度とに関係する．樹木の枝葉は熱風で揺れ，熱を冷やし，風の流れを変えて火の粉を拡散させる．この効果は樹形，葉・枝の形や密度など，樹木の形態的な性質に支配される．一方，着火飛来物の捕捉効果は林自体の群落高が高く，枝葉が十分に成長し，下枝の低いもので大きい．しかし，枝葉密度が高いと遮断力が強すぎ，逆に効果が下がるとされる．その密度は60%程度が望ましいという（樫山，1967）．

4.4.4 都市での防火力診断の例

a. 自然教育園での防火力診断

高橋・福嶋（1980）は国立科学博物館附属自然教育園において，植物の防火性を調査し，防火力の診断を行った．都市火災では，樹木の最も外側である枝葉が燃える樹冠火から始まる．園内で，樹冠を構成する樹木分布から防火力をみると，土塁上に植栽されたスダジイ，アカガシが効果を発揮して防火力の大きい森林がとりまいている．加えて，園内は全域がミズキ，コナラなどの落葉樹によって覆われており，防火力は高い（図4.21）．

図4.22（a）は園内の代表的な森林タイプの群落構造模式図であり，図4.22（b）は各階層を構成する種の生活型ごとに耐火力をまとめ，その階層の高さと被度を考慮して作成した「林の防火力分布図」である．遮断力は階層構造が発達し，各層が常緑植物で構成されていることが理想的である．4つのタイプの林を比較すると，常緑樹の階

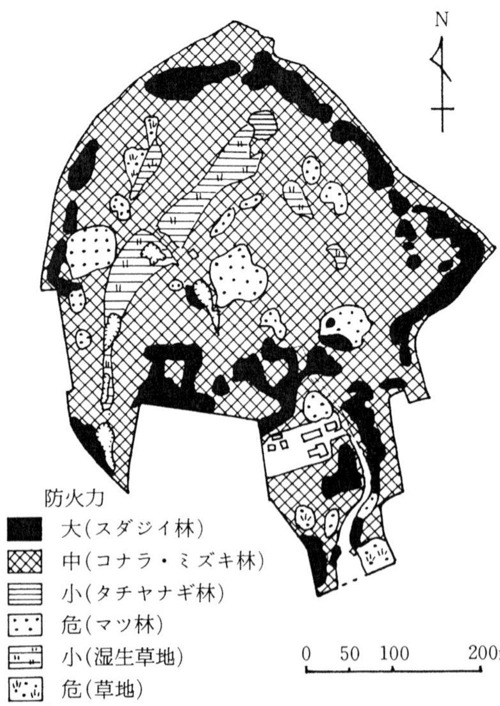

図4.21 自然教育園における植生の防火力分布図（群落の最上層の防火力による，高橋・福嶋，1980）

層構造が発達したスダジイ林で最も防火性が高い．総合的にみて，防火性の高い樹林帯が周囲をとりまき，森林が全域を覆う自然教育園の火災に対する安全性は高く，安全な避難緑地になると判断される．

b. 都内 10 カ所での防火力診断

福嶋・門屋（1990）は，河田・柳田（1923）が，関東大震災直後に調査した公園や神社などのうちから 10 カ所を選び，それぞれの場所の面積，形状，樹木の防火力分布，林の構成と階層構造などを詳細に調査し，図面化して防火力の診断を行った（表 4.5，4.6）．その結果，調査したすべての場所で 70 年前よりも面積と生育樹木本数は減少していた．特に，浅草公園では面積が 21.0 ha から 5.5 ha へ，樹木本数は 1982 本から 577 本，深川公園では 5.6 ha から 1.7 ha へ，8793 本から 248 本へ大きく減少しており，防火力の低下が心配される状況であった．一方，大きな変化がなく，避難緑地としての防火力が期待できるのは，関東大震災時にも高い効果を発揮した清澄庭園と

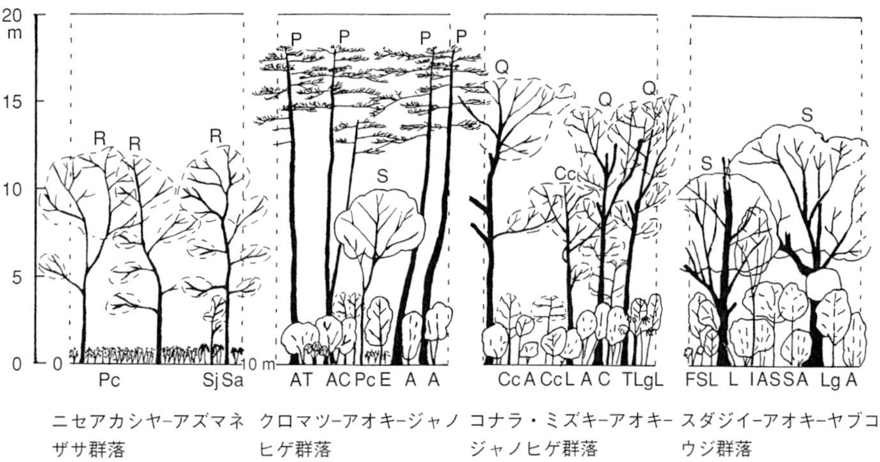

A: アオキ, C: イヌシデ, Cc: ミズキ, E: ヒサカキ, F: ヤツデ, I: モチノキ, L: ネズミモチ, Lg: シロダモ, P: クロマツ, Pc: アズマネザサ, Q: コナラ, R: ニセアカシヤ, S: スダジイ, Sa: クマザサ, Sj: エゴノキ, T: シュロ

(a) 群落側面図

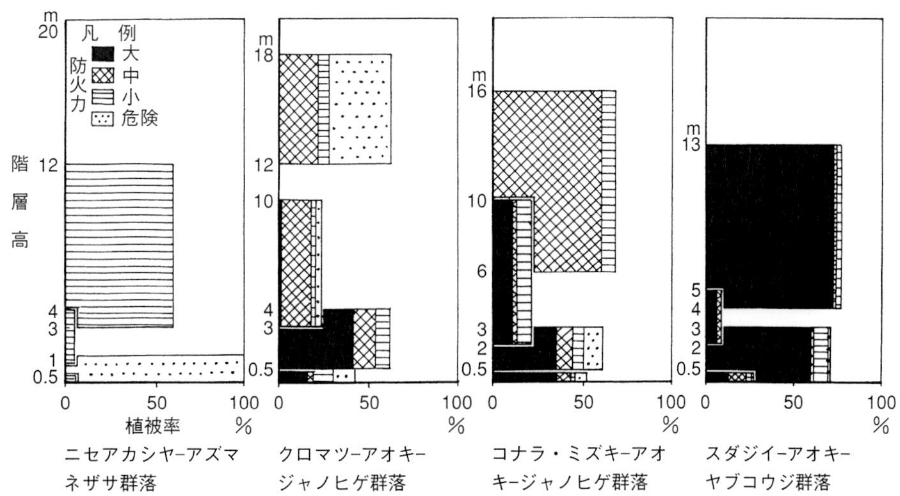

(b) 防火力分布図

図 4.22　自然教育園での代表的な植物群落の群落構造と防火力分布

表 4.5　調査対象とした公園等の面積と形状（関東大震災時と現在の比較）

公園名	総面積	樹林地	主要樹木本数	形状	被害状況と樹木の効果
数寄屋橋公園	0.3（0.4）	0.1	266（26）	三角形と台形	樹木ほとんど全滅，死者多数，大きなプラタナスは幹を残し完全に消失，隅のヤツデ，アオキ，カシ，モッコクは公衆便所を覆い，建物・樹木ともに火災を免れた
坂本町公園	0.6（0.5）	0.2	433（75）	長方形	樹木全滅，焼死40人，30～40年生のエンジュ，シラカシがあったが小面積，さらに公園内に木造家屋が点在し，周囲に家屋が密集しており樹木による効果なし
湯島天神	0.9（0.6）	0.3	465（167）	正三角形	民家に接する周囲にシラカシ，ヤツデ，アオキが密生していたが枯死したものが多い．内部にはイチョウの大木があり社殿を守った．避難民多数であったが樹木による効果と消火活動により無事
神田明神	1.3（1.3）	0.3	700（145）	三角形	常緑の樹木が多かったが，面積小さく周囲の猛火，内部に可燃物多く，建物・樹木全滅
深川公園	5.6（1.7）	2.8	8793（248）	長方形と台形	高木に乏しく疎林，建物散在，周囲に木造家屋多く，内部の建物もほとんど全滅．一部の建物はシイ，アオキ，ヤツデ，マサキに保護されて焼失を免れる．火炎により避難者を収容することができなかった
横網町公園	—（2.0）	0	0（492）	三角形	本所被服廠跡で樹木存在せず，熱旋風の襲来により3万人余りの焼死者をだす
築地本願寺	？（2.0）	0.3	1000（201）	正方形	樹種はアカマツ，ゴヨウマツ，ハンノキ，サクラ，サルスベリなどで概して小型，外部よりの延焼で建物・樹木全滅
浅草公園	21.0（5.5）	1.7	1982（577）	長靴形	樹林は小面積，さまざまな樹種の孤立木，樹木ほとんど全滅，イチョウ，シイの密生により五重塔を守る
清澄庭園	4.0（4.0）	2.6	10000（5106）	略台形	岩崎家の別邸，建物は焼失．サクラ，シイ，カシ，ケヤキなど高木樹木に富む．邸内の中央部樹木には被害なく，2万人余りの人命を保護
日比谷公園	16.4（16.2）	10.4	10473（6127）	長方形	松本楼のみは倒潰，出火焼失したが周囲のイチョウ，サルスベリ，タラヨウ，アオキなどが火の粉の四散を防ぎ延焼阻止．樹木の効果により完全に防火．他に被害なく，多数の人命を守る

（　）内は現在の状況．

日比谷公園だけであった．3万8000人もの死者を出した旧陸軍被服廠跡に建設された横網町公園では，調査項目のすべてにいまだ不十分であり，周囲に耐火力の高い常緑樹を植えてはいるが，強く剪定しており，効果を削ぐ結果になっている．これは一部の例ではあるが，都内の公園や神社は，人々が避難しやすい場所であるにもかかわらず，「植物を用いた防火」という点からは何らの配慮もなされていないことが浮き彫りになった．

c.　東京 23 区の防火力診断

人口の密集している大都市では，特に避難場所のあり方が問題となる．近年，筆者らは航空写真判読と現地調査によって「東京 23 区の植物の防火力分布図」を作成した（口絵 2，3 参照）．凡例として，防火効果が期待できる森林地域，畑，空き地，河川，道路などの不燃地域，樹木を多く含む住宅地域，不燃建物地域，可燃建物地域などを区分し，さらに，大きな防火効果が期待できる森林は「樹木が密生する森林地域」「樹林が取り囲む空き地地域」「樹木と不燃建物が混在する地域」の3つに区分して，避難場所への利用の可能性も検討した．それによると，関東大震災で大きな被害を受けた隅田川に沿う地域にはほとんど森林はなく，可燃建築物が多い．しかし，現在では可燃建築物の地域を不燃建物がとりまいており，関東大震災時とはかなり様相が変わっている．皇居を

表 4.6　各公園の防火機能判定

	数寄屋橋公園	坂本町公園	湯島天神	神田明神	深川公園	横網町公園	築地本願寺	浅草公園	清澄庭園	日比谷公園
面積	×	×	×	△	△	△	△	○	○	◎
幅	×	×	×	×	×	×	×	△	○	◎
形状	×	×	×	×	△	△	○	◎	◎	◎
林帯の幅	×	×	×	×	×	○	×	△	○	○
階層構造	×	×	×	×	×	△	×	△	◎	◎
内部樹林	×	×	×	×	×	△	×	△	○	◎
構造物等	×	×	×	×	×	○	○	○	○	◎
周囲状況	○	○	×	△	△	△	×	△	△	◎
総合評価	×	×	×	×	×	△	×	△	○	◎

◎：最大の効果が期待できる．
○：効果が期待できる．
△：一部効果が期待できる．
×：効果が期待できない．

中心とする地域には東宮御所，明治神宮，新宿御苑，自然教育園など大規模緑地があり，しかも，それらを不燃建築物地帯が取り囲んでいることから，安全な地域であるといえる．これとは反対に，北区，練馬区，杉並区，大田区などは避難緑地となりうる大規模な緑はほとんどなく，可燃建物地域の占める割合が高い．世田谷区では麻布，成城など「樹木を多く含む住宅地域」が集中的に広範囲に分布している．この地域では樹木の存在で延焼が遅れると考えられ，他に比べて防火効果の高い地域である．このように，避難緑地という観点でみると，東京 23 区内は地域的に大きな偏りがある．しかし，大規模森林はないものの，学校などの比較的大きな面積をもつ「樹林が取り囲む空き地地域」や「樹木と不燃建物が混在する地域」などを積極的に活用することで，避難緑地を求めることが可能であることもわかった．

4.4.5　都市の避難緑地のあり方

安全な避難場所であるためには，3 つの条件が満たされる必要がある．第一はすでに河田・柳田（1923）が指摘した面積と形状，周囲の状況である．建設省は 1985 年に避難場所として 20 ha 以上を目標にし，当面は 10 ha 以上のものでも整備するとしている（東京都，1994）．東京都では 134 カ所を避難場所に指定しているが，その中には火災時にはむしろ危険であると考えられる隅田川，多摩川などの河川敷も含まれている．第二は質のよい樹林帯が周囲に配置されているかどうかである．しかも，樹林帯が何列にも配置されているとより高い効果が望める（河田・柳田，1923）．空間としての道路，鉄道，空き地，崖などが存在するとさらに大きな効果を発揮する．実際に，関東大震災では，それらが焼け止まり線の 42% に関係していた（河田・柳田，1923）．先年の阪神・淡路大震災の折に発生した火災の焼け止まりも，道路と鉄道の存在が大きかった．第三は避難場所までの距離が短く，経路が安全に確保されているかどうかである．建設省（現国土交通省）は 2 km を避難圏域としているが，地震で架橋が落下し，移動ができない場合も心配される．また，地震時には家屋が倒壊して道路を塞ぐ．安全のためには少しでも道路幅は広いことがよい．建設省（現国土交通省）は避難路の幅は 20 m の確保を目標にしているが，家屋の密集地帯ではその確保が不可能な場所も多い．

このように，安全に避難するための避難路と避難場所の確保は重要である．しかし，近年，避難場所といえば，食料や滞在型の資材など，どちらかといえば避難してからの生活が強調されがちである．しかし，安全に生活をする以前に避難路，避難場所のあり方について，多くの角度からの診断と改善をしておく必要がある．　（福嶋　司）

文　献

1) 福嶋　司・門屋　健．1990．樹木の構成と配置からみた都市公園の防火機能に関する研究．森林立地，**32** (2)：35-45．
2) 井上桂・中元六雄．1951．樹葉の燃焼．日本林学会誌，**33** (4)：125-131．
3) 岩河信文．1984．都市における樹林の防火機能に関する研究．建築研究所報告，**105**：211．

4) 樫山徳治．1967．内陸防風林．林業技術，**309**：23-26.
5) 河田 杰・柳田由蔵．1923．火災ト樹林並樹木トノ関係．33pp．農商務省山林局．
6) 中村貞一．1948．樹木の防火力の研究．第1報．緑地用樹木の葉の含水率と脱水時間についての比較．造園雑誌，**12**（1）: 13-17.
7) 中村貞一．1951．焔をあげない木の葉の燃焼．日本林学会誌，**33**（11）: 367-371.
8) 中村貞一．1956．防火植栽の基礎的研究．京都大学演習林報告，**26**: 11-58.
9) 佐藤敬二．1944．樹林の耐火性研究．山林，**744**：4-10.
10) 高橋啓二・福嶋 司．1980．大震災時の広域避難場所における植生の防火機能と調査方法について．森林立地，**21**(2): 1-9.
11) 田中八百八．1923．大正ノ大地震及大火ト帝都ノ樹園．29pp．山林 臨時増刊．農商務省山林局．
12) 東京都都市計画局．1994．東京都の防災都市づくり．162pp．東京都．
13) 山下邦博．1986．森林の地被植物及び腐植質土壌の発火温度について．火災，**36**（4）: 31-35.

5. 世界の植生と植生管理

本章では，世界に分布する植生タイプの性質と分布を概説し，その中で現在，大きな問題となっている熱帯林の破壊，北方針葉樹林の破壊，砂漠化の進行，地球温暖化，中国の荒地植生，塩類集積について，そこの植物群落の性質とそれが抱える問題点，保護への取り組みについて，具体的な例を示しながら解説している．

5.1 世界の植生分布の概要

5.1.1 世界の群系分布

地球上には熱帯林からツンドラまで，さまざまなタイプの植生が存在する．そして類似の環境条件の場所には大陸の別を問わず，類似した相観（phisiognomy）—森林か草原か，常緑か落葉か，といった外見的な特徴—をもつ植生がみられる．相観によって区別される植物群落のグループを群系（formation）という．群系は植物群落を類型化するときにもちいる最も大きな単位であり，その分布域は気候帯とよく一致している．図5.1は，群系分布をもとに描かれた世界の植生帯の分布図である．1つの植生帯の中にも標高の違いや地形・土壌の違い，あるいは人為的な作用の違いによって複数の群系が含まれるが，図ではその地域の気候下で最も発達した群系の潜在的な分布域が表されている．以下に世界の代表的な群系について概説する．

a. 熱帯・亜熱帯地域の群系

南北回帰線に挟まれた熱帯地域は，年間を通じて赤道気団に支配され，月平均気温が18℃を下回ることはなく，年中高温で多湿な気候下にある．また，1年の日平均気温の変化（年較差）よりも1日の昼夜の気温変化（日較差）のほうが大きく，季節ははっきりしない．

熱帯多雨林（tropical rain forest）は，このような気候下に成立する常緑広葉樹林である．林冠の高さは40～50 mに及び，60 mを超える超高木をもつこともある．熱帯多雨林は最も種の多様性が高い群系で，林冠の構成種数が多く，温帯や亜寒帯の森林のように単一の種が優占することはない．樹木の多くは鋸歯のない先のとがった葉をもち，幹生花（枝先でなく幹に直接つく花）や，大きな幹を支えるために板状に発達した板根をもつものも多い．また，高木の樹幹に着生するラン科植物やシダ植物，木本性のツル植物が豊富である．しかし，林床に届く光はごくわずかであるため，下層の低木や草本植物は少ない．熱帯多雨林の分布の中心は，東南アジア，アフリカ中部，中南米の3地域である（図5.1参照）．

熱帯多雨林の分布域の中にも，標高や土地的な条件によって，いくつかの異なる群系が含まれている．標高1000 m以上の高さでは，群落高が低く着生植物の豊富な熱帯山地林（tropical mountain forest）が成立する．雲や霧がかかることが多い湿潤な山岳では，地衣類・コケ類に枝や幹を覆われた森林がみられ，特に雲霧林（うんむりん）（cloud forest）と呼ばれる．また，熱帯から亜熱帯の低地の植生を特徴づけるものとしてマングローブ（mangrove forest）がある．マングローブは，砂泥が堆積した河口域や入り江の海岸沿いに発達し，ヒルギ科を中心とした数種の樹種が，海岸線

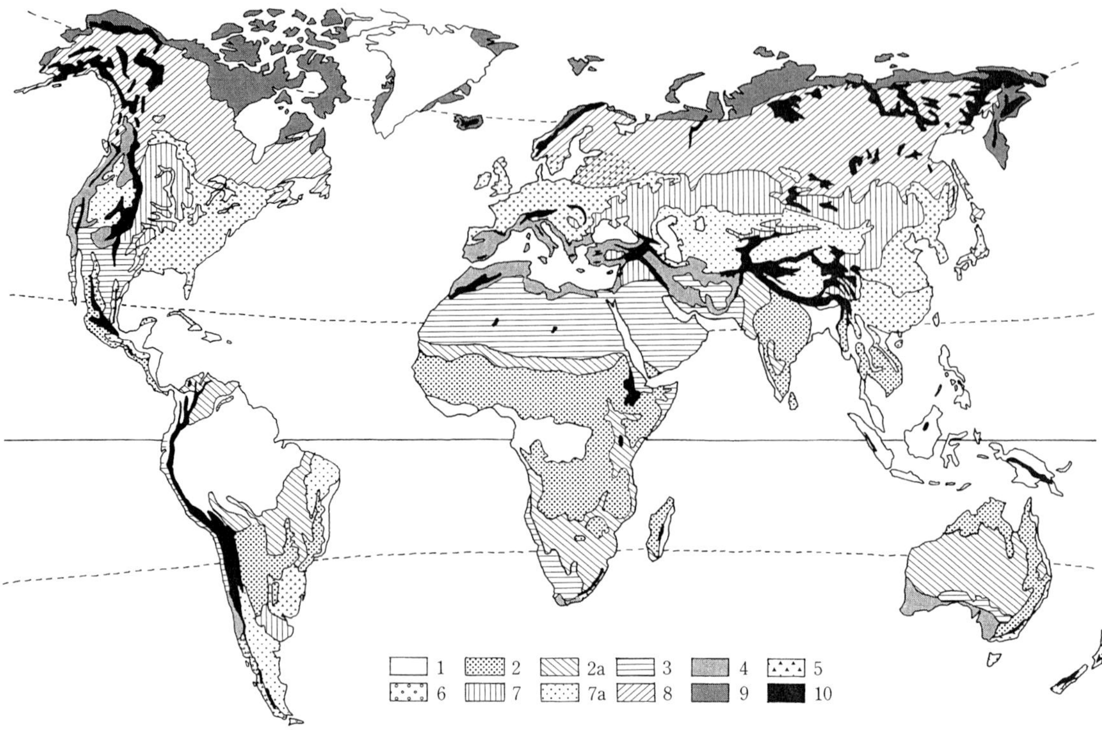

図 5.1 世界の植生帯分布（Walter, 1973）
1：熱帯多雨林，2：熱帯・亜熱帯の半常緑および落葉樹林，2a：熱帯・亜熱帯の乾生疎林および草原（サバンナ），3：熱帯・亜熱帯の砂漠・半砂漠，4：冬雨地域の硬葉樹林，5：暖温帯常緑広葉樹林，6：冷温帯落葉広葉樹林，7：温帯草原（ステップ），7a：寒冷な冬をもつ砂漠・半砂漠，8：北方針葉樹林，9：ツンドラ，10：高山植生．

に平行した帯状配列をなして生育している．満潮時には海水につかるため，その構成樹種は高い耐塩性を備え，軟弱な地盤で幹を支えるための支柱根や，空気を取り入れるために地上に突出した気根をもつなど，独特の形態をもつ．

湿潤な赤道気団と乾燥した熱帯気団に交代で覆われ，はっきりとした雨季と乾季がある地域では，乾季に葉を落とす落葉または半落葉樹林である熱帯季節林（tropical seasonal forest）が成立する．熱帯季節風（モンスーン）が顕著なインドから東南アジアに多いため，モンスーン林（monsoon forest），または雨季に葉をつけるので雨緑林（rain-green forest）とも呼ばれる．同様の群系はアフリカ，中南米，オーストラリアにもみられる．乾季が長くなるにつれて落葉樹の割合が増加し，林冠の植被が減少する．乾季が半年以上に及ぶ地域では，イネ科が優占する草原の中にまばらに樹木が生える熱帯草原（サバンナ，savanna）となる．サバンナはアフリカで最も発達し，オーストラリア，南米，南アジアにもみられる．本来森林ができる気候下でも土壌条件や火事のためにサバンナが広がる場合もある．特に極端な乾燥地域や保水性の悪い土壌をもつ地域では，マメ科アカシア属などの刺のある低木が優占する棘（とげ）低木林（thornwoods）となる．さらに植物の生育に十分な降水量が得られない地域では，ごく限られた植物のみが生育する砂漠（乾生荒原，desert）となる．北アフリカ，アラビア半島，オーストラリアなどの亜熱帯域には広大な砂漠地帯が広がっている．

b. 湿帯地域の植物群系

中緯度地方では季節による気温と降水量の変動が顕著であるため，各地域の季節性に応じた群系がみられる．東アジアの温暖湿潤な地域には，常緑のブナ科，クスノキ科，ツバキ科などの樹種を主体とした常緑広葉樹林が分布する．この地域では熱帯よりも雨が少なく乾燥した冬をもつため，林冠構成樹種の葉の表面は，過剰な蒸散を防ぐため光沢のあるクチクラ層に覆われる．そのため林冠は太陽光を反射して光ってみえ，照葉樹林（lucidophyllous forest）という呼び名をもつ．照葉樹林の構成種や相観は，東南アジアの熱帯山地林に極めて近いため，照葉樹林を亜熱帯の群系とみなす考えもある．これと類似した森林はフロリダ半島やカナリー諸島にもみられる．

照葉樹林の分布域よりも冬季の寒さが厳しい地域では，冬季に落葉する温帯落葉樹林（temperature deciduous forest，nemoral forest）が発達する．乾季に落葉する熱帯の雨緑林に対して，冬に落葉するので夏緑林（summer-green forest）とも呼ばれる．日本を含む東アジア，北米東部，ヨーロッパに分布し，いずれもブナ属，落葉性ナラ属，シデ属，カエデ属，ニレ属，トネリコ属などの樹種からなる．共通の属から構成される群系が異なる大陸に隔離して分布するのは，第三紀に広く連続して発達していた温帯林の名残であるためと考えられている．夏緑林は，西ヨーロッパでは氷期にほとんど消滅しているので，東アジアや北米に比べ，種組成がかなり貧弱である．

地中海沿岸，カリフォルニア，オーストラリア南部など，冬は温暖で夏は暑く乾燥する地中海性気候下では，厚くて硬い常緑の葉をもつ硬葉樹林（hard-leaved forest, sclerophyllous forest）が発達する．地中海の硬葉樹林は主に常緑のナラ属から構成され，コルクガシ（*Quercus suber*）に代表されるように，厚い樹皮や小型の葉をもつことが特徴である．この地域では古代から人間活動が活発であったため，伐採や放牧の影響もこの群系の拡大に関係している．硬葉樹林は降水量の減少と人為的圧力の増加に伴って，低木の疎林に移行する．地中海のマキー（maquis），カリフォルニアのチャパラル（chaparral），南アフリカのフィンボス（finbos）と呼ばれる植生はその例である．

一方，冬季の降水量が多く，夏季にも霧が多い湿潤地域には，常緑の温帯多雨林（temperature rain forest）が発達する．北米西岸ではモミ属やセコイア属の針葉樹，チリやニュージーランドではマキ科やナンヨウスギ科の針葉樹やナンキョクブナ属，オーストラリアではユーカリ属が，森林の主な構成種となる．

内陸の大陸性気候下にはイネ科草本が優占し，キク科やマメ科の草本をまじえる温帯草原が広がる．中央アジアのステップ（steppe），北米のプレーリー（prairie），南米のパンパ（pampas）などは，いずれも同様な相観をもつ温帯草原である．また，熱帯や亜熱帯と同様，温帯域でも極端に降水量が少ない内陸部は砂漠となり，中央アジアからモンゴルにかけては砂漠地帯が広がっている．

c．亜寒帯・寒帯地域の植物群系

夏が短い亜寒帯では，林冠がそろった単純な構造をもつ常緑針葉樹林が，ユーラシア大陸から北米大陸にかけて広大な面積を占める．これは高木林の中で最も低温の地域に成立する群系である．北極をとりまくように分布するので，北方針葉樹林（boreal coniferous forest, タイガ，taiga）という．優占種はトウヒ属，モミ属，マツ属などマツ科の常緑針葉樹で，しばしば単一樹種の純林になる．シベリア東部の乾燥地域ではカラマツ属の落葉針葉樹林もみられる．ツツジ科の低木を伴う場合が多く，林床には蘚苔（せんたい）類の層が発達する．低緯度地域では分布が高標高域に上昇し，亜高山針葉樹林となる．常緑針葉樹林の分布域は，湿潤で地下水位の高い平坦地が多いため，ミズゴケ属やスギゴケ属が優占する湿原も多く分布している．

北極に近い寒帯の平原では，植物の生育期間が2カ月前後と極めて短く，夏でも凍ったままの永久凍土が分布する．このような場所には森林は成立せず，ヤナギ科やツツジ科の矮性低木，スゲ属，イネ科，地衣類などからなるツンドラ（tundra）が形成される．また，北半球の樹木限界より標高が高い場所には，同様の相観をもつ高山ツンドラ（alpine tundra）が発達する．高山ツンドラの構成種には，気候的なツンドラの構成種と近縁なものも多い．

南米アンデス山脈やアフリカのキリマンジャロなど熱帯地域でも，樹木限界より上部では季節的な温度低下や乾燥が厳しくなり，キク科やキキョウ科の低木性ロゼット型植物，イネ科草本が優占する独特な高山低木林（パラモ，paramo）が発達する．これは同じ高山植生でも高山ツンドラとはまったく異質の群系である．

5.1.2　群系分布と気候

ケッペン（Köppen）による世界の気候帯区分の根拠として植生が重視されたことからもわかるように，群系の分布は基本的には気候帯と一致している．植物が光合成を行うためには，水，二酸化炭素，光の三者が最も重要な資源である．また，少なくとも1年のうちある程度の期間は，光合成に適当な温度が保障されることが必要である．これらのうち二酸化炭素の濃度と光は，地球上のどこでも大きな変化はないので，植物群落の分布を規定する要因として最も大きくはたらくのは，気候帯によって異なる気温と降水量ということになる．

そこで，世界の群系分布を温度と降水量の2軸上に表すと図5.2のようになる．これは地球上の陸地を1つにみたてたときの群系分布を模式的に表している．温暖で降水量が多いほうの極には熱帯多雨林が，寒冷で降水量が少ないほうの極にはツンドラが位置する．また，降水量が極端に少ないと，温度にかかわらず砂漠になることがわかる．

実際の地球上の気候分布では，年平均気温は赤道から南北に緯度が大きくなるほど低くなるが，降水量は大陸の沿岸部か内陸かといった違いや，山脈の有無によっても影響されるので，必ずしも緯度に沿った分布ではない．したがって同緯度地域でも降水量の違いにより異なる群系が現れるのである（図5.1）．また降水量が多くても，それ以上に蒸発散量が大きければ，実質的には乾燥状態となるし，植物が生育可能な温度が与えられる季節に雨が降らなければ，植物の生育にとって有効な降水とはならない．したがって，群系の分布と気候の関連を考える上では，年平均気温や年降水量だけでなく，その季節配分や蒸発散量も重要である．同じ温帯域であっても，温暖な時期に降水量が多い東アジアでは照葉樹林となるが，温暖期に降水量が少ない地中海沿岸では硬葉樹林が形成されるのは，年間降水量の違いよりも，その季節配分の違いによるところが大きい．

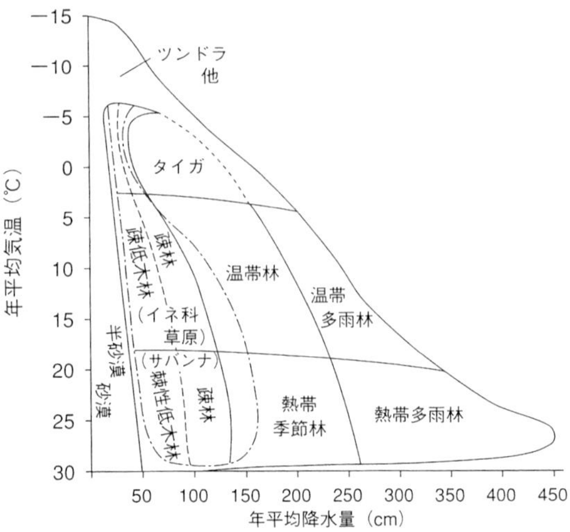

図5.2　世界の群系分布と降水量および気温との関係（Whittaker, 1970を改変）
この図は動物も含む生物群集の分布概念図として描かれたものであるが，群系分布図として読み替えることができる．

5.1.3　群系と植物区系

地球上には27万種もの維管束植物（種子植物とシダ植物を合わせたもの）が生育しているといわれるが，どの種も地球上に広く均一に分布しているわけではない．それぞれの種は独自の分布域をもっているので，地域ごとのフロラ（flora，植物相）は異なっている．フロラに基づいた地域区分を植物区系（floristic region）と呼ぶ．

植物区系は広い地域から狭い地域へと階層的に分類され，最も大きな単位を区系界（kingdom）と呼び，ついで区系域（region），区系区

(province)，区 (district) に細分されていく（文献によってはregionを区系区としている)．大きな区分になるほど，その地域に固有の上位分類群（科や属）を多くもつかどうかが重視され，小さな区分では亜種や変種レベルの違いも考慮される．最も大きな区分である区系界については，全北区系界，旧熱帯区系界，新熱帯区系界，ケープ区系界，オーストラリア区系界，周南極区系界の6つに分ける考え方が広く受け入れられており，Takhatajan (1986) によれば，これらはさらに35の区系区に細分されている（図5.3)．

日本列島が含まれる全北区系界は，ほぼ北緯20度以北のユーラシア，北米両大陸にまたがる．この区系界で種数が多い代表的な分類群には，木本ではブナ科，クルミ科，ヤナギ科，カバノキ科，カエデ科，ツツジ科，バラ科，マツ科など，草本ではキンポウゲ科，ナデシコ科，タデ科，アブラナ科，セリ科などがある．旧熱帯区系界はアフリカ，アジア，太平洋諸島の南北回帰線の間の地域で，フタバガキ科，タコノキ科などによって特徴づけられる．新熱帯区系界はパンパ以南を除く中南米，カリブ海地域で，ヤシ科やクスノキ科など旧熱帯区系界と共通するものも多いが，サボテン科やパイナップル科を含むことで特徴づけられる．南アフリカ南端のケープ地域は，狭い面積ながらフロラの73%が固有種と非常に独自性が高く，独立のケープ区系界をなす．オーストラリア区系界も500種を超すユーカリ属（フトモモ科）など，多くの固有な分類群を含む．また，南米大陸南部のパタゴニア地方やニュージーランド

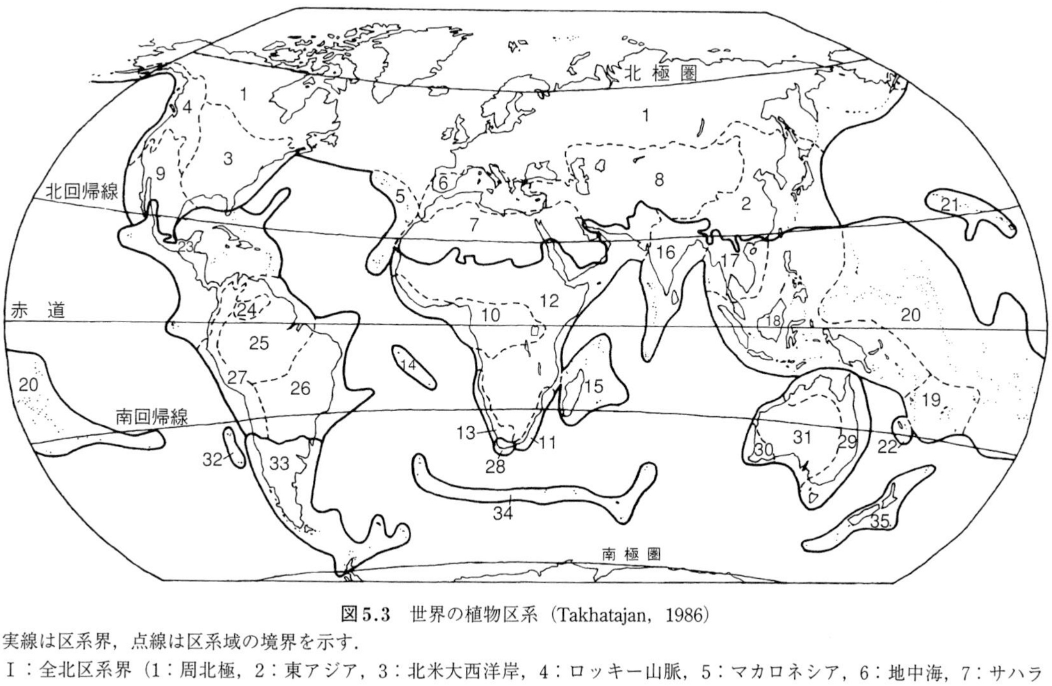

図5.3　世界の植物区系 (Takhatajan, 1986)

実線は区系界，点線は区系域の境界を示す．

Ⅰ：全北区系界（1：周北極，2：東アジア，3：北米大西洋岸，4：ロッキー山脈，5：マカロネシア，6：地中海，7：サハラ―アラビア，8：イラン―トルコ，9：マドレー)

Ⅱ：旧熱帯区系界（10：ギニア―コンゴ，11：ウザンブラ―ズールーランド，12：スーダン―ザンベシ，13：カルー―ナミブ，14：セントヘレナ―アセンション，15：マダガスカル，16：インド，17：インドシナ，18：マレーシア，19：フィジー，20：ポリネシア，21：ハワイ，22：ニューカレドニア)

Ⅲ：新熱帯区系界（23：カリブ，24：ギアナ高地，25：アマゾン，26：ブラジル，27：アンデス)

Ⅳ：ケープ区系界（28：ケープ)

Ⅴ：オーストラリア区系界（29：北東オーストラリア，30：南西オーストラリア，31：中央オーストラリア)

Ⅵ：周南極区系界（32：フェルナンデス，33：チリ―パタゴニア，34：南極諸島，35：ニュージーランド)

は周南極区系界にまとめられる．

植物区系の境界は地域間の気候的な違いよりも，それぞれの地域の地史的な背景を反映している．現在の地球上の陸地は，古生代にはパンゲア大陸と呼ばれるひとかたまりの大陸であったが，中生代のはじめ（約1億8000万年前）から分裂を始めたとされる．海を越えた移動が困難な植物では，隔離の時間の長さは独自の進化が起こりうる時間の長さにつながるので，早い時期に他の大陸から分離して，その後も他の大陸と接続することがなかったオーストラリアでは，フロラの独立性が高くなったと考えられる．これに対して，ユーラシア大陸と北米大陸は，被子植物の祖先が出そろう新生代はじめ頃（約6000万年前）までは互いに連結しており，植物の移動が可能であった．そのため，現在でも同じ区系界に分類されるほどフロラの共通性が高いのである．

ここで図5.2と図5.3を比較すると，植物区系が異なる場所でも同じ群系が分布していることがわかる．すなわち相観的には同じ群系に分類されるものでも，それを構成する植物種は地域間でまったく異なる分類群に属していることがある．たとえば熱帯の半砂漠地帯の乾生荒原では，メキシコ中北部でサボテン科やリュウゼツラン科が主な構成種であるのに対し，アフリカ南部ではトウダイグサ科やユリ科アロエ属が主である．また熱帯多雨林は東南アジア，アフリカ中部，南米の3地域に分かれて分布しているが，地域によって中心となる分類群が異なっている（5.2節参照）．このような例は，たとえ群落を構成する材料となるフロラが異なっていても，類似の気候条件下では植物の形態が類似のタイプに収斂され，同じ群系が成立することを示している．（吉川正人）

文　献

1) Takhatajan, A. 1986. Floristic regions of the World. 522pp. University of California Press.
2) Walter, H. 1973. Vegetation of the Earth. 237pp. Springer-Verlag.
3) Whittaker, R. H. 1970. Communities and Ecosystems, 2nd ed. Macmillan Company.

5.2 熱帯林とその消失

5.2.1 熱帯林消失と劣化

FAO（国連食糧農業機関）は世界の森林資源のアセスメントを行い，1990年から2000年にかけての10年間の森林面積の変動を集計している（FAO，2001）．熱帯域では，この10年の間も森林面積が減少し続けており，植林による森林面積の回復努力ではとうてい追いつかない状況となっている（図5.4）．しかし，それでも世界の森林の47%を熱帯林が占めており（FAO, 2001），生物体に貯留されている炭素の45%は熱帯林の内

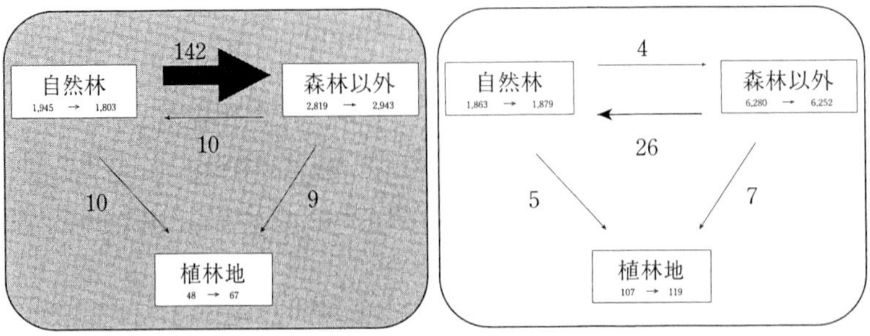

図5.4 1990年から2000年までの熱帯域の森林被覆面積の変動

ボックス内は1990年と2000年の森林面積を，矢印に示した値は10年間の変化量を示している．単位は万km^2．FAO,（2001）から描く．熱帯ではこの10年間に123万km^2（日本の面積の3.3倍）の森林が消失した．ここでの森林は，樹高5m以上の樹木が10%以上地表面を覆っている状態をさしている．

部に蓄えられている（IPCC, 2000）．

このような熱帯林の急速な消失と劣化は，洪水・土石流などの災害を招き，エルニーニョの際に発生する森林火災の頻度も上昇させている．また，熱帯林の消失は，植物体に固定されていた炭素の放出を招いて，大気中二酸化炭素の増加を通じて，地球環境の変動に大きなインパクトを与えている．特に熱帯域では，森林消失によって放出される炭素が，化石燃料の燃焼で発生する炭素の量を凌駕（りょうが）している（IPCC, 2000）．このように森林が急速に消失・劣化していく中で，合理的な土地利用の実現と，植生の適正な管理技術が必要とされている．

本節では原生の熱帯林の，さまざまな森林を，多様な立地環境と関連させながら紹介し，さらにそれらの熱帯林の生態的な特性を概観する．最後に人間による熱帯林の利用と，それに伴う熱帯林の変容の様子を紹介する．著者の研究活動が東南アジアに限られているため，ここでは主にアジアの熱帯林を中心に扱う点をお許しいただきたい．

5.2.2　さまざまな熱帯林

熱帯林はアジア，アフリカ，アメリカの低緯度地帯を中心に分布している．人類の森林破壊が始まる前の鬱閉した常緑の熱帯林，いわゆる熱帯雨林の分布面積は，南米で最も広く 4×10^6 km^2，アジアで 2.5×10^6 km^2，アフリカで 1.8×10^6 km^2 と見積もられている（Whitmore, 1990）．

三地域の熱帯林はいずれもマメ科，バンレイシ科，クワ科，アカネ科，トウダイグサ科，ムクロジ科，キョウチクトウ科，カンラン科，オトギリソウ科などの多様な樹種で構成されている点は変わらない．しかし，三地域はそれぞれフロラ上の特徴をもち，南米ではノウゼンカズラ科とヤシ科が種数・頻度で卓越している．アフリカではアオギリ科，カイナンボク科，ボロボロノキ科が特徴的に出現する．そして熱帯アジアではフタバガキ科とフトモモ科が多様に分化し，ほとんどの森林タイプで高い優占度を誇っている（Morley, 2000）．

熱帯の低地には，樹高 60 m を超えるような巨大高木（emergent）を有し，1 ha の土地に数百種の樹木が出現するような多様性の高い熱帯多雨林が分布している．反対に乾期に森林火災が頻発するような乾燥気候下には熱帯サバンナ林と呼ばれる疎林が分布している．このような多様な森林の分布を決定するのは，降雨量とその季節的な配分パターンの違いであり，さらに土壌環境や地史的要因も影響を与えている．表 5.1 は，熱帯アジアの主要な森林タイプを Ashton（1991）に基づいて整理したものである．

a. 低地常緑林

最も湿潤な気候下にある熱帯多雨林（tropical rain forest）は非季節性常緑林（表 5.1 のタイプ 1.1：aseasonal evergreen forest）に区分される．スリランカから大陸部を経由してスマトラ，ジャワ，ボルネオなどのスンダ陸棚に含まれる島々の多雨気候地域（月降水量がおおむね 60 mm を下回らない地域）では，多数のフタバガキ科樹種が優占する多様性の高い混交フタバガキ林（mixed dipterocarp forest）が分布する．

降水の季節性が明瞭になり，月降水量が 60 mm を下回り，乾期が 1～3 カ月程度連続するようになると，種多様性は減少し種構成も大きく変化してくる．このような季節性をもつ地域の常緑の森林は季節常緑フタバガキ林（1.2：seasonal evergreen dipterocarp forest）と呼ばれる．

b. 熱帯落葉林

さらに乾期が長くなり降水量が減少してくると，熱帯落葉林（2：tropical deciduous forest）が出現する．この森林タイプは土壌条件によって構成種と相観の異なる 2 つの森林，混交落葉林（2.1：mixed deciduous forest）と落葉フタバガキ林（2.2：deciduous dipterocarp forest）に細分される．前者はより湿潤で肥沃な土壌に成立し，マメ科樹種やチーク（*Tectona grandis*）とともに大型のタケが混交する場合が多い．一方，落葉フタバガキ林はフタバガキ科の優占種が存在する．

表 5.1　熱帯アジアの森林の分類（Ashton（1991）を一部簡略化し，さらに山地林と湿地林などを追加した）

1. 低地常緑林
   - 1.1　非季節性常緑林（熱帯多雨林）
     - 1.1.1　混交フタバガキ林（*Shorea*，*Dipterocarpus*，*Hopea* 属などのフタバガキの混交林）
     - 1.1.2　サフル混交林（ニューギニアなどの非フタバガキ科中心の混交林）
   - 1.2　季節常緑フタバガキ林（熱帯半常緑林）
     - 1.2.1　季節混交湿潤常緑フタバガキ林（1〜3 カ月の乾期：カンボジアの *Dipterocarpus costatus* 林など）
     - 1.2.2　乾燥常緑林（4〜6 カ月の乾期：インドシナ半島の *Dipterocarpus turbinatus* 林など）
2. 熱帯落葉林
   - 2.1　混合落葉林（*Tectona grandis*，マメ科樹種，大型のタケが混交）
   - 2.2　落葉フタバガキ林
     - 2.2.1　*Dipterocarpus obtusifolius*/*Shorea obtusa* 林（インド・ミャンマーからインドシナに分布）
     - 2.2.2　*Shorea robusta* 林（インドに分布）
3. 山地常緑林（いわゆる熱帯山地林．標高 1000 m 前後より上部の森林でブナ科，クスノキ科などが優占）
4. 熱帯ヒース林（強酸性で貧栄養の砂質土壌の森林）
5. 湿地林
   - 5.1　淡水湿地林（淡水性の湿地に成立し *Barringtonia acutangula*，*Melaleuca* などが出現）
   - 5.2　泥炭湿地林（木質泥炭が形成され *Gonystylus*，*Shorea* などが優占）
6. マングローブ林

c. 山地常緑林

標高の傾度に伴う植生変化も顕著で，標高 1000 m から 1500 m 以上の山地の植生は山地常緑林（3：montane evergreen forest）と呼ばれ，熱帯山地林とも呼ばれる．山地常緑林の下限高度は 1000 m 前後だが，緯度や山体の大きさによってこの高度は異なる（Richard, 1996）．この標高を超えると低地で優占するフタバガキ科樹木がほとんどみられなくなり，ブナ科やクスノキ科樹木の優占性が高くなり，低地林で豊富なセンダン科やムクロジ科の複葉をもつ樹種も著しく少なくなる．

d. 特殊な立地上の森林

陸域ではこれ以外に，砂質のポドソル土壌の上に成立する熱帯ヒース林（4：tropical heath forest）と呼ばれる特異な森林があり，強酸性で栄養塩類供給量が著しく低い土壌に，裸子植物の *Agathis* 属や *Dacrydium* 属，フタバガキ科などが生育する（山田，1991）．

水と密接に結びついた森林として，淡水性の湿地に成立する淡水湿地林（5.1：freshwater swamp forest）と泥炭湿地林（5.2：peat swamp forest），そして汽水域のマングローブ（6：mangrove forest）がある．泥炭湿地林の泥炭は木質で，最大 20 m 程度堆積し，ジンチョウゲ科の *Gonystylus bancanus*（ラミン）やノボタン科の *Dactylocladus stenostachys*，フタバガキ科の *Shorea albida*（アラン）などが生育する（山田，1991）．マングローブは陸上の植生とのフロラの重複が少なく，ヒルギ科やヒルギダマシ科の樹種が中心となる．マングローブ構成種の種子の多くは海流によって種子散布され，種子が発芽して胚軸が伸長した状態で散布される胎生種子をもつものも多い．

5.2.3 熱帯林の特性

a. 種多様性

熱帯林の第一の特性として，その種多様性の高さがあげられる．東南アジアのさまざまな熱帯林の種多様性を，フィッシャー（Fisher）の多様性指数 α を使って比較したのが図 5.5 である．横軸には標高をとってある．非季節性の常緑林と山地常緑林が α の上限を構成し，標高の上昇とともに α は指数関数的に減少していく．季節常緑フタバガキ林や熱帯落葉林は乾燥によって多様性が大幅に減少し，温帯以北の森林の α（1 から 10）とほぼ同程度になっている．

種多様性の高い常緑の熱帯林の内部で，構成種

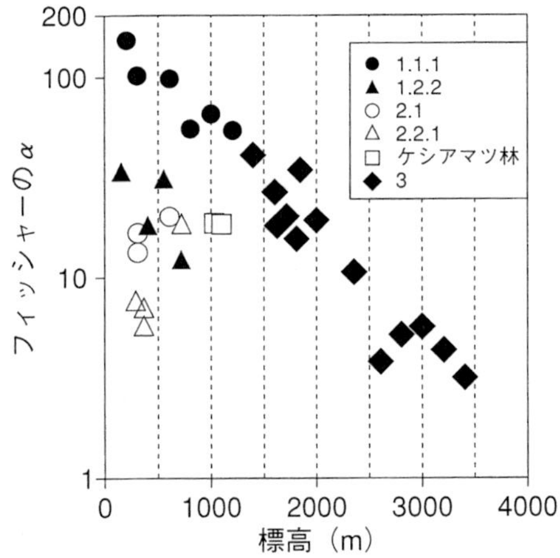

図 5.5 フィッシャーの α の標高と森林タイプによる変化
東南アジア各地の既存研究のデータから作成．サンプルされた個体数 N とその中に出現する種数 S の間の関係を示す次式の係数 α が種の豊富さの指数として使われる．$S=\alpha\cdot\log_e(1+N/\alpha)$．調査面積や対象樹木サイズの違うデータを相互に比較する際に有効．凡例の番号は表 6.1 の森林タイプの番号に対応する．ケシアマツ林は，タイの低地熱帯落葉林と山地常緑林の境界部に出現する森林タイプ．

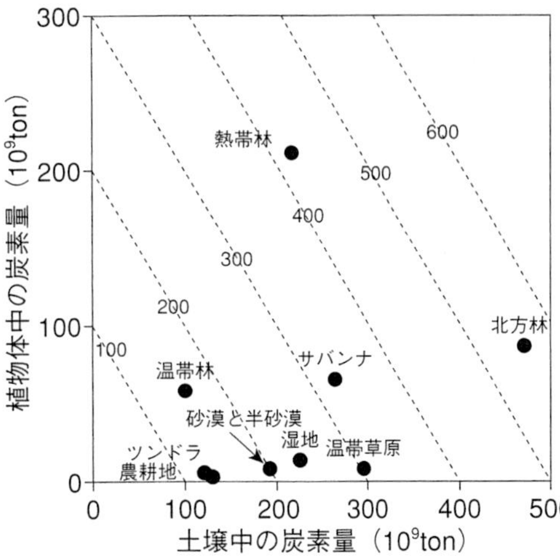

図 5.6 世界中の各陸上生態系に貯留されている全炭素量
横軸は土壌中の炭素，縦軸は植物体中の炭素を示し，斜線は生態系中の総炭素量の等値線（単位 10^9ton）を示す．系全体では北方林が，植物体中では熱帯林が最も大きな貯留量をもっている．

はどのように共存しているのだろうか．最近，数 ha から数十 ha の空間スケールで，熱帯常緑林の構成樹種が特定の生育立地に偏在している例が数多く報告されている（Sri-ngernyuarg et al., 2003 など）．この結果は，種多様性の高い熱帯林においても，微小な生育立地の変化に伴って，種構成が明確に変化していき，多くの種が混沌と混ざり合っているわけではないことを示している．

b. 生物生産と炭素動態

地球環境問題とのからみで，熱帯林の炭素貯留機能とその動態が注目されている．これは熱帯林，特に非季節性の低地林の生物現存量が極めて大きいことと，純一次生産力（NPP）が高いことに由来している．図 5.6 は IPCC（2000）をもとに，各生態系の土壌中炭素貯留量と植物体中貯留量をプロットしたものである．北方林とともに，熱帯林は炭素貯留量が大きく，特に植物体中の貯留量が大きい．

1960 年代からのすさまじい速度で進行した森林消失は，熱帯林の樹木と土壌に貯留されていた炭素の多くを大気中に放出した．1990 年代の熱帯地域では，森林消失による年間炭素放出量が 1.6 Gt（ギガトン）に達し，世界全体の化石燃料の燃焼による年間炭素放出量 6.3 Gt の 25% に達していた（IPCC, 2000）．この意味で，消失した熱帯林を復元していくことは，地球規模での二酸化炭素放出の抑制に大きな効果をもつだろう．

温室効果ガス排出規制実現のために取り決められた京都議定書では，削減目標をクリアするための補足的な手段として，クリーン開発メカニズム（CDM）が含まれている．このうち，植林によって吸収される二酸化炭素量を削減量に換算する方法は，植林再植林 CDM（AR-CDM）と呼ばれ，2003 年末に実施ルールが決定された．今後，熱帯各国での植林活動の進展に大きな役割を果たすことが期待される．

5.2.4 熱帯林の変容

a. 天然林の商業伐採

熱帯林は木材資源の宝庫として，大量の木材資源を国際マーケットに提供してきた．熱帯アジアの木材供給国はフィリピン（1950 年代から 70 年代）から，インドネシア（1970 年代から 80 年代)，マレーシアのサバ州（1980年代)，そしてマレーシアのサラワク州（1980年代以降）へと変遷してきた．現在はパプアニューギニアが熱帯材の主要な供給国となっている．これらの国から輸出された材の多くは，非季節性の常緑林に生育する *Shorea* 属や *Parashorea* 属を中心としたフタバガキ科樹種で，合板のためのベニヤ材の生産に使用された．日本を主要な相手先としたこの木材輸出を通じて，フィリピンの森林面積は20％台に減少し，他の国も森林被覆率を大きく減少させた．熱帯アジアから産出される木材には，このほかに，熱帯落葉林から産出されるチークや紫檀（*Dalbergia cochinchinense*)，ビルマカリン（*Pterocarpus macrocarpus*）などがある．このような落葉林での伐採も急速に進み，森林資源は枯渇している．

本来，アジアの各国では木材の持続的な生産をめざした天然林施業方法（択伐システムや一斉林システム）が採用され，持続的な天然林利用を可能とするような厳しい規制が存在した．しかし，これらの施業方法もミャンマーなどのごく一部の例外を除いて機能せず，実効性のないものになってしまった．さらに商業伐採後の農民流入や政府主導の大規模開発によって，森林消失は加速されていった．森林被覆面積が国土面積の20％近くにまで減少したフィリピン（1973年，1986年）やタイ（1989年）では国内での伐採禁止令がすでに発令されている．

b. 農地化

熱帯林消失の元凶として糾弾されることの多い移動焼畑耕作（shifting cultivation あるいは slash and burn cultivation）は，本来自給自足的な持続性の高い農業である（久馬，2001)．熱帯アジアの焼畑は，インドからニューギニアまで広い範囲でみられるが，特に多いのはミャンマー，タイ，ラオス，ベトナムの山岳地域，ボルネオ島，そしてニューギニア島である（Whitmore, 1990)．自給自足的な伝統的焼畑では，無耕起で掘棒を使って播種するなど，土壌流出を極力排除する工夫がなされている．休閑期間中も高い植被率を保ちながら二次遷移が円滑に進み，土壌侵食や栄養塩類の流出の少ない緊密な系を構成しているといえる．これに対して換金作物を主体とした焼畑は，長い期間除草や火入れや化学肥料投与を行い，深刻な土壌侵食を招くとともに，焼畑後の放棄地がチガヤ（*Imperata cylindrica*）の草原となり，再森林化が極めて難しくなる例が多い．インドシナ半島での戦乱と，ケシ栽培の拡大などもこのような移動焼畑が粗放的なものに変貌していった一因と思われる．

恒常的な農地化も，熱帯林の消失の大きな原因となっている．インドネシア，マレーシア，フィリピンなどでは19世紀後半から始まったプランテーション農業によって農地化は急速に進み，タバコ，パラゴムノキ，ココヤシ，アブラヤシなどが大規模に栽培されてきた．さらに1960年代から始まった高収量品種と化学物質の大量投与による緑の革命や，ケナフ，キャッサバ，サトウキビなどの国際マーケットを標的にした商品作物栽培の拡大は，急激な熱帯林の消失を招いた．このような大規模な農地化は，原植生を完全に破壊してしまうので，植物と動物双方にとって生息面積の決定的な減少を招いている．

c. 人工林によるバイオマス生産

天然林の消失が急速に進む中，植林による森林面積の回復と木材資源確保も重要な選択肢の1つとなっている．インドネシアでのチーク造林が，熱帯アジアでの造林の最も古い例と考えられている．14世紀にインド南西部からチークが持ち込まれたジャワ島では，それ以降長期間にわたって造林が行われ，完全に帰化植物化して天然更新も進んでいる（樫尾，1998)．ビルマではタウンヤ法と呼ばれる焼畑とチーク造林を組み合わせた造林方法が19世紀半ばから始められ，この方法はタイやインドネシアに導入されていった．

1980年代から東南アジアでの植林は急激に増加した．これは主に，パルプ材を生産する産業造林である．インドネシアやマレーシアではマメ科

の *Acacia mangium* が，タイではフトモモ科の *Eucalyptus camaldulensis* がパルプ材生産のために使われている（樫尾，1998）．FAO（2001）によると熱帯アジアの中で，植林地の面積が広いのは，インド（32万5780 km^2），インドネシア（9万8710 km^2），タイ（4万9200 km^2），マレーシア（1万7500 km^2），ベトナム（1万7110 km^2）の5カ国で，このうち，国土面積に占める割合が最も高いのはタイの9.6% で，他は5% 台である．

このような中で異色なのは，パラゴムノキのプランテーションである．ラテックス採取のために植栽されるパラゴムノキは，20年程度で植栽し直す．このため，廃材が大量に出るが，これが現在家具材や内装材としても流通している．このため，FAO（2001）では農業プランテーションのうち，パラゴムノキ植林地だけは森林のカテゴリーに含めている．植林地の中に占めるパラゴムノキの比率が高いのは，マレーシア（面積比84.5%），タイ（43%），インドネシア（35.2%）の3カ国である（FAO, 2001）．

森林被覆面積の回復や，木質資源の生産の場として人工林の重要性は今後も増大すると考えられる．しかし，単一の外来樹種の人工造林地は，多くの野生の動植物のハビタットとはなりえない．その意味で人工林の増加は，失った熱帯林の回復を意味していない点を，十分に留意しておく必要がある．

5.2.5　熱帯林の今後

森林面積の減少を食い止め，さらには修復や人工造林によって回復させたいと考える国々は増えてきている．残存した自然林を農地化の波から護るための最も直接的な方法は，保護区として囲い込むことだろう．タイでは2000年時点での森林残存面積は9万8420 km^2，一方2001年度までに設置された国立公園，森林公園，野生生物保護区をあわせた面積が8万8032 km^2 で，残存した自然林とほぼ同程度の面積が公園に指定されている．しかし，アジア全体をみたときに，保護区域内にある森林の比率は9.1% にすぎない（FAO, 2001）．今後，国際的機関や国家間の連携により保護区の面積は確実に増加していくと予想される．

持続的な森林管理を広げる意味で，天然林と植林地に対する森林認証制度が導入されつつある．このシステムは，公正な認証機関が持続的な森林経営を行う事業者を認定してラベリングを行うことにより，持続的な森林経営を普及させることをめざしている．認証制度としては環境NGOが中心となって進める森林管理協議会（FSC）などによるものが国際的に認知されている．一方で，国際熱帯木材機関（ITTO）の基準・指標をもとにしたインドネシアやマレーシア独自の認証制度が東南アジアにはある．熱帯アジアのFSCによる認証林面積は1846 km^2 とまだ少なく（2004年時点），全世界のFSC認証林の0.4% を占めるにすぎない．アフリカでの同比率4%，熱帯アメリカの14% に比べるとあまりに小さいのが現状である．

森林に期待される価値は，国により，また同じ国であっても地域によって大きく異なる．東南アジアの中で，ブルネイやマレーシアでは，レクリエーションの場，あるいは環境林としての森林の意味合いが強くなっている．またタイやフィリピンでは国土保全機能や水資源の安定供給機能が重要視されるようになっている．樫尾（1998）は，天然林からの伐採搬出の時代にその基礎がつくられた現在の森林管理システムを，多様化した森林機能に合ったものに変革していくために，① 多様化された森林ごとの管理運営基準の確立，② 管理目的の明確化と多様化，③ 研究体制の強化と成果の効果的移転と適用の3点が必要であると訴えている．その意味で，熱帯林を研究する者の責務は極めて大きいといえる．　**（神崎　護）**

文　献

1) Ashton, P. S. 1991. Toward a regional classification of

the humid tropics of Asia. TROPICS, **1**：1–12.
2) FAO（Food and Agriculture Organization of the United Nations）. 2001. Global Forest Resources Assessment 2000. Main Report. 479pp. FAO.
3) IPCC（Intergovernmental Panel on Climate Change）. 2000. IPCC Special Report on Land Use, Land-Use Change and Forestry. IPCC（http://www.grida.no/climate/ipcc/land_use/index.htm）.
4) 樫尾昌秀．1998．自然を読め！ 東南アジアの森．271pp．ゼスト．
5) 久馬一剛．2001．熱帯土壌学．439pp．名古屋大学出版会．
6) Morley, R. J. 2000. Origin and Evolution of Tropical Rain Forest. 362pp. John Wiley & Sons.
7) Richards, P. W. 1996. The Tropical Rain Forest（2nd ed.）. 575pp. Cambridge University Press.
8) Sri-ngernyuang, K. et al. 2003. Habitat differentiation of Lauraceae species in a tropical lower montane forest in northern Thailand. *Ecological Research*, **18**：1–14.
9) Whitmore T. C. 1990. An Introduction to Tropical Rain Forests. Oxford University Press.
10) 山田　勇．1991．東南アジアの熱帯多雨林世界．422pp．創文社．

5.3　北方針葉樹林伐採

5.3.1　北方針葉樹林の性質と分布

北方針葉樹林は，ユーラシア大陸と北米大陸の上部，北緯およそ50～70度の範囲に北極を取り囲むように分布し，北においてはツンドラと，南においては温帯ステップや冷温帯落葉広葉樹林などと接している．

北方針葉樹林は，北半球亜寒帯において気候条件が厳しく，植物の生育期間が短いために温帯性落葉広葉樹林が成立できないような冷涼湿潤な気候（ケッペン（Köppen）の区分による*Dfc*型）のもとに発達し，その分布の北限は7月の月平均気温13℃と，南限は同じく18℃と一致する（Larsen, 1980）．夏の温暖あるいは酷暑と冬の酷寒は対照的で，1年間の気温較差は100℃以上（ヤクーツク）に達するところもあり，北方針葉樹林は地球上で最も寒冷な地域に成立している．降水量は比較的少なく，年降水量が1000 mmに達する太平洋沿岸部（ニューファンドランドなど）を除くと300～700 mmであるが，東部シベリアと極東では小さく（300～400 mm程度），200 mm以下の地域もある（ヤクーツクなど）．

北方針葉樹林の構成種をユーラシア大陸と北米大陸で比較した場合，種のレベルでは異なっているが，属レベルでは完全な対応がみられる（表5.2）．いずれの大陸でも，マツ属，トウヒ属，カラマツ属，モミ属の針葉樹と，ハコヤナギ属，カバノキ属の広葉樹から主に構成されている．北米大陸の北方針葉樹林は，カナダトウヒおよびヤチトウヒが密な林冠層を形成し，東部ではバルサムモミがこれに混じる．ユーラシア大陸の北方針葉樹林は，地理的にウラル山脈以西のヨーロッパ大陸とそれより東のシベリア–アジア大陸に分けられる．ヨーロッパ大陸では種類数に乏しく，ほとんど共通してヨーロッパアカマツとヨーロッパトウヒが絶対的優占種として生じ，他の種類をみない．一方，シベリア–アジア大陸では，落葉性の針葉樹であるダフリアカラマツがほぼ完全に卓越し，いわゆる「明るいタイガ」と呼ばれている．ここでは，他の地域において圧倒的に多いトウヒ属，モミ属，マツ属などはほとんどみられず，世界一単純な森林ともいわれている（吉良，1950）（図5.7，5.8）．この落葉性のダフリアカラマツが優占する森林の成立は，降雨量および永久凍土の存在と関連が深い．東シベリアの乾燥した内陸部では，凍土層が降水の地下への浸透をさえぎり活動層に水が保持されることによって森林が成立している．したがって，東シベリアのダフリアカラマツの森林は，水収支の点で微妙なバランスの上に成立している．

北方針葉樹林では，雷や人為的に引き起こされた火災が森林の植物相，林分構造，生産力などに大きな影響を与えている．山火事の周期は地域によって差があり，北米大陸の場合50～150年（カナダ西部）（Heiselman, 1981），150～200年（カナダ東部）（Wein and MacLean, 1983），スカンジナビアでは100年（Zackrisson, 1977），ユー

表 5.2 北方針葉樹林を構成する主要樹種の分布および両大陸における対応関係（種名の下の横棒の幅は地理的範囲を示す）（小島，1994）

	ユーラシア大陸（西部・中部・東部）	北米大陸（西部・中部・東部）
マツ属（*Pinus*）	シベリアマツ（*P. sibirica*） ヨーロッパアカマツ（*P. sylvestris*）	コントルタマツ（*P. contorta*） バンクシアマツ（*P. banksiana*）
トウヒ属（*Picea*）	ヨーロッパトウヒ（*P. abies*） シベリアトウヒ（*P. obvata*）	カナダトウヒ（*P. glauca*） ヤチトウヒ（*P. mariana*）
カラマツ属（*Larix*）	（*L. sukaczewii*） シベリアカラマツ（*L. sibirica*） グイマツ（*L. gmelinii*）	アメリカカラマツ（*L. laricina*）
モミ属（*Abies*）	シベリアモミ（*A. sibirica*）	ミヤマモミ（*A. lasiocarpa*） バルサムモミ（*A. balsamea*）
ハコヤナギ属（*Populus*）	（*P. tremula*）	アメリカヤマナラシ（*P. tremuloides*）
カバノキ属（*Betula*）	ヨーロッパシラカンバ（*B. pubescens*） シラカンバ（*B. platyphylla*）	アメリカシラカンバ（*B. papyrifera*）

ラシア大陸東部のヤクーツクでは 30 年（Osawa et al., 1994），南シベリアのアルダンでは 60 年（Uemura et al., 1997），中国北部では 120 年（Uemura et al., 1990）で，ユーラシア大陸東部では北欧や北米と比べてやや小さな値となっている．

一般に，火災は土壌の富栄養化をもたらす．たとえば，ノルウェーの成熟したトウヒの林分では 1500 kg/ha 程度の窒素が存在するが，樹木が利用できる量はわずか 15～22 kg/ha でしかなく，残りは腐植層に閉じ込められたままである（Kuusela, 1992）．火災は，これら腐植層に閉じ込められた塩類を，可溶性あるいは可給態の塩類へと変化させる役割をもっている．その結果，針葉樹林下では一般に強くなる傾向のある土壌の酸性化が緩和され，硝化が進み，分解者である微小生物の生育が可能となり，植物にとって利用可能な窒素の量を増加させて立地の肥沃度を高めている．

火災後の遷移の過程は，立地条件，火災の規模，強さ，発生時期などによってさまざまであるが，一般にハコヤナギ属やカバノキ属の広葉樹と針葉樹であるマツ属が優占する林分からトウヒ属とモミ属の優占する林分へと交代する．しかし，ユーラシア大陸東部のダフリアカラマツ林ではハ

図 5.7 Tura（北緯約 64 度，東経約 100 度）付近，Kochechom 川流域の針葉樹林
川沿いにシベリアトウヒ（*Picea obvata*）とシベリアモミ（*Abies sibirica*）がわずかにみられ，その上方にシベリアカラマツ（*Larix sibirica*）が広がる（北海道大学北方生物圏フィールド科学センター，小池孝良氏撮影）．

図 5.8 図 5.7 付近のシベリアカラマツ林の内部（北海道大学北方生物圏フィールド科学センター，小池孝良氏撮影）

コヤナギ属やカバノキ属の広葉樹だけでなくダフリアカラマツが火災後の森林を形成し，その後寿命の長いダフリアカラマツの林分へと移行しトウヒ・モミ林分への交代はみられない．このような遷移過程は，ダフリアカラマツのもつ種特性，すなわち小さな種子，広い範囲への風散布，短期の一時的な種子バンク形成など火災に適した先駆種的な特性と，稚樹バンクによって林冠ギャップで更新し，長い寿命をもつという極相種的な特性による（Yong et al., 1998）．

表 5.3 北方針葉樹林の面積および材積とその世界に占める割合

	森林面積		材積	
	（千 ha）	%	Mm^3	%
フィンランド	21935	0.6	1945	0.5
ノルウェー	8868	0.2	785	0.2
スウェーデン	27134	0.7	2914	0.8
（3カ国合計）	(57937)	(1.5)	(5644)	(1.5)
ロシア連邦	851392	22.0	89136	23.1
カナダ	244571	6.3	29364	7.6
（5カ国合計）	(1153900)	(29.8)	(124144)	(32.1)
世界合計	3869455	—	386352	—

FAO，2000より．

5.3.2 北方針葉樹林の現状

北方針葉樹林の保全，管理，利用の現状は，国によって大きく異なる．ここでは，日本と地理的に近い極東ロシアに注目しながら，現状あるいは保護について述べる．

国のほとんどが北方針葉樹林で覆われている国々（フィンランド，ノルウェー，スウェーデン，ロシア，カナダ）の森林面積および蓄積量の世界総量に対する割合をみると（表 5.3），面積で 29.8%，材積で 32.1%を占めている．上にあげた国々の中でみた場合，ロシアの占める割合が最も高く，面積で 73.8%，材積で 71.8%に達する．また，ロシア極東域，すなわち，サハ共和国，沿海地方，ハバロフスク地方，アムール州，カムチャツカ州，サハリン州などをあわせた地域の森林面積はロシア全体の 37 %を占め，その蓄積量は 404 億 m^3 と推定されている（地球の友ジャパン，1999）（表 5.3 の値と比較した場合，ロシア全体の 45.3%）．

北方針葉樹林の示す高い蓄積量は，この森林が地球温暖化の主要因である CO_2 の貯蔵庫としても機能していることを意味する．IPCC（2000）の推定によれば，北方針葉樹林とその土壌中にストックされている CO_2 量は全世界の約 1/4（22.6%）であり，そのうちの 75%（全世界の炭素量の 1/7）がロシアに蓄積されているという（Kolchugina and Vinson, 1995）．

森林資源や CO_2 の貯蔵庫として価値の高い北方針葉樹林であるが，その増減を面積でみた場合この 10 年間（1990 年から 2000 年），上にあげた 5 カ国ではほとんど変化していない（FAO, 2000）．ロシアについても，森林面積は 1990 年 850089（千 ha）に対し，2000 年 851392（千 ha）とほぼ変化していない．しかし，単位面積あたりの蓄積量の地域別動向をみると，ヨーロッパ部，西シベリア，東シベリアでは 1968 年から 1993 年までほぼ変わらず横ばい（西・東シベリア）あるいは増加（ヨーロッパ部）しているのに対し，極東地域では約 110 m^3/ha から 85 m^3/ha へと大きく減少している（柿澤，1999）．この単位面積あたりの蓄積量の減少は，カバノキ属を中心とする若齢林や中齢林の占める割合の増加と針葉樹が優占する成熟・過熟林の減少による森林劣化の結果であり（図 5.9），その原因は粗放な森林伐採と森林火災にあるといわれている（柿澤，1998）．

ロシアでは旧ソ連時代から皆伐が行われ，良質な丸太だけを収穫し，質の悪い材や直径の小さな材は現地に放置する伐採方式がとられている．また，伐採跡地に造林・保育が行われることはほとんどなく，火災を招く危険の高い残材が多数放置される．一方，森林火災の直接的原因は，サハ州における雷雨を除き大部分が人為的なもので，1998 年ハバロフスクとサハリンで発生した火災の 8 割は人為的な要因，すなわち，伐採，採鉱，狩猟，キノコ取りなど森林内での人間の行為によ

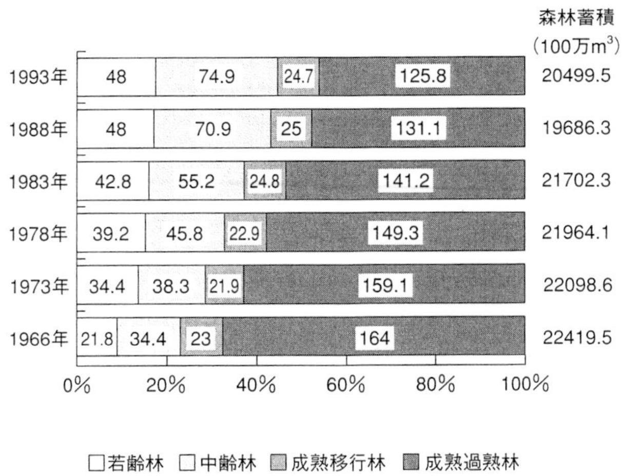

図5.9　ロシア極東地域における齢級別面積の推移（Sheingauz et al., 1996）

るものであった．火災が人為的に引き起こされる社会的な背景として，政治・経済的混乱，不十分な行政統治，政策的欠陥，市民の無関心，輸出向け木材の増大などがあげられている．

ロシア極東の林産業は主に日本，中国，韓国向けの丸太輸出で成り立っている．日本での北洋材の輸入は1960年代から増加して，1978年には900万 m^3 のピークに達した．その後，減少し1992年に底を打ったが以後再び増加し，この5年間は600万 m^3 前後である．また，中国では天然林保護プログラムが1998年から実施され，その1つ「封山育林」政策によって森林資源の回復が図られている．その結果，中国国内の木材需要の一部はロシアからの丸太輸入でまかなわれており，1998年には200万 m^3 の丸太が内陸国境を通って輸入され，翌年の1999年中国向け丸太輸出は400万 m^3，2002年には1800万 m^3 と激増している．これら日本と中国が輸入する丸太の多くは永久凍土上の北方針葉樹林（ダフリアカラマツ林）から供給されていることから，両国の木材輸入がこれら地域の火災発生の間接的原因をつくっている．

5.3.3　北方針葉樹林の保護

1997年の世界資源研究所（WRI：World Resource Institute）の報告によれば，ロシアには世界の「フロンティアフォレスト」（frontier forest）の26%が保持されている．フロンティアフォレストとは，「比較的攪乱されていない，対象とする森林タイプと結びつきの強い広い生育範囲をもった活力ある種個体群を含む全ての生物多様性を十分養えるだけの大きな森林」である．ヨーロッパロシアの森林の大部分は，伐採や採鉱によって破壊されたため，ロシアのフロンティアフォレストの大部分はロシア極東地域に分布している（25から50%と推定される）．このことは，極東ロシア地域では，人手の入っていない広大な原生林を保全できる機会がまだあることを示している．

ロシアの保護地域制度をみると，革命直後の1919年からザポベードニク（厳正自然保護地域）がもうけられ，1951年には全国で128カ所となり，1200万haを超える土地が保護されていた．しかし，1952年には経済的な理由から70%以上が解消されたため150万haにまで減少した．その後，多くの地域が再度保護地域に指定されたが，すでに伐採，採鉱，その他の開発行為が行われた後であった．1980年代半ばに保護地域面積は1200万haにまで回復している（地球の友ジャパン，1999）．ザポベードニク以外の保護区の形態として，ザカーズニク（野生生物保護地域），天然記念物，国立公園，伝統的土地利用区域，自然公園，民間の自然保護区，伐採規制林などがある．現在，森林面積の2%程度が何らかの保護地域に指定されているが，その割合は世界平均7.8%（Iremonger et al., 1997）と比べて小さいこと，保護地域での管理が財政不足によって行われておらず，違法伐採，採鉱，密猟が増加していることが問題点として指摘されている．保護地域の拡大とその管理が実効的なものとなることが望まれる．

森林保護上のもう1つの問題は，前の節で述べた永久凍土上のダフリアカラマツの伐採である．これら永久凍土上の森林は森林資源として，またCO_2のストックとして全地球的に重要な位置を占めている．ダフリアカラマツ林は，大規模な伐採が行われると直射日光にさらされることにより，永久凍土が融け沼地化する．ふつう，永久凍土では，植物は枯れても分解しないで地面に蓄積するが，永久凍土が沼地化するとこの有機物は急速に分解され，CO_2の10〜20倍も温室効果のあるメタンが植物と永久凍土の両方から放出される．最終的にこの湿地が乾燥し砂漠化することもあり，永久凍土で覆われた地域で大量伐採された土地が森林へ再生することが難しくなる．このことは地球温暖化と森林資源の長期的な確保という点から，われわれも考えなければならない問題である．1999年，ハバロフスクに森林認証センターが設立され，経済と環境面での持続的な森林利用方法の改善と自主的な認証制度づくりへの取り組みが始まっている． （並川寛司）

文　献

1）地球の友ジャパン．1999．極東ロシアのタイガを守る—極東ロシアの森林保護区の現状—．37pp．地球の友ジャパン．

2）FAO. Global Forest Resource Assessment 2000.（http://www.fao.org/forestry/fo/fra/main/index.jsp）

3）Heiselman, M. L. 1981. Fire and succession in the conifer forests of northern America. In : Forest Succession, Concept and Application（West, D. C. et al. eds.）. pp. 374–405. Springer-Verlag.

4）Iremonger, S. et al. 1997. A statistical analysis of global forest conservation. In : A Global Overview of Forest Conservation. Including : GIS files of forests and protected areas, version 2. CD–ROM. CIFOR and WCMC.（Iremonger, S. et al. eds.）

5）柿澤宏昭．1998．ロシア極東の森林管理．木材情報，**3** : 7–16.

6）柿澤宏昭．1999．ロシア極東の森林政策と林産業の動向．第1回極東ロシア森林保全戦略セミナー報告書．地球の友ジャパン．

7）吉良竜夫．1950．落葉針葉樹林．林業解説シリーズ，**29** : 1–36.

8）小島　覚．1994．北方林生態系と気候温暖化．日本生態学会誌，**44** : 105–113.

9）Kolchugina, T. P. and Vinson, T. S. 1995. Role of Russian forests in the global carbon balance. *Ambio*, **24** : 258–264.

10）Kuusela, K. 1992. Boreal forestry in Finland: A fire ecology without fire. *Unasylva,* **43** : 22.

11）Larsen, J. A. 1980. The boreal ecosystem. 500 pp. Academic Press.

12）Osawa, A. et al. 1994. Forest fire history and tree growth pattern in East Siberia. In : Proceedings of the second symposium on the joint Siberian permafrost studies between Japan and Russia in 1993（Inoue, G. ed.）. pp. 159–163.

13）Sheingauz, A. S. et al. 1996. Forest sector of the Russian Far East : a status report. Khabarovsk-Vladivostok, Economic Research Institute.

14）Uemura, S. et al. 1990. Effects of fire on the vegetation of Siberian taiga predominated by *Larix dahurica*. *Canadian Journal of Forest Research*, **20** : 547–553.

15）Uemura, S. et al. 1997. Forest structure and succession in southeastern Siberia. *Vegetation Science*, **14** : 119–127.

16）Wein, R. W. and MacLean, D. A. 1983. An overview of fire in northern ecosystems. In : The role of fire in northern circumpolar ecosystems（Wein, R. W. and MacLean, D. A. eds.）. pp. 1–18. John Wiley & Sons.

17）Yong, B. et al. 1998. Gap regeneration of shade-intolerant *Larix gmelini* in old-growth boreal forests of northeastern China. *Journal of Vegetation Science*, **9** : 529–536.

18）Zackrisson, O. 1977. Influence of forest fires on the North Swedish boreal forest. *Oikos*, **29** : 22–32.

5.4　半乾燥地の植生管理

地球の陸地面積1億5000万 km^2 のおよそ40%が乾燥，半乾燥の地域である．半乾燥地域は熱帯，温帯に分布し，熱帯では年平均気温が18～20℃で，年総雨量が1000 mm前後，温帯では年平均気温が0℃前後，雨量が400～500 mm前後の地域がそれにあたる，具体的には前者はアフリカのサバンナ，南米のセラード，カーチンガ，後者はユーラシア大陸の内陸部のステップ，北米のプレーリー地帯，南米のパンパなどで，そこには多くの人々が暮らしている．

それらの地域では人々の生活と地球の気候変化とが作用して，植生は退行の危険にさらされている．そこで，これらの地域での植生を保護，管理することが重要な課題となっている．

5.4.1　半乾燥地域における植生管理

植生の管理には2つの目的がある．1つはその地域の原生的植生を保存して，人為が及ばないように管理することであり，もう1つはその場所を人間が利用しつつ植生の劣化・退行が起こらないようにすることである．そのため，植生管理には次の3つの段階がある．

① 植生のあるべき状態を規定すること．すなわち，ある地域の植生の望ましい状態はどうあるべきかを決めること．

② その植生の現在の状態を診断すること．望ましい状態からどのくらい離れているかを診断すること．

③ 植生を回復させること．植生が望ましい状態から，退行したり，劣化したりしていると診断された場合，それを回復すること．

ここでは ② の植生の診断については中国内蒙古の草原において，③ の植生の回復はケニアの低木林地帯について述べる．

5.4.2　内蒙古草原の状態診断

ユーラシア大陸の内陸部には，広大な草原地帯が広がっている．その一部を占める中国内蒙古自治区はそのほとんどが草原地帯で，面積はおよそ118.3万 km^2 の広さがある．草原は東経111度09分から119度58分，北緯41度35分から46度46分，標高およそ1000 mに位置している．ここで扱う地域は，内モンゴル草原の半乾燥地域を代表する草原であると同時に，中国北部の重要な牧畜業地帯となっている（Hayashi et al., 1988；Nakamura et al., 1992；烏云娜ほか，1999, 2002）．

1980年代以降の人口の増加と集中および牧畜業の商品経済化により，家畜放牧頭数の増加，農耕地の拡大，都市化など人間活動の影響が強まっているといわれている．その結果，この地域の草原では植生の退行，砂漠化傾向，塩類集積など土地の荒廃が進み，草原の再生力の低下，生物多様性の減少など草原生態系が悪化する危険性が増してきている（烏云娜ほか，1999）．

a. 調査地の環境

調査地の草原は，ゆるやかに起伏する丘陵が果てしなく続く地形で，丘陵の頂上部と谷底部，その間をなすゆるやかな斜面によって形成されている．植生はほとんど一面を草原が覆い，羊と牛を中心とする放牧地帯となっている（図5.10）．土壌は玄武岩を母材とする栗色土土壌である．近くをシリン川が流れていて，家畜の水飲み場となっ

図5.10　内蒙古草原の景観

ている.

年平均気温は－4℃から0℃の間にあり，年総降水量はおよそ450 mmである．雨の大半は6月から9月の夏期に集中し，その期間の気温も6月から8月の間は20℃と高い．そのため，植物の生育には有利で草本植物が繁茂する．しかし，それ以外の期間の温度は低く，また乾燥も強いので，樹木の生育は制限される.

内蒙古の草原に大きな影響を与えている環境要因は，放牧などの人間活動であり，その強さによって草原群落の構成種の組成は大きく変化する.

b. 放牧強度と群落種類組成

草原群落は，面積あたりに放牧する羊の数に応じて，種類組成を変化させる．面積あたり放牧する羊の数が多いほど，放牧圧が強いとみなすことができる．植物の種類組成をみると，放牧頭数が少ない区では *Leymus chinensis, Stipa grandis, Thalictrum squarrosum* 等の種類が多い．一方頭数の多い区では *Artemisia frigida, Cleistgenes squarrosa* などの種類が優占するようになる．また，放牧頭数によって現存量が変化しない *Koeleria cristata* のような種類もある．*Leymus chinensis* や *Stipa grandis* は家畜の放牧が強くなると群落内の順位を低下させるのに対して，*Cleistgenes squarrosa* などはかえって相対的な量を増すのである．このことは，群落の構成種は家畜に食べられることや踏み付けに対して，違った強さで反応していることを意味している．家畜に食べられてもすぐに回復する種類，なかなか回復できない種類，家畜が好きな種類，あまり好まない種類などがあり，環境に応じてそれらは群落内で順位を変動させる（Nakamura et al., 1998).

調査地での放牧の仕方は，朝，集落の畜舎から家畜を連れだし，ある範囲を放牧して夕方再び村に帰るので，集落からの距離によって放牧圧が異なる．集落に近いほど放牧圧が強く，集落から離れるほどその圧は弱くなる．図5.11に集落からの距離とその場所での植物の種類の増減を示した．*Cleistgenes squarrosa* は集落の近くの放牧圧

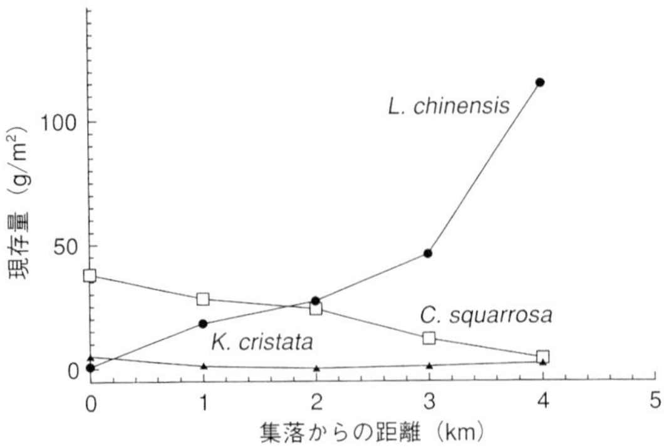

図5.11　集落からの距離と各種の現存量の変化

の強い場所では *Leymus chinensis* より現存量が多く，集落から離れるにつれて放牧圧が弱くなると *Cleistgenes squarrosa* は逆に減少した．*Koeleria cristata* は放牧の強さによって変化しなかった.

そこで，草原構成種の中から放牧圧によって順位を低下させる種類，かえって相対的に順位を上げる種類，変わらない種類を取り出して表5.4に示した（Nakamura et al., 2000)．放牧圧を強くすると群落の中の順位を低下させる種として *Leymus chinensis, Stipa grandis*，逆に順位を上げる種に *Artemisia frigida, Cleistgenes squarrosa* など，変化しない種に *Koeleria cristata, Potentilla bifuruca* 等がある．これらは群落への放牧圧の強さを指標する指標種とみなすことができる．すなわち，*Leymus chinensis* や *Stipa grandis* のような種が多い場所は放牧圧が弱く，草地としては良好な状態であり，*Cleistgenes squarrosa* や *Carex korshinskyi* などが多い場所は強い放牧圧にさらされていて，草地としては退行しているとみなされる．前者の種類のグループをタイプⅠ，後者のグループをタイプⅡとし，放牧圧によって変化しない種のグループをタイプⅢとした．そして，それぞれのタイプに属する種類に草地の状態を指標するスコアを与えた．すなわち，タイプⅠには4，Ⅱには0.25，Ⅲには1とした.

c. 草地の状態指数（SQI）と状態診断

放牧している草地の状態が健全であるか，それとも退行しているのかどうかを草地の植物の種類

表 5.4　内蒙古草原において放牧圧に対する反応をもとにグループ分けした 43 種と評点

タイプ 1 放牧圧が強くなると群落内の順位を下げる種群：評点 4	*Achnatherum sibiricum* *Allium tenuissimum* *Astragalus melilotoides* *Leymus chinensis* *Poa attenuata* *Thalictrum petaloideum*	*Adenophora stenanthina* *Artemisia commutata* *Bupleurum scorzpnerifolium* *Orostachys fimbriatus* *Serratulla centauroides*	*Allium anisopodium* *Artemisia scoparia* *Lespedeza davurica* *Pulsatilla tuuczaninovii* *Stipa grandis*
タイプ 2 放牧圧が強くなると群落内の順位を上げる種群：評点 0.25	*Agropyron cristatum* *Carex korshinskyi* *Chenopodium album* *Gueldenstaedtia verna* *Salsora cllina*	*Artemisia frigida* *Carex dahurica* *Chenopodium aristatum* *Lappulla redowskii*	*Caragana microphylla* *Carex duriuscula* *Cleistogenes squarrosa* *Potentilla acaulis*
タイプ 3 放牧圧が強くなっても群落内での順位が変わらない種群：評点 1	*Allium bidentatum* *Astragalus galactiters* *Heteropappus altaicus* *Melandlrum apricum* *Potentilla tanacetifolia*	*Allium ramosum* *Cymbarria dahurica* *Kochia prostrata* *Melilotoides ruthenica* *Saposhnikova divaricata*	*Artemisia dracunculus* *Dontstemon micranthus* *Koeleria cristata* *Potentilla bifurca* *Sibbaldia adpressa*

組成から判断して，数値で表現する診断法を確立しようとした．それは，現地の牧民がその方法を用いて，自分で草地の状態を診断できるようにすることが必要であると思ったからである．この診断法は，群落の種類組成がその場の環境を総合的に指標するという考えによるものである．

具体的な診断の手続きは次のように行う．

1. 診断しようとする場所の植物群落の種類組成を定量的に調べる．ここで，定量的というのは，ある種の植物個体群が面積あたり何 g あるか，あるいはその面積を何%被っているか，などのデータのことである．
2. 各種について，優占種を 100 としたときの相対値を求める．
3. 群落構成種の中で表 5.4 に載っている種について評点を与え，各相対値との積をつくる．
4. その値を合計する．

具体的な計算法を例として表 5.5 で示そう．表 5.5 の一列目は種類組成を，2 列目は各種の 1 m^2 あたりの現存量を表している．表の 3 番目の列は優占種である *Leymus chinensis* の現存量を 100 としたときの各種の相対値である．4 列目は表 5.4 に載っている各種の評点であり，5 列目に各種の相対値とその評点の積を示した．この 5 列目の値を積算した 650.7 がこの草原の状態指数（stand quality index : SQI）である．この方法で計算した各放牧圧の場所の結果を図 5.12 に示した．群落の状態指数（SQI）が高いほど現存量も多いことがわかる（Yiruhan et al., 2001）．

この指数が示していることは，草原の状態は群落を構成する種類の数に関係なくその質によって決まるということである．群落構成種にタイプⅠに属する種類が多く，しかも各種の量が等しいほど SQI は大きくなる．逆に，タイプⅡに属する種が多い場所は低い SQI になる．また，SQI が高い立地でも放牧圧が強くなれば SQI は下がる．ここで扱った草原はおよそ 700 から 800 前後が通常の草原で，300 以下の場所は過放牧のおそれがあるといえる．この数値が 500 以下になったら放牧頭数を減らす必要がある．

ところで，草地の状態を判断し，放牧頭数を実際に調節するのは現場の牧民である．したがって，この指数は牧民によって利用しやすい診断法でなければならない．この方法をもちいる第一歩は，その草原の植物種をよく知っていることである．われわれの経験ではこの地域の牧民は，自分たちの草原をつくっている草の種類に精通している．したがって，次の段階は草原に生育している

表 5.5　草地状態指数（SQI）計算例（弱放牧地の例）

種　類	弱放牧草地			
	現存量	相対値	評点	SQI
Leymus chinensis	101.54	100.0	4	400.0
Stipa grandis	41.47	40.8	4	163.4
Artemisia commutata	2.14	2.1	4	8.4
Carex korshinskyi	5.52	5.4	0.25	1.4
Agropyron cristatum	3.93	3.9	0.25	1.0
Koeleria cristata	1.73	1.7	1	1.7
Cleistogenes squarrosa	1.87	1.8	0.25	0.5
Potentilla tanacetifolia	4.52	4.5	1	4.5
Heteropappus altaicus	0.96	0.9	1	0.9
Potentilla bifurca	0.98	1.0	1	1.0
Thalictrum squarrosum	15.53	15.3		0.0
Potentilla strigosa	0.03	0.0		0.0
Phlomis mongolica	0.07	0.1		0.0
Achnatherum sibiricum	7.30	7.2	4	28.7
Oxytropis myriophylla	+			
Festuca ovina	2.84	2.8		0.0
Carex pediformis	1.46	1.4		0.0
Dontostemon micranthus	0.15	0.1	1	0.1
Melilotoides ruthenica	1.12	1.1	1	1.1
Bupleurum scorzonerifolium	0.20	0.2	4	0.8
Astragalus scaberrimus	+			
Cymbarria dahurica	1.20	1.2	1	1.2
Potentilla acaulis	0.06	0.1	0.25	0.0
Serratula centauroides	6.04	5.9	4	23.8
Allium bidentatum	0.33	0.3		0.0
Artemisia frigida	2.45	2.4	0.25	0.6
Allium tenuissimum	1.22	1.2	4	4.8
Leontopodoum leontopodioides	0.52	0.5		0.0
Caragana microphylla	2.82	2.8	0.25	0.7
Kochia prostrara	1.12	1.1		0.0
Scutellaria viscidula	1.10	1.1		0.0
Saposhnikovia divaricata	0.22	0.2	1	0.2
Allium anisopodium	1.51	1.5	4	6.0
Allium senescens	1.61	1.6		
Anemarrhena asphodeloides	0.32	0.3		
Bromus inermis	2.06	2.0		
Iris dichotoma	0.36	0.4		
Veronica incana	0.34	0.3		
Thermopsis lanceolata	0.31	0.3		
Vicia cracca	0.44	0.4		
Schizonepetta multifida	0.35	0.3		
Galium verum	0.35	0.3		
Silene jenisseensis	0.22	0.2		
Achillea laciniata	0.20	0.2		
SQI				650.7

草を定量的に調べる技術を修得することであるが，これはそれほど困難なものではない．そのため，この草地状態診断法は現地の牧民によって利用され，草地管理に応用されることが期待される．

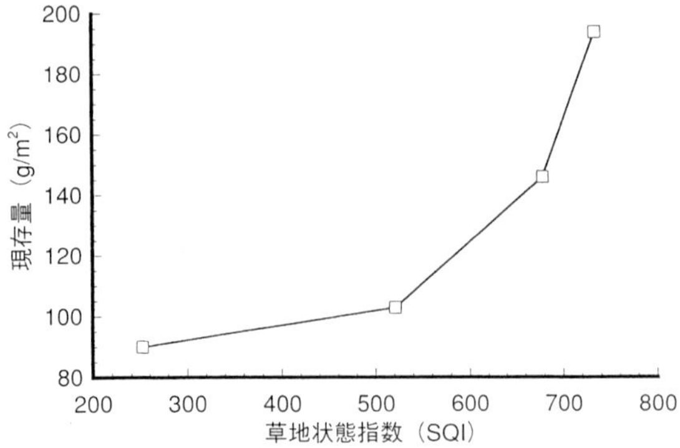

図 5.12　草地状態指数（SQI）と現存量の関係

5.4.3　ケニアにおける植生回復

ケニア共和国は東アフリカにあって，約 583 万 km^2 の国土面積をもつ国である．ここでは，ケニアの半乾燥地域において，家畜の放牧や薪の採取，炭焼きなどによって退行した植生を回復する実験について述べている（Hayashi, 1992, 1996）．

実験はケニア，キツイ（Kitui）地区における低木の優占する群落について行った．実験地は地元の住民による牛や山羊の放牧と樹木の伐採によって植生が退行して裸地ができたような場所で，人為を排除した場合，その地域の自然の回復力はどのくらいあるかを知る目的で行われた．すなわち，上のような人為が作用しない条件下では，どのような樹木や草本が自然に発芽・生育してきて，それがどのくらい成長するかを測定しようとしたものである．これによって，この地域の自然の回復力を定量しようとした．このような実験結果をもとに，植生を回復するには，どんな樹種を植林すべきか，またその樹種がどのように成長するかを予測することができる．

a. 実験地の概要と方法

実験地を設置したキツイは南緯約 1 度 22 分，西経 38 度にあり，標高は約 1000 m である．1973 年から 1983 年までの平均値でみると，年総雨量は 1034 mm で，雨期の 4 月の気温と雨量は 20.7℃，約 250 mm，乾期の 8 月の値は 19.0℃ と

5 mm であった．土壌は風化の進んだ水はけのよい土壌で，色は暗赤褐色から暗黄色，砂質は砂をまじえた粘土，または粘土質である．この地域は乾燥が強いため，樹高は平均 10 m 前後で低木の植生が広い面積を占めている．

1989 年にキツイ地区にある平坦な場所に 300 m 四方の実験プロットを設置した．その 9 ha のプロット内と外に，20 m^2 のサブプロットを 5 個ずつ，計 10 個設置し，その中の植物を調査した．プロットの内側のサブプロットを保護区，外側のサブプロットは対照区とした．プロットの周囲を幅 1.5 m，深さ 1 m の溝で囲い，外側から家畜や人が入ることができないようにして放牧と薪の採取を制限した（図 5.13 (a)）．したがって，このプロットの外側の対照区は家畜の放牧，木炭の生産のための伐採が従来どおり行われたことになる．この双方の区を比較することによって放牧と薪の採取を 4 年間制限すると,この地方の植物群落はどのように回復するかを知ることができる．

b. 調査結果

1989 年に設置したプロットの外（対照区：B）と内（保護区：C）における 1994 年の植生の状態を図 5.13 (b) (c) に示した（Hayashi, 1992）．

保護区と対照区の大きな違いは，対照区の林床には裸地が広がっているのに対して，保護区では林床にイネ科草本が密生していたことである．すなわち，4 年間放牧を制限すると，林床の裸地には *Chrolis roxburgiana* や *Sporobolus fimbriatus* など全部で 6 種類ものイネ科の草本が密生するようになり，植生が回復してくることを示している．

生育していた植物の種類数は保護区で 15 種，対照区で 10 種と保護区のほうが多かった．樹高の成長は 1989 年の平均樹高 5.37 m が 1 年後の 1990 年には 5.52 m となり，1 年に 15 cm 成長したことになる．1990 年に 5.52 m であった樹木は 4 年後の 1994 年には 6.18 m となり 66 cm 成長した．これは 1 年あたりにすると 16 cm の成長で，1989 年から 1990 年までの成長の実測値とほぼ同じ値である．樹高の相対成長率はそれぞれ 0.042/年，0.026/年であった．相対成長率の平均 0.035/年を用い，最高樹高 11 m として，*Acacia*（アカシア）属の樹木の樹高成長を予測すると，次のようなロジスティック式で近似できた（図 5.14）．

(a)　調査地内に幅 1.5 m，深さ 1 m の溝をつくり，放牧と薪の採取を制限した

(b)　放牧と薪の採取が引き続き行われた対照区

(c)　放牧と薪の採取を制限した保護区

図 5.13　実験地を (a) に示したような溝で囲い，人や家畜が入れないようにして 5 年間経過すると，囲いの外は (b) のようになり，内側は (c) のようになる．

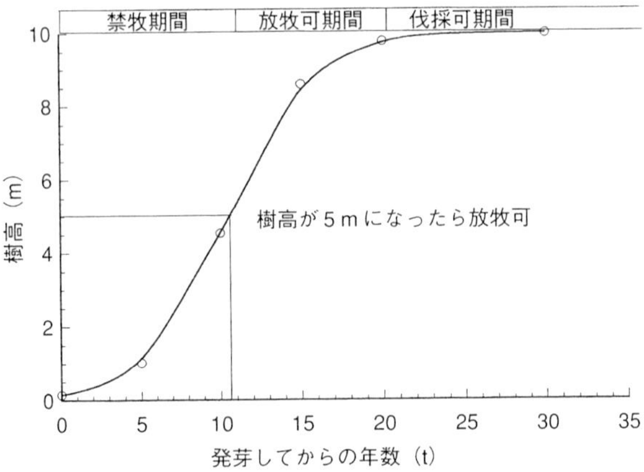

図5.14 *Acacia tortilis* の発芽後の年数と樹高成長モデル
このモデルを使って土地利用計画を立てる.

$$H(t)=\frac{11}{1+0.88\exp(-0.035t)} \qquad (5.1)$$

$H(t)$：1989年を0年とした時のt年後の樹高（m）

この式から，比較的短い期間であれば，*Acacia* 属の樹木の成長を予測できる．例えば，1990年に5.32 mであった樹木の樹高は1994年には6.24 mになるだろうと予測されるが，実測値は6.12 mとなり近い値を示しているといえる．この式によれば，*Acacia* 属の木は約6 mになるとそれから1 m伸びるのに約10年間かかることになる．しかし，芽生えや若木の時期は相対成長率が高いのでもっと早く伸びる．

c. 植生回復の方法

上の実験のように，人為を排除すれば植生は回復することがわかったが，実際にはそこに人々が暮らしているので，この実験は現実的ではない．そこで，人々が利用しながら，土地を保護する土地利用の方法を探る必要がある．そのためには次の2つの問題を明らかにしておかなければならない．まず，植林樹種の選定などを含む自然科学的側面と土地利用システムなどを含む社会科学的側面である．

植林樹種は上の実験から，この地域で自生する *Acaccia* 属の樹木を中心に植えるのがよいことがわかった．

このように，樹種が決まり，植林がなされても，それだけでは植生回復に成功しない．なぜならば，そこの住民の燃料や家畜の飼料への需要は極めて強いので，植えてから何十年も待つことができない．

そういう状況下で土地利用計画を策定するには，住民参加による土地利用計画を立てる必要がある．そのために，すぐに利用できる土地と，一定期間保護して，利用を一時中断する土地とを次の方法で決める．まず，式（5.1）を用いて図5.14のように樹木の成長を予測し，その樹木の成長にあわせて土地利用を計画する．ある土地に植林すると，樹木は図5.14のように10年で5 mに成長する．その間に放牧すると家畜が樹木の苗木を食べてしまうので，この期間は放牧も伐採も禁止する（放牧禁止期間）．しかし，10年たつと，樹木は5 mに成長するので，家畜は樹木の葉を食べることができなくなる．そこで，その林の中に放牧をする（放牧可・伐採禁止期間）．そのとき，林の下草は家畜の餌となるが，その排泄物などで，樹木の成長は促進される．さらに10年経過すると，図5.14に示したように，樹木は成長しきってそれ以上の成長は緩やかになる．そのとき伐採を解禁する（伐採可期間）．伐採は5年程度で終わり，再び元の禁牧に戻る．したがって，1つの場所は25年周期で使うような土地利用計画を作成する．この地域のある村の例では1

年間に約 1420 ha 程度の面積が必要なので，その 5 倍の 7100 ha を一区画とし，それをローテーションするのが目安となる．（林　一六）

文　献

1）烏云娜ほか．1999．内蒙古シリンゴル草原における群落の種多様性と現存量．日本草地学会誌，**45**：140–148.
2）烏云娜ほか．2002．内蒙古シリンゴル草原の衛星画像による景観分析．沙漠研究，**12**：267–76.
3）Hayashi, I. et al. 1988. Phytomass production of grasslands in Xilin river basin, Xilingol, Inner Mongolia, China. *Bull. Sugadaira Montane Res. Cen. University of Tsukuba*, **9**：19–31.
4）Hayashi, I. 1992. A preliminary report of an experiment on vegetation recovery of drought deciduous woodland in Kitui, Kenya. *African Journal of Ecology*, **30**：1–9.
5）Hayashi, I. 1996. Five years experiment on vegetation recovery of drought deciduous woodland in Kitui, Kenya. *Journal of Arid Environments*, **34**：351–361.
6）Nakamura, T. et al. 1988. A preliminary study on the classification of steppe vegetation using Braun-Branquet's method in some area of Xilin river basin in Inner Mongolia. *Bull. Sugadaira Montane Res. Cen. University of Tsukuba*, **9**：9–17.
7）Nakamura, T. et al. 1998. Experimental study on the effects of grazing pressure on the floristic composition of a grassland of Baiyinxile, Xilingole, Inner Mongolia. *Vegetation Science*, **15**：139–145.
8）Nakamura, T. et al. 2000. Effects of grazing on the floristic composition of grasslands in Baiyinxile, Xilingole, Inner Mongolia. *Grassland Science*, **45**：342–350.
9）Yiruhan et al. 2001. Changes in floristic composition of grasslands according to grazing intensity in Inner Mongolia, China. *Grassland Science*, **47**：362–369.

5.5　地球温暖化と植生への影響

5.5.1　予測される気候変化

人間活動による温室効果ガスの急激な排出に伴う，地球規模での平均気温の上昇幅は，100 年後の 21 世紀末には最大 5.8℃ に達すると指摘されている（IPCC, 2001）．大気・海洋循環結合モデル（atmosphere-ocean general circulation model : AOGCM）によるアジアにおける 4 モデル全体の平均気温は，2050 年代には約 3.1℃，2080 年代には約 4.6℃ の上昇が予測されている（IPCC, 2001）．約 2 万年前の最終氷期から，間氷期である現在までの間の平均気温の上昇幅が約 7～8℃ であったことを考えると，現在の平均気温の上昇ペースは非常に速い．

気温の上昇は，大気の大循環や海流にも影響を与える．温暖化によって海面からの水分蒸発量が増加すると，大気の大循環によって低緯度地方から高緯度への水蒸気輸送が増加し，高緯度地方では降水量が増加する可能性がある（真鍋，1999）．IPCC（2001）の報告によると，50 年後の降水量はアジア全体で約 7%（夏期約 4%，冬期約 11%）増加する．また局地的な豪雨，旱魃，台風などの頻発の可能性も指摘されている（住，1999）．温暖化が進行すると，植生はどのような影響を受けて変化していくのであろうか．

地球スケールで植物の分布移動を予測した場合，熱帯域は現在よりも南北に広がり，それに押し出されるかたちで亜熱帯・温帯・亜寒帯が極方向に分布を移動すると考えられる（住，1999）．ユーラシア東部や北米北部の針葉樹林（北方林，boreal forest）の潜在的な分布域は，現在よりも北へ約 660 km 移動するという予測がある（小島，1994）．また，北方林の北側に位置するツンドラは南からの樹木の侵入によって面積を縮小し，閉鎖林化する可能性がある（渡邊，1997）．

地球レベルで予測される植生帯の移動に対応して，国内でも同様に植生帯の移動が予測されている．Tsunekawa et al.（1996）は，全国を 8 つの植生帯に区分して，気温と降水量との関係をロジットモデル（logit model）により解析した．そしてそのモデルをもとに，平均気温が上昇した場合の植生帯の分布を予測した．その結果，平均気温が 3℃ 上昇した場合には，国土の 62% で植生帯の変化が生じると予測した．特に高山，亜高山帯植生は大きく面積が減少し，逆に暖温帯植生は北上しながら面積が増加するとの予測結果であった．

そのほかにも，個々の植生帯レベルにスケールを下げた，日本列島固有の植生に対する研究が始まっている．以下の項では温暖化が日本列島の植生にどのように影響するかを中心に考察する．

5.5.2 温暖化による日本の植生への影響

a. 高山・亜高山帯への影響

高山帯や亜高山帯といった植生帯は，山岳頂上部にのみ分布することが多い．将来，温暖化による気候帯の上昇に伴って山地下部の植生帯が再び分布上昇を始め，高山・亜高山帯植生はしだいに競争に負けて山岳上部へ追いやられてしまう可能性がある．さらに一部の山では，高山・亜高山帯植生はより低標高に分布する山地帯植生に完全に追い出されて消滅してしまう可能性すらある．

日本海側の多雪環境下の高山や亜高山帯で，周囲よりも消雪が遅れ，夏季まで積雪が残る場所周辺に発達する雪田植生（snow-patch / snow-bed / snow-bank vegetation, 口絵4参照）は，降雪量や気温の変化に敏感で，融雪時期の違いに起因する生育期間の長短によって種類組成が異なることが知られている（Kudo and Ito, 1992）．温暖化が進んで降雪量の減少や融雪時期の早期化が起こると，積雪期間の長い場所にみられるアオノツガザクラ群落などは積雪期間のより短い場所に生育するチングルマ-ショウジョウスゲ群落などに侵入される可能性がある．

日本の亜高山帯針葉樹林では，過去にも気候変動に伴う主要樹種の交代が繰り返されてきたことが判明している．樹種の分布域の減少をもたらした主な原因として，温度上昇だけでなく積雪量の増加が重要と考えられている．一方，最終氷期末期の地層からは現在の東北地方亜高山帯の代表的樹種であるアオモリトドマツの花粉はほとんど報告されていない．アオモリトドマツは，寒冷気候が緩み始めた最終氷期末期の積雪の増加に伴って，他の亜寒帯性針葉樹林と入れ替わるように分布拡大を開始した（杉田，2002）．積雪は亜高山帯樹種の分布にとって重要な要因なので，温暖化による積雪の変化は今後の亜高山帯樹種の分布に大きく影響するであろう．したがって日本の高山・亜高山帯植生の変化予測の精度を高めるためには，積雪量予測の確実性を高めることが重要である．

b. 温帯林への影響

温暖化の進行に伴って，温帯林の分布は他の植生帯と同様に，高標高や北方へ移動する可能性がある．冷温帯林の代表的樹種であるブナを例に考えてみると，花粉分析の結果から，2万年前の最終氷期最寒冷期にはブナの分布は西日本に中心があったと考えられる（安田・三好，1998）．ブナは過去にも気温の上昇にあわせてその分布域を北上させて，現在に至っている．東北地方では，約8000年前以降にブナ林の拡大が始まった（安田・三好，1998）．約6000年前には下北半島へ，その後津軽海峡を渡り，約3000年前に北海道の南端へ到達した（五十嵐，1994）．その後もブナは分布を北へ拡大し，約700年前に現在のブナの分布北限である黒松内付近に到達した（Sakaguchi, 1989）．

ブナの北進はその後同地域で停滞しているという見解がある．もし，ブナの分布拡大が停滞している原因の1つが冬季の低温であるならば，温暖化によって低温の障壁は緩められることになり，結果としてブナの北進を促進する可能性がある．

ブナ林の分布地点を夏と冬の降水量，最寒月最低気温，暖かさの指数によって分類樹解析（classification tree analysis）をもちいてモデル化し，そのモデルに平均気温が3.6℃上昇したときのCCSR-NIES気候変動シナリオを当てはめて作成した，将来のブナ林分布適地予測図によると，北海道では将来，ブナ林の分布適地は北へ拡大することが予測された（Matsui et al., 2004a，図5.15，口絵5参照）．一方，本州以南のブナ林分布適地は減少し，特に九州，四国，中国地方ではわずかな地域を残してほぼ消滅すると予測された．世界遺産に登録されている白神山地でも，ブ

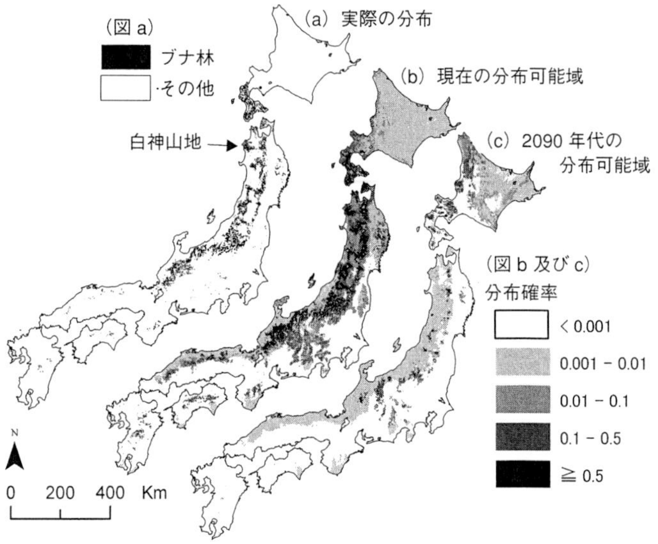

図 5.15　ブナ林の実際の分布（a）と分類樹モデルで予測された現在の気候条件下での分布可能域（b）および，CCSR/NIES 気候変化シナリオをあてはめた場合の 2090 年代の分布可能域（c）．Matsui et al., 2004a より一部改変．

ナ林の分布適地は減少すると予測された．同時に高温化による乾燥化が進行し，ミズナラや，分布下部ではコナラなど，乾燥に比較的強い樹種が増加する可能性が指摘された．

冷温帯の植生同様，暖温帯の植生についても分布適地は北へ拡大すると考えられている．暖かさの指数と各温度帯に生育する主要樹種の分布との関係解析から，二酸化炭素が 2 倍になった場合の樹種分布を予測すると，スダジイやアラカシなどの暖温帯常緑広葉樹は分布を北へ伸ばし，東北地方北部や北海道南部にまで分布を拡大する (Uchijima et al., 1992)．常緑広葉樹林の分布北限は冬の寒さ −1℃ の等温線とおおむね一致しており，温暖化に伴う気温の上昇によって分布北限を北に拡大すると考えられている．したがってウラジロガシやアカガシ等のブナ帯と境界を接する常緑広葉樹林も分布域を高標高や北方へ拡大する可能性がある．

c. 自然草原

西村ほか（2001）の研究によると，100 年後の自然草原植生の分布適地は，現在の分布と比べて大きく北へ移動すると予測された．最も強く影響を受けると予測された自然草原は，もともと面積の少ない寒帯や高山性の草原であった．逆に暖温帯自然草原植生の分布適地は現在の東北地方南部から大きく北上し，低地を中心に北海道東部にまで到達すると予測された．

d. 湿地・水生植物への影響

湿地は微妙な水環境と気象条件のバランスの上に成立する生態系であり，気候変化に対して脆弱であると考えられている．たとえば北米のプレーリー草原では，2～4℃ の平均気温の上昇が起こると湿地の水深が浅くなり，面積が減少すると予測されている（Poiani and Johnson, 1993）．国内では多数の湖沼，ため池，湿原，小面積の湿地が開発によってすでに消失している．温暖化による乾燥化で湿地面積は今後さらに減少する可能性がある．

日本産水草の 1/3 の種類は環境庁のレッドデータブックにリストアップされている（角野，1997）．温暖化は，これらの水草に新たな脅威を与えることになるだろう．そのメカニズムの 1 つとして，水温上昇により熱帯原産の帰化水草が増殖し，国産種を減少させることが考えられる．

温暖化により海水面は上昇する．その上昇幅は今後 100 年で最大 100 cm にもなる（IPCC,

2001）．たとえば日本付近で 50 cm の海面上昇が起きると，国土の 0.4% が海面下に沈む．開発等による建造物の存在で，海面が上昇しても，それ以上後退することのできない場所まで追い詰められた海浜植生の多くは，人間が何らかの保全策を講じない限り水没して消滅してしまう可能性がある．

e. 種多様性への影響

温暖化がもたらす気候変動は，絶滅危惧種や地域に固有な植物群落等に対して強く影響すると考えられる．大政ほか（2003）は温暖化の影響に脆弱な種は以下のカテゴリに入る種であると指摘している．

① 地理的に分布が極限されている種
② 遺存的とされ，かつ生存力の低下した種
③ 特殊な生育地にのみ適応して特殊化した種
④ わずかしか散布体をつくらない種
⑤ 寿命が長いか，繁殖が極端に遅い種
⑥ 一年生の草本種

また山岳，高山，島嶼や分断された磯海岸，砂浜，市街地内の樹林等は面積自体が小さく隔離されていることから，大きな遺伝子プールが保持されずに環境変動に対して脆弱であると考えられる（大政ほか，2003）．これらの条件が組み合わさった地域，たとえば屋久島・種子島のみに孤立分布するヤクタネゴヨウは，気候が大きく変化すると逃げ場が少ないために絶滅する運命をたどると考えられる．また，中部日本の山岳地帯に限定分布するミズナラ-チョウセンゴヨウ-カラマツ混交林などは氷河期に日本に広く分布していた森林タイプであり，その後の気候の温暖・湿潤化に伴って分布を縮小したと考えられている（沖津，1999）．よってこれ以上の温暖化は，その群落の生存にとって好ましくないはずである．

絶滅危惧種等の貴重な植物群落を保護するためにもうけられた保護区などにしても，温度帯が北方に移動することにより，保護対象である植物群落の生育に不適な環境下に保護区が取り残されてしまうという状況も生まれるだろう（大沢ほか，1997）．

5.5.3 温暖化影響予測の問題点と今後の課題

ここまで，日本の植生が将来どのような影響を受けるかを中心に話を進めてきたが，そこには，「温暖化により気候帯が北方へ移動するのにあわせて植物の分布域も時間差なくスムースに移動する」という暗黙の仮定があった．しかし，この仮定が正しいと言いきるにはいくつかの問題がある．

第一に移動速度の問題がある．植物の移動速度は種子の散布，発芽，成長という世代をまたぐサイクルで決定されるために動物と比べるとはるかに遅い．仮に今後 100 年間の平均気温上昇幅が 3.5℃ であると仮定すると，その温暖化のペースにあわせて植物が分布を移動するためには極地方（水平方向）へ年 5.5 km または標高にして年 5.5m の移動速度が必要である（IPCC, 1996）．この 5.5 km という水平移動速度は，これまで一般に知られている植物の移動速度よりもかなり速い．過去の花粉分析の結果から，植物の水平移動速度は年間でせいぜい 40～500 m，速いものでも約 2 km であったことが判明している（IPCC, 1996）．たとえば日本では，ブナの移動速度は年約 20～230 m であったと推定されている（Tsukada, 1982；紀藤・瀧本，1999）．このことから，温暖化が進行した場合，実際には温度上昇のペースにほとんどの植物がついていけないと考えられる．

大部分の植物の分布を決定する第一要因は，温度や降水量といった気候条件である．しかし地形，土壌といった環境要因や，植物種間の競争関係といった生物的相互作用も植物の分布には影響している．よって，気候条件の変化が必ずしも植物の分布移動に即，結びつくとは限らない．たとえば，ある植物の種子が到達した場所がどのような地形，土壌で，どのような植物がすでに生育しているのかという条件は，気候条件とともにその植物の分布拡大に重要である．気候条件からみれ

ば温暖化後の分布適地であっても，必ずしもその植物がその場所に分布を移動できるとは限らない．

種子散布者の問題もある．動物に種子の散布を頼っている植物の場合，種子散布者の密度は狩猟や開発などによって原生環境よりも減少しているかもしれない．もしもある植物の種子散布動物が何らかの理由により急激に数を減らした場合，その散布動物に頼っていた植物は，分布域の移動や拡大が困難になってしまうだろう．

自然植生の分断化という別の人為的な要因も，植物の移動を阻害する．有史以前の連続的な自然植生と異なり，現状は人為（たとえば耕作地，人工構造物，植林）により自然植生が分断されている．都市部に残存する孤立林などはその代表例といえる．このことは種子の新しい定着サイトを減らし，結果として植物の分布移動をより困難にしていると考えられる．

上にあげた要因が複合する結果，多くの植物の将来の分布移動速度が過去の分布移動速度よりも遅くなる可能性がある．温暖化のスピードについていけないため，多くの植物が高温域に取り残されてしまう可能性がある．

すべての種や場所ごとに温暖化後の将来を正確に予測することは，現段階では困難である．最も現実的な手段は，現在ある分布適地予測モデル（predictive habitat distribution models）を改良して，より精度の高いモデルを構築することである．日本のミズナラ林やブナ林については精度の高いモデルの構築がすでに試みられている（八木橋ほか，2003；Matsui et al., 2004b, c）．現在主流となっている植物の分布適地予測モデルの多くは，植物分布と気候との関係をモデル化して将来予測を行っている．この点を改良し，個々の種分布についての基本情報である温度や降水量の他にも地形，土壌，地質などの環境情報を考慮し，さらには種ごとの散布可能距離，他種との種間関係，自然環境の分断化やその他の人為圧の程度といった情報をモデルに組み込むことが必要であろう．その出発点として，個々の群落の分布や種組成，その分布地の環境条件などのデータが統合されたデータベースの構築が望まれる（田中，2003）．また，植物の分布と環境との関係からモデルを構築するような経験的なアプローチだけではなく，環境変動に対する植物の生理生態的反応を予測する機能モデルによるアプローチも大切だろう．そうして蓄積された情報を総合的に解析することで，精度のより高い温暖化影響予測が可能になると考えられる．個々の種レベルで将来の分布適地変化を予測する研究は1990年代に始まり，ヨーロッパや北米ではすでに多くの種について将来分布予測が行われている（たとえばHuntley et al., 1995；Iverson and Prasad, 1998）．日本においても，今後の研究の進展が大いに期待される．

5.5.4.　温暖化対策としての植生管理

温暖化時代における植生管理は，モデルにより将来の植生の変化を予測するだけではなく，長期間にわたるモニタリングにより実際の植生の変化を把握しながら，具体的な適応策を検討していくことが重要である．たとえば，ある絶滅危惧種や脆弱な群落の温暖化後の分布適地が予測できる場合には，その場所の一部を保護区としてあらかじめ指定する．その上で，現在の自生地と将来の保護区の間に緑の回廊などをもうけて，植物が人工物により移動を妨げられないような措置を講じる．早急な保護が必要な場合や，自生地が植物の散布能力を超えるほど孤立した環境にある場合は，移植により個体や群落全体を新しい分布適地へ移動することも必要であろう．野外での種の保存がどうしても困難と判断される場合には，遺伝資源の保存のために，植物園等での種の保存も必要であろう．　**（松井哲哉・田中信行）**

文　献

1）Huntley, B. et al. 1995. Modelling present and potential future ranges of some European higher plants using climate response surfaces. *Journal of Biogeography*, **22**:

967-1001.
2) 五十嵐八枝子．1994．北上するブナ．北海道の林木育種，**37**(1)：1-7.
3) IPCC. 1996. Climate change 1995. Impacts, adaptations and mitigation of climate change. Contribution of Working Group II to the Second Assessment Report of the Intergovernmental Panel on Climate Change (Watson, R. T. et al. eds.). 879pp. Cambridge University Press.
4) IPCC. 2001. Climate change 2001. Impacts, adaptation, and vulnerability. Contribution of Working Group II to the third assessment report of the Intergovernmental Panel on Climate Change (McCarthy, J. J. et al. eds.). 1032pp. Cambridge University Press.
5) Iverson, L. R. and Prasad, A. M. 1998. Predicting abundance of 80 tree species following climate change in the eastern United States. *Ecological Monographs*, **68** : 465-485.
6) 角野康郎．1997．危機的状況にある水草の世界．「温暖化に追われる生き物たち：生物多様性からの視点」(堂本暁子・岩槻邦男編)．pp. 189-204．築地書館．
7) 紀藤紀夫・瀧本文生．1999．完新世におけるブナの個体群増加と移動速度．第四紀研究，**38**(4)：297-311.
8) 小島　覚．1994．北方林生態系と気候温暖化．日本生態学会誌，**44**：105-113.
9) Kudo, G. and Ito, K. 1992. Plant distribution in relation to the length of the growing season in a snow-bed in the Taisetsu Mountains, Northern Japan. *Vegetatio*, **98** : 165-174.
10) 真鍋淑郎．1999．温暖化は将来どうなるのか―結合モデルによる最新予測―．科学，**69**(7)：595-600.
11) Matsui, T. et al. 2004a. Probability distributions, vulnerability and sensitivity in *Fagus crenata* forests following predicted climate changes in Japan. *Journal of Vegetation Science*, **15** : 605-614.
12) Matsui, T. et al. 2004b. Climatic controls on distribution of *Fagus crenata* forests in Japan. *Journal of Vegetation Science,* **15** : 57-66.
13) Matsui, T. et al. 2004c. Comparing the accuracy of predictive distribution models for *Fagus crenata* forests in Japan. *Japanese Journal of Forest Environment*, **46** (2) : (in press).
14) 西村　格ほか．2001．日本における自然草原の気候要因から見た植生帯区分とその温暖化による影響―4．気候環境から見た日本の自然草原の植生帯区分とその温暖化による変化予測―．日本草地学会誌，**47**(1)：102-109.
15) 沖津　進．1999．八ヶ岳西岳南西斜面に分布するミズナラ―チョウセンゴヨウ―カラマツ混交林の構造と植生変遷史上の意義．地理学評論，**72**(7)：444-455.
16) 大政謙次ほか．2003．陸上生態系への影響．「地球温暖化と日本 第3次報告―自然・人への影響予測―」(原沢英夫・西岡秀三編)．pp. 57-131．古今書院．
17) 大沢雅彦ほか．1997．自然系への影響．「地球温暖化と日本：自然・人への影響予測」(西岡秀三，原沢英夫編)．pp. 37-103．古今書院．
18) Poiani, K. A. and Johnson, W. C. 1993. Potential effects of climate-change on a semi-permanent prairie wetland. *Climatic Change*, **24** : 213-232.
19) Sakaguchi, Y. 1989. Some pollen records from Hokkaido and Sakhalin. *Bulletin of the Department of Geography, University of Tokyo*, **21** : 1-17.
20) 杉田久志．2002．偽高山帯の謎をさぐる―亜高山帯植生における背腹構造の成立史―．「雪山の生態学―東北の山と森から」(梶本卓也ほか編著)．pp. 170-191．東海大学出版会．
21) 住　明正．1999．気候に何がおきているのか．科学，**69**(7)：588-594.
22) 田中信行．2003．植生データベースを用いた地球温暖化の影響予測研究．植生情報，**7**：10-14.
23) Tsukada, M. 1982. Late-Quaternary shift of *Fagus* distribution. *Botanical Magazine Tokyo*, **95** : 203-217.
24) Tsunekawa, A. et al. 1996. Prediction of Japanese potential vegetation distribution in response to climatic change. pp. 57-65. In : Climate Change and Plants in East Asia (Omasa, K. et al. eds.). Springer-Verlag.
25) Uchijima, Z. et al. 1992. Probable shifts of natural vegetation in Japan due to CO_2-climate warming. In : NIAES Series No. 1 : Ecological Processes in Agro-Ecosystems. (Shiomi, M. et al. eds.). pp. 189-201. Yokendo Publishers.
26) 渡邊定元．1997．北方林の維持機構．森林科学，**19**(2)：35-40.
27) 八木橋勉ほか．2003．ブナ林とミズナラ林の気候条件による分類．日本生態学会誌，**53**：85-94.
28) 安田喜憲・三好教夫編．1998．日本列島植生史．302pp．朝倉書店．

5.6 中国の荒地植生

5.6.1 荒 地 植 生

13億人という世界一の人口を抱える中国は，レスター・ブラウン (Lester R. Brown) がその著書で指摘したように，地球環境の将来に極めて大きな影響力をもつ（レスター，1995)．1980年代から1990年代にかけて，中国は経済成長率が年平均9%を超える急速な経済発展を遂げたが，反面，環境の悪化も表面化してきた．中でも，人口の8割近くが従事する農林業活動の拡大は深刻な生態系劣化を引き起こした．黄河の中流域に広がる中国黄土高原では，隣接する砂漠地帯からの影響のもとで数千年にわたる農耕の歴史をもち，人口増加に伴う過放牧と過耕作によって土壌の浸食が甚だしい（砂漠化現象，desertification）．また，黄河，淮河，海河の下流域に形成された黄淮海平原では，河川の大氾濫，永年にわたる畑地灌漑，海に対する陸地の進出ならびに海水の浸透などにより，塩類土壌が広大な面積で広がり，この地域の生物生産性を強く制限している（塩碱化現象，salinization）．さらに広西壮族自治区，貴州省，雲南省など南西部地域に広がるカルスト山地では，過剰な土地利用によって，植被や土壌被覆が失われ，地表面が石灰岩の露頭となる不毛化が進んでいる（石漠化現象，rock desertification）．

これらの生態系劣化に共通することは，過耕作，過放牧，樹木の過剰な伐採といった人為的インパクトによって土壌，植生，地形の荒廃が連鎖的に起こることである（小泉ほか，2000）．まず，土壌では，人，家畜，農業機械などの踏み固めによる固結化（物理的劣化），塩類，養分の集積，消失といった化学的劣化，風，水，人為による土壌そのものの消失が複合して起こる．これらはいずれも植物の成長を妨げる要因となり，引き続いて植生の損失を引き起こす．植生では量的および質的な荒廃が起こる．上記のインパクトはいずれもバイオマスを収奪する行為に相当するため，植生の荒廃では生物量の低下といった量的な変化がまず現れる．そして，そのインパクトに弱い種はやがて消失し，刈取りや家畜の喫食に耐性をもつ種が定着することで，種類組成の交代という質的な変化が起こる．本来，植生は地下の根系が生み出す土壌空隙によって土壌への水の浸透を増大させる．しかし，生物量が低下すると土壌空隙が減るため，土壌への水の浸透が低下する．この際，浸透できない水は表層水となり，それが増加することで土壌浸食を助長する．これが地形の荒廃である．地形の荒廃は自然状態で生じる地形形成作用より浸食の進行が速く，自然な地形とはまったく異なったものとなる．そのため，生息する生物相も変化し，さらに生態系劣化が進むといった悪循環が起こる．

荒廃の悪循環の中に分布する植生の多くは，特定の環境耐性種の優占度が高く，種多様性の低い植物群落によって構成されるという特徴をもつ．また，いずれも，自然に成立する砂漠植生，塩沼地・海浜植生，石灰岩地植生など特殊環境立地植生とは組成的または構造的特徴が異なっている．

5.6.2　荒地植生分布と現状

a．砂漠化植生（図5.16）

中国には，乾燥地域およびその周辺の半乾燥地域などまで含めて，砂漠化した土地面積は17.6万 km^2 に及び，また，潜在的に砂漠化する可能性がある土地まで含めると砂漠化地域は33.4万 km^2 に達する（吉野，1997）．中国における砂漠化地域は，大きく風食の影響を受ける地域と，水食の影響を受ける地域に区分され，いずれも砂の活発な移動によって砂漠化が進行している（小泉ほか，2000）．風食が卓越する地域は内陸の砂漠地域周辺および温帯草原地域で，いわゆる「砂地」地域である．この地域では，過剰な放牧，樹木伐採などが引き金となった植生破壊が，地域特有の強風により加速化されている．また，水食が

図5.16　黄土高原（陝西省安塞県）の砂漠化植生の景観

卓越する地域は主として黄河中流域の黄土高原地帯である．この地域にはシルト質のレスが 100 m 以上にも堆積していて，地域の景観を特徴づけている．このレスは元来浸食を受けやすく，過剰な耕地造成，放牧などによって植被が減少し表層水量が増加すると容易に斜面崩壊が発生する．

これらの砂漠化地域は，もともと乾燥または半乾燥気候区に属することが多く，潜在自然植生として森林が形成されることは少ない．北緯 35 度から 50 度で年降水量が 200～500 mm ほどの地域にベルト状に分布する温帯草原は，シラカンバ（*Betula platyphylla*），*Populus simonii* などの木本が散在するものの，イネ科の *Stipa garandis*，*Stipa bungeana*，カワラヨモギ（*Artemisia capillaris*），*Artemisia giraldii* などが優占した草原が卓越する．この温帯草原の西側に続き高原地形を呈する地域では，年降水量がおよそ 200 mm，年較差が 40℃ 近くにもなる厳しい環境で，*Populus euphratica*，*Haloxylon ammodendron*，アブラマツ（*Pinus tabulaeformis*），*Ulmus pumila* などの木本が *Stipa baicalensis*，ミノボロ（*Koeleria cristata*），*Potentilla acauli* などの草本と群落を形成し，森林草原のような景観を示す（徐ほか，1998）．

砂漠化に伴う植生退行プロセスには，放牧などの人為的インパクトによって加速化した風食，水食による土壌流亡が，重要な役割を果たしている．放牧圧よる植生変化は，放牧停止による植生回復や放牧圧による種組成変化から評価される．内蒙古平原においては，シバムギモドキ（*Aneurolepidium chinense*）優占群落において，放牧圧が高まるとシバムギモドキ，*Stipa grandis* などの優占度が低くなる一方，*Potentilla accaulis*，*Carex korshinskyi* などは優占度が高くなり，さらに放牧圧が強くなるとハリセンボン（*Chenopodium aristatum*）などが出現するといった種の交代が起こる（Nakamura et al., 1998）．また，最も古くから農業開発が行われ，人口密度も高く，水土流亡の進行した地域である黄土高原東南部陝西省安塞県では，斜面崩壊による植生変化が広く起こっている．この地域のシルト堆積地では，放牧の影響下においてカワラヨモギ等のヨモギ属草本および *Stipa bungeana* 等のハネガヤ（*Stipa*）属草本が優占しているが，斜面崩壊により，*Agriophyllum arenarium*，*Kochia scoparia*，*Salsola collina* などのアカザ科一年生草本の群落に変化する．この群落からの遷移の進行は，いったん土壌流亡が発生すると風や人為攪乱など他の影響を受けやすく，斜面崩壊前の草本群落に戻るのでさえ 10 年以上を要している（一前・西尾，2000）．

b. 塩類集積地植生（図 5.17）

中国には，世界の塩類土壌面積の 1/10 にあたる 99 万 km^2 に及ぶ広大な塩類土壌が分布する．このうち，黄河，准河，海河の三河川下流域の氾濫源から構成される黄准海平原の塩類土壌は 50 万 km^2 に達し，世界でも有数の塩類土壌地帯となっている（松本，1997）．黄准海平原の塩類土壌は，黄河をはじめとする河川によって運ばれた大量のシルトが河口域に堆積し，河床を上げるとともに海水の遡上によって形成されたものと，上流域からシルトともに運搬された塩類による沈積の 2 つが関与し，前者からはカルシウム塩主体の土壌が，後者からはナトリウム塩主体の土壌が形成される．また，中国東北内陸部には 10 万 km^2 に及ぶアルカリ土壌地帯が内蒙古，吉林，黒竜江，遼寧，新疆ウイグル，河北，陝西，青海各自治区および省の乾燥・半乾燥地に点在している．

塩類集積地において植生に影響を与える要因は，蒸発量が降水を上回り土壌中の塩類が土壌表層に移動することや，上述のように河川や海水中の塩類が沈積することで植物の根圏に過剰な塩類が存在して，その存在が植物の生育に障害をもたらす塩害である．植物の塩害は，塩類濃度が増加すると浸透圧も増加し，外液がある塩類濃度以上に達すると，植物の根の細胞液が浸透圧に抗しきれなくなり外液側に流出し植物の生理障害が発現

図 5.17　黄准海平原（河北省石家荘）の塩類集積地植生の景観（宇都宮大学，一前宣正教授提供）

すると解釈されている．

中国の自然状態における塩生立地植生は，ヒルギ科のオヒルギ（*Bruguiera bymnorrhiza*），ヤエヤマヒルギ（*Rhizophora stylosa*），ヤブコウジ科のツノヤブコウジ（*Aegiceras corniculatum*）などによって構成される熱帯域の海岸のマングローブ林，ギョリュウ（*Tamarix chinensis*），*Halimodendron halodendron* などが優占し，後述の塩生荒漠地以外の中性立地に分布する塩生灌木林，*Reamuria songarica*，*Ceratoides latens*，*Nanophyton erinaceum* などが特徴的な年降水量 250 mm ほどで年較差の大きい塩生荒漠（halophytic desert）地植生，塩生イネ科草本，塩生カヤツリグサ科草本，塩生雑草，塩生一年生草本，海浜性草本などにより多くの植生タイプが構成される塩沼地植生，カワツルモ（*Ruppia rostellata*），アマモ（*Zostera marina*），エビアマモ（*Phillospadix japonica*）など汽水や海水中に根が定着する種が特徴的な浸水塩生植生の 5 タイプに分けられる（Zhao et al., 2002）．

塩類集積地では，塩類集積に伴って中性立地の植生に上記の植生の要素が侵入する．黄准海平原では地理的条件に加えて，塩を含んだ地下水を灌漑することで畑地の土壌塩類濃度が上昇する．この塩類濃度の上昇に伴って *Salsola collina*，*Lacutuca tatarica*，ヨシ（*Phragmites communis*），*Suaeda heteroptera*，*Aeluropus littoralis* といった主として塩沼地植生の要素である種が出現し，それぞれ交代が起こっている（西尾ほか，2002a）．

c.　石漠化植生（図 5.18）

世界の地表面における炭酸塩岩の分布面積は陸地の 12% と推定され，中国での面積は地表下埋没部分まで含めると 346 万 km^2 にもなる（漆原，1996）．一般に，湿潤熱帯では温帯地域に比べて降雨強度，蒸発量，単位時間降雨量が大きく，炭酸塩岩の特性から溶食が促進される．そのため，湿潤熱帯のカルストは他地域とは異なった景観を呈し，広西壮族自治区，貴州省，雲南省に広がるカルスト地形は熱帯カルストと呼ばれている．熱帯カルストの地形は岩溶地貌（peak-forest karst）と呼ばれ，形成段階の違いなどによって峰林（ほうりん）（peak-forest plain）型と峰叢（ほうそう）（peak-cluster depression）型に分類されている（Zhu, 1986）．

峰林型は桂林に代表されるカルスト地形で，浸食で開析されたカルスト凹地または平地が連続した平面と直立した独立の岩峰（独立丘，tower karst）の組み合わせからなり，面積的には岩峰よりも平地が卓越する．平地では桂林（けいりん）の漓江（りこう）のような河川が岩峰の間を流れる場合もある．一方，峰叢型は浸食の進んでいないカルスト地形で，円錐カルストが密に組み合わさり，その間に溶食凹地が存在する．それらは，円錐の丘の間に挟まれた星形の深い凹地（cockpit）やすり鉢状の凹型をしたドリーネ（doline）などに区分されるが，いずれも平地よりも岩峰が優占する．ここでは，

図 5.18　雲南省文山地区の熱帯カルスト植生の景観

降水があっても吸い込み穴状に排水されてしまうため，河川は形成されない．

石灰岩山地にはもともと広く森林が発達していたが，現在はごくわずかに残存するのみである．貴州省の茂藍（もらん）カルスト森林区や広西壮族自治区の弄崗（ろんがん）特別保護区の森林植生の構造から，この地域の森林は，アラカシ（*Cyclobalanopsis glauca*），*Castanopsis hupehensis*，*Cinnamomum wilsonii*，*Platycarya longipes*，ムラサキフトモモ（*Syzygium cumini*）などの常緑広葉樹が主要な林冠構成種で，15～25 m の高さの群落を形成していたと推定される（李，1993）．しかし，経済発展をめざし政府主導の下に行われた国家事業「大躍進」において，製鉄にもちいる燃料としてこの地域の森林のほとんどが伐採されたことを契機に植生の退行が進行した．その後，中国政府は環境保全のために，森林の伐採，火入れ等を禁止した封山（ふうざん）育林政策，過剰に開墾した耕地を森林に戻す退耕還林政策を実施し，これが功を奏して一部では森林が回復しつつある．ただし，この森林回復には前述した地形形成の相違が強く影響する．峰林型地域では，作物生産に有効な平地と水に恵まれているため，住民の生活は比較的豊かである．そのため，土壌流亡が問題になる岩峰の斜面地で耕作や放牧などをする必要性が低く，森林の回復が進んでいる．ここには，*Bredia sinensis*，*Croton lachnocarpus* などの常緑低木が優占する低木林群落が成立し，林内には上述した高木性の種の実生が確認されていることから，このまま人為攪乱が抑制されれば将来的には高木林に遷移すると考えられる．一方，峰叢型地域では平地が限定されており，人口を支えるには斜面の利用が不可欠なのが現状である．そのため，上記の政策は十分に浸透せず，いまだ放牧，耕作が行われている．ここでは，火入れが一定頻度行われる土壌残存立地にチガヤ（*Imperata cylindrica*），*Apluda mutica*，*Pogonatherum paniceum* などを構成種とするイネ科草原が広がり遷移は停滞している．また石灰岩の岩角地には，多肉質で乾燥に強い *Tirpitzia ovoidea*，シシンラン（*Lysionotus pauciflorus*）などの常緑低木や *Pilea cavaleriei*，*Heterostemma renchangii* などの草本が分布し，石灰岩地特有の植生もみられるが，土壌流亡が深刻になると，タマシダ（*Nephrolepsis auriculata*）の優占群落へと変化する．さらに土壌流亡が進行すると完全に植生は消失する（西尾ほか，2002b）．

5.6.3　荒地植生の保護

中国では，これら 3 つの生態系荒廃現象を農林業基盤にかかわる環境ならびに貧困問題として，最重点課題の 1 つとして位置づけている．そのため，中国政府は封山育林，退耕還林など農林用地利用に関する制度を改革して一定の成果を上げてきた．この際，これら荒地植生は改善の対象である．乾燥地，塩類集積地，石灰岩山地いずれも非常に特殊な立地環境であり，それぞれの植生に含まれる種および植生構造の保護は生物資源の確保のために重要である．たとえば，石灰岩植物，塩生植物は新たな植物資源探索の対象として保護策が検討されている（広西植物研究所ほか，1997；Zhao et al., 2002）．しかし，これは自然性の植生が対象で，一般に荒地植生は人間活動にとっては望ましくない指標である．そのため，保護の対象というよりも，その植生を指標として修復対象を特定し，元の植生に回復させることが重要である．砂漠化問題では，砂の移動が耕地，住居，列車の線路などの構造物を埋没させてしまう．そのため，防砂林や，飛砂防止用草地が造成されている．また，水土保持対策としては，根がよく発達するニセアカシアなどを植林している．塩類集積問題では，灌漑への過剰な依存を防ぐ方策が必要とされ，灌水を控えて塩類集積を軽減する一方，乾燥や塩類に強い作物を利用する試みが実践されている．また，黄准海平原では塩類の上方へ移動を防ぐために地下水位を下げ，塩類集積が改善されている．一方，石漠化に関しては対策の歴史が浅く，具体的な方策は少ない．現在はマメ科木本の *Zenia insignis* など土壌がわずかしかない立地でもよく生育する種を利用して，土壌流亡防止などに努められているが，まだ課題は多い．

中国における農林業基盤にかかわる不良環境地は，極めて広範囲にわたる．そのため，できるだけ省力的な荒地修復が求められており，植生を指標化とした修復プログラムの開発は今後重要な役割を担うと考えられる．　**（西尾孝佳）**

文　献

1）一前宣正・西尾孝佳．2000．黄土高原の砂漠化防止を目的とした植物の選抜試験．平成7～12年度科学研究費補助金（創成的基礎研究費 No. 09NP0901）研究成果報告書．95-97．

2）小泉　博ほか．2000．草原・砂漠の生態．249pp．共立出版．

3）広西植物研究所ほか．1997．広西植物資源開発利用戦略研究．282pp．広西科学技術出版社．

4）李　樹剛．1993．中国石灰岩森林植物研究．258pp．広西植物研究所．

5）Nakamura, T. et al. 1998. Experimental study on the effects of grazing pressure on the floristic composition of a grassland of Baiyinxile, Xilingole, Inner Mongolia. *Vegetation Science,* **15**(2)：139-145.

6）西尾孝佳ほか．2002a．中国黄准海平原の塩類集積地における植生を指標とした春播きコムギ（*Triticum aestivum* L.）の収量評価．植生学会誌，**19**：73-81．

7）西尾孝佳ほか．2002b．中国西南部石灰岩山地における植生の地上部現存量と種多様性．日本学術振興会未来開拓学術推進事業「中国西南部における生態系の再構築と持続的生物生産性の総合的開発」平成13年度報告書：170-174．

8）松本　聰．1997．土壌劣化と砂漠化．土壌圏と地球環境問題（木村眞人編）．pp. 129-166．名古屋大学出版会．

9）レスター・ブラウン．1995．だれが中国を養うのか？―迫りくる食糧危機の時代―．198pp．ダイヤモンド社．

10）漆原和子．1996．カルスト．325pp．大明堂．

11）徐　文鐸ほか．1998．中国沙地森林生態系統．403pp．中国林業出版社．

12）吉野正敏．1997．中国の沙漠化．301pp．大明堂．

13）Zhao, K. et al. 2002. Survey of halophyte species in China. *Plant Science,* **163**：491-498.

14）Zhu, X. 1986. Guilin Karst. 188pp. Shanghai Scientific & Technical Publishers.

5.7　乾燥地における塩類集積

5.7.1　塩類集積のメカニズムと植物の塩ストレス

a.　塩類集積のメカニズム

地表に塩が析出すること，あるいは地表面近くの土壌の塩濃度が上昇することを，塩類集積（salinization，図5.19の白色の部分が塩類集積を示す）という．集積した塩類は，もともと土壌の深くに存在していた塩のこともあるし，灌漑水や地下水に含まれて，その場に移動してきた塩や過剰な施肥による塩のこともあり，供給源は1つではない．塩類集積は，まず，土壌中の塩が水に溶解することによって起こる．灌漑水や地下水中の塩ももとはといえば，土壌中に存在していた塩を水が溶解したために含まれるようになるのである．土壌中にみられる塩がどの程度，水に溶解するのかは，塩の溶解度（日本化学会，1993）（表5.6）から理解できる．塩化物を除いて，ナトリウム塩は，カルシウム塩，マグネシウム塩よりも溶解しやすいという傾向がある．現在は大陸の中央部に位置し乾燥地・半乾燥地と呼ばれる地域も，かつては海であった場所もあり，その土壌は，海水中の塩類（近藤・平山，1975）（表5.7）をたっぷりと含む．乾燥地・半乾燥地の土壌*[1]（アリディソル，Aridisols）に含まれる塩類は，年降水量300 mm以下のわずかな降水や地下水であっても溶解し，この地域に特有の気候条件は，蒸発散量が降水量をはるかに上回るために，土壌中を水が上向きに移動し，最終的に水だけを激しく蒸発させ，地表面あるいは地表近くに塩類を置き去りにするのである．こうして塩類濃度の高い特徴土層であるサリック土層*[2]（salic horizon），石こう土層*[3]（gypsic horizon）あるいはナトリウムイオン濃度の高いナトリック土層*[4]（natric horizon）をもつ土壌がつくられる（United States, 1994）．乾燥地といえども多少とも降る雨が土壌中の塩類を溶解する．乾燥のプロセスと微

図 5.19　中国・河北省南皮県におけるマツナ（*Suaeda glauca*）（一前宣正氏提供）

表 5.6　塩の溶解度（日本化学会，1993）

塩		溶解度* 20℃
塩化カルシウム	($CaCl \cdot 6H_2O$)	42.7
塩化マグネシウム	($MgCl_2 \cdot 6H_2O$)	35.3
塩化ナトリウム	($NaCl$)	26.38
硫酸マグネシウム	($MgSO_4 \cdot 7H_2O$)	25.2
炭酸ナトリウム	($Na_2CO_3 \cdot 10H_2O$)	18.1
硫酸ナトリウム	($Na_2SO_4 \cdot 10H_2O$)	16.0
炭酸マグネシウム	($MgCO_3$**)	2.6
硫酸カルシウム	($CaSO_4 \cdot 2H_2O$)	0.205
炭酸カルシウム	($CaCO_3$)	6.5×10^{-3}

*：溶解度は飽和溶液（この場合は水）100 g 中に含まれる無水物 g である．

**：1 atm において CO_2 で飽和，Mg (HCO_3) として溶解．

表 5.7　海水中の塩類（近藤・平山，1975）

塩類	海水 1 kg 中の質量 (g)	総塩類質量に対する百分率 (%)
塩化ナトリウム	23.476	68.08
塩化マグネシウム	4.981	14.44
硫酸ナトリウム	3.917	11.36
塩化カルシウム	1.102	3.20
塩化カリウム	0.664	1.93
炭酸水素ナトリウム	0.192	0.56
臭化カリウム	0.096	0.28
その他	0.053	0.15
計	34.481	100.00

地形に従って，塩類は再配分される．すなわち土壌中の塩類は，湿潤溶解，乾燥析出プロセスによってサリック土層や石こう土層をもつ土壌が微地形の凸部に，乾燥プロセスの最後まで水分が保持されている凹部にはナトリック土層をもつ土壌が生成されるのである．

表層土壌中の塩類濃度が 500 mg/kg を超えると，塩類に感受性の高い植物は塩類障害を受けるようになり，4000 mg/kg を超えるといわゆる耐塩性植物しか生育することができない塩類濃度となる（高橋，1991）．こうして土壌中の塩類濃度が著しく高くなると，耐塩性植物さえも生育できない不毛の地が形成される．塩類濃度の高い土壌が生成される条件は，自然環境ばかりでなく，人間によってもつくられる．近年急速に拡大している塩類集積土壌の多くが，man-made soil といわ

*1：土壌は，土壌断面に刻み込まれた特徴のある土層を基準として分類される．乾燥地・半乾燥地の土壌は多量の塩を含む土層によって特徴づけられ，塩類の種類，濃度および土層の厚さなどによって細分されている．

*2：サリック土層（salic horizon）とは，石こう（25℃ において log Ks = −4.85）よりも溶けやすい塩類が二次的に集積した表層の土層あるいは表層に近い下層の土層で，少なくとも 15 cm の厚さの土層をもち，最低でも 1% の塩類を含み，土層の厚さ（cm）と塩類濃度百分率の積が 60 またはそれ以上である土層をいう．

*3：石こう土層（gypsic horizon）とは，いろいろな形態の石こうの二次的集積物を含む非固結土層で，少なくとも 15 cm の厚さ，少なくとも 15% の石こうを含み，石こう土層の下にある母材（土壌の材料となる鉱物，岩石，あるいはそれらの風化物）よりも 5% あるいはそれ以上の石こうを含む土層をいう．

*4：ナトリック土層（natric horizon）とは，下層の土層よりも明瞭に粘土含量が高い下層土層で，しかもその上の土層よりも粘土含量が高く，交換性ナトリウムおよび，あるいはマグネシウム含量が高い土層をいう．ナトリック土層は，1：5（土壌:水）水抽出液の pH (H_2O) は 8.5 以上を示す．

れる所以である．

b．塩類集積と植物の塩ストレス

植物に対する塩類ストレスは，植物の生育を抑制することになるが，それは浸透圧ストレスとイオンストレスとに起因する．土壌溶液中の塩類濃度が増加すると植物の水ポテンシャルが低下して，吸水が困難になり，植物細胞の膨圧が失われる．これが植物の浸透圧ストレスである．もう1つは，塩類のイオンストレスで，それぞれのイオンのもっている特有の生理作用に基づいて植物の代謝を阻害する作用である．

植物の耐塩性は，① 生態的，② 形態的，③ 生理的な「仕組み」によって実現されている（間藤，2002）．植物は塩類ストレスを発芽初期に受けやすい．したがって，種子が発芽を終えてから，母木から脱落させるヒルギのような植物も存在し，生態的に塩類障害を回避している．一方，ハマアカザ類のように塩毛をつくり出し，塩毛の袋状細胞へ塩類を押し出すことによって塩類濃度を低下させ，最後に，塩毛を切り離して，植物体中の塩類濃度を一定以上にはさせないようにしている植物もある．植物は，塩類障害を回避するために葉を小さくする，あるいは葉数を減少させるなど，形態的に形状を変化させることもある．さらに，植物は生理的にも塩類障害を克服しようとしており，塩類を生理的に排除すると同時に，自ら浸透圧をつくり出し，塩類障害を免れている．植物細胞中のイオン濃度が一定の範囲を超えると代謝異常が発生する．植物にとってナトリウムはイオンストレスの原因となる．ある種の植物は根に障壁をつくり，ナトリウムイオン吸収を抑制する．しかし，植物はひとたび根からナトリウムイオンを吸収すると，それをできる限り根にとどめておき，葉身への輸送を抑制するとともに，地上部に移行したナトリウムイオンを根に再転流させるなど，光合成のはたらきに重要な葉身への移行を阻止する．さらに高濃度のナトリウムイオンに対しては，塩腺（salt gland）をもつ植物であれば塩腺から排出し，塩腺をもたない植物では細胞内の液胞にナトリウムイオンを隔離する．このとき，一方的にナトリウムイオンを隔離すると，細胞質内の膨圧が低下してしまうため，そうならないように，植物は適合溶質（compatible solutes）（和田，1999）を合成して，その濃度を高め，調節している．土壌中の高い塩類濃度に対して，浸透圧を調節し，生理活性を維持しながら生きるために，植物は糖（ショ糖（sucrose）など），糖アルコール（ソルビトール（sorbitol），マンニトール（mannitol）など），アミノ酸（プロリン（proline）など），ベタイン類（グリシンベタイン（glycine betaine），プロリンベタイン（proline betaine），3-ジメチルスルフォニオプロピオネート（DMSP）など）などの，植物細胞の浸透圧を調節したり，代謝活性を保護するとされる適合溶質と呼ばれる一群の物質を合成，保持するのである．適合物質は，塩ストレスに対してただちに応答できるものでなければ意味がない．適合物質を含む溶液に種子を浸漬する，あるいは適合物質を葉に塗布すると，植物は適合物質を吸収し，細胞内の浸透圧を高め，高い塩類濃度にも耐えられるようになる．高い塩類濃度に対する植物の応答に関する研究の一層の進展が待たれるのは，世界中の乾燥地・半乾燥地における塩類集積が極めて速いスピードで迫ってきているからである．

5.7.2　塩類集積地の現状

a．塩類集積地の世界的拡大

1990年にISRIC（国際土壌照会情報センター）とUNEP（国連環境計画）が共同して明らかにした，猛烈なスピードで土壌劣化が進行している地域は，19億64百万haで，地球の陸地（135億31百万ha）の14.5%にもなる（Oldeman et al., 1990）．このうち，塩が土壌表層に集積して，植物の生育に支障をきたし，人々の生活がままならなくなっている塩類集積現象の観察される地域（図5.19）は，76.3百万haに及ぶ．塩類集積によって社会生活が行われなくなる程度にまで塩類集積が著しい地域は，乾燥地を中心に20.3百万

ha にもなるのである．ここに示した数値は，現在に至るまで大きな変化はなく，早急な対策を必要としているが，多くの人々の努力にもかかわらず，その対策は遅々としており，根本的な解決は進んでいない．

b. 塩類集積と砂漠化

砂漠化とは，砂漠のような条件が深化・強化することあるいは拡大することととらえることができる．つまり，「土壌中の水分が減少し，乾燥する」ことによって，植物バイオマス，土地の牧養力，穀物生産などの減少に引き続いて人間生活の減退を引き起こすプロセスである．湿潤地域に生活する人々には「土壌が乾燥する」という意味が肌身に感じて認識できないものであるが，それは深刻である．土壌の乾燥は，塩類集積および土壌侵食をもたらし，植生の回復が極めて困難となるからである．塩類集積を引き起こす重要な原因の1つは，不適切な灌漑である．乾燥地・半乾燥地の土壌は，本来栄養分が豊富で，逃げ出しにくい性質をもっている．作物生産に不足しているのは水であり，水さえあれば一定の作物生産を保障してくれる．そこで古代の四大文明すべてが乾燥地・半乾燥地に興ったのである．しかし，人口が増加して，激しい乾燥をもたらす夏季においても灌漑水をもちいた畑において作物生産を行わなければ食糧が確保できなくなると，多量の灌漑水を導入して灌漑を行い，食糧増産をめざした．その結果，地域全体の地下水位を上昇させることになり，激しい蒸発散によって失われつつある土壌水と地下水とが毛管で連結し，より一層蒸発散量が増加して，塩類が表層あるいは表面に析出することになった．もちろん，乾燥地・半乾燥地を流下する河川水中の塩類濃度は，他の地域よりも高いが，それ以上に地下に埋もれていた塩類を地表に引き出すことの影響のほうが深刻なのである．塩類集積はさしもの四大文明をも衰退させ，また，大規模な灌漑施設を備えた近代化農業も飲みつくそうとしている．われわれは過去の偉大な経験から学び，失敗を繰り返してはならない．

c. 塩類集積に伴う植生の変化

かつては世界有数の穀倉地帯が，いまや耐塩性植物のみが生育する塩類集積地となりつつある地域の1つとして，中国河北省南皮（なんぴ）県王寺（わんす）地域（黄准海平原）を取り上げる．塩類濃度の高い王寺地域の植物群落（西尾ほか，2002）を表5.8および図5.20に示す．この地域は，すでに人の手によって開墾され，耕地化した土地であるが，1980年代に塩類集積が急激に加速し，最近になって黄河の流れが途絶えがちとなる「断流」現象とともに塩類集積のスピードが鈍くなり，乾燥化の影響が懸念されている．塩類集積地の植生の大部分は一年生の矮小（草高 10～30 cm），地這性（ちはいせい）の草本で，出現する種数が少ないという特徴があり，塩類濃度の増加にしたがって，構成する種およびその組成が変化する．調査対象地域においても同様の傾向が認められ，塩類濃度の増加に対応して，耐塩性植生が優占するようになり，極端に塩類濃度の高い地区では，アカザ科の *Suaeda heteroptera* およびイネ科の *Aeluropus littoralis* のみが出現した．塩類濃度の高い地域で出現頻度の高かった *Suaeda heteroptera* は，世界の塩類集積地域に広く分布する *Suaeda* 属の重要な構成種である．また，*Suaeda* 属であるマツナ（*Suaeda glauca*）（図5.19）の地上部が 59.7 g/kg のナトリウムを含むことが報告（西尾ほか，2002）されており，*Suaeda* 属を除塩に利用できないかという研究が進められている．

5.7.3　塩類集積地を修復する植物

a. 植物の塩類吸収能力

植物は植物体を維持するためにも，光合成のためにも水を必要とする．水は葉と土壌の水ポテンシャル勾配によって植物に吸収される．土壌の浸透圧が高ければ，それ以上に葉の浸透圧を高めない限り，水を吸収できず，脱水し，枯死する．したがって，植物は浸透圧を高める物質を体外から吸収するか，体内で合成することになる．植物根は必要な元素を選択的に吸収するが，高い塩類濃

表 5.8 塩類集積地（中国河北省南皮県王寺）における植物群落とその分布の特徴（西尾ほか，2002）

		植物群落					
		I	II	III	IV	V	VI
塩類濃度（%）		0.064	0.24	0.27	0.42	0.48	0.74
種名	生活形						
Salsola collina	TH	63.7	—	—	—	—	—
Eriochloa villosa	TH	34.9	—	—	—	—	—
Taraxacum mongolicum	H	1.2	—	—	—	—	—
Convolvulus arvensis	G	2.7	—	—	—	—	—
Echinochloa crus-galli	TH	34.1	—	—	—	—	—
Chloris virgata	TH	18.5	—	—	—	—	—
Daucus carota	TH	1.4	—	—	—	—	—
Lespedeza bicolor	NP	1.8	—	—	—	—	—
Trigonotis peduncularis	TH	1.7	—	—	—	—	—
Suaeda glauca	TH	—	120.4	—	—	—	—
Hedysarum coronarium	H	—	15.7	—	—	—	—
Apocynum venetum	NP	—	7.6	—	—	—	—
Suaeda heteroptera	TH	—	—	14.0	35.7	140.7	90.6
Lactuca tatarica	H	—	—	18.5	—	—	—
Limonium bicolor	CH	—	—	9.4	—	—	—
Phragmites communis	G	—	11.1	10.3	41.3	—	16.6
Aeluropus littoralis	H						15.1
Artemisia annua	TH	79.5	15.7	39.8	—	—	15.1
Melilotus albus	TH	—	—	—	—	—	—
Messerschmidia sibirica	G	—	—	—	—	—	—
計		117.3	150.9	57.4	80.9	140.7	117.4

I：*Salsola collina-Eriochloa villosa* community，II：*Suaeda galauca* community，III：*Lactuca tatarica-Suaeda heteroptera* community，IV：*Phragmites communis* community，V：*Suaeda heteroptera* community，VI：*Suaeda heteroptera-Aeluropus littoralis* community.

生活形 H：半地中植物，G：地中植物，TH：一年生植物，NP：低木植物，CH：地表植物．

度の土壌からは塩類を吸収しなければ水を吸収できないために，必然的に過剰の塩類を取り込む．植物にとって毒性の強いアンモニウムイオンやマグネシウムイオンであれば，植物はイオン障害を受ける．一方，ナトリウムイオンは，それ自身の毒性はそれほど強くないのであるが，ナトリウムイオンとカリウムイオンの合量が一定の濃度を超えると植物は濃度障害を引き起こす．植物の相対生長量と吸収したナトリウム含量との関係を求めると，耐塩性の強い植物のナトリウム含量は，耐塩性の弱い植物のナトリウム含量よりも高いが，同一の科内の植物の葉中ナトリウム含量で比較すると，耐塩性の強いもののほうが弱いものよりもナトリウム含量が低い傾向がある（山内，1991）．

図 5.20 中国・河北省南皮県におけるタマリスク（*Tamarix chinensis*）（一前宣正氏提供）

このことは，耐塩性の強い植物は吸収したナトリウムイオンの葉への移行を制御する機構を備えていることを示しているとみられている．

b. 土壌から塩類を除去する植物

塩類濃度の高い土壌から塩類を取り除く1つの方法として，高い塩類吸収能力をもつ植物を利用する試みがなされている．オオムギ（*Hordeum vulgare*），テンサイ（*Beta vulgaris*），ワタ（*Gossypium hirsutum*），バミューダグラス（*Cynodon Dactylon*）などの作物・飼料作物グループが最も耐塩性が強く，塩類除去能力が高いとみられている．飼料用テンサイは塩濃度が0.10～0.16%の塩類土壌で良好に生育し，0.21%の塩類土壌で最も生育が旺盛であり，このとき735 kg/haの塩類を吸収した（但野，2000）．すでに作物栽培が不可能であるほど塩類濃度の高い地域には，*Suaeda*属などの野生植物に塩類を吸収させ，これを刈り取ることによって除塩，塩類を回収する計画（一前ほか，2000）がある．実用には至っていないが，有力な除塩対策の方法といえよう．

（岡崎正規）

文　献

1) 一前宣正ほか．2000．中国河北省の塩類集積地における雑草除去がその後の植生に及ぼす影響．雑草研究，**45**(2): 104–106.
2) 近藤精造・平山勝美．1975．一般教養 地学．p. 4．建白社．
3) 間藤　徹．2002．塩ストレス．「植物栄養・肥料の事典」（植物栄養・肥料の事典編集委員会編）．p. 319–321，朝倉書店．
4) 日本化学会．1993．化学便覧基礎編 改定4版．pp. II–161–167．丸善．
5) 西尾孝佳ほか．2002. 中国黄准海平原の塩類集積地における植生を指標とした春播きコムギ（*Triticum aestivum* L.）の収量調査．植生学雑誌，**19**: 73–81.
6) Oldeman, L. R. et al. 1990. World map of the status of human-induced soil degradation. An Explanatory Note. Global Assessment of Soil Degradation（GLASOD）. 27 pp. International Soil Reference and Information Centre（ISRIC）and United Nations Environment Programme（UNEP）.
7) 但野利秋．2000．中国の黄准海平原に分布する塩類土壌における環境に調和した持続的生物生産技術の開発．東アジアにおける地域の環境に調和した持続的生物生産技術開発のための基礎研究（代表者 佐々木恵彦）．09NP0901. pp. 137–141，東京大学．
8) 高橋英一．1991．植物における塩害発生の機構と耐塩性．「塩集積土壌と農業」（日本土壌肥料学会編）．pp. 123–154．博友社．
9) United States Department of Agriculture Soil Conservation Service. 1994. Keys to Soil Taxonomy by Soil Survey Staff. p. 10, 13. United States Department of Agriculture.
10) 和田敬四郎．1999．耐塩性のメカニズム．遺伝，**53**(1): 58–62.
11) 山内益夫．1991．中生植物の耐塩性における品種間差の発現機構．「塩集積土壌と農業」（日本土壌肥料学会編）．pp. 155–176．博友社．

6. 植生管理へのアプローチ

本章では，実際に植生管理を行う場合の取り組み方を紹介し，自然を総合的に把握する1つの手段としての環境アセスメントの内容とその実際について解説している．さらに，植生の把握とは別に，環境アセスメントの折に調査作成が要求される「フロラ調査」について解説している．そのときに注目する必要のある「レッドデータブックの内容」についても解説している．

6.1 植生管理の取り組み

植生管理を行おうとする場合，最も意識しなければならないのは「生態系の保全」である．その保全とは，植物を基盤とした動植物との関係，さらに土壌や水などの関係が複雑に絡んだ「系」の安定性と健全性を保つことである．これにより生物多様性も遺伝資源の保護も可能となる．

管理が必要かどうかの判断は，植物群落の外観（相観）の変化で知ることができる．本来，植物群落の外観を支配する優占種はその立地を生育最適地としているものであるから，それが変化をすることは植物群落が大きなダメージを受けていることを示すことが多い．当然，植物群落を構成する内容としての多くの種にも大きな変化が起こっているはずである．この変化が認知された場合，どのようにして植生管理を進めていくかを検討し，実行することが大切である．以降に具体的な進め方についての流れをフローチャート図6.1に従って検討しよう．

植物群落の変質という問題が発生した場合，それを引き起こした原因を推定する．その仮説のもとで実態を明らかにするために，調査を行うことになる．この調査には，地域に分布するすべての植物群落を対象に，その生態を解析する植生学（vegetation science）の研究方法が最も適している．その手法による調査で，植物群落がどのような種類構成からなり，どのような群落構造を形成しているか，群落の維持機構はどうなっているか，区分された植物群落の分布の実態などを知ることができる．一方，植物群落をとりまく環境調査の結果との比較検討で，それぞれの植物群落がどのような立地に成立しているか，人間の干渉をはじめとした環境要因とどのような関係をもっているのかを知ることができる．これらの結果を総合的に解析することで，植物群落とそれを含む地

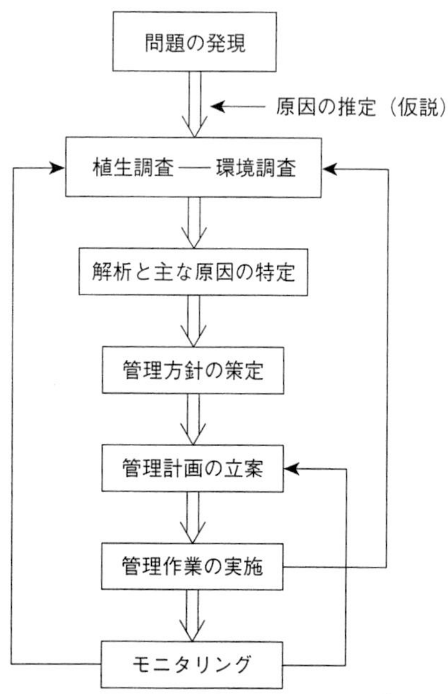

図6.1 植生管理のためのフローチャート

域がどれくらい健全な状態から離れた距離にあるのかを判断できる．この検討の段階で，情報が不足した場合には，再度，調査を行い資料を収集する．植物群落の実態が明らかになった後には，「どこに」「どのような手を加え」「どのような植物群落の成立を目標とするか」を整理して，「管理の方針」を策定し，具体的な管理計画を立案する．そして，その案をもとに作業工程を設計し，管理を実施することになる．実施の段階で，もし，計画や情報不足が明らかになった場合には，再度，調査を行い，計画の再立案を行う．管理作業の終了後は，期待した効果が得られているかどうかについてのモニタリングが必要である．もし，不都合が発見された場合には問題点を正確に把握し，「管理計画」の時点に再び立ち返って再検討することになる．もし，それが大きな問題である場合には，最初の段階の「調査」あるいは「解析・原因の推定」にまで立ち戻った検討が必要となる．この流れは，これまでに各地で行われてきた植生管理の実態を整理したものの域を出ていないが，植生管理にあたっては，Plan, Do, Check, Action を示す PDCA サイクルの考えが必要であることを再確認したい．植生管理は自然がつくった植物群落を，いかに自然の原理に逆らわないように保全するかであり，この一連の流れを確実に検証しつつ進めることは，より自然の植物群落に近いものへ改良する近道である．

（福嶋　司）

6.2 環境アセスメント

6.2.1 環境アセスメント

a. 環境アセスメントとは

環境アセスメントは環境影響評価（EIA : environmental impact assessment）とも呼ばれる．わが国において 1999 年 6 月に施行された環境影響評価法では，環境影響評価を以下のように定義づけている．

「事業の実施が環境に及ぼす影響について環境の構成要素に係る項目ごとに調査，予測及び評価を行うとともに，これらを行う過程においてその事業に係る環境の保全のための措置を検討し，この措置が講じられた場合における環境影響を総合的に評価することを言う」（環境影響評価法第 2 条 1 項）

このように，環境影響評価は，“環境への影響を事前に調査，予測・評価”するための科学的なアプローチであるが，一方では“合意形成のための手続き”であり，利害関係が異なる主体間のコミュニケーションツールであることを認識する必要がある．

なお，「環境影響評価は環境アセスメントよりも狭い概念であり，わが国では，主として事業アセスメントに使われてきた」（原科・横田，2000）ともいわれるが，ここでは“環境アセスメント”と“環境影響評価”は同義語として取り扱った．

b. わが国における環境アセスメントの制度化

世界で最初に環境アセスメントを制度化したのは，米国の国家環境政策法（NEPA : national environmental policy act of 1969）である．NEPA は，国家的な環境政策の法律制定を求める動きを背景に，1969 年になって議会で法案が検討され，1970 年に制定されたものである．一方，わが国では，1960 年代から 1970 年代にかけては，水俣病やイタイイタイ病等の四大公害をはじめとする公害問題が顕在化し，開発事業が環境に与える影響を事前に評価する重要性が認識され始め，環境アセスメント制度の検討が始まった．

このような背景の下，1981 年に「環境影響評価法案」が国会に提出されたが廃案となってしまったため，1984 年に「環境影響評価の実施について」の閣議決定がなされ，環境影響評価実施要綱に基づく「閣議アセスメント（以下，「閣議アセス」)」として，ようやく環境アセスメントが導入された（表 6.1 参照）．以後，環境影響評価法が公布される 1997 年まで閣議アセスが続いたことから，わが国では環境アセスメントの法制度化

表 6.1　環境アセスメントの法制度化

1972年 6月	「各種公共事業に係る環境保全対策について」の閣議了解
1981年 4月	「環境影響評価法案」（旧法案）が国会に提出される
1983年11月	衆議院の解散に伴い，審議未了・廃案となる
1984年 8月	「環境影響評価の実施について」の閣議決定 （環境影響評価実施要綱）
1993年11月	「環境基本法」が施行， 第20条に環境影響評価に関する条文
1994年 7月	「環境影響評価制度総合研究会」の設置
1994年12月	「環境基本計画」の制定， 環境影響評価制度の法制化も含めた調査研究の必要性
1996年 6月	中央環境審議会に対する諮問 「今後の環境影響評価制度の在り方について」
1997年 3月	「環境影響評価法案」を閣議決定，国会に提出
1997年 6月	「環境影響評価法」公布
1999年 6月	「環境影響評価法」全面施行

までに四半世紀を数えることとなる．先進国では，最後に法制度が整備された国となった．

一方，地方自治体では，1976 年の川崎市を皮切りに，北海道，東京都，神奈川県等が次々と条例を制定し，独自の環境アセスメントを実施してきた．現在では，環境影響評価法の制定にあわせて，全都道府県（47 団体）および政令指定都市（12 団体）において環境影響評価条例が改正・制定されており（環境省，2002），ようやく全国レベルでの環境アセスメントの推進基盤が整ったといえる．

c.　わが国における環境影響評価法の特徴

閣議アセスと環境影響評価法に基づくアセスメント（以下，「法アセス」）の最も大きな違いは，閣議アセスが行政指導であり，その実施および遵守は事業者の任意の協力に期待するものであったことに比べ，法アセスではその実施および遵守が法律上の義務になった点である．また，法アセスでは，閣議アセスで対象とされてきた道路，河川等の 11 事業に加え，発電所や廃棄物最終処分場が追加されて 13 事業となり，道路事業に大規模林道が，鉄道事業に在来鉄道が追加されるなど，対象事業が拡大されたことも特徴の 1 つである．

一方，実際に手続きを進める上でも，図 6.2 に示すように，法アセスでは閣議アセスと比較して多くの改善点がみられる．図中で，太字で記した部分が閣議アセスからの変更点である．主な変更点の概要を，以下に解説する．

① 必ず環境影響評価を行う規模の事業が「第一種事業」として設定されたが，第一種事業に満たない規模の事業であっても，一定規模以上のものについては「第二種事業」として，法アセス実施の必要性を個別に判定する仕組み（スクリーニング）が導入された．

② 事業計画の早い段階から手続きを開始し，住民等の意見を効率的に取り入れることを目的に，事業計画や地域の概要，環境影響評価の選定項目や，調査および予測・評価の手法等を記載した「環境影響評価方法書（以下，「方法書」）」を作成し，調査等の方法について意見を求める手続き（スコーピング）が導入された．

③ 閣議アセスでは，意見提出者は関係住民（事業による環境影響を受ける範囲と認められる地域の住民）に限られていたが，この地域限定が撤廃され，さらに意見提出の機会が方法書段階と環境影響評価準備書（以下，「準備書」）段階の 2 回に拡大した．

④ 事業者により実行可能な範囲において，環境保全措置（影響を回避し，または低減すること）を検討する旨が新たに明記された．環境保全措置については，準備書でその効果や不確実性の程度，内容や実施期間，実施主体等を記載するこ

とが要求されている.

⑤ 閣議アセスでは環境庁長官は主務大臣から求められたときにしか意見を言えなかったが，法アセスでは環境庁長官が必要に応じて意見を言えることとなった．また，この意見等を受けて，事業者は適宜環境影響評価書（以下,「評価書」）の補正を行うこととなった.

⑥ 環境アセスメント制度に事後調査が位置づけられた．閣議アセスでは，環境保全対策の効果が不明なまま，事業が進められることが多かったが，法アセスでは,「環境保全措置や予測の不確実性」を前提に，事後調査によりこれらを検証し，その結果をフィードバックさせる「順応的管理（adaptive management)」の考え方が導入された.

以上のように，閣議アセスと比較して法アセス

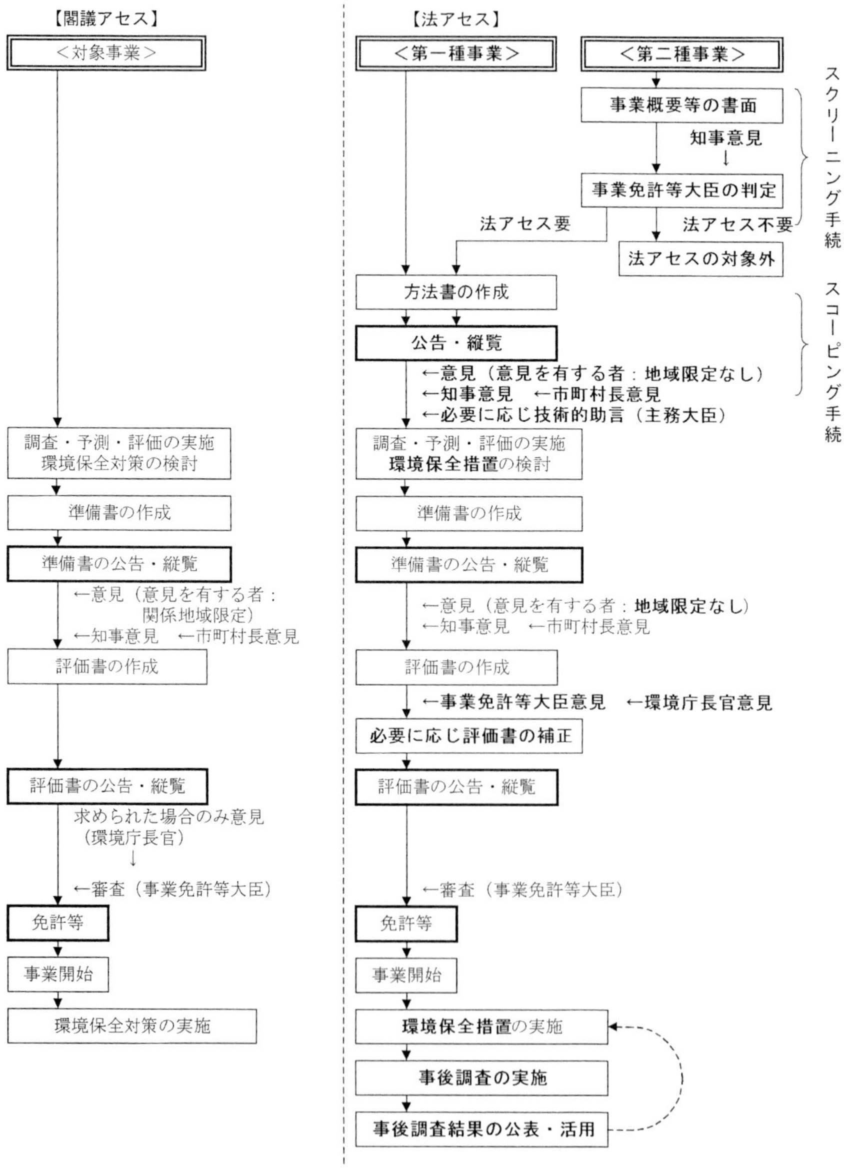

図 6.2　閣議アセスと法アセスの主な手続きの流れ（道路環境研究所，2000 を一部改変）

では多くの改善点がみられる．2004（平成 16）年 3 月現在で，環境影響評価法に基づく手続きが完了した事業は 70 件，手続き中のものも含めると 140 件を超えている（環境省，2004）．

6.2.2　環境アセスメントの現状

a. 環境アセスメントの対象とする環境要素

法アセス手続きの初期段階（方法書作成段階）においては，事業特性（事業の種類や規模等）や地域特性（地域の社会的状況や自然的状況等）を踏まえて，影響を及ぼすおそれのある環境要素を選定する．図 6.3 に，法アセスで対象とする環境要素を示した．環境要素は，これらの項目の中から，調査および予測・評価項目として選定される．

環境影響評価法では，対象とする環境要素の枠組みが，1993 年に施行された環境基本法第 14 条に基づき，「自然的構成要素の良好な状態の保持」「生物の多様性の確保と自然環境の体系的な保全」「人と自然との豊かなふれあいの確保」「廃棄物，温室効果ガス等の総量負荷」に拡大された．個々の環境要素としては，「生態系」「触れ合い活動の場」「廃棄物等」「温室効果ガス等」が，新たに導入された．

b. 環境アセスメントにおける調査，予測・評価の現状

上記の環境要素の中で，植生管理とかかわりの深い「動物」「植物」および「生態系」について，環境アセスメントにおいて一般的に行われている調査および予測・評価手法の概要を以下に解説する．

1）調査の概要　動物および植物の主な現地調査方法を表 6.2 に，植物調査時の留意点を表 6.3 に示した．このほか，必要に応じて動物ではクモ類や土壌動物等が，植物では蘚苔類や樹木活力度，群落構造（毎木調査）等も調査項目として選定される．確認された動物および植物のうち，天然記念物や国や地域のレッドデータブック等に記載されている「重要な種・群落」については，その確認状況や個体数等を詳細に記録する．な

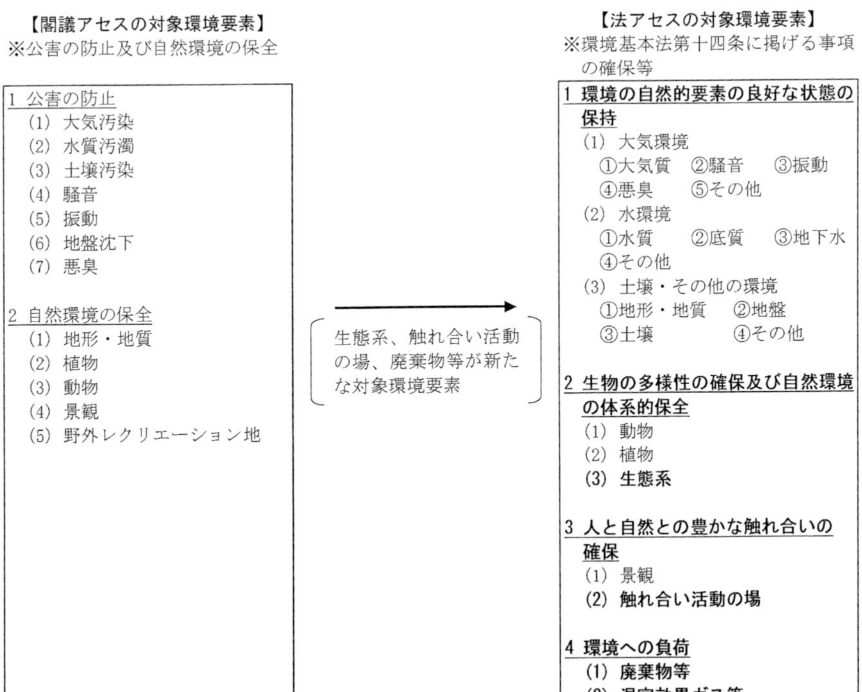

【閣議アセスの対象環境要素】
※公害の防止及び自然環境の保全
1 公害の防止
(1) 大気汚染
(2) 水質汚濁
(3) 土壌汚染
(4) 騒音
(5) 振動
(6) 地盤沈下
(7) 悪臭
2 自然環境の保全
(1) 地形・地質
(2) 植物
(3) 動物
(4) 景観
(5) 野外レクリエーション地
生態系、触れ合い活動の場、廃棄物等が新たな対象環境要素
【法アセスの対象環境要素】
※環境基本法第十四条に掲げる事項の確保等
1 環境の自然的要素の良好な状態の保持
(1) 大気環境
①大気質 ②騒音 ③振動
④悪臭 ⑤その他
(2) 水環境
①水質 ②底質 ③地下水
④その他
(3) 土壌・その他の環境
①地形・地質 ②地盤
③土壌 ④その他
2 生物の多様性の確保及び自然環境の体系的保全
(1) 動物
(2) 植物
(3) 生態系
3 人と自然との豊かな触れ合いの確保
(1) 景観
(2) 触れ合い活動の場
4 環境への負荷
(1) 廃棄物等
(2) 温室効果ガス等

図 6.3　閣議アセスと法アセスの対象環境要素一覧（道路環境研究所，2000 より）

お，ファウナ調査やフロラ調査と並行して，その生息環境および生育環境について可能な限り詳細な記録をとっておくことが，後の予測・評価や環境保全措置の検討にあたっての重要なポイントとなる．なお，植物群落調査の結果は，動物の生息環境として，また生態系の基盤として特に重要な情報であることから，林分構造や林床植生の状況，大径木林の分布等についても，可能な限り詳細な記録をとっておく必要がある．

新たに導入された生態系については，調査等の方針は出ているものの，調査手法は確立されていない．むしろ，地域ごとに特徴の異なる生態系については，その状況に応じて調査方法を検討し実施していくことが求められている状況である．なお，基本的事項（1997（平成9）年12月12日環境省告示第87号）では，調査対象範囲内の生態系を「地域を特徴付ける生態系」としていくつかに分類し，各々の生態系において「上位性（生態系の上位に位置する）」「典型性（生態系の特徴を良く現す）」「特殊性（特殊な環境等を指標する）」の観点から選定した注目される生物種等についての詳細調査を実施する方向が示されている．

2）予測および評価の概要　動物，植物および生態系の予測は，現地調査結果と工事の施工計画および供用後の事業計画を重ね合わせることによって行う．環境影響評価法に基づく技術指針省令では，予測については「可能な限り定量的手法を用いる旨」が明記されている．しかし，動物，植物および生態系への影響は，定量的な現況把握の限界や予測の不確実性等の要因から，植物群落の改変面積等の一部を除いて定量化が困難で，そのほとんどは定性的な予測にとどまっているのが現状である．

評価については，予測結果を踏まえ，事業者が実行可能な範囲において環境保全措置を実施することにより，「環境への負荷をできる限り回避し，低減する」ことができたかどうかが判断されることになる．しかし，実施される環境保全措置についても，その効果を定量的に示すことが難しい場合が多い．

表6.2　動物および植物の主な現地調査方法

調査項目		現地調査方法の概要
動物	哺乳類	フィールドサイン法：　死体，食痕，糞，足跡，巣，声等で確認 トラップ法：　はじきわな等による小型哺乳類（ネズミ類等）の捕獲
	鳥類	任意観察法：　成体の目撃や鳴き声，さえずり等による確認 ラインセンサス法：　設定したルート上を歩いて，一定範囲内に出現した鳥類の種別および個体数を記録 ポイントセンサス法：　設定したポイント上から確認した鳥類の種別および個体数を記録
	両生類・は虫類	任意観察法：　幼生，成体等の目撃や死体，鳴き声などで確認
	昆虫類	任意観察法：　成体等を直接目撃した種を記録（チョウ類等の大型種） スウィーピング法：　捕虫網を水平に振り草木や叢間の昆虫類を採取 ビーティング法：　棒で枝や草を叩き，落下する昆虫類を叩き網で採取 ライトトラップ法：　夜間，白布のスクリーン（カーテン）に光を投射して，誘引される夜行性昆虫を採取 ベイトトラップ法：　糖蜜や腐肉等の誘引餌（ベイト）を入れたトラップ（コップ等）を地表面に埋設して落下した昆虫を採取
	水生生物　魚類	直接観察法：　目視や潜水調査により種や個体数を観察 捕獲法：　投網・タモ網・刺し網等を用いて魚類を捕獲
	水生生物　底生動物	コドラート法：　30 cm×30 cm 程度のコドラートを設置し，サーバーネットやタモ網等でコドラート内の石礫や砂泥，動物体，ゴミ等をすべて捕集し，この中から底生動物を採取
植物		植物相調査（フロラ調査）：　目視観察により植物種（シダ植物以上の高等植物）を確認 植物群落調査：　優占種により植物群落の細区分を行い相関植生図を作成．各々の群落について，植物社会学的な植生調査を実施

表 6.3 植物調査時の留意点

調査項目	調査時の留意点
植物相調査（フロラ調査）	・調査対象地域内をできる限り踏査し，目視観察により植物種（シダ植物以上の高等植物）を確認する．現場で種名が特定できない個体については，標本を持ち帰り，室内にて同定作業を行う ・調査に関しては，種ごとの生育環境の特性を考慮し，尾根や斜面上部～下部，湿地や岩場，河川，池沼，水田や畑等の異なった立地を網羅するように踏査する ・調査時期は，種ごとの開花・結実期等を可能な限り網羅するように，少なくとも，早春季，春季，夏季，秋季の 4 回実施する ・貴重種については，生育位置および個体数を地図上に記録するとともに，その生育環境や群落の状況等を詳細に記録する
植物群落調査	・既存の植生図や航空写真等から植生予察図を作成し，現地調査を行う．現地調査では，優占種により植物群落の細区分を行い相関植生図を作成する．事業規模によって異なるが，法アセスではおおむね 1/5000～1/25000 程度のスケールで作成されることが多い ・相関植生図における各々の群落について，典型的な林分を数カ所選定し，植物社会学的な植生調査を実施する．植生調査では，高木層～草本層の階層ごとに種組成を明らかにするとともに，地形や土壌，日当たり，風当たり，傾斜や斜面方位等の立地条件を把握する ・植生調査の結果から各群落の標徴種等を抽出し，植物社会学的な群集の同定を行い，群落調査の結果を整理する．なお，標徴種の抽出には本来，組成表等の作成が必要であるが，環境アセスメントの調査では植生調査結果のみから判断されていることも多い ・植物群落の調査結果は，動物の生息環境として，また生態系の基盤としても特に重要な情報であることから，林分構造や林床植生の状況，大径木林の分布等についても可能な限り記録する

c. 環境保全措置の概要

環境保全措置は，ミティゲーション（mitigation）ともいわれ，開発事業による環境に対する影響を軽減するためのすべての保全行為を示す概念である．米国の NEPA におけるミティゲーションの定義では，回避＞最小化＞修正＞軽減＞代償の 5 段階の優先順位で，影響の軽減策を検討することとされている．

環境影響評価法で導入された環境保全措置についても，基本的事項（1997（平成 9）年 12 月 12 日環境省告示第 87 号）において回避＞低減＞代償の考え方が明記され，「回避（行為の全体または一部を実行しないことによって影響を回避すること）」⇒「低減（何らかの手段で影響要因または影響の発現を最小限に抑えること，または，発現した影響を何らかの手段で修復する措置）」⇒「代償（損なわれる環境要素と同種の環境要素を創出することなどにより，損なわれる環境要素の持つ環境保全の観点からの価値を代償するための措置）」の優先順位を基本に検討することが重要とされている（環境省，2001）．

しかし，わが国の法アセスは，事業計画がある程度決定した段階で実施される「事業アセスメント」であることから，“重要な植物群落の改変を避ける”等の「回避」措置と比べて，“重要な種（個体）を移植する”等の「代償」措置が行われることが多い．

6.2.3 環境アセスメントの課題と展望

法アセスは，閣議アセスと比べると多くの改善点がみられるが，自然環境の保全を検討する上では，まだ多くの課題が残されている．以下に，その課題と今後の展望について述べてみたい．

a. 調査，予測および評価の技術的な課題

「環境保全措置を検討するための情報が少なく，予測・評価や環境保全措置の効果が定性的にしか把握できない．また，生態系としての総合的な視点からの調査・解析を行った事例が少ない」．

表 6.3 に示したフロラやファウナ等に関する調査については，動植物調査が実施され始めた 20 年程度前と比較すると，その質・量ともに格段に向上したといってよい．一方で予測・評価や環境保全措置については，生態系等に関する新たな試みが進められているものの，その技術については

大きな向上がみられないのが現状である.

このような状況を改善するためには，代表種の生育・生息環境に関する詳細情報や，生態系としての植物と動物のかかわり，保全のための管理手法等の情報を調査・解析し，実際の環境アセスメントに活用した事例を多く蓄積していく必要がある．このためには，行政や企業，研究機関等の，横方向の連携をより一層強化していく必要があろう．なお，動植物および生態系等の定量的な予測・評価手法として，米国において広く活用されている，HEP（habitat evaluation procedure）の導入等も検討され始めている.

b. 環境アセスメントの実施段階に関する課題

「事業計画の概要が決まった後で環境アセスメントを実施するため，大幅な計画変更を行うことが困難である．また，個々の事業の累積的・複合的な影響の回避や，広域な行動圏をもつ動物の生息環境の保全等が困難である」.

法アセスは，個別の事業について事業計画がおおむね決定した段階で実施する「事業アセスメント」である．ゆえに，事業区域内での環境保全措置を講ずることはできても，上記のような課題に対しては根本的な解決策は見出せない.

このような中，戦略的環境アセスメント（SEA : strategic environmental assessment）の導入が検討されている．SEAとは，「政策，計画，プログラム」を対象とする環境アセスメントであり，事業に先立つ上位計画や政策などのレベルで，環境への配慮を意思決定に統合するための仕組みである（計画段階で実施するものは「計画アセスメント」とも呼ばれる．環境省「環境影響評価情報支援ネットワークHP」より）．わが国では，東京都や埼玉県等の自治体で，政策や計画段階からの環境配慮について制度的な取り組みが進められているが，実施事例はまだまだ少なく，国レベルでの制度化には至っていない．一方，先進諸国においてはNEPAによっていち早く導入された米国に続き，1990年前後からオランダ，カナダ，英国等の主要先進国においてSEAの導入が急速に進んでおり，わが国における早期の導入が期待されている.

c. コミュニケーションとしての環境アセスメントの課題

「住民との十分な意見交換の場がもうけられているとはいいがたい．また，評価書の内容が専門的で理解しがたく，良好な合意形成のツールとなりえていない」.

環境アセスメントの手続きについては，環境影響評価法施行後も「アセスメントではなくアワセメントであり，事業にお墨つきを与えているだけだ」と揶揄されることが多い．この原因は，調査や予測・評価等の科学的な未熟さによるものより，事業者自身がアセスメントを実施していることからくる不信感や，コミュニケーション上の問題に起因している面が大きいと考えられる．実際に紛糾した事例でも，環境影響上の問題に加え，むしろ事業計画や事業自体の必然性に対して反対意見が出されていることが多い.

環境アセスメントを，合意形成を図るためのコミュニケーションの場と考えると，事業者自身が，住民に理解しやすい情報提供方法や，事業計画の早期段階から住民意見を取り入れるための仕組みづくり等を検討することが重要である．このような動きとして，最近では，公共事業の計画段階における「円卓会議」などの，パブリックインボルブメント（PI : public involvement，政策・計画の段階から住民の意見を吸い上げるための意思表明の場を整備・提供すること）の取り組みが進められている.

6.2.4 環境アセスメントと植生管理

植生は，それ自体の価値だけでなく，動物の生息環境や生態系の基盤として極めて重要な要素であり，自然環境に関する環境アセスメントを進める上で最も基本となる情報である．したがって，自然環境の保全を進めるにあたっては，環境アセスメントを実施する各段階で，植生管理に関するどのような情報を提供できるかが重要なポイント

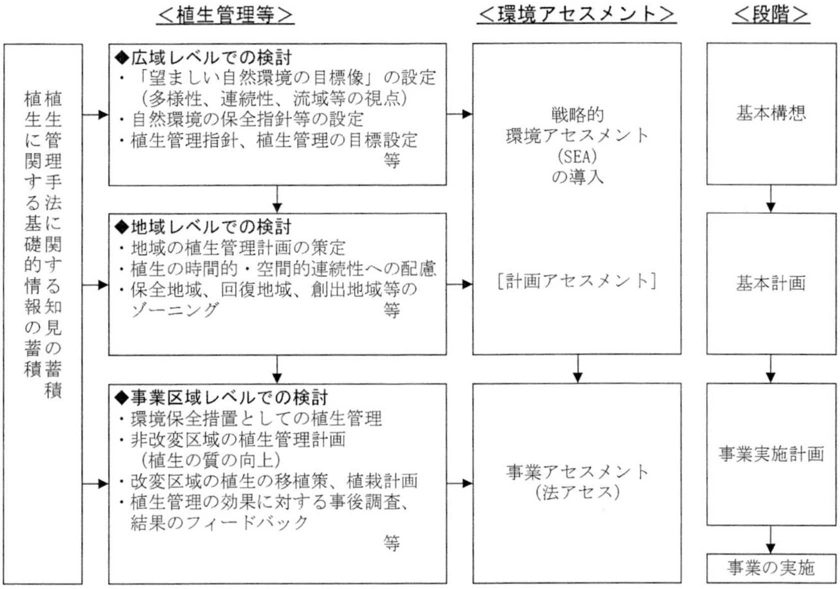

図 6.4　これからの環境アセスメントと植生管理

となる．図 6.4 に，これからの環境アセスメントと植生管理の望ましい関係についての私見を示した．

今後，導入が検討されている SEA の実施時点は，政策や事業の基本構想の立案段階に該当する．この段階では，国や県等の広域レベルでの「望ましい自然環境の目標像」を検討し，植生に関する大枠での保全・管理指針を提示するなど，植生管理の目標設定に関する情報を提供する．ここで設定する「目標」は，体系的な目標設定が可能となるよう，下位レベルでの検討段階において尊重される必要がある．

計画アセスメント等が実施される基本計画段階では，広域レベルでの目標設定を受け，地域レベルでの植生管理計画を策定する．植生管理計画の検討にあたっては，土地利用計画と現存植生や潜在自然植生の状況等を踏まえ，保全地域や回復地域，創出地域等のゾーニングを行う．ゾーニングにあたっては，動物の生息環境としての植生の連続性（空間的連続性）や，過去から現在に至る植生の履歴（時間的連続性）にも配慮する必要がある．

法アセスが実施される事業実施計画段階では，環境保全措置としての植生管理計画を検討する．ここでは，非改変区域における植生管理計画や，重要な種・群落の移植計画，改変区域に新たに創出する緑地の植栽計画等を検討することとなる．その際には，事業者が確実に担保できる管理期間内における目標植生を，できる限り明確に示しておく．なお，植生管理実施後は，事後調査による効果の検証とそのフィードバックを行い，植生管理に関する知見を蓄積していくことが重要である．

現状では，各段階における植生管理を検討する際に，植生に関する基礎的情報や植生管理に関する知見が不足していることも多い．しかし，いま，現時点においても，開発により多くの植生が失われているのが現実であり，基礎的情報の蓄積を待っているだけでは自然環境を保全することはできない．重要なことは，以下のような点であると考えている．

① 不確実な点があったとしても，現時点における情報をもとに植生管理を実施し，その事例を蓄積すること．

② 蓄積した事例を分析・評価し，その結果をもう一度植生管理にフィードバックさせること．

③ これと並行して，植生に関する基礎的情報の研究を進め，結果を蓄積・公開していくこと．

環境アセスメントが，よりよい植生管理を実現するための手段となることを願ってやまない．

（雨嶋克憲）

文　献

1）（財）道路環境研究所．2000．道路環境影響評価の技術手法．pp.7-8．（財）道路環境研究所．

2）原科幸彦・横田勇．2000．環境アセスメント基本用語辞典（環境アセスメント研究会編）．pp.39-40．オーム社．

3）環境省総合環境政策局．2001．自然環境のアセスメント技術（Ⅲ）生態系・自然とのふれあい分野の環境保全措置・評価・事後調査の進め方．pp.133-135．財務省印刷局．

4）環境省総合環境政策局．2002．環境白書（平成14年版）．p.253．ぎょうせい．

5）環境省総合環境政策局．2004．環境白書（平成16年版）．p.177．ぎょうせい．

6.3 フロラ調査

6.3.1 フロラ調査の方法

ここでは，フロラリスト作成のためのフロラ調査の方法について概説する．地域の種多様性や自然性を評価する材料として，対象地域に生育する全植物の目録（フロラリスト）がもちいられる．

フロラリストの作成は，対象地域内を踏査し，発見した種をリストアップすることによって行う．対象地域の面積や，時間的・人員的な制限のために，地域内をくまなく踏査することが困難な場合は，事前に地形図や植生図から踏査ルートをよく検討しておく．対象地域内に生育する種をもれなく記録するためには，地域内の異なる立地環境をすべて通るようにルートを設定することが必要である．異なる立地環境には異なる種組成をもつ群落が成立するので，フロラ調査といえども群落を意識して調査することが大切である．群落を対象にした植生調査と並行して行う場合には，まず植生調査で出現した種のリストを作成しておいて，それを補うかたちで調査するのが効率的である．自然植生域では風倒ギャップや露岩の周囲など，代償植生域では林縁や道端など，植生調査の際には異質な場所として除かれる部分や，調査対象となるほどの群落の広がりがない部分を探すと，新たな種が見つかることが多い．必要に応じて証拠標本を採集するが，稀少種や地域内に個体数が少ない種の場合は，写真撮影にとどめる．特定の種の分布情報が必要な場合には，地形図上に出現地点を落としておく．

フロラ調査では，調査時期の選定が精度に大きな影響を及ぼす．植物の生育期間は種によって異なるので，完全なフロラリストの作成のためには，季節を変えて複数回調査を行う．その際，植物の同定に適した季節を選ぶことが重要である．たとえばスゲ属の植物は果実がないと同定が困難であるので，スゲ属が多い湿地では結実期の春から初夏に調査を計画しなければならない．また水田の雑草は代掻き前と水を落とした後でまったく異なるので，春と晩夏に調査を行う．このほか，調査者の経験や同定能力，面積あたりに費やす調査時間，調査ルートの密度も精度に影響を与えるので，複数地域を比較するときには，これらの条件にばらつきが出ないよう留意する．

現在では自治体レベルで地域植物誌が出版されていることもあるので，これを事前に確認しておくことも重要である．これを利用すれば，どのような種が出現する可能性があるのかという情報を得ることができるし，チェックリストとして使うこともできる．

6.3.2 フロラリストの作成

記録された植物は分類体系に従って並べ，正確な学名を付してリストを作成する．必要に応じて，各植物が確認された生育立地や群落を記入してもよい．証拠標本を採集した場合は，標本番号を記入し，別に作成した標本目録と対応させる．標本目録には，標本番号，種名，採集地，採集日，採集者などの情報を整理しておく．

作成されたフロラリストを地域の種多様性や自然性を評価する材料として使う場合には，フロラを構成する個々の種の評価が必要である．いくらリストに掲載された種数が多くても，それが外来植物ばかりであれば良好な自然とはいえない．ある立地や群落に典型的な種をどれだけ含んでいるか，分布限界にあたる種や稀少な種はあるのか，外来種がどの程度の割合を占めるのか，といった情報が，地域のフロラを評価する上で必要である．そこでフロラリストには各植物の分布域，稀少性，在来種か外来種か，といった情報も記載しておくのが望ましい．稀少性の判定に関しては，環境省編のレッドデータブック（環境庁，2000）が利用できる．またいくつかの都府県では，自治体レベルのレッドデータブックも作成されている（6.4 節参照）．（吉川正人）

6.4　レッドデータブック

生物種の中には現在旺盛に繁殖して，他の生物の生息･生育を脅かすものもあれば，このままの状態では絶滅してしまう生物までさまざまな状態で存在している．多くの野生生物種が，主として人間活動の影響，すなわち森林の破壊などによる生息地の減少・分断化や生息地環境の悪化，外来種の侵入などによって絶滅の危機に瀕している．このため，保護を必要としている生物に対して，その保護の緊急度を判定して，対策を立てることが必要となってきている．保護の緊急度の高い生物，すなわち，いま何らかの手立てを講じなければ，絶滅に至る危険性の高い生物種は絶滅危惧種と呼ばれ，それを選び出した種のリストはレッドリスト，その刊行物はレッドデータブックと呼ばれ，RDB と略称されている．レッドデータブックの語源は，緊急性をアピールするために表紙を赤色にしたことにちなんでいる．国際自然保護連合（IUCN）が世界の生物のレッドデータブックを刊行しているほか，日本をはじめとして多くの国でさまざまな分類群についてのレッドデータブックが出版されている．

絶滅危惧種に類似した用語に稀少種，貴重種などがあるが，稀少種は種の稀少性に基づくもの，貴重種は有用性と稀少性に基づくものと考えられるが，これらの選定は主観的な判断に任されてきたのが現状であった．レッドデータブックは絶滅に至る危険性を判断基準にもちいて評価し，種の選定を行っている点に特徴がある．

レッドデータブックを作成するにあたっては，絶滅の危険性の評価の基準を，できるだけ科学的な根拠で，あるいは客観的に判断できるものとするように努力が重ねられてきている．国際自然保護連合（IUCN）は 1994 年にレッドデータブックのカテゴリーを改定した．この IUCN の判定基準では，生物種の生育・生息状態を，継続的な減少傾向，分布域の大きさ，生育環境の質，生息地の分断，成熟個体の数，野生状態における絶滅確率の定量的予測値などをもちいて絶滅寸前，絶滅危機，危急などの保護の緊急性の判断が行われている．このうち絶滅確率は，集団存続性解析，集団生存力分析または個体群存続可能性分析（PVA : population viability analysis）などの個体数の予測モデルを用いて，何年後に対象となる個体群が絶滅する確率（絶滅確率）がどのくらいであるかを推定するものである．

6.4.1　日本の維管束植物のレッドデータブック

日本の初のレッドデータブックは，1989 年に日本自然保護協会と世界野生生物保護基金日本支部によって作成された．現在は，国レベルのレッドデータブックを環境省が作成している．環境省では 1995 年より，1994 年の IUCN の基準に準拠した見直し作業が開始された（表 6.4）．植物は，維管束植物と維管束植物以外の 2 つの分類群に分けて，レッドデータブックが作成されている．維

表 6.4　日本（環境省）の絶滅のおそれのある生物の判定基準（定性的要件）

基準		絶滅危惧Ⅰ類（CR＋EN）	絶滅危惧Ⅱ類（VU）
確実な情報があるもの	個体数の減少	既知のすべての個体群で危機的水準まで減少	大部分の個体群で大幅に減少
	生息地の生息条件	既知のすべての生息地で著しく悪化	大部分の生息地で明らかに悪化しつつある
	捕獲・採取圧	既知のすべての個体群が再生産能力を上回る捕獲・採取圧にさらされている	大部分の個体群が再生産能力を上回る捕獲・採取圧にさらされている
	交雑可能種の侵入	ほとんどの分布域に交雑のおそれのある別種が侵入	分布域の相当部分に交雑可能な別種が侵入
確実な情報が少ないもの		それほど遠くない過去（30～50年）の生息記録以後確認情報なし．その後調査が行われていないため，絶滅したかどうかの判断が困難	

表 6.5　日本の絶滅危惧種の区分と定義

区分	略称	定義
絶滅	EX	わが国ではすでに絶滅したと考えられる種
野性絶滅	EW	飼育・栽培下でのみ存続している種
絶滅危惧Ⅰ類		絶滅の危機に瀕している種
絶滅危惧ⅠA類	CR	ごく近い将来における野生での絶滅の危険性が極めて高いもの
絶滅危惧ⅠB類	EN	IA類ほどではないが，近い将来野生での絶滅の危険性が高いもの
絶滅危惧Ⅱ類	VU	絶滅の危険が増大している種
準絶滅危惧	NT	存続基盤が脆弱な種
情報不足	DD	評価するだけの情報が不足している種
絶滅のおそれのある地域個体群	LP	地域的に孤立している個体群で，絶滅のおそれが高いもの

管束植物については定量的な判定基準が採用されているが，維管束植物以外の多くの分類群のレッドデータブックでは，現在のところ，絶滅の危機にさらされている種の現況を定量的に判定するに十分な情報が得られないため，絶滅の危険性の判定は定性的なものがもちいられている．

環境省の維管束植物のレッドデータブックでは，IUCNの判定基準に準拠した定性的な要件と定量的な要件の両方を併用してどのカテゴリーに該当するかを判定している（表6.5，6.6）．維管束植物については絶滅の危険性を判断するAからEまで5つの要件のうち，絶滅確率によるE基準とA，C，Dの定量的要件とそれらの組み合わせによるACD基準と呼ばれる独自の判定基準を採用し，これら5つの判定基準を設け，RDB種を選定している．

環境省では植物Ⅰ（維管束植物）のレッドデータブックに掲載された種の中から，開発行為にさらされやすい湿地や草地の植物を中心に，植物種を限定してその分布情報を公開している．一方で，分布情報の公開は乱獲のリスクを伴うため，乱獲のおそれが少ない種を「公開種」として選定している．

6.4.2　日本各地の植物種のレッドデータブック

日本では，1990年代から都道府県のレッドデータブック・レッドリストも作成されている．2003年にはほぼすべての都道府県で，レッドデータブックが刊行されている．また，一般向けに普及版を作成する自治体もみられる．さらに，市町村レベルでのレッドデータブックも広島市などで作成されており，NGO・NPOなどが独自に作成したレッドデータブックなども出版されるようになっている．

表 6.6　日本（環境省）の絶滅のおそれのある生物の判定基準（定量的要件）

基準	絶滅危惧ⅠA類（CR）	絶滅危惧ⅠB類（EN）	絶滅危惧Ⅱ類（VU）
A. 個体数の減少（A1 または A2 のどちらかを満たす）			
A1（最近の傾向）	最近 10 年間または 3 世代で 80% 以上の減少	最近 10 年間または 3 世代で 50% 以上の減少	最近 10 年間または 3 世代で 20% 以上の減少
A2（今後の予測）	今後 10 年間または 3 世代で 80% 以上の減少	今後 10 年間または 3 世代で 50% 以上の減少	今後 10 年間または 3 世代で 20% 以上の減少
B. 出現範囲の面積（B1～B3 のいずれか 2 つ）	出現範囲 100 km^2 未満もしくは生息地面積 10 km^2 未満	出現範囲 5000 km^2 未満もしくは生息地面積 500 km^2 未満	出現範囲 20000 km^2 未満もしくは生息地面積 2000 km^2 未満
B1（分断化）	生息地が過度に分断あるいはただ 1 つの地点	生息地が過度に分断あるいは 5 以下の地点	生息地が過度に分断あるいは 10 以下の地点
B2（継続的な減少）	出現範囲、生息地面積、成熟個体数等に継続的な減少の予測	←	←
B3（極度の減少）	出現範囲、生息地面積、成熟個体数等に極度の減少	←	←
C. 成熟個体数（C1 または C2 のどちらかを満たす）	250 未満	2500 未満	10000 未満
C1（継続的な減少）	3 年間もしくは 1 世代で 25% 以上の減少	5 年間もしくは 2 世代で 20% 以上の減少	10 年間もしくは 3 世代で 10 % 以上の減少
C2（個体群の分断・孤立化）	成熟個体数の継続的な減少＋過度の分断あるいは孤立化	←	←
D. 成熟個体数	50 未満	250 未満	個体群が極めて小さく 1000 未満かまたは生息地面積あるいは分布地点が限定
E. 数量解析による絶滅の可能性	10 年間または 3 世代で絶滅の可能性 50% 以上	20 年間または 5 世代で絶滅の可能性 20% 以上	100 年間で絶滅の可能性 10% 以上

6.4.3　植物群落のレッドデータブック

生物種のレッドデータブック作成に加えて，保護を必要としている植物群落を抽出したレッドデータブックもつくられるようになってきている．全国レベルの植物群落については 1996 年に日本自然保護協会によってまとめられ，「植物群落レッドデータブック」として出版された．また，千葉県や兵庫県などのように地方のレッドデータブックの中にも植物群落の情報が掲載されているものがある．

（星野義延）

文　献

1) 環境省編．2000．改訂・日本の絶滅のおそれのある野生生物　植物Ⅰ（維管束植物）．自然環境研究センター．
2) 松田裕之．2001．環境生態学序説．共立出版．
3) 長池卓男・中井達郎．1998．レッドデータブック（RDB）(1) ―植物種，動物種，植物群落，自然保護ハンドブック―．pp. 102–113．朝倉書店．
4) 大澤雅彦監修．2001．生態学からみた身近な植物群落の保護．講談社サイエンティフィック．
5) わが国における保護上重要な植物種および植物群落研究委員会植物群落分科会編著．1996．植物群落レッドデータブック―わが国における緊急な保護を必要とする植物群落の現状―．アボック社．

7. 植生調査の方法と解析方法

本章では，最初に植物群落のとらえ方の基本的考え方を述べ，次に知ろうとする内容を異にする2つの調査方法と解析方法を紹介している．最初の部分では植物社会学的手法による植生調査とその解析方法の1つである「組成表」の作成方法について，具体的な例を示しながら解説している．さらに，抽出された植物群落を凡例とした植生図の作成とその利用方法について示している．さらに，植生データを用いた分類と序列化についても言及している．2つ目は毎木調査の方法と解析方法である．これらの調査方法と解析方法は，実際の現地調査と資料解析に有効な助けになろう．

7.1 植生調査の方法

7.1.1 植物群落の記録—植物社会学的な植生調査—

野外で植物群落の内容を記録する方法として最も一般的なのは，ヨーロッパで確立された植物社会学的な調査方法である．この方法は，図7.1に示すような調査票に，対象とする植分（スタンド）に出現するすべての種をリストアップし，それぞれの種の生育量を判定して記録していくものである．この方法で正確に記録された調査票からは，実在の植物群落の構成種やその空間配置，量的関係を再現することができる．単に植生調査といった場合には，この調査方法をさすことが多く，国や自治体が行う自然環境調査や，環境アセスメントの現場で広くもちいられている．以下に調査の具体的内容を示す．

7.1.2 調査区の選定

植物社会学的な植生調査は，単に特定の植分の記録にとどまらず，多数の調査票を相互に比較することで，規則的な種組成をもつ群落単位を抽出し，それを体系的に整理することを目的に行われる（7.2.3項参照）．そのため調査にあたっては，① 現地である程度群落の違いを認識し，それぞれの典型的な部分に調査区を設けること（層化サンプリング），② 同質とみなされる群落に複数の調査区を設けること（反復サンプリング），が必要である．1つの調査区は，優占種や群落高が等しく，均質な相観をもつ範囲とする．周囲の状況をよく観察し，隣接した異質な群落を含まないように注意する（図7.2）．斜面方位や傾斜，微地形などが異なると，種組成や植物の生育状況が異なることが多いので，地形的な違いにも留意する．調査区の形状は正方形にこだわる必要はなく，群落の広がりに応じて決められる（図7.2）．また，同質の群落内に複数の調査区を設ける際には，調査区が近接した場所に集中するなど偏った配置になると，偏った種組成のみサンプリングしてしまうので，調査区は群落内になるべく散らばるように設けることが望ましい（図7.3）．

調査面積は，対象とする植分に生育するほとんどの種が出現する面積（最小面積）よりもやや広い面積とする（図7.4）．したがって必要な調査面積は群落の種類によって異なる．およその目安としては，高山植物群落や水田雑草群落では1～2 m^2，二次草原では4～25 m^2，自然林では100～400 m^2である．実際の調査では，調査区の中心から順次範囲を広げながら，出現した種をリストアップしていき，新しい種がほとんど出現しなくなったところでリストアップを終了し，このときの範囲を調査面積とする．

植生調査票

No. NU 10 ① 調査地 富士山・西臼塚	図幅 1:5万 富士宮 (上)右 下左 ⑪
(概要) ⑫ 人工林風倒地に隣接.	(海抜) 1150 m
	(方位) S30°W ⑧
(地形) 山頂緩斜面・緩やかな尾根・やせ尾根・(斜面)(上・(中)・下・縦断面：凸凹(平)複・横断面：凸凹平複)	(傾斜) 7°
⑩ 麓屑面・崖錐・谷底緩斜面・扇状地・山麓緩斜面・段丘・台地・平地・谷	(風当) 強・やや強・(中)・弱 ⑨
	(日当) (陽)・中陰・陰
	(土湿) 乾・やや乾・適・(やや湿)・湿
	(面積) 15×15 m² ⑤
	(出現種数)
	'00 年 8 月 3 日 ②
	調査者 福嶋 吉川

階層	③ 高さm	⑥ 植被率%	優占種	胸径cm	種数
B_1 高木層	17 ~ 23	90	ブナ	80~90	3
B_2 亜高木層	5 ~ 11	50	サワシバ		13
S 低木層	1 ~ 4	25	コクサギ		8
	~				
K 草本層	~ 0.4	90	オオイトスゲ		47
	~				
M コケ層	~				

S	D·S		S	D·S		S	D·S		S	D·S	
B1	4·4	ブナ	S	1·2	ツクバネウツギ	K	4·4	オオイトスゲ		1·2	ヒメウワバミソウ
	2·2	ヒメシャラ		2·2	コクサギ		+	カジカエデ (sl)		+	ツルシロガネソウ
	2·2	ミズキ		+	アオダモ		+	フタリシズカ		+	ヤマアジサイ
	⑦	④		+	タンナサワフタギ		1·1	ミヤマイボタ		+	ボタンヅル
				1·1	チドリノキ		+	アマチャヅル		+	ヤマクワガタ
				1·2	アブラチャン		+	アオホオズキ		+	ミツバウツギ
				+	ミツマタ		+	エゴノキ (sl)		+	シコクスミレ
				+	ガマズミ		+	モミジイチゴ		+	ミヤマヤブタバコ
							+	トチバニンジン		+	ツリフネソウ
							+	チヂミザサ		+	ヒカゲミツバ
							+	キツリフネ		1·1	セントウソウ
							+	ツクバネウツギ		1·1	ヤマトグサ
							1·1	アズマヤマアザミ		+	ホウチャクソウ
							1·1	ミズヒキ		+	ヒメシャラ
							+	ダイコンソウ		+	ゴマギ
B2	2·2	サワシバ					+2	ミヤマタニソバ		+	イヌワラビ
	1·1	ヒメシャラ					+	エイザンスミレ		+	サワシバ
	1·1	チドリノキ					1·1	コフウロ			
	1·1	ホオノキ					+	ブナ (sl)			
	2·2	ヤマボウシ					+	シオデ			
	1·1	オオモミジ					+	スイカズラ			
	+	タンナサワフタギ					+	ミズキ			
	1·1	アオダモ					+	クルマムグラ			
	+	ノキシノブ (ep)					+	ミヤマタニタデ			
	+	ヒメノキシノブ (ep)					1·1	ムカゴイラクサ			
	+2	ツルマサキ (ln)					+	エンレイソウ			
	1·1	イトマキイタヤ					+	クルマムグラ			
	+	ミヤマイボタ (ep)					+	ミヤマシケシダ			
							2·2	シロヨメナ			
							+	バライチゴ			

群落名　　　　整理番号 No.

図 7.1 植生調査票記入例
①～⑫の番号は本文中の記入手順に対応.
ep：着生植物，ln：ツル植物，Sl：木本実生.

7.1.3 階層の区分

植物は，群落の中で垂直的にいくつかの階層をなして生活していることが多い．植生調査では出現種を階層ごとに記録するため，出現種をリストアップする前に，群落の階層区分を行う．森林群落では，高木層（B1），亜高木層（B2），低木層（S），草本層（K）の4つに区分されることが多い（図 7.5）．しかしこの区分は固定されたものでは

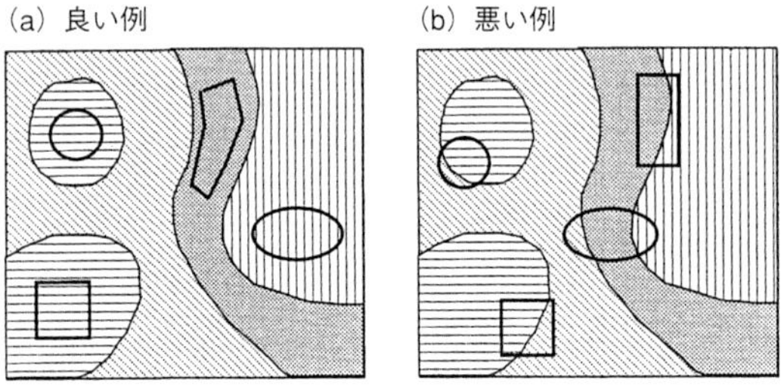

図 7.2　調査区の設定の仕方
異質な群落にまたがらないようにする．均質な範囲であれば形状は問わない．

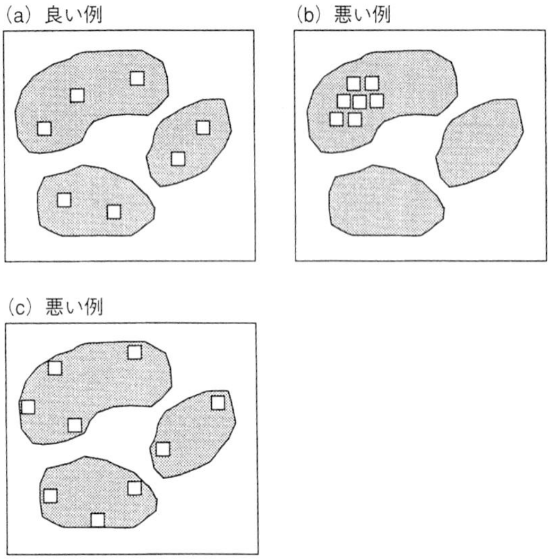

図 7.3　群落内での調査区の配置
一部のパッチに偏って配置したり（b），辺縁部ばかりに配置する（c）と，群落の典型的な種組成を取り上げることができない．

なく，調査対象とする群落の階層構造にあわせて決められる．必要に応じて低木層を第一低木層（S1）と第二低木層（S2）に区分したり，草本層の下にコケ層（M）を加える場合もある．

7.1.4　種の生育量と生育状態の評価

群落に出現する種の生育量は，優占度（dominance）をもちいて表す．最もふつうに使われるブラウン-ブランケ（Braun-Blanquet）の優占度階級（Braun-Blanquet, 1964）は，被度（cover，調査面積の中で個々の種の葉群が覆っている割合，図 7.6）と数度（abundance，個々の

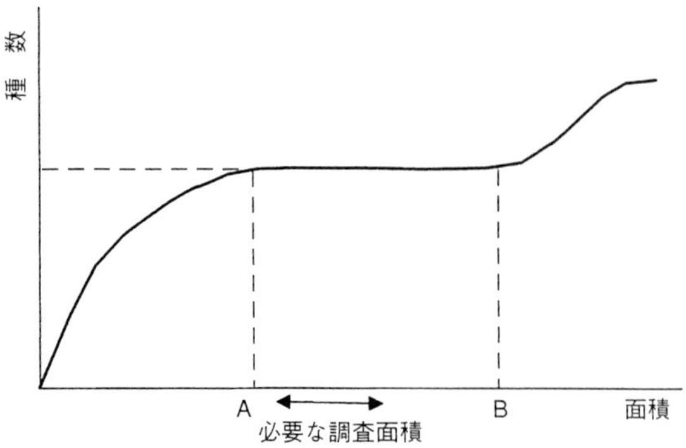

図 7.4　植生調査における面積—種数関係の概念図
ある面積（A）以上に調査範囲を広げても，出現種数がほとんど増えなくなる．しかし，隣接する異質な群落に入ると再び種数が増加を始める（B）．調査面積は A よりやや広い範囲とする．

種の個体数）の組み合わせで，次の 7 段階に区分されている．

r：単独で生育
+：まばらに生育し被度はごく小さい
1：個体数は多いが被度は小さい．またはまばらだが被度が大きい（ただし 1/10 以下）
2：非常に個体数が多い，または被度が 1/10 ～ 1/4
3：被度が 1/4 ～ 1/2，個体数は任意
4：被度が 1/2 ～ 3/4，個体数は任意
5：被度が 3/4 以上，個体数は任意

なお，優占度階級 1 と 2 の境界となる被度を 1/20 としている文献（Braun-Blanquet, et al., 1965；Mueller-Dombois, 1974）もあるので，どちらをもちいたかを明らかにしておく必要がある．

また，調査区内で個々の種が面的にどのように分布しているかを示すために，群度（sociability）をもちいる．調査面積が小さい場合は優占度のみの記録でも十分であるが，面積が広く植物が不均一に生育する場合，群度をもちいたほうが群落の状態をより忠実に表現できる．群度は次に示す 5 段階で評価される（図 7.7）．

1：単独で生育
2：小群状または束状に生育
3：斑状またはクッション状に生育

図 7.5　森林群落の階層構造（奥富ほか，1987 を改変）
関東平野の崖線にみられるケヤキ–シラカシ林の例．
B1：高木層，B2：亜高木層，S：低木層，K：草本層．
Aj：アオキ，Ap：ムクノキ，Cj：ヤブツバキ，Cs：エノキ，N：シロダモ，Q：シラカシ，T：シュロ，Z：ケヤキ．

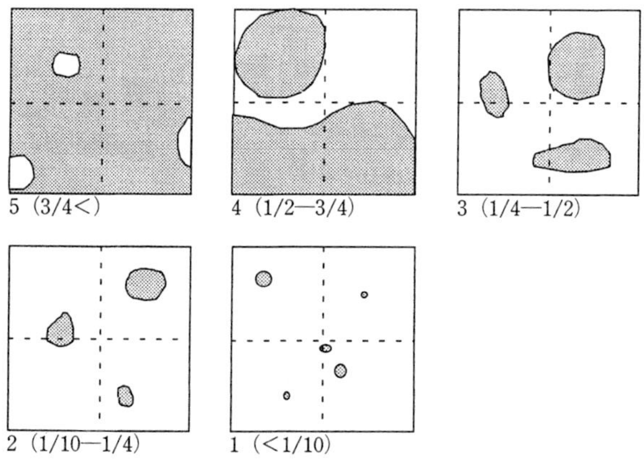

図 7.6　被度の判定基準
これと数度（個体数）を組み合わせて優占度を判定する．

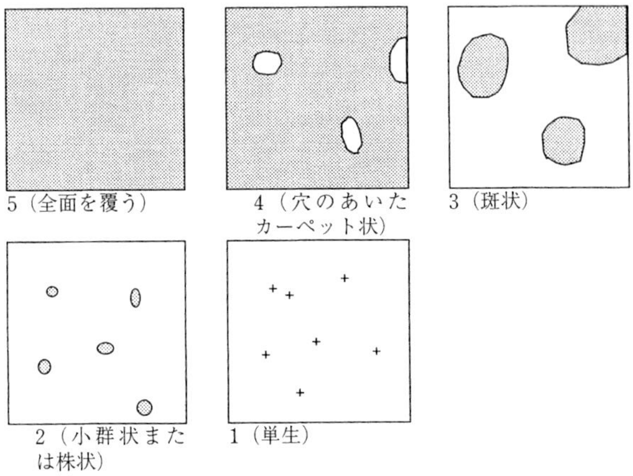

図 7.7　群度の判定基準

4：大きな斑状，または穴のあいたカーペット状に生育

5：一面に群生

調査票には優占度と群度を組み合わせて「5・5」「＋・2」のように記録する．優占度と群度は独立に判定されるものではあるが，両者の値は同じか一階級ほどの違いになり，「5・1」とか「＋・3」というのは起こりえない．なお，優占度が＋や r の場合は慣例的に群度は省略し，単に「＋」「r」とする．

固定調査区における経年的な変化や季節的な変化を調べる場合，ブラウン-ブランケの優占度階級では，被度の間隔が大きく，数度の判定基準もあいまいであるため，量的な変化が表現しにくい．そのような場合は，必要に応じて優占度階級を細分するなどの工夫が必要である．ロンド（Londo）の十進階級法は，被度階級を 13 段階の数字で表し，数度の評価をアルファベットで数字の前に加える方法である（表 7.1）．この方法は，被度と数度の区別が厳密であること，被度の値と被度範囲の平均値に直線関係があること，などの点で，小面積での調査や追跡調査に適している（星野，1999）．

表 7.1　ロンドの十進階級（星野（1999）より）

記号	被度の範囲	付加記号（判定基準）
．1	＜1%	．＝r（稀．孤立的）
．2	1〜 3%	＝p（ややまばら）
．4	3〜 5%	＝a（多い）
		＝m（非常に多い）
1	5〜 15%	1−（被度5〜10%）
		1＋（被度10〜15%）
2	15〜 25%	
3	25〜 35%	
4	35〜 45%	
5	45〜 55%	5−（被度45〜50%）
		5＋（被度50〜55%）
6	55〜 65%	
7	65〜 75%	
8	75〜 85%	（被度が5% を超えるものでは数度は示さない）
9	85〜 95%	
10	95〜100%	

．1，．2，．4の小数点の部分には r，p，a，m の記号が付加される．

7.1.5　植生調査の手順

調査に必要な道具は，調査票，画板，クリノメーター，メジャー，地形図，双眼鏡，カメラ，標本採集用具などである．植生調査は 1 人でもできるが，2 人 1 組になって 1 人が記録係になると効率がよい．調査票への記入手順は以下のとおりである（図 7.1 参照）．

① 調査票番号と調査地：　調査地番号は他地域のものとの混同を避けるため，地名の略号をつける（例：高尾山の 1 番目→TKO1）．

② 調査年月日と調査者名

③ 階層区分： 各階層の葉群の上限と下限の高さを記録する．連続的な場合は上限だけでもよい．高さを目測で測定するため，自分が手を挙げたときの高さや，体の部位（肩，へそ，膝など）の高さを覚えておくと便利である．

④ 種のリストアップ： 調査区の中央から順に，出現した種を階層ごとに分けて記録していく．同じ種が複数の階層に出現した場合は，それぞれの階層に記録する．たとえば高木層に生育する樹木の実生が草本層に出現した場合は，高木層と草本層にその樹種名を記録する．着生植物やツル植物は葉群を広げている階層に記録する．リストアップを始める前に，あらかじめ調査票上に各階層の出現種を記入する欄を割り振っておく（S欄）と，書き落としや重複が起こりにくい．現場で同定できない種は仮の名前で記入し，標本を持ち帰って同定する．

⑤ 調査面積： 新たな種がほとんど出現しなくなったところでリストアップをやめ，その時点での調査面積を記入する．

⑥ 植被率： 各階層ごとにすべての植物の葉群が地表を覆う割合を%で記録する．

⑦ 優占度・群度： 記録係が階層ごとに種名を読みあげ，もう1人が優占度と群度を目視で判定する（D・S欄）．慣れないうちは，判定が終わったら，各階層の優占度の合計と植被率が大きくかけ離れていないかを確認すると，判定の誤りを防ぐことができる．

⑧ 方位・傾斜： 調査地に傾斜がある場合は，その傾斜方向と傾斜角度をクリノメーターで測定して記入する．方位や傾斜は調査区内の細かな起伏を測るのではなく，調査区を含む斜面全体のものを測定する．

⑨ 立地条件： 風当たり，日当たり，土湿などの立地条件を記録する．風当たり，日当たりは調査時の天候ではなく，その場所の地形的条件や植物の生育状態から判断する．土湿は表層土壌を手にとって強く握り，水分のしみ出し具合で判定する．乾＝手のひらに水分が残らない．適潤＝手のひらに水分が残る．湿＝指の間から水がにじむ．過湿＝握らなくても水がしたたり落ちる．

⑩ 地形： 調査地の地形（尾根，谷，斜面の断面形態など）を記入する．

⑪ 位置・海抜： 地形図に調査地点を落とし，調査票番号を記入する．調査票にも地形図の図幅名を記入し，地形図や高度計で海抜を読みとって記録する．山中や広い河原での位置の特定には携帯用GPSがあると便利である．

⑫ その他： 土壌型，隣接する植物群落，人為的影響の程度などの情報を必要に応じて記録しておく．調査票の裏に群落断面図（群落を横からみたスケッチ）や周辺の地形上での位置を描いておくと，後でどのような群落であったかを再現するのに役立つ．

7.2 表操作による植物群落の識別

7.2.1 表操作法

ある地域の植生の内容を説明したり，分布図を示したりするためには，まずその単位として植物群落を類型化する必要がある．群落単位を導き出すには，前節の方法で得られた調査資料を1つの表にまとめて，いくつかの植分（スタンド）に共通して現れる種の組み合わせを見つけ出し，同じ組み合わせをもつスタンドを同一の群落単位とする．ここでもちいる表を組成表（floristic composition table）と呼び，組成表の操作によって種組成に基づく群落単位を抽出する手順を表操作法（tabulation technique）という．

野外に実在する植物群落（具体的な群落）の構成種の中には，① その場所の立地環境との結びつきや，何らかの種間関係によって群落の構成種

表 7.2　素表（湯ノ丸高原の草原植生）

原番号	1	2	3	4	5	6	7	8	9	10	11	12	13	14	15	16	17	18	19	20	21	22	23	24	25	出現回数
調査票番号(YM)	01	11	12	13	14	15	16	21	22	23	24	25	26	31	32	33	34	35	36	41	42	43	44	45	46	
標高(m)	1770	1780	1780	1920	1930	1780	1760	1780	1790	1920	1890	1790	1760	1780	1790	1920	1930	1790	1750	1780	1780	1920	1940	1800	1750	
方位(°)	N40W	N40W	N45W	N80E	E	–	S10W	N40W	N40W	S80E	N80E	S20E	S15W	N50W	N40W	E	N80E	–	S	N30W	N40W	S80E	N70E	S10E	S10E	
傾斜(°)	10	15	15	30	25	0	5	15	10	30	30	5	5	25	10	30	15	0	5	15	15	20	20	10	5	
第一草本層高さ(m)	0.8	0.9	0.5	0.5	2.0	0.5	0.1	0.8	1.2	1.0	0.8	1.4	0.2	0.8	0.9	0.8	1.4	0.8	0.1	0.8	1.0	0.3	0.5	0.2	0.1	
第一草本層植被率(%)	100	100	100	100	10	100	100	100	100	20	40	10	100	100	100	95	10	100	95	100	100	100	100	100	95	
第二草本層高さ(m)	–	–	–	–	0.4	–	–	–	–	0.3	0.3	0.3	–	–	–	–	0.6	–	–	–	–	–	–	–	–	
第二草本層植被率(%)	–	–	–	–	100	–	–	–	–	90	70	85	–	–	–	–	100	–	–	–	–	–	–	–	–	
調査面積(m²)	20	16	12	9	8	9	9	20	12	16	10	25	4	16	18	25	12	25	2	4	5	6	5	6	3	
調査年	'01	'01	'01	'01	'01	'01	'02	'01	'01	'01	'01	'01	'02	'01	'01	'01	'01	'01	'02	'01	'01	'01	'01	'01	'02	
月日	9.18	9.18	9.18	9.19	9.19	9.19	8.3	9.18	9.18	9.19	9.19	9.19	8.3	9.18	9.18	9.19	9.19	9.19	8.3	9.18	9.18	9.19	9.19	9.19	8.3	
出現種数	30	29	26	28	29	21	19	31	22	34	37	21	16	24	26	34	36	20	11	20	12	30	26	18	10	
オオヨモギ	1·1	+	2·2	·	·	·	·	+	5·5	·	·	·	·	2·2	4·4	·	·	·	·	1·1	2·2	·	·	·	·	9
ヤナギラン	+	+	+	·	·	·	·	1·2	+	·	·	·	·	1·1	2·2	·	·	·	·	1·2	·	·	·	·	·	8
ミヤマウラジロイチゴ	+	+	+	·	·	·	·	2·2	1·1	·	·	·	·	+	2·2	·	·	·	·	+	·	·	·	·	·	8
ヨツバヒヨドリ	+	+	·	·	·	·	·	1·2	1·2	·	·	·	·	·	·	·	·	·	·	+	·	·	·	·	·	5
イワノガリヤス	1·2	1·1	·	·	·	·	·	+	·	·	·	·	·	·	·	·	·	·	·	+	5·5	·	·	·	·	5
ヒメスゲ	+	2·2	2·2	·	·	·	·	1·1	·	+·2	·	+	+	4·4	2·2	·	·	2·2	·	1·1	+	·	·	1·2	·	13
シロツメクサ	+	+	1·1	·	·	+	+	·	·	·	·	·	3·3	·	+	·	·	·	1·1	·	+	·	·	·	+	10
ニガナ	+	+	+	·	·	+	+	·	·	·	·	+	+	·	+	·	·	+	+	·	·	·	·	·	·	10
オオアワガエリ	+	+	·	·	·	·	+	·	·	·	·	·	·	+	2·2	·	·	·	·	·	·	·	·	·	+	6
アキノキリンソウ	3·3	4·4	1·1	+	+	1·1	·	2·2	·	+	+	+	·	2·2	1·1	+	1·1	1·1	·	2·2	+	+	+	1·1	·	20
クマイザサ	2·2	3·3	3·3	4·4	·	3·3	·	3·3	2·2	4·4	·	3·3	·	3·3	3·3	4·4	·	3·3	·	4·4	1·1	5·5	5·5	5·5	·	18
エゾリンドウ	3·3	2·2	+	+	·	+	·	+	1·1	+	·	+	·	·	+	+	·	1·1	·	2·2	+	+	·	·	·	15
ウシノケグサ	4·4	2·2	4·4	2·2	·	1·2	·	+	4·4	2·2	·	·	2·2	2·2	2·2	2·2	3·3	+	+	4·4	·	2·2	1·2	1·1	·	14
シャジクソウ	+	·	·	·	·	+	·	+	·	+·2	+	+	·	+	+	+·2	1·1	·	·	·	+	+	·	1·1	·	13
ノギラン	+	+	+	+	·	·	·	·	·	·	·	+	·	+	·	+	+	·	·	·	+	+	+	·	·	11
ヘビノネゴザ	1·1	+	+	·	2·2	·	·	1·2	+	1·1	2·2	·	·	1·1	·	+	2·2	·	·	1·1	·	+	1·2	·	·	14
ヤマハハコ	1·1	1·1	3·3	·	1·2	·	·	1·2	+	·	·	·	·	2·2	2·2	·	1·1	·	·	1·2	·	·	1·1	·	·	11
イタドリ	+	+	+	·	·	·	·	+	+	+	+	·	·	·	·	1·1	+	·	·	1·1	·	·	+	·	·	11
オトギリソウ	+	·	+	+	·	·	·	+	·	+	·	·	·	+	·	+	+	·	·	·	·	+	·	·	+	10
ハナイカリ	+	+	+	+	·	·	·	·	+	·	·	·	·	+	+	+	·	·	·	·	·	·	·	·	·	8
ミツバツチグリ	1·1	+	+	+	1·1	1·1	1·1	+	+	+	·	+	·	1·1	1·1	+	·	+	+	+	+	1·1	+	1·1	·	21
ノハラアザミ	+	+	·	+	·	+	+	+	·	+	+	+	+	+	+	+	+	+	+	·	·	+	·	1·1	·	18
ミヤマニガイチゴ	+	1·1	+	+	+	·	+	1·1	+	+	·	·	·	2·2	2·2	2·2	+	·	·	1·1	+	1·1	+	·	·	17
ズミ	+	+	·	·	·	·	·	·	·	·	·	·	·	·	·	·	+	·	·	·	+	·	·	·	·	4
ヤマカモジグサ	+	·	·	·	·	·	·	·	·	·	·	·	·	+	·	·	+	·	·	3·3	·	·	·	·	·	4
コウゾリナ	+	·	·	·	·	·	·	·	·	·	·	·	·	+	·	+	·	·	·	·	·	·	·	·	·	3
クガイソウ	+	·	·	·	·	·	·	·	+	·	·	·	·	·	·	·	·	·	·	·	·	·	·	·	·	2
ハンゴンソウ	+	·	·	·	·	·	·	·	+	·	·	·	·	·	·	·	·	·	·	·	·	·	·	·	·	2
ムラサキツメクサ	+	·	·	·	·	·	·	·	·	·	·	·	·	·	·	·	·	·	·	·	·	·	·	·	·	1
バッコヤナギ	·	+	+	·	·	·	·	+	·	·	·	·	·	+	+	·	·	·	·	·	·	·	·	·	·	5
ノアザミ	·	+	+	·	·	+	·	·	+	·	·	·	·	·	·	·	·	·	·	1·1	·	·	·	·	·	5
ヤマスズメノヒエ	·	+	+	·	·	·	·	+	·	·	·	·	·	+	·	·	·	·	·	·	·	·	·	·	·	4
ミヤマワラビ	·	1·1	·	·	1·2	·	·	1·1	+	·	+	·	·	·	1·1	·	2·2	·	·	·	·	·	+	·	·	8
ヤマブキショウマ	·	+	+	·	·	·	·	·	·	·	·	·	·	·	·	·	·	·	·	·	·	+	1·1	·	·	4
シラカンバ	·	+	·	·	·	·	·	·	·	·	·	·	·	·	·	·	·	·	·	·	·	·	·	·	·	1
ヤマハギ	·	1·1	·	·	·	·	·	·	·	·	·	·	·	·	·	·	·	·	·	·	·	·	·	·	·	1
コヌカグサ	·	·	+	·	·	·	·	+	+	·	·	·	·	·	·	·	·	·	·	·	·	·	·	·	·	3
カラマツ	·	·	+	·	·	·	·	+	·	·	·	·	·	r	·	·	·	·	·	·	·	·	·	·	·	3
ヒメジョオン	·	·	+	·	·	·	·	·	·	·	·	·	·	·	·	·	·	·	·	·	·	·	·	·	·	1
イワカガミ	·	·	·	+·2	+	·	·	·	·	+	1·1	·	·	·	·	2·2	1·1	·	·	·	·	1·1	1·1	·	·	8
シラネニンジン	·	·	·	+	+	·	·	·	·	1·1	+	·	·	·	·	1·1	+	·	·	·	·	1·1	+	·	·	8
ウスユキソウ	·	·	·	1·1	+	·	·	·	·	1·1	1·2	·	·	·	·	2·2	+	·	·	·	·	+	+·2	·	·	8
コケモモ	·	·	·	+	1·1	·	·	·	·	1·1	1·1	·	·	·	·	2·2	1·1	·	·	·	·	1·1	1·1	·	·	8
ヒゲノガリヤス	·	·	·	3·3	2·2	·	·	·	·	1·1	+	·	·	·	·	3·3	2·2	·	·	·	·	2·2	+	·	·	8
ウメバチソウ	·	·	·	+	·	·	·	·	·	+	+	·	·	·	·	+	·	·	·	·	·	+	+	·	·	6
レンゲツツジ	·	·	·	1·1	+	·	·	·	·	2·2	·	·	·	·	·	+	+	+	·	·	·	+	·	·	·	7
オヤマボクチ	·	·	·	+	·	·	·	·	·	+	+	·	·	·	·	+	+	·	·	·	·	·	·	·	·	5
マツムシソウ	·	·	·	+	·	·	·	·	·	+	+	·	·	·	·	+	·	·	·	·	·	+	·	·	·	5
ヤナギタンポポ	·	·	·	+	·	·	·	·	·	·	+	·	·	·	·	+	·	·	·	·	·	·	·	·	·	3
ハナチダケサシ	·	·	·	+	+·2	·	·	+	·	+	1·1	·	·	+	+	1·2	1·2	·	·	·	·	+	+	·	·	11
ハクサンフウロ	·	·	·	+	+	2·2	·	·	·	+	+	2·2	·	·	·	+	1·1	2·2	·	·	·	1·1	2·2	2·2	·	12
トダシバ	·	·	·	1·1	+	4·4	·	·	·	1·1	+	·	·	·	·	1·1	+	·	·	·	·	1·1	+	1·1	·	10
ススキ	·	·	·	1·1	+	·	·	·	·	1·1	1·1	+	·	·	+	2·2	·	1·1	·	·	·	+	1·1	·	·	10
ワレモコウ	·	·	·	1·1	·	2·2	+	·	·	1·1	·	1·1	+	·	+	+	+	2·2	·	·	·	+	·	1·1	·	12
シロスミレ	·	·	·	+	·	·	·	+	·	+	·	+	·	·	·	·	·	+	·	·	·	·	·	·	·	5
ヒカゲスゲ	·	·	·	+	+	·	·	+	·	·	2·2	·	·	·	·	·	·	·	·	·	·	·	·	·	·	4
マイヅルソウ	·	·	·	+	·	·	·	·	·	·	·	·	·	·	·	·	·	·	·	·	·	·	·	·	·	1
クロマメノキ	·	·	·	·	3·3	·	·	·	·	+	2·2	·	·	·	·	+	4·4	·	·	·	·	·	1·1	·	·	6
ミネヤナギ	·	·	·	·	3·3	·	·	+	·	1·1	3·3	·	·	·	·	·	2·2	·	·	·	·	·	+	·	·	6
シモツケ	·	·	·	·	1·2	·	·	·	·	·	·	·	·	·	·	·	1·1	·	·	·	·	+	1·2	·	·	4
イワインチン	·	·	·	·	+	·	·	·	·	·	1·1	·	·	·	·	·	1·2	·	·	·	·	·	1·1	·	·	4
ミヤマホツツジ	·	·	·	·	+	·	·	·	·	1·1	1·1	·	·	·	·	·	·	·	·	·	·	+	·	·	·	4
ナナカマド	·	·	·	·	+	·	·	·	·	·	2·2	·	·	·	·	+	+	·	·	·	·	·	·	·	·	4
オオバギボウシ	·	·	·	·	+	·	·	·	·	+	1·1	·	·	·	·	·	·	·	·	·	·	+	·	·	·	4
シュロソウ	·	·	·	·	+	·	·	·	·	·	+	·	·	·	·	·	+	·	·	·	·	·	·	·	·	3
アサマヒゴタイ	·	·	·	·	+	·	·	·	·	·	·	·	·	·	·	·	+	·	·	·	·	·	·	·	·	2
ミヤマハンショウヅル	·	·	·	·	+	·	·	·	·	·	·	·	·	·	·	·	·	·	·	·	·	·	·	·	·	1
アマドコロ	·	·	·	·	+	·	·	·	·	·	·	·	·	·	·	·	·	·	·	·	·	·	·	·	·	1
キタゴヨウ	·	·	·	·	+	·	·	·	·	·	·	·	·	·	·	·	·	·	·	·	·	·	·	·	·	1
アヤメ	·	·	·	·	·	2·2	·	·	·	·	·	3·3	·	·	·	·	·	3·3	·	·	·	·	·	+	·	4
ヤマラッキョウ	·	·	·	·	·	+	·	·	·	·	·	+	·	·	·	·	·	1·1	·	·	·	·	·	·	·	3

ヤマヌカボ	·	·	·	·	·	+	2·2	·	·	·	·	·	+	·	+	·	·	·	1·1	·	·	·	·	·	+	6
オオヤマフスマ	·	·	·	·	·	+	+	·	·	·	·	+	·	·	·	·	·	+	·	·	·	·	·	1·1	·	5
オオチドメ	·	·	·	·	·	1·1	1·1	·	·	·	·	·	3·3	·	·	·	·	·	2·2	·	·	·	·	1·1	+	6
ウツボグサ	·	·	·	·	·	+	+	·	·	·	·	·	1·1	·	·	·	·	·	·	·	·	·	·	+	+	5
キンレイカ	·	·	·	·	·	1·1	·	·	·	·	+	·	·	·	·	+	·	·	·	·	·	·	·	·	·	3
フユノハナワラビ	·	·	·	·	·	+	·	·	·	·	·	·	·	·	·	·	·	·	·	·	·	·	·	·	·	1
シバ	·	·	·	·	·	·	5·5	·	·	·	·	·	5·5	·	·	·	·	·	5·5	·	·	·	·	·	5·5	4
ミノボロスゲ	·	·	·	·	·	·	+	·	+	·	·	·	·	·	·	·	·	·	+	·	·	·	·	·	+	4
ナガハグサ	·	·	·	·	·	·	+	·	·	·	·	·	·	·	·	·	·	·	·	·	·	·	·	·	+	2
ゲンノショウコ	·	·	·	·	·	·	+	·	·	·	·	·	+	·	·	·	·	·	·	·	·	·	·	·	·	2
グンバイヅル	·	·	·	·	·	·	+	·	·	·	·	+	+	·	·	·	·	+	+	·	·	·	·	·	·	5
オオバコ	·	·	·	·	·	·	+	+	·	·	·	·	1·1	·	+	·	·	·	+	·	·	·	·	·	·	5
クサイ	·	·	·	·	·	·	+	·	·	·	·	·	·	·	·	·	·	·	·	+	·	·	·	+	·	3
ミミナグサ	·	·	·	·	·	·	+	·	·	·	·	·	·	·	·	·	·	·	·	·	·	·	·	·	·	1
チマキザサ	·	·	·	·	·	·	·	2·2	·	·	·	+	·	·	·	·	·	·	·	·	·	·	·	·	·	2
ネバリノギラン	·	·	·	·	·	·	·	+	·	·	+	·	·	·	·	·	·	·	·	·	·	·	·	·	·	2
ゴマナ	·	·	·	·	·	·	·	·	2·2	·	·	·	·	·	·	·	·	·	·	1·1	·	·	·	·	·	2
オオバショリマ	·	·	·	·	·	·	·	·	+	·	·	·	·	·	·	·	·	·	·	·	·	·	·	·	·	1
ツリガネニンジン	·	·	·	·	·	·	·	·	·	+	·	·	+	·	·	·	+	+	·	·	·	·	·	+	·	5
ミネカエデ	·	·	·	·	·	·	·	·	·	+	·	·	·	·	·	·	·	·	·	·	·	·	·	·	·	1
ミツバオウレン	·	·	·	·	·	·	·	·	·	+	·	·	·	·	·	·	·	·	·	·	·	·	·	·	·	1
ダケカンバ	·	·	·	·	·	·	·	·	·	·	1·1	·	·	·	·	·	2·2	·	·	·	·	·	1·1	·	·	3
イブキジャコウソウ	·	·	·	·	·	·	·	·	·	·	+	·	·	·	·	+	·	·	·	·	·	·	·	·	·	2
ミヤマスミレ	·	·	·	·	·	·	·	·	·	·	+	·	·	·	·	·	+	·	·	·	·	·	·	·	·	2
イブキボウフウ	·	·	·	·	·	·	·	·	·	·	+	·	·	·	·	·	·	·	·	·	·	·	·	·	·	1
ノリウツギ	·	·	·	·	·	·	·	·	·	·	+	·	·	·	·	·	·	·	·	·	·	·	·	·	·	1
シオガマギク	·	·	·	·	·	·	·	·	·	·	+	·	·	·	·	·	·	·	·	·	·	·	·	·	·	1
ヤマオダマキ	·	·	·	·	·	·	·	·	·	·	+	·	·	·	·	·	·	·	·	·	·	·	·	·	·	1
ヒメノガリヤス	·	·	·	·	·	·	·	·	·	·	+	·	·	·	·	·	·	·	·	·	·	·	·	·	·	1
ワラビ	·	·	·	·	·	·	·	·	·	·	·	+	·	·	·	·	·	2·2	·	·	·	·	·	·	·	2
ノコギリソウ	·	·	·	·	·	·	·	·	·	·	·	+	·	·	·	·	·	+	·	·	·	·	·	·	·	2
カワラマツバ	·	·	·	·	·	·	·	·	·	·	·	+	·	·	·	·	·	·	·	·	·	+	·	·	·	2
シラタマノキ	·	·	·	·	·	·	·	·	·	·	·	·	·	+	·	·	·	·	·	·	·	·	·	·	·	1
エゾスズラン	·	·	·	·	·	·	·	·	·	·	·	·	·	·	+	·	·	·	·	·	·	·	·	·	·	1
タニソバ	·	·	·	·	·	·	·	·	·	·	·	·	·	·	+	·	·	·	·	·	·	·	·	·	·	1
アマニュウ	·	·	·	·	·	·	·	·	·	·	·	·	·	·	·	+	·	·	·	·	·	·	·	·	·	1
ランsp.	·	·	·	·	·	·	·	·	·	·	·	·	·	·	·	·	+	·	·	·	·	·	·	·	·	1
ツノハシバミ	·	·	·	·	·	·	·	·	·	·	·	·	·	·	·	·	+	·	·	·	·	·	·	·	·	1
リンネソウ	·	·	·	·	·	·	·	·	·	·	·	·	·	·	·	·	·	·	·	·	·	+	·	·	·	1
コオニユリ	·	·	·	·	·	·	·	·	·	·	·	·	·	·	·	·	·	·	·	·	·	·	·	+	·	1
カワラナデシコ	·	·	·	·	·	·	·	·	·	·	·	·	·	·	·	·	·	·	·	·	·	·	·	+	·	1
ヒメスイバ	·	·	·	·	·	·	·	·	·	·	·	·	·	·	·	·	·	·	·	·	·	·	·	·	3·3	1

となっているものと，② 立地環境を選ばず広く生育しているか，たまたまそこに生育しているものとが含まれている．表操作法は，前者の種群を探し出すことによって，種組成による定義づけが可能な群落単位（抽象的な群落）を導き出すプロセスである．

以下，長野県東部の湯ノ丸高原周辺で得られた草原植生の調査資料を例として，表操作の具体的手順について説明する．手作業の場合は5 mm 目の方眼紙をもちいるが，調査資料をパソコンに入力して MS-Excel のような表集計ソフトを使えば，作業はかなり省力化できる．

① 素表（raw table，表7.2）

まず，得られた調査資料をスタンドごとに縦一列に入力して一覧表にする．表の最上行には，調査票の原番号（入力順）を記入し，ついで調査票番号，位置，各階層の高さや植被率，調査面積，調査年月日などのデータを記入する．調査票をみながら，出現した種を表の左端列に順次記入していき，その種の優占度・群度を該当する調査票番号の列に書き込む．2枚目以降の調査票も右隣の列に同様に記入し，新しい種が出たら左端列に種名を追加していく．同一の種が複数の階層に出現する場合には，階層別に行をもうけて優占度・群度を記入する．出現しない種は「・」を記入する．入力が終わったら，必ず各スタンドの出現種数が元の調査票と合っているか確認する．その後，種ごとに出現回数を数えて表の右端列に記入する．

② 常在度表（constancy table，表7.3）

群落の区分に有効な種を見つけやすくするため，種を出現回数順に並べかえる．全スタンド数に対するある種の出現回数を，その種の常在度（constancy）といい，常在度順に並べかえた表を常在度表と呼ぶ．並べかえの際，手作業の場合は，表の上部に記入した原番号以外の各スタンド

表 7.3　常在度表

原番号	1	2	3	4	5	6	7	8	9	10	11	12	13	14	15	16	17	18	19	20	21	22	23	24	25	出現回数	新しい種順
調査票番号(YM)	01	11	12	13	14	15	16	21	22	23	24	25	26	31	32	33	34	35	36	41	42	43	44	45	46		
ミツバツチグリ	1·1	+	+	+	1·1	1·1	1·1	+	+	+	·	+	·	1·1	1·1	+	·	+	+	+	+	1·1	+	1·1	·	21	
アキノキリンソウ	3·3	4·4	1·1	+	+	1·1	·	2·2	·	+	+	+	·	2·2	1·1	+	1·1	1·1	·	2·2	+	+	+	1·1	·	20	
クマイザサ	2·2	3·3	3·3	4·4	·	3·3	·	3·3	2·2	4·4	·	3·3	·	3·3	3·3	4·4	·	3·3	·	4·4	1·1	5·5	5·5	5·5	·	18	
ノハラアザミ	+	+	·	+	·	+	+	+	·	+	+	+	+	+	+	+	+	+	+	·	·	+	·	1·1	·	18	
ミヤマニガイチゴ	+	1·1	+	+	+	·	+	1·1	+	+	·	·	·	2·2	2·2	2·2	+	·	·	1·1	+	1·1	+	·	·	17	
エゾリンドウ	3·3	2·2	+	+	·	+	·	+	1·1	+	·	+	·	·	+	+	·	1·1	·	2·2	+	+	·	·	·	15	
ウシノケグサ	4·4	2·2	4·4	2·2	·	1·2	·	+	4·4	2·2	·	·	2·2	2·2	2·2	2·2	3·3	+	+	4·4	·	2·2	1·2	1·1	·	14	
ヘビノネゴザ	1·1	+	+	·	2·2	·	·	1·2	+	1·1	2·2	·	·	1·1	·	+	2·2	·	·	1·1	·	+	1·2	·	·	14	
ヒメスゲ	+	2·2	2·2	·	·	·	·	1·1	·	+·2	·	+	+	4·4	2·2	·	·	2·2	·	1·1	+	·	·	1·2	·	13	1
シャジクソウ	+	·	·	·	·	+	·	+	·	+·2	+	+	·	+	+	+·2	1·1	·	·	·	+	+	·	1·1	·	13	
ハクサンフウロ	·	·	·	+	+	2·2	·	·	·	+	+	2·2	·	·	·	+	1·1	2·2	·	·	·	1·1	2·2	2·2	·	12	
ワレモコウ	·	·	·	1·1	·	2·2	+	·	·	1·1	·	1·1	+	·	+	+	+	2·2	·	·	·	+	·	1·1	·	12	
ノギラン	+	+	+	+	·	·	·	·	·	·	·	+	·	+	·	+	+	·	·	·	+	+	+	·	·	11	
ヤマハハコ	1·1	1·1	3·3	·	1·2	·	·	1·2	+	·	·	·	·	2·2	2·2	·	1·1	·	·	1·2	·	·	1·1	·	·	11	
イタドリ	+	+	+	·	·	·	·	+	+	+	+	·	·	·	·	1·1	+	·	·	1·1	·	·	+	·	·	11	
ハナチダケサシ	·	·	·	+	+·2	·	·	+	·	+	1·1	·	·	+	+	1·2	1·2	·	·	·	·	+	+	·	·	11	23
シロツメクサ	+	+	1·1	·	·	+	+	·	·	·	·	·	3·3	·	+	·	·	·	1·1	·	+	·	·	·	+	10	2
ニガナ	+	+	+	·	·	+	+	·	·	·	·	+	+	·	+	·	·	+	+	·	·	·	·	·	·	10	3
オトギリソウ	+	·	+	+	·	·	·	+	·	+	·	·	·	+	·	+	+	·	·	·	+	·	·	·	+	10	
トダシバ	·	·	·	1·1	+	4·4	·	·	·	1·1	+	·	·	·	·	1·1	+	·	·	·	·	1·1	+	1·1	·	10	
ススキ	·	·	·	1·1	+	·	·	·	·	1·1	1·1	+	·	·	+	2·2	·	1·1	·	·	·	+	1·1	·	·	10	
オオヨモギ	1·1	+	2·2	·	·	·	·	+	5·5	·	·	·	·	2·2	4·4	·	·	·	·	1·1	2·2	·	·	·	·	9	4
ヤナギラン	+	+	+	·	·	·	·	1·2	+	·	·	·	·	1·1	2·2	·	·	·	·	1·2	·	·	·	·	·	8	5
ミヤマウラジロイチゴ	+	+	+	·	·	·	·	2·2	1·1	·	·	·	·	+	2·2	·	·	·	·	+	·	·	·	·	·	8	6
ハナイカリ	+	+	+	+	·	·	·	·	+	·	·	·	·	+	+	+	·	·	·	·	·	·	·	·	·	8	7
ミヤマワラビ	·	1·1	·	·	1·2	·	·	1·1	+	·	+	·	·	·	1·1	·	2·2	·	·	·	·	·	+	·	·	8	
イワカガミ	·	·	·	+·2	+	·	·	·	·	+	1·1	·	·	·	·	2·2	1·1	·	·	·	·	1·1	1·1	·	·	8	24
シラネニンジン	·	·	·	+	+	·	·	·	·	1·1	+	·	·	·	·	1·1	+	·	·	·	·	1·1	+	·	·	8	25
ウスユキソウ	·	·	·	1·1	+	·	·	·	·	1·1	1·2	·	·	·	·	2·2	+	·	·	·	·	+	+·2	·	·	8	26
コケモモ	·	·	·	+	1·1	·	·	·	·	1·1	1·1	·	·	·	·	2·2	1·1	·	·	·	·	1·1	1·1	·	·	8	27
ヒゲノガリヤス	·	·	·	3·3	2·2	·	·	·	·	1·1	+	·	·	·	·	3·3	2·2	·	·	·	·	2·2	+	·	·	8	28
レンゲツツジ	·	·	·	1·1	+	·	·	·	·	2·2	·	·	·	·	·	+	+	+	·	·	·	+	·	·	·	7	29
オオアワガエリ	+	+	·	·	·	·	+	·	·	·	·	·	·	+	2·2	·	·	·	·	·	·	·	·	·	+	6	8
ウメバチソウ	·	·	·	+	·	·	·	·	·	+	+	·	·	·	·	+	·	·	·	·	·	+	+	·	·	6	30
クロマメノキ	·	·	·	·	3·3	·	·	·	·	+	2·2	·	·	·	·	+	4·4	·	·	·	·	·	1·1	·	·	6	31
ミネヤナギ	·	·	·	·	3·3	·	·	+	·	1·1	3·3	·	·	·	·	·	2·2	·	·	·	·	·	+	·	·	6	32
ヤマヌカボ	·	·	·	·	·	+	2·2	·	·	·	·	·	+	·	+	·	·	·	1·1	·	·	·	·	·	+	6	9
オオチドメ	·	·	·	·	·	1·1	1·1	·	·	·	·	·	3·3	·	·	·	·	·	2·2	·	·	·	·	1·1	+	6	10
ヨツバヒヨドリ	+	+	·	·	·	·	·	1·2	1·2	·	·	·	·	·	·	·	·	·	·	+	·	·	·	·	·	5	11
イワノガリヤス	1·2	1·1	·	·	·	·	·	+	·	·	·	·	·	·	·	·	·	·	·	+	5·5	·	·	·	·	5	12
バッコヤナギ	·	+	+	·	·	·	·	+	·	·	·	·	·	+	+	·	·	·	·	·	·	·	·	·	·	5	13
ノアザミ	·	+	+	·	·	+	·	·	+	·	·	·	·	·	·	·	·	·	·	1·1	·	·	·	·	·	5	14
オヤマボクチ	·	·	·	+	·	·	·	·	·	+	+	·	·	·	·	+	+	·	·	·	·	·	·	·	·	5	33
マツムシソウ	·	·	·	+	·	·	·	·	·	+	+	·	·	·	·	+	·	·	·	·	·	+	·	·	·	5	34
シロスミレ	·	·	·	+	·	·	·	+	·	+	·	+	·	·	·	·	·	+	·	·	·	·	·	·	·	5	
オオヤマフスマ	·	·	·	·	·	+	+	·	·	·	·	+	·	·	·	·	·	+	·	·	·	·	·	1·1	·	5	15
ウツボグサ	·	·	·	·	·	+	+	·	·	·	·	·	1·1	·	·	·	·	·	·	·	·	·	·	+	+	5	16
グンバイヅル	·	·	·	·	·	·	+	·	·	·	·	+	+	·	·	·	·	+	+	·	·	·	·	·	·	5	17
オオバコ	·	·	·	·	·	·	+	+	·	·	·	·	1·1	·	+	·	·	·	+	·	·	·	·	·	·	5	
ツリガネニンジン	·	·	·	·	·	·	·	·	·	+	·	·	+	·	·	·	+	+	·	·	·	·	·	+	·	5	
ズミ	+	+	·	·	·	·	·	·	·	·	·	·	·	·	·	·	+	·	·	·	+	·	·	·	·	4	
ヤマカモジグサ	+	·	·	·	·	·	·	·	·	·	·	·	·	+	·	·	+	·	·	3·3	·	·	·	·	·	4	
ヤマスズメノヒエ	·	+	+	·	·	·	·	+	·	·	·	·	·	+	·	·	·	·	·	·	·	·	·	·	·	4	18
ヤマブキショウマ	·	+	+	·	·	·	·	·	·	·	·	·	·	·	·	·	·	·	·	·	·	+	1·1	·	·	4	
ヒカゲスゲ	·	·	·	+	+	·	·	+	·	·	2·2	·	·	·	·	·	·	·	·	·	·	·	·	·	·	4	
シモツケ	·	·	·	·	1·2	·	·	·	·	·	·	·	·	·	·	·	1·1	·	·	·	·	+	1·2	·	·	4	35
イワインチン	·	·	·	·	+	·	·	·	·	·	1·1	·	·	·	·	·	1·2	·	·	·	·	·	1·1	·	·	4	36
ミヤマホツツジ	·	·	·	·	+	·	·	·	·	1·1	1·1	·	·	·	·	·	·	·	·	·	·	+	·	·	·	4	37
ナナカマド	·	·	·	·	+	·	·	·	·	·	2·2	·	·	·	·	+	+	·	·	·	·	·	·	·	·	4	38
オオバギボウシ	·	·	·	·	+	·	·	·	·	+	1·1	·	·	·	·	·	·	·	·	·	·	+	·	·	·	4	39
アヤメ	·	·	·	·	·	2·2	·	·	·	·	·	3·3	·	·	·	·	·	3·3	·	·	·	·	·	+	·	4	19
シバ	·	·	·	·	·	·	5·5	·	·	·	·	·	5·5	·	·	·	·	·	5·5	·	·	·	·	·	5·5	4	20
ミノボロスゲ	·	·	·	·	·	·	+	·	+	·	·	·	·	·	·	·	·	·	+	·	·	·	·	·	+	4	21
コウゾリナ	+	·	·	·	·	·	·	·	·	·	·	·	·	+	·	+	·	·	·	·	·	·	·	·	·	3	
コヌカグサ	·	·	+	·	·	·	·	+	+	·	·	·	·	·	·	·	·	·	·	·	·	·	·	·	·	3	
カラマツ	·	·	+	·	·	·	·	+	·	·	·	·	·	r	·	·	·	·	·	·	·	·	·	·	·	3	
ヤナギタンポポ	·	·	·	+	·	·	·	·	·	·	+	·	·	·	·	+	·	·	·	·	·	·	·	·	·	3	
シュロソウ	·	·	·	·	+	·	·	·	·	·	+	·	·	·	·	·	+	·	·	·	·	·	·	·	·	3	
ヤマラッキョウ	·	·	·	·	·	+	·	·	·	·	·	+	·	·	·	·	·	1·1	·	·	·	·	·	·	·	3	22
キンレイカ	·	·	·	·	·	1·1	·	·	·	·	+	·	·	·	·	+	·	·	·	·	·	·	·	·	·	3	
クサイ	·	·	·	·	·	·	+	·	·	·	·	·	·	·	·	·	·	·	·	+	·	·	·	+	·	3	
ダケカンバ	·	·	·	·	·	·	·	·	·	·	1·1	·	·	·	·	·	2·2	·	·	·	·	·	1·1	·	·	3	
クガイソウ	+	·	·	·	·	·	·	·	+	·	·	·	·	·	·	·	·	·	·	·	·	·	·	·	·	2	
ハンゴンソウ	+	·	·	·	·	·	·	·	+	·	·	·	·	·	·	·	·	·	·	·	·	·	·	·	·	2	
アサマヒゴタイ	·	·	·	·	+	·	·	·	·	·	·	·	·	·	·	·	+	·	·	·	·	·	·	·	·	2	
ナガハグサ	·	·	·	·	·	·	+	·	·	·	·	·	·	·	·	·	·	·	·	·	·	·	·	·	+	2	
ゲンノショウコ	·	·	·	·	·	·	+	·	·	·	·	·	+	·	·	·	·	·	·	·	·	·	·	·	·	2	
チマキザサ	·	·	·	·	·	·	·	2·2	·	·	·	+	·	·	·	·	·	·	·	·	·	·	·	·	·	2	
ネバリノギラン	·	·	·	·	·	·	·	+	·	·	+	·	·	·	·	·	·	·	·	·	·	·	·	·	·	2	
ゴマナ	·	·	·	·	·	·	·	·	2·2	·	·	·	·	·	·	·	·	·	·	1·1	·	·	·	·	·	2	

イブキジャコウソウ	·	·	·	·	·	·	·	·	·	·	+	·	·	·	·	+	·	·	·	·	·	·	·	·	·	2
ミヤマスミレ	·	·	·	·	·	·	·	·	·	·	+	·	·	·	·	·	+	·	·	·	·	·	·	·	·	2
ワラビ	·	·	·	·	·	·	·	·	·	·	·	+	·	·	·	·	·	2·2	·	·	·	·	·	·	·	2
ノコギリソウ	·	·	·	·	·	·	·	·	·	·	·	+	·	·	·	·	·	+	·	·	·	·	·	·	·	2
カワラマツバ	·	·	·	·	·	·	·	·	·	·	·	+	·	·	·	·	·	·	·	·	·	+	·	·	·	2
ムラサキツメクサ	+	·	·	·	·	·	·	·	·	·	·	·	·	·	·	·	·	·	·	·	·	·	·	·	·	1
シラカンバ	·	+	·	·	·	·	·	·	·	·	·	·	·	·	·	·	·	·	·	·	·	·	·	·	·	1
ヤマハギ	·	1·1	·	·	·	·	·	·	·	·	·	·	·	·	·	·	·	·	·	·	·	·	·	·	·	1
ヒメジョオン	·	·	+	·	·	·	·	·	·	·	·	·	·	·	·	·	·	·	·	·	·	·	·	·	·	1
マイヅルソウ	·	·	·	+	·	·	·	·	·	·	·	·	·	·	·	·	·	·	·	·	·	·	·	·	·	1
ミヤマハンショウヅル	·	·	·	·	+	·	·	·	·	·	·	·	·	·	·	·	·	·	·	·	·	·	·	·	·	1
アマドコロ	·	·	·	·	+	·	·	·	·	·	·	·	·	·	·	·	·	·	·	·	·	·	·	·	·	1
キタゴヨウ	·	·	·	·	+	·	·	·	·	·	·	·	·	·	·	·	·	·	·	·	·	·	·	·	·	1
フユノハナワラビ	·	·	·	·	·	+	·	·	·	·	·	·	·	·	·	·	·	·	·	·	·	·	·	·	·	1
ミミナグサ	·	·	·	·	·	·	+	·	·	·	·	·	·	·	·	·	·	·	·	·	·	·	·	·	·	1
オオバショリマ	·	·	·	·	·	·	·	·	+	·	·	·	·	·	·	·	·	·	·	·	·	·	·	·	·	1
ミネカエデ	·	·	·	·	·	·	·	·	·	+	·	·	·	·	·	·	·	·	·	·	·	·	·	·	·	1
ミツバオウレン	·	·	·	·	·	·	·	·	·	+	·	·	·	·	·	·	·	·	·	·	·	·	·	·	·	1
イブキボウフウ	·	·	·	·	·	·	·	·	·	·	+	·	·	·	·	·	·	·	·	·	·	·	·	·	·	1
ノリウツギ	·	·	·	·	·	·	·	·	·	·	+	·	·	·	·	·	·	·	·	·	·	·	·	·	·	1
シオガマギク	·	·	·	·	·	·	·	·	·	·	+	·	·	·	·	·	·	·	·	·	·	·	·	·	·	1
ヤマオダマキ	·	·	·	·	·	·	·	·	·	·	+	·	·	·	·	·	·	·	·	·	·	·	·	·	·	1
ヒメノガリヤス	·	·	·	·	·	·	·	·	·	·	+	·	·	·	·	·	·	·	·	·	·	·	·	·	·	1
シラタマノキ	·	·	·	·	·	·	·	·	·	·	·	·	·	+	·	·	·	·	·	·	·	·	·	·	·	1
エゾスズラン	·	·	·	·	·	·	·	·	·	·	·	·	·	·	+	·	·	·	·	·	·	·	·	·	·	1
タニソバ	·	·	·	·	·	·	·	·	·	·	·	·	·	·	+	·	·	·	·	·	·	·	·	·	·	1
アマニュウ	·	·	·	·	·	·	·	·	·	·	·	·	·	·	·	+	·	·	·	·	·	·	·	·	·	1
ランsp.	·	·	·	·	·	·	·	·	·	·	·	·	·	·	·	·	+	·	·	·	·	·	·	·	·	1
ツノハシバミ	·	·	·	·	·	·	·	·	·	·	·	·	·	·	·	·	+	·	·	·	·	·	·	·	·	1
リンネソウ	·	·	·	·	·	·	·	·	·	·	·	·	·	·	·	·	·	·	·	·	·	+	·	·	·	1
コオニユリ	·	·	·	·	·	·	·	·	·	·	·	·	·	·	·	·	·	·	·	·	·	·	·	+	·	1
カワラナデシコ	·	·	·	·	·	·	·	·	·	·	·	·	·	·	·	·	·	·	·	·	·	·	·	+	·	1
ヒメスイバ	·	·	·	·	·	·	·	·	·	·	·	·	·	·	·	·	·	·	·	·	·	·	·	·	3·3	1
二重線の種数（1）	10	13	10	1	0	9	10	8	7	1	0	6	8	8	10	1	0	6	7	7	4	0	0	5	7	
太線の種数（2）	0	0	0	10	14	0	0	2	0	14	15	0	0	1	1	12	13	1	0	0	0	12	11	0	0	
(1)－(2)	10	13	10	-9	-14	9	10	6	7	-13	-15	6	8	7	9	-11	-13	5	7	7	4	-12	-11	5	7	
新しいスタンド順	2	1	3	18	24	5	4	13	8	22	25	14	7	9	6	19	23	15	10	11	17	21	20	16	12	

の情報は省略してもよい．また複数の階層に出現した種は，最大の優占度のみ記入する．

常在度表の中から，群落の区分に利用できる種群（診断種群，diagnostic species）を見つけ出す．診断種群の抽出にあたっては，種の出現傾向の同調性と対立性に着目することが基本である．まず，同じスタンドに同調して出現する傾向がある種群を探し出し，その出現個所に記号や色でマークする．表7.3の例では，オオヨモギ，ヤナギラン，ミヤマウラジロイチゴなどが同じスタンドに出現することが多いのが一見してわかるので，これと同様の傾向を示す種に同じマークをつけていく（表では二重線）．次にこれと対立的な出現傾向を示す種群を探して別なマークをつける（表では太線）．この例では，イワカガミ，シラネニンジン，ウスユキソウなどが上記の種と入れ替わりに出てくるのがわかる．種群の選択ができたら，スタンドごとに対立する両種群の出現種数を数えて，表の最下行に記入し，両者の差をとる．この差が大きい順あるいは小さい順に番号をつけ，これを次のスタンドの順番とする．

③ 部分表（partial table，表7.4～7.7）

この順番にスタンドを並べかえると，互いに対立的な出現傾向をもつ種群によって特徴づけられる2つのスタンド群が区別できる．区分にもちいた種は表の上にまとめ，使わなかった種はそのまま常在度順に表の下に下げておく（表7.4）．スタンドを動かすときには，原番号も一緒に動かすのを忘れてはならない．原番号と優占度・群度のデータは常に一緒に動かさないと，あとでどのデータがどの資料にあたるのか照合するのが大変である．この作業過程では群落区分に使えそうにない高常在度や低常在度の種は省略し，必要な部分だけを取り出して操作するので，部分表という．

区分された2つの部分の中には，さらに対立的な出現傾向をとる種が含まれていることもある．そこで，区分されたスタンド群の中からこうした種を探し出し，スタンド群を細分する（表7.5，7.6）．このときの診断種群は，前の区分で使われなかった種群の中から見つかる可能性もある．一

表 7.4　部分表 (1)

通し番号	1	2	3	4	5	6	7	8	9	10	11	12	13	14	15	16	17	18	19	20	21	22	23	24	25	出現回数
原番号	2	1	3	7	6	15	13	9	14	19	20	25	8	12	18	24	21	4	16	23	22	10	17	5	11	
ヒメスゲ	2·2	+	2·2	·	·	2·2	+	·	4·4	·	1·1	·	1·1	+	2·2	1·2	+	·	·	·	·	+·2	·	·	·	13
シロツメクサ	+	+	1·1	+	+	+	3·3	·	·	1·1	·	+	·	·	·	·	+	·	·	·	·	·	·	·	·	10
ニガナ	+	+	+	+	+	+	+	·	·	+	·	·	·	+	+	·	·	·	·	·	·	·	·	·	·	10
オオヨモギ	+	1·1	2·2	·	·	4·4	·	5·5	2·2	·	1·1	·	+	·	·	·	2·2	·	·	·	·	·	·	·	·	9
ヤナギラン	+	+	+	·	·	2·2	·	+	1·1	·	1·2	·	1·2	·	·	·	·	·	·	·	·	·	·	·	·	8
ミヤマウラジロイチゴ	+	+	+	·	·	2·2	·	1·1	+	·	+	·	2·2	·	·	·	·	·	·	·	·	·	·	·	·	8
ハナイカリ	+	+	+	·	·	+	·	+	+	·	·	·	·	·	·	·	·	+	+	·	·	·	·	·	·	8
オオアワガエリ	+	+	·	+	·	2·2	·	·	+	·	·	+	·	·	·	·	·	·	·	·	·	·	·	·	·	6
ヤマヌカボ	·	·	·	2·2	+	+	+	·	·	1·1	·	+	·	·	·	·	·	·	·	·	·	·	·	·	·	6
オオチドメ	·	·	·	1·1	1·1	·	3·3	·	·	2·2	·	+	·	·	·	1·1	·	·	·	·	·	·	·	·	·	6
ヨツバヒヨドリ	+	+	·	·	·	·	·	1·2	·	·	+	·	1·2	·	·	·	·	·	·	·	·	·	·	·	·	5
イワノガリヤス	1·1	1·2	·	·	·	·	·	·	·	·	+	·	+	·	·	·	5·5	·	·	·	·	·	·	·	·	5
バッコヤナギ	+	·	+	·	·	+	·	·	+	·	·	·	+	·	·	·	·	·	·	·	·	·	·	·	·	5
ノアザミ	+	·	+	·	+	·	·	+	·	·	1·1	·	·	·	·	·	·	·	·	·	·	·	·	·	·	5
オオヤマフスマ	·	·	·	+	+	·	·	·	·	·	·	·	·	+	+	1·1	·	·	·	·	·	·	·	·	·	5
ウツボグサ	·	·	·	+	+	·	1·1	·	·	·	·	+	·	·	·	+	·	·	·	·	·	·	·	·	·	5
グンバイヅル	·	·	·	+	·	·	+	·	·	+	·	·	·	+	+	·	·	·	·	·	·	·	·	·	·	5
ヤマスズメノヒエ	+	·	+	·	·	·	·	·	+	·	·	·	+	·	·	·	·	·	·	·	·	·	·	·	·	4
アヤメ	·	·	·	·	2·2	·	·	·	·	·	·	·	·	3·3	3·3	+	·	·	·	·	·	·	·	·	·	4
シバ	·	·	·	5·5	·	·	5·5	·	·	5·5	·	5·5	·	·	·	·	·	·	·	·	·	·	·	·	·	4
ミノボロスゲ	·	·	·	+	·	·	·	+	·	+	·	+	·	·	·	·	·	·	·	·	·	·	·	·	·	4
ヤマラッキョウ	·	·	·	·	+	·	·	·	·	·	·	·	·	+	1·1	·	·	·	·	·	·	·	·	·	·	3
ハナチダケサシ	·	·	·	·	·	+	·	·	+	·	·	·	+	·	·	·	·	+	1·2	+	+	+	1·2	+·2	1·1	11
イワカガミ	·	·	·	·	·	·	·	·	·	·	·	·	·	·	·	·	·	+·2	2·2	1·1	1·1	+	1·1	+	1·1	8
シラネニンジン	·	·	·	·	·	·	·	·	·	·	·	·	·	·	·	·	·	+	1·1	+	1·1	1·1	+	+	+	8
ウスユキソウ	·	·	·	·	·	·	·	·	·	·	·	·	·	·	·	·	·	1·1	2·2	+·2	+	1·1	+	+	1·2	8
コケモモ	·	·	·	·	·	·	·	·	·	·	·	·	·	·	·	·	·	+	2·2	1·1	1·1	1·1	1·1	1·1	1·1	8
ヒゲノガリヤス	·	·	·	·	·	·	·	·	·	·	·	·	·	·	·	·	·	3·3	3·3	+	2·2	1·1	2·2	2·2	+	8
レンゲツツジ	·	·	·	·	·	·	·	·	·	·	·	·	·	·	+	·	·	1·1	+	·	+	2·2	+	+	·	7
ウメバチソウ	·	·	·	·	·	·	·	·	·	·	·	·	·	·	·	·	·	+	+	+	+	+	·	·	+	6
クロマメノキ	·	·	·	·	·	·	·	·	·	·	·	·	·	·	·	·	·	·	+	1·1	·	+	4·4	3·3	2·2	6
ミネヤナギ	·	·	·	·	·	·	·	·	·	·	·	·	+	·	·	·	·	·	·	+	·	1·1	2·2	3·3	3·3	6
オヤマボクチ	·	·	·	·	·	·	·	·	·	·	·	·	·	·	·	·	·	+	+	·	·	+	+	·	+	5
マツムシソウ	·	·	·	·	·	·	·	·	·	·	·	·	·	·	·	·	·	+	+	·	+	+	·	·	+	5
シモツケ	·	·	·	·	·	·	·	·	·	·	·	·	·	·	·	·	·	·	·	1·2	+	·	1·1	1·2.	·	4
イワインチン	·	·	·	·	·	·	·	·	·	·	·	·	·	·	·	·	·	·	·	1·1	·	·	1·2	+	1·1	4
ミヤマホツツジ	·	·	·	·	·	·	·	·	·	·	·	·	·	·	·	·	·	·	·	·	+	1·1	·	+	1·1	4
ナナカマド	·	·	·	·	·	·	·	·	·	·	·	·	·	·	·	·	·	·	+	·	·	·	+	+	2·2	4
オオバギボウシ	·	·	·	·	·	·	·	·	·	·	·	·	·	·	·	·	·	·	·	·	+	+	·	+	1·1	4
ミツバツチグリ	+	1·1	+	1·1	1·1	1·1	·	+	1·1	+	+	·	+	+	+	1·1	+	+	+	+	1·1	+	·	1·1	·	21
アキノキリンソウ	4·4	3·3	1·1	·	1·1	1·1	·	·	2·2	·	2·2	·	2·2	+	1·1	1·1	+	+	+	+	+	+	1·1	+	+	20
クマイザサ	3·3	2·2	3·3	·	3·3	3·3	·	2·2	3·3	·	4·4	·	3·3	3·3	3·3	5·5	1·1	4·4	4·4	5·5	5·5	4·4	·	·	·	18
ノハラアザミ	+	+	·	+	+	+	+	·	+	+	·	·	+	+	+	1·1	·	+	+	·	+	+	+	·	+	18
ミヤマニガイチゴ	1·1	+	+	+	·	2·2	·	+	2·2	·	1·1	·	1·1	·	·	·	+	+	2·2	+	1·1	+	+	+	·	17
エゾリンドウ	2·2	3·3	+	·	+	+	·	1·1	·	·	2·2	·	+	+	1·1	·	+	+	+	·	+	+	·	·	·	15
ウシノケグサ	2·2	4·4	4·4	·	1·2	2·2	2·2	4·4	2·2	+	4·4	·	+	·	+	1·1	·	2·2	2·2	1·2	2·2	2·2	3·3	·	·	14
ヘビノネゴザ	+	1·1	+	·	·	·	·	+	1·1	·	1·1	·	1·2	·	·	·	·	·	+	1·2	+	1·1	2·2	2·2	2·2	14
シャジクソウ	·	+	·	·	+	+	·	·	+	·	·	·	+	+	·	1·1	+	·	+·2	·	+	+·2	1·1	·	+	13
ハクサンフウロ	·	·	·	·	2·2	·	·	·	·	·	·	·	·	2·2	2·2	2·2	·	+	+	2·2	1·1	+	1·1	+	+	12
ワレモコウ	·	·	·	+	2·2	+	+	·	·	·	·	·	·	1·1	2·2	1·1	·	1·1	+	·	+	1·1	+	·	·	12
ノギラン	+	+	+	·	·	·	·	·	+	·	·	·	·	+	·	·	+	+	+	+	+	·	+	·	·	11
ヤマハハコ	1·1	1·1	3·3	·	·	2·2	·	+	2·2	·	1·2	·	1·2	·	·	·	·	·	·	1·1	·	·	1·1	1·2	·	11
イタドリ	+	+	+	·	·	·	·	+	·	·	1·1	·	+	·	·	·	·	·	1·1	+	·	+	+	·	+	11
オトギリソウ	·	+	+	·	·	·	·	·	+	·	·	+	+	·	·	·	·	+	+	·	+	+	+	·	·	10
トダシバ	·	·	·	·	4·4	·	·	·	·	·	·	·	·	·	·	1·1	·	1·1	1·1	+	1·1	1·1	+	+	+	10
ススキ	·	·	·	·	·	+	·	·	·	·	·	·	·	+	1·1	·	·	1·1	2·2	1·1	+	1·1	·	+	1·1	10
ミヤマワラビ	1·1	·	·	·	·	1·1	·	+	·	·	·	·	1·1	·	·	·	·	·	·	+	·	·	2·2	1·2	+	8
シロスミレ	·	·	·	·	·	·	·	·	·	·	·	·	+	+	+	·	·	+	·	·	·	+	·	·	·	5
オオバコ	·	·	·	+	·	+	1·1	·	·	+	·	·	+	·	·	·	·	·	·	·	·	·	·	·	·	5
ツリガネニンジン	·	·	·	·	·	·	+	·	·	·	·	·	·	·	+	+	·	·	·	·	·	+	+	·	·	5
ズミ	+	+	·	·	·	·	·	·	·	·	·	·	·	·	·	·	+	·	·	·	·	·	+	·	·	4
ヤマカモジグサ	·	+	·	·	·	·	·	·	+	·	3·3	·	·	·	·	·	·	·	·	·	·	·	+	·	·	4
ヤマブキショウマ	+	·	+	·	·	·	·	·	·	·	·	·	·	·	·	·	·	·	·	1·1	+	·	·	·	·	4
ヒカゲスゲ	·	·	·	·	·	·	·	·	·	·	·	·	+	·	·	·	·	+	·	·	·	·	·	+	2·2	4
コウゾリナ	·	+	·	·	·	·	·	·	+	·	·	·	·	·	·	·	·	·	+	·	·	·	·	·	·	3
コヌカグサ	·	·	+	·	·	·	·	+	·	·	·	·	+	·	·	·	·	·	·	·	·	·	·	·	·	3
カラマツ	·	·	+	·	·	·	·	·	r	·	·	·	+	·	·	·	·	·	·	·	·	·	·	·	·	3
ヤナギタンポポ	·	·	·	·	·	·	·	·	·	·	·	·	·	·	·	·	·	+	+	·	·	·	·	·	+	3
シュロソウ	·	·	·	·	·	·	·	·	·	·	·	·	·	·	·	·	·	·	·	·	·	·	+	+	+	3
キンレイカ	·	·	·	·	1·1	·	·	·	·	·	·	·	·	·	·	·	·	·	+	·	·	·	·	·	+	3
クサイ	·	·	·	+	·	·	·	·	·	·	+	·	·	·	·	+	·	·	·	·	·	·	·	·	·	3
ダケカンバ	·	·	·	·	·	·	·	·	·	·	·	·	·	·	·	·	·	·	·	1·1	·	·	2·2	·	1·1	3
クガイソウ	·	+	·	·	·	·	·	+	·	·	·	·	·	·	·	·	·	·	·	·	·	·	·	·	·	2
ハンゴンソウ	·	+	·	·	·	·	·	+	·	·	·	·	·	·	·	·	·	·	·	·	·	·	·	·	·	2
アサマヒゴタイ	·	·	·	·	·	·	·	·	·	·	·	·	·	·	·	·	·	·	·	·	·	·	+	+	·	2
ナガハグサ	·	·	·	+	·	·	·	·	·	·	·	+	·	·	·	·	·	·	·	·	·	·	·	·	·	2
ゲンノショウコ	·	·	·	+	·	·	+	·	·	·	·	·	·	·	·	·	·	·	·	·	·	·	·	·	·	2
チマキザサ	·	·	·	·	·	·	·	·	·	·	·	·	2·2	+	·	·	·	·	·	·	·	·	·	·	·	2
ネバリノギラン	·	·	·	·	·	·	·	·	·	·	·	·	+	·	·	·	·	·	·	·	·	·	·	·	+	2
ゴマナ	·	·	·	·	·	·	·	2·2	·	·	1·1	·	·	·	·	·	·	·	·	·	·	·	·	·	·	2
イブキジャコウソウ	·	·	·	·	·	·	·	·	·	·	·	·	·	·	·	·	·	·	+	·	·	·	·	·	+	2
ミヤマスミレ	·	·	·	·	·	·	·	·	·	·	·	·	·	·	·	·	·	·	·	·	·	·	+	·	+	2
ワラビ	·	·	·	·	·	·	·	·	·	·	·	·	·	+	2·2	·	·	·	·	·	·	·	·	·	+·2	2
ノコギリソウ	·	·	·	·	·	·	·	·	·	·	·	·	·	+	+	·	·	·	·	·	·	·	·	·	·	2
カワラマツバ	·	·	·	·	·	·	·	·	·	·	·	·	·	+	·	·	·	·	·	·	+	·	·	·	·	2

出現1回の種は省略

表 7.5　部分表 (2)

通し番号	1	2	3	4	5	6	7	8	9	10	11	12	13	14	15	16	17	新しい
原番号	2	1	3	7	6	15	13	9	14	19	20	25	8	12	18	24	21	種順
ヒメスゲ	2·2	+	2·2	·	·	2·2	+	·	4·4	·	1·1	·	1·1	+	2·2	1·2	+	
シロツメクサ	+	+	1·1	+	+	+	3·3	·	·	1·1	·	+	·	·	·	·	+	
ニガナ	+	+	+	+	+	+	+	·	·	+	·	·	·	+	+	·	·	
オオヨモギ	+	1·1	2·2	·	·	4·4	·	5·5	2·2	·	1·1	·	+	·	·	·	2·2	9
ヤナギラン	+	+	+	·	·	2·2	·	+	1·1	·	1·2	·	1·2	·	·	·	·	10
ミヤマウラジロイチゴ	+	+	+	·	·	2·2	·	1·1	+	·	+	·	2·2	·	·	·	·	11
ハナイカリ	+	+	+	·	·	+	·	+	+	·	·	·	·	·	·	·	·	12
オオアワガエリ	+	+	·	+	·	2·2	·	·	+	·	·	+	·	·	·	·	·	
ヤマヌカボ	·	·	·	2·2	+	+	+	·	·	1·1	·	+	·	·	·	·	·	
オオチドメ	·	·	·	1·1	1·1	·	3·3	·	·	2·2	·	+	·	·	·	1·1	·	1
ヨツバヒヨドリ	+	+	·	·	·	·	·	1·2	·	·	+	·	1·2	·	·	·	·	13
イワノガリヤス	1·1	1·2	·	·	·	·	·	·	·	·	+	·	+	·	·	·	5·5	14
バッコヤナギ	+	·	+	·	·	+	·	·	+	·	·	·	+	·	·	·	·	15
ノアザミ	+	·	+	·	+	·	·	+	·	·	1·1	·	·	·	·	·	·	16
オオヤマフスマ	·	·	·	+	+	·	·	·	·	·	·	·	·	+	+	1·1	·	2
ウツボグサ	·	·	·	+	+	·	1·1	·	·	·	·	+	·	·	·	+	·	3
グンバイヅル	·	·	·	+	·	·	+	·	·	+	·	·	·	+	+	·	·	4
ヤマスズメノヒエ	+	·	+	·	·	·	·	·	+	·	·	·	+	·	·	·	·	17
アヤメ	·	·	·	·	2·2	·	·	·	·	·	·	·	·	3·3	3·3	+	·	5
シバ	·	·	·	5·5	·	·	5·5	·	·	5·5	·	5·5	·	·	·	·	·	6
ミノボロスゲ	·	·	·	+	·	·	·	+	·	+	·	+	·	·	·	·	·	7
ヤマラッキョウ	·	·	·	·	+	·	·	·	·	·	·	·	·	+	1·1	·	·	8
二重線の種数 (1)	0	0	0	6	5	0	4	1	0	4	0	4	0	4	4	4	0	
太線の種数 (2)	9	6	7	0	1	5	0	6	6	0	6	0	7	0	0	0	2	
(1) − (2)	−9	−6	−7	6	4	−5	4	−5	−6	4	−6	4	−7	4	4	4	−2	
新しいスタンド順	17	12	15	1	2	10	3	11	13	4	14	5	16	6	7	8	9	

表 7.6　部分表 (3)

通し番号	1	2	3	4	5	6	7	8	9	10	11	12	13	14	15	16	17	新しい
原番号	7	6	13	19	25	12	18	24	21	15	9	1	14	20	3	8	2	種順
オオチドメ	1·1	1·1	3·3	2·2	+	·	·	1·1	·	·	·	·	·	·	·	·	·	
オオヤマフスマ	+	+	·	·	·	+	+	1·1	·	·	·	·	·	·	·	·	·	
ウツボグサ	+	+	1·1	·	+	·	·	+	·	·	·	·	·	·	·	·	·	
グンバイヅル	+	·	+	+	·	+	+	·	·	·	·	·	·	·	·	·	·	
アヤメ	·	2·2	·	·	·	3·3	3·3	+	·	·	·	·	·	·	·	·	·	3
シバ	5·5	·	5·5	5·5	5·5	·	·	·	·	·	·	·	·	·	·	·	·	1
ミノボロスゲ	+	·	·	+	+	·	·	·	·	·	+	·	·	·	·	·	·	2
ヤマラッキョウ	·	+	·	·	·	+	1·1	·	·	·	·	·	·	·	·	·	·	4
オオヨモギ	·	·	·	·	·	·	·	·	2·2	4·4	5·5	1·1	2·2	1·1	2·2	+	+	
ヤナギラン	·	·	·	·	·	·	·	·	·	2·2	+	+	1·1	1·2	+	1·2	+	
ミヤマウラジロイチゴ	·	·	·	·	·	·	·	·	·	2·2	1·1	+	+	+	+	2·2	+	
ハナイカリ	·	·	·	·	·	·	·	·	·	+	+	+	+	·	+	·	+	
ヨツバヒヨドリ	·	·	·	·	·	·	·	·	·	·	1·2	+	·	+	·	1·2	+	
イワノガリヤス	·	·	·	·	·	·	·	·	5·5	·	·	1·2	·	+	·	+	1·1	
バッコヤナギ	·	·	·	·	·	·	·	·	·	+	·	·	+	·	+	+	+	
ノアザミ	·	+	·	·	·	·	·	·	·	·	+	·	·	1·1	+	·	+	
ヤマスズメノヒエ	·	·	·	·	·	·	·	·	·	·	·	·	+	·	+	+	+	
ヒメスゲ	·	·	+	·	·	+	2·2	1·2	+	2·2	·	+	4·4	1·1	2·2	1·1	2·2	
シロツメクサ	+	+	3·3	1·1	+	·	·	·	+	+	·	+	·	·	1·1	·	+	
ニガナ	+	+	+	+	·	+	+	·	·	+	·	+	·	·	+	·	+	
オオアワガエリ	+	·	·	·	+	·	·	·	·	2·2	·	+	+	·	·	·	+	
ヤマヌカボ	2·2	+	+	1·1	+	·	·	·	·	+	·	·	·	·	·	·	·	
二重線の種数 (1)	2	0	1	2	2	0	0	0										
太線の種数 (2)	0	2	0	0	0	2	2	1										
(1) − (2)	2	−2	1	2	2	−2	−2	−1										
新しいスタンド順	1	6	4	2	3	7	8	5										

表 7.7 部分表 (4)

通し番号	1	2	3	4	5	6	7	8	9	10	11	12	13	14	15	16	17	18	19	20	21	22	23	24	25	出現回数
原番号	7	19	25	13	24	6	12	18	21	15	9	1	14	20	3	8	2	4	16	23	22	10	17	5	11	
シバ	5·5	5·5	5·5	5·5	·	·	·	·	·	·	·	·	·	·	·	·	·	·	·	·	·	·	·	·	·	4
ミノボロスゲ	+	+	+	·	·	·	·	·	·	·	+	·	·	·	·	·	·	·	·	·	·	·	·	·	·	4
アヤメ	·	·	·	·	+	2·2	3·3	3·3	·	·	·	·	·	·	·	·	·	·	·	·	·	·	·	·	·	4
ヤマラッキョウ	·	·	·	·	·	+	+	1·1	·	·	·	·	·	·	·	·	·	·	·	·	·	·	·	·	·	3
オオチドメ	1·1	2·2	+	3·3	1·1	1·1	·	·	·	·	·	·	·	·	·	·	·	·	·	·	·	·	·	·	·	6
オオヤマフスマ	+	·	·	·	1·1	+	+	+	·	·	·	·	·	·	·	·	·	·	·	·	·	·	·	·	·	5
ウツボグサ	+	·	+	1·1	+	+	·	·	·	·	·	·	·	·	·	·	·	·	·	·	·	·	·	·	·	5
グンバイヅル	+	+	·	+	·	·	+	+	·	·	·	·	·	·	·	·	·	·	·	·	·	·	·	·	·	5
オオヨモギ	·	·	·	·	·	·	·	·	2·2	4·4	5·5	1·1	2·2	1·1	2·2	+	+	·	·	·	·	·	·	·	·	9
ヤナギラン	·	·	·	·	·	·	·	·	·	2·2	+	+	1·1	1·2	+	1·2	+	·	·	·	·	·	·	·	·	8
ミヤマウラジロイチゴ	·	·	·	·	·	·	·	·	·	2·2	1·1	+	+	+	+	2·2	+	·	·	·	·	·	·	·	·	8
ハナイカリ	·	·	·	·	·	·	·	·	·	+	+	+	+	·	+	·	+	+	+	·	·	·	·	·	·	8
ヨツバヒヨドリ	·	·	·	·	·	·	·	·	·	·	1·2	+	·	+	·	1·2	+	·	·	·	·	·	·	·	·	5
イワノガリヤス	·	·	·	·	·	·	·	·	5·5	·	·	1·2	·	+	·	+	1·1	·	·	·	·	·	·	·	·	5
バッコヤナギ	·	·	·	·	·	·	·	·	·	+	·	·	+	·	+	+	+	·	·	·	·	·	·	·	·	5
ノアザミ	·	·	·	·	·	+	·	·	·	·	+	·	·	1·1	+	·	+	·	·	·	·	·	·	·	·	5
ヤマスズメノヒエ	·	·	·	·	·	·	·	·	·	·	·	·	+	·	+	+	+	·	·	·	·	·	·	·	·	4
ヒメスゲ	·	·	·	+	1·2	·	+	2·2	+	2·2	·	+	4·4	1·1	2·2	1·1	2·2	·	·	·	·	+·2	·	·	·	13
シロツメクサ	+	1·1	+	3·3	·	+	·	·	+	+	·	+	·	·	1·1	·	+	·	·	·	·	·	·	·	·	10
ニガナ	+	+	·	+	·	+	+	+	·	+	·	+	·	·	+	·	+	·	·	·	·	·	·	·	·	10
オオアワガエリ	+	·	+	·	·	·	·	·	·	2·2	·	+	+	·	·	·	+	·	·	·	·	·	·	·	·	6
ヤマヌカボ	2·2	1·1	+	+	·	+	·	·	·	+	·	·	·	·	·	·	·	·	·	·	·	·	·	·	·	6
ハナチダケサシ	·	·	·	·	·	·	·	·	·	+	·	·	+	·	·	+	·	+	1·2	+	+	+	1·2	+·2	1·1	11
イワカガミ	·	·	·	·	·	·	·	·	·	·	·	·	·	·	·	·	·	+·2	2·2	1·1	1·1	+	1·1	+	1·1	8
シラネニンジン	·	·	·	·	·	·	·	·	·	·	·	·	·	·	·	·	·	+	1·1	+	1·1	1·1	+	+	+	8
ウスユキソウ	·	·	·	·	·	·	·	·	·	·	·	·	·	·	·	·	·	1·1	2·2	+·2	+	1·1	+	+	1·2	8
コケモモ	·	·	·	·	·	·	·	·	·	·	·	·	·	·	·	·	·	+	2·2	1·1	1·1	1·1	1·1	1·1	1·1	8
ヒゲノガリヤス	·	·	·	·	·	·	·	·	·	·	·	·	·	·	·	·	·	3·3	3·3	+	2·2	1·1	2·2	2·2	+	8
レンゲツツジ	·	·	·	·	·	·	·	+	·	·	·	·	·	·	·	·	·	1·1	+	·	+	2·2	+	+	·	7
ウメバチソウ	·	·	·	·	·	·	·	·	·	·	·	·	·	·	·	·	·	+	+	+	+	+	·	·	+	6
クロマメノキ	·	·	·	·	·	·	·	·	·	·	·	·	·	·	·	·	·	·	+	1·1	·	+	4·4	3·3	2·2	6
ミネヤナギ	·	·	·	·	·	·	·	·	·	·	·	·	·	·	·	+	·	·	·	+	·	1·1	2·2	3·3	3·3	6
オヤマボクチ	·	·	·	·	·	·	·	·	·	·	·	·	·	·	·	·	·	+	+	·	·	+	+	·	+	5
マツムシソウ	·	·	·	·	·	·	·	·	·	·	·	·	·	·	·	·	·	+	+	·	+	+	·	·	+	5
シモツケ	·	·	·	·	·	·	·	·	·	·	·	·	·	·	·	·	·	·	·	1·2	+	·	1·1	1·2	·	4
イワインチン	·	·	·	·	·	·	·	·	·	·	·	·	·	·	·	·	·	·	·	1·1	·	·	1·2	+	1·1	4
ミヤマホツツジ	·	·	·	·	·	·	·	·	·	·	·	·	·	·	·	·	·	·	·	·	+	1·1	·	+	1·1	4
ナナカマド	·	·	·	·	·	·	·	·	·	·	·	·	·	·	·	·	·	·	+	·	·	·	+	+	2·2	4
オオバギボウシ	·	·	·	·	·	·	·	·	·	·	·	·	·	·	·	·	·	·	·	·	+	+	·	+	1·1	4
ミツバツチグリ	1·1	+	·	·	1·1	1·1	+	+	+	1·1	+	1·1	1·1	+	+	+	+	+	+	+	1·1	+	·	1·1	·	21
アキノキリンソウ	·	·	·	·	1·1	1·1	+	1·1	+	1·1	·	3·3	2·2	2·2	1·1	2·2	4·4	+	+	+	+	+	1·1	+	+	20
クマイザサ	·	·	·	·	5·5	3·3	3·3	3·3	1·1	3·3	2·2	2·2	3·3	4·4	3·3	3·3	3·3	4·4	4·4	5·5	5·5	4·4	·	·	·	18
ノハラアザミ	+	+	·	+	1·1	+	+	+	·	+	·	+	+	·	·	+	+	+	+	·	+	+	+	·	+	18
ミヤマニガイチゴ	+	·	·	·	·	·	·	·	+	2·2	+	+	2·2	1·1	+	1·1	1·1	+	2·2	+	1·1	+	+	+	·	17
エゾリンドウ	·	·	·	·	·	+	+	1·1	+	+	1·1	3·3	·	2·2	+	+	2·2	+	+	·	+	+	·	·	·	15
ウシノケグサ	·	+	·	2·2	1·1	1·2	·	+	·	2·2	4·4	4·4	2·2	4·4	4·4	+	2·2	2·2	2·2	1·2	2·2	2·2	3·3	·	·	14
ヘビノネゴザ	·	·	·	·	·	·	·	·	·	·	+	1·1	1·1	1·1	+	1·2	+	·	+	1·2	+	1·1	2·2	2·2	2·2	14
シャジクソウ	·	·	·	·	1·1	+	+	·	+	+	·	+	+	·	·	+	·	·	+·2	·	+	+·2	1·1	·	+	13
ハクサンフウロ	·	·	·	·	2·2	2·2	2·2	2·2	·	·	·	·	·	·	·	·	·	+	+	2·2	1·1	+	1·1	+	+	12
ワレモコウ	+	·	·	+	1·1	2·2	1·1	2·2	·	+	·	·	·	·	·	·	·	1·1	+	·	+	1·1	+	·	·	12
ノギラン	·	·	·	·	·	·	+	·	+	·	·	+	+	·	+	·	+	+	+	+	+	·	+	·	·	11
ヤマハハコ	·	·	·	·	·	·	·	·	·	2·2	+	1·1	2·2	1·2	3·3	1·2	1·1	·	·	1·1	·	·	1·1	1·2	·	11
イタドリ	·	·	·	·	·	·	·	·	·	·	+	+	·	1·1	+	+	+	·	1·1	+	·	+	+	·	+	11
オトギリソウ	·	·	+	·	·	·	·	·	·	·	·	+	+	·	+	+	·	+	+	·	+	+	+	·	·	10
トダシバ	·	·	·	·	1·1	4·4	·	·	·	·	·	·	·	·	·	·	·	1·1	1·1	+	1·1	1·1	+	+	+	10
ススキ	·	·	·	·	·	·	+	1·1	·	+	·	·	·	·	·	·	·	1·1	2·2	1·1	+	1·1	·	+	1·1	10
ミヤマワラビ	·	·	·	·	·	·	·	·	·	1·1	+	·	·	·	·	1·1	1·1	·	·	+	·	·	2·2	1·2	+	8
シロスミレ	·	·	·	·	·	·	+	+	·	·	·	·	·	·	·	+	·	+	·	·	·	+	·	·	·	5
オオバコ	+	+	·	1·1	·	·	·	·	·	+	·	·	·	·	·	+	·	·	·	·	·	·	·	·	·	5
ツリガネニンジン	·	·	·	+	+	·	·	+	·	·	·	·	·	·	·	·	·	·	·	·	·	+	+	·	·	5
ズミ	·	·	·	·	·	·	·	·	+	·	·	+	·	·	·	·	+	·	·	·	·	·	+	·	·	4
ヤマカモジグサ	·	·	·	·	·	·	·	·	·	·	·	+	+	3·3	·	·	·	·	·	·	·	·	+	·	·	4
ヤマブキショウマ	·	·	·	·	·	·	·	·	·	·	·	·	·	·	+	·	+	·	·	1·1	+	·	·	·	·	4
ヒカゲスゲ	·	·	·	·	·	·	·	·	·	·	·	·	·	·	·	+	·	+	·	·	·	·	·	+	2·2	4
コウゾリナ	·	·	·	·	·	·	·	·	·	·	·	+	+	·	·	·	·	·	+	·	·	·	·	·	·	3
コヌカグサ	·	·	·	·	·	·	·	·	·	·	+	·	·	·	+	+	·	·	·	·	·	·	·	·	·	3
カラマツ	·	·	·	·	·	·	·	·	·	·	·	·	r	·	+	+	·	·	·	·	·	·	·	·	·	3
ヤナギタンポポ	·	·	·	·	·	·	·	·	·	·	·	·	·	·	·	·	·	+	+	·	·	·	·	·	+	3
シュロソウ	·	·	·	·	·	·	·	·	·	·	·	·	·	·	·	·	·	·	·	·	·	·	+	+	+	3
キンレイカ	·	·	·	·	·	1·1	·	·	·	·	·	·	·	·	·	·	·	·	+	·	·	·	·	·	+	3
クサイ	+	·	·	·	+	·	·	·	·	·	·	·	·	+	·	·	·	·	·	·	·	·	·	·	·	3
ダケカンバ	·	·	·	·	·	·	·	·	·	·	·	·	·	·	·	·	·	·	·	1·1	·	·	2·2	·	1·1	3
クガイソウ	·	·	·	·	·	·	·	·	·	·	+	+	·	·	·	·	·	·	·	·	·	·	·	·	·	2
ハンゴンソウ	·	·	·	·	·	·	·	·	·	·	+	+	·	·	·	·	·	·	·	·	·	·	·	·	·	2
アサマヒゴタイ	·	·	·	·	·	·	·	·	·	·	·	·	·	·	·	·	·	·	·	·	·	·	+	+	·	2
ナガハグサ	+	·	+	·	·	·	·	·	·	·	·	·	·	·	·	·	·	·	·	·	·	·	·	·	·	2
ゲンノショウコ	+	·	·	+	·	·	·	·	·	·	·	·	·	·	·	·	·	·	·	·	·	·	·	·	·	2
チマキザサ	·	·	·	·	·	·	+	·	·	·	·	·	·	·	·	2·2	·	·	·	·	·	·	·	·	·	2
ネバリノギラン	·	·	·	·	·	·	·	·	·	·	·	·	·	·	·	+	·	·	·	·	·	·	·	·	+	2

ゴマナ	·	·	·	·	·	·	·	·	·	·	2·2	·	·	1·1	·	·	·	·	·	·	·	·	·	·	·	2
イブキジャコウソウ	·	·	·	·	·	·	·	·	·	·	·	·	·	·	·	·	·	·	+	·	·	·	·	·	+	2
ミヤマスミレ	·	·	·	·	·	·	·	·	·	·	·	·	·	·	·	·	·	·	·	·	·	·	+	·	+	2
ワラビ	·	·	·	·	·	·	+	2·2	·	·	·	·	·	·	·	·	·	·	·	·	·	·	·	·	+·2	2
ノコギリソウ	·	·	·	·	·	·	+	+	·	·	·	·	·	·	·	·	·	·	·	·	·	·	·	·	·	2
カワラマツバ	·	·	·	·	·	·	+	·	·	·	·	·	·	·	·	·	·	·	·	·	+	·	·	·	·	2

出現1回の種は省略

度にすべての診断種を見つけ出すことができなくても，表操作を進めていくうちに見つかることもあるので，はじめから完全な種群の発見にこだわる必要はない．また，場合によっては一組の対立的な種群がみつからず，特定の種群の有無で区別ができることもある．この場合は，特定の種群をもたないスタンド群を典型部として区別する．以下，区分されたスタンド群ごとに部分表を作成し，より下位の群落単位を識別していく．

ここまでの作業で，全25スタンドが4つの群落に区分できそうなことがわかる（表7.7）．ある程度区分できたら，全体を見渡してみると，いくつかの群落単位にまたがって出現する種群が見出されることもある．表7.7では，実線，破線，二重線の四角で囲んだ種が複数の群落に共通して出現している．また，これまで特定の群落を識別する種として取り上げていたものの中に，適切でないものが見つかった場合には修正する．ここでは，ハナイカリとハナチダケサシが互いに隣の群落にもはみだして出現しており（下線部），これらはヘビノネゴザやヤマハハコと同じ種群（破線）に入れるほうが適切である．

④ 識別表（differentiated table，表7.8）

部分表の操作により最終的な群落区分が確定したら，区分に使わなかった種もすべて記入して，識別表を作成する．種群の並べ方は，最も違いが顕著なもの，対立が明瞭なものを表の上部に置く．このとき，最初の区分にもちいた種群よりも，次の段階でもちいた種群のほうが重要であることもあるので，区分した順番にこだわる必要はない．表7.8の例では，区分された4群落が，それぞれ独自の4つの種群をもつことから，これらを重視して表の上部に置き，複数の群落にまたがる種群はその下に配置した．このように群落との関係が整理された診断種群は，識別種群（differential species）と呼ばれる．また，途中の作業で省略していたスタンドの情報も，ここで素表から転記する．

⑤ 要約表（summary table，表7.9）

スタンド数が多い場合，識別表を一覧して全体の特徴を把握するのが難しい．そこで，群落区分ごとにそれぞれの種の常在度を5段階の常在度階級に直して，1つの群落単位を一列で表した要約表にするとわかりやすい．常在度階級はローマ数字で表し，横に優占度の範囲を付しておく（表7.10）．

7.2.2　組成表の解釈

ここまでの手順で区分された群落単位A～D（表7.9）は，識別種群によって定義づけられており，野外における「具体的な植物群落」に対して，「抽象的な植物群落」と呼ばれる．たとえば群落Aは，独自の種群として種群1をもち，群落Bとの共通種群として種群5を，群落B，Cとの共通種群として種群6をもっている．野外において群落Aは，種群1，5，6それぞれに属する種をもち，他の種群をもたないことで，群落B，C，Dから区別される．また，いずれの群落にも出現する種は随伴種（companion species）と呼ばれ，群落の識別にはもちいられないが，高常在度で出現するものは，群落の重要な構成要素である．

次に，識別された4つの群落単位について，その種組成と立地環境や人為的干渉との関係を考えてみよう．群落Aは牛が放牧されている牧草地の群落であり，牛の採食や踏み付けの影響下に成立したものである．群落高が低く，シバが優占している．踏み付けに強く，低い高さで花をつけら

表 7.8 識別表

群落区分	A				B				C									D								出現回数
原番号	7	19	25	13	24	6	12	18	21	15	9	1	14	20	3	8	2	4	16	23	22	10	17	5	11	
調査票番号(YM)	16	36	46	26	45	15	25	35	42	32	22	01	31	41	12	21	11	13	33	44	43	23	34	14	24	
標高(m)	1760	1750	1750	1760	1800	1780	1790	1790	1780	1790	1790	1770	1780	1780	1780	1780	1780	1920	1920	1940	1920	1920	1930	1930	1890	
方位(°)	S10W	S	S10E	S15W	S10E	−	S20E	−	N40W	N40W	N40W	N40W	N50W	N30W	N45W	N40W	N40W	N80E	E	N70E	S80E	S80E	N80E	E	N80E	
傾斜(°)	5	5	5	5	10	0	5	0	15	10	10	10	25	15	15	15	15	30	30	20	20	30	15	25	30	
第一草本層高さ(m)	0.1	0.1	0.1	0.2	0.2	0.5	1.4	0.8	1.0	0.9	1.2	0.8	0.8	0.8	0.5	0.8	0.9	0.5	0.8	0.5	0.3	1.0	1.4	2.0	0.8	
第一草本層植被率(%)	100	95	95	100	100	100	10	100	100	100	100	100	100	100	100	100	100	100	95	100	100	20	10	10	40	
第二草本層高さ(m)	−	−	−	−	−	−	0.3	−	−	−	−	−	−	−	−	−	−	−	−	−	−	0.3	0.6	0.4	0.3	
第二草本層植被率(%)	−	−	−	−	−	−	85	−	−	−	−	−	−	−	−	−	−	−	−	−	−	90	100	100	70	
調査面積(m²)	9	2	3	4	6	9	25	25	5	18	12	20	16	4	12	20	16	9	25	5	6	16	12	8	10	
調査年	'02	'02	'02	'02	'01	'01	'01	'01	'01	'01	'01	'01	'01	'01	'01	'01	'01	'01	'01	'01	'01	'01	'01	'01	'01	
月日	8.3	8.3	8.3	8.3	9.19	9.19	9.19	9.19	9.18	9.18	9.18	9.18	9.18	9.18	9.18	9.18	9.18	9.19	9.19	9.19	9.19	9.19	9.19	9.19	9.19	
出現種数	19	11	10	16	18	21	21	20	12	26	22	30	24	20	26	31	29	28	34	26	30	34	36	29	37	
種群																										
1 シバ	5·5	5·5	5·5	5·5	·	·	·	·	·	·	·	·	·	·	·	·	·	·	·	·	·	·	·	·	·	4
ミノボロスゲ	+	+	+	·	·	·	·	·	·	·	+	·	·	·	·	·	·	·	·	·	·	·	·	·	·	4
ナガハグサ	+	·	+	·	·	·	·	·	·	·	·	·	·	·	·	·	·	·	·	·	·	·	·	·	·	2
ゲンノショウコ	+	·	·	+	·	·	·	·	·	·	·	·	·	·	·	·	·	·	·	·	·	·	·	·	·	2
2 アヤメ	·	·	·	·	+	2·2	3·3	3·3	·	·	·	·	·	·	·	·	·	·	·	·	·	·	·	·	·	4
ヤマラッキョウ	·	·	·	·	·	+	+	1·1	·	·	·	·	·	·	·	·	·	·	·	·	·	·	·	·	·	3
ワラビ	·	·	·	·	·	·	+	2·2	·	·	·	·	·	·	·	·	·	·	·	·	·	·	·	·	·	2
ノコギリソウ	·	·	·	·	·	·	+	+	·	·	·	·	·	·	·	·	·	·	·	·	·	·	·	·	·	2
3 オオヨモギ	·	·	·	·	·	·	·	·	2·2	4·4	5·5	1·1	2·2	1·1	2·2	+	+	·	·	·	·	·	·	·	·	9
ヤナギラン	·	·	·	·	·	·	·	·	·	2·2	+	+	1·1	1·2	+	1·2	+	·	·	·	·	·	·	·	·	8
ミヤマウラジロイチゴ	·	·	·	·	·	·	·	·	·	2·2	1·1	+	+	+	+	2·2	+	·	·	·	·	·	·	·	·	8
ヨツバヒヨドリ	·	·	·	·	·	·	·	·	·	·	1·2	+	·	+	·	1·2	+	·	·	·	·	·	·	·	·	5
イワノガリヤス	·	·	·	·	·	·	·	·	5·5	·	·	1·2	·	+	·	+	1·1	·	·	·	·	·	·	·	·	5
バッコヤナギ	·	·	·	·	·	·	·	·	·	+	·	·	+	·	+	+	+	·	·	·	·	·	·	·	·	5
ノアザミ	·	·	·	·	·	+	·	·	·	·	+	·	·	1·1	+	·	+	·	·	·	·	·	·	·	·	5
ヤマスズメノヒエ	·	·	·	·	·	·	·	·	·	·	·	·	+	·	+	+	+	·	·	·	·	·	·	·	·	4
コヌカグサ	·	·	·	·	·	·	·	·	·	·	+	·	·	·	+	+	·	·	·	·	·	·	·	·	·	3
カラマツ	·	·	·	·	·	·	·	·	·	·	·	·	r	·	+	+	·	·	·	·	·	·	·	·	·	3
4 イワカガミ	·	·	·	·	·	·	·	·	·	·	·	·	·	·	·	·	·	+·2	2·2	1·1	1·1	+	1·1	+	1·1	8
シラネニンジン	·	·	·	·	·	·	·	·	·	·	·	·	·	·	·	·	·	+	1·1	+	1·1	1·1	+	+	+	8
ウスユキソウ	·	·	·	·	·	·	·	·	·	·	·	·	·	·	·	·	·	1·1	2·2	+·2	+	1·1	+	+	1·2	8
コケモモ	·	·	·	·	·	·	·	·	·	·	·	·	·	·	·	·	·	+	2·2	1·1	1·1	1·1	1·1	1·1	1·1	8
ヒゲノガリヤス	·	·	·	·	·	·	·	·	·	·	·	·	·	·	·	·	·	3·3	3·3	+	2·2	1·1	2·2	2·2	+	8
レンゲツツジ	·	·	·	·	·	·	·	+	·	·	·	·	·	·	·	·	·	1·1	+	·	+	2·2	+	+	·	7
ウメバチソウ	·	·	·	·	·	·	·	·	·	·	·	·	·	·	·	·	·	+	+	+	+	+	·	·	+	6
クロマメノキ	·	·	·	·	·	·	·	·	·	·	·	·	·	·	·	·	·	·	+	1·1	·	+	4·4	3·3	2·2	6
ミネヤナギ	·	·	·	·	·	·	·	·	·	·	·	·	·	·	·	+	·	·	·	+	·	1·1	2·2	3·3	3·3	6
オヤマボクチ	·	·	·	·	·	·	·	·	·	·	·	·	·	·	·	·	·	+	+	·	·	+	+	·	+	5
マツムシソウ	·	·	·	·	·	·	·	·	·	·	·	·	·	·	·	·	·	+	+	·	+	+	·	·	+	5
シモツケ	·	·	·	·	·	·	·	·	·	·	·	·	·	·	·	·	·	·	·	1·2	+	·	1·1	1·2	·	4
イワインチン	·	·	·	·	·	·	·	·	·	·	·	·	·	·	·	·	·	·	·	1·1	·	·	1·2	+	1·1	4
ミヤマホツツジ	·	·	·	·	·	·	·	·	·	·	·	·	·	·	·	·	·	·	·	·	+	1·1	·	+	1·1	4
ナナカマド	·	·	·	·	·	·	·	·	·	·	·	·	·	·	·	·	·	·	+	·	·	·	+	+	2·2	4
オオバギボウシ	·	·	·	·	·	·	·	·	·	·	·	·	·	·	·	·	·	·	·	·	+	+	·	+	1·1	4
ダケカンバ	·	·	·	·	·	·	·	·	·	·	·	·	·	·	·	·	·	·	·	1·1	·	·	2·2	·	1·1	3
ヤナギタンポポ	·	·	·	·	·	·	·	·	·	·	·	·	·	·	·	·	·	+	+	·	·	·	·	·	+	3
シュロソウ	·	·	·	·	·	·	·	·	·	·	·	·	·	·	·	·	·	·	·	·	·	·	+	+	+	3
5 オオチドメ	1·1	2·2	+	3·3	1·1	1·1	·	·	·	·	·	·	·	·	·	·	·	·	·	·	·	·	·	·	·	6
オオヤマフスマ	+	·	·	·	1·1	+	+	+	·	·	·	·	·	·	·	·	·	·	·	·	·	·	·	·	·	5
ウツボグサ	+	·	+	1·1	+	+	·	·	·	·	·	·	·	·	·	·	·	·	·	·	·	·	·	·	·	5
グンバイヅル	+	+	·	+	·	·	+	+	·	·	·	·	·	·	·	·	·	·	·	·	·	·	·	·	·	5
6 ヒメスゲ	·	·	·	+	1·2	·	+	2·2	+	2·2	·	+	4·4	1·1	2·2	1·1	2·2	·	·	·	·	+·2	·	·	·	13
シロツメクサ	+	1·1	+	3·3	·	+	·	·	+	+	·	+	·	·	1·1	·	+	·	·	·	·	·	·	·	·	10
ニガナ	+	+	·	+	·	+	+	+	·	+	·	+	·	·	+	·	+	·	·	·	·	·	·	·	·	10
オオアワガエリ	+	·	+	·	·	·	·	·	·	2·2	·	+	+	·	·	·	+	·	·	·	·	·	·	·	·	6
ヤマヌカボ	2·2	1·1	+	+	·	+	·	·	·	+	·	·	·	·	·	·	·	·	·	·	·	·	·	·	·	6
7 アキノキリンソウ	·	·	·	·	1·1	1·1	+	1·1	+	1·1	·	3·3	2·2	2·2	1·1	2·2	4·4	+	+	+	+	+	1·1	+	+	20
クマイザサ	·	·	·	·	5·5	3·3	3·3	3·3	1·1	3·3	2·2	2·2	3·3	4·4	3·3	3·3	3·3	4·4	4·4	5·5	5·5	4·4	·	·	·	18
エゾリンドウ	·	·	·	·	·	+	+	1·1	+	+	1·1	3·3	·	2·2	+	+	2·2	+	+	·	+	+	·	·	·	15
シャジクソウ	·	·	·	·	1·1	+	+	·	+	+	·	+	+	·	·	+	·	·	+·2	·	+	+·2	1·1	·	+	13
ノギラン	·	·	·	·	·	·	+	·	+	·	·	+	+	·	+	·	+	+	+	+	+	·	+	·	·	11
8 ハクサンフウロ	·	·	·	·	2·2	2·2	2·2	2·2	·	·	·	·	·	·	·	·	·	+	+	2·2	1·1	+	1·1	+	+	12
トダシバ	·	·	·	·	1·1	4·4	·	·	·	·	·	·	·	·	·	·	·	1·1	1·1	+	1·1	1·1	+	+	+	10
ススキ	·	·	·	·	·	·	+	1·1	·	+	·	·	·	·	·	·	·	1·1	2·2	1·1	+	1·1	·	+	1·1	10
9 ヤマハハコ	·	·	·	·	·	·	·	·	·	2·2	+	1·1	2·2	1·2	3·3	1·2	1·1	·	·	1·1	·	·	1·1	1·2	·	11
イタドリ	·	·	·	·	·	·	·	·	·	·	+	+	·	1·1	+	+	+	·	1·1	+	·	+	+	·	+	11
ハナチダケサシ	·	·	·	·	·	·	·	·	·	+	·	·	+	·	·	+	·	+	1·2	+	+	+	1·2	+·2	1·1	11
オトギリソウ	·	·	+	·	·	·	·	·	·	·	·	+	+	·	+	+	·	+	+	·	+	+	+	·	·	10
ヘビノネゴザ	·	·	·	·	·	·	·	·	·	·	+	1·1	1·1	1·1	+	1·2	+	·	+	1·2	+	1·1	2·2	2·2	2·2	14
ミヤマワラビ	·	·	·	·	·	·	·	·	·	1·1	+	·	·	·	·	1·1	1·1	·	·	+	·	·	2·2	1·2	+	8
ハナイカリ	·	·	·	·	·	·	·	·	·	+	+	+	+	·	+	·	+	+	+	·	·	·	·	·	·	8
10 ミツバツチグリ	1·1	+	·	·	1·1	1·1	+	+	+	1·1	+	1·1	1·1	+	+	+	+	+	+	+	1·1	+	·	1·1	·	21
ノハラアザミ	+	+	·	+	1·1	+	+	+	·	+	·	+	+	·	·	+	+	+	+	·	+	+	+	·	+	18
ミヤマニガイチゴ	+	·	·	·	·	·	·	·	+	2·2	+	+	2·2	1·1	+	1·1	1·1	+	2·2	+	1·1	+	+	+	·	17
ウシノケグサ	·	+	·	2·2	1·1	1·2	·	+	·	2·2	4·4	4·4	2·2	4·4	4·4	+	2·2	2·2	2·2	1·2	2·2	2·2	3·3	·	·	14
ワレモコウ	+	·	·	+	1·1	2·2	1·1	2·2	·	+	·	·	·	·	·	·	·	1·1	+	·	+	1·1	+	·	·	12
シロスミレ	·	·	·	·	·	·	+	+	·	·	·	·	·	·	·	+	·	+	·	·	·	+	·	·	·	5
オオバコ	+	+	·	1·1	·	·	·	·	·	+	·	·	·	·	·	+	·	·	·	·	·	·	·	·	·	5
ツリガネニンジン	·	·	·	+	+	·	·	+	·	·	·	·	·	·	·	·	·	·	·	·	·	+	+	·	·	5
ズミ	·	·	·	·	·	·	·	·	+	·	·	+	·	·	·	·	+	·	·	·	·	·	+	·	·	4
ヤマカモジグサ	·	·	·	·	·	·	·	·	·	·	·	+	+	3·3	·	·	·	·	·	·	·	·	+	·	·	4
ヤマブキショウマ	·	·	·	·	·	·	·	·	·	·	·	·	·	·	+	·	+	·	·	1·1	+	·	·	·	·	4
ヒカゲスゲ	·	·	·	·	·	·	·	·	·	·	·	·	·	·	·	+	·	+	·	·	·	·	·	+	2·2	4

コウゾリナ	.	.	.	.	.	.	.	.	.	.	.	+	+	.	.	.	.	.	+	.	.	.	.	.	.	3
キンレイカ	.	.	.	.	.	1·1	.	.	.	.	.	.	.	.	.	.	.	.	+	.	.	.	.	.	+	3
クサイ	+	.	.	.	+	.	.	.	.	.	.	.	.	+	.	.	.	.	.	.	.	.	.	.	.	3
クガイソウ	.	.	.	.	.	.	.	.	.	.	+	+	.	.	.	.	.	.	.	.	.	.	.	.	.	2
ハンゴンソウ	.	.	.	.	.	.	.	.	.	.	+	+	.	.	.	.	.	.	.	.	.	.	.	.	.	2
アサマヒゴタイ	.	.	.	.	.	.	.	.	.	.	.	.	.	.	.	.	.	.	.	.	.	.	+	+	.	2
チマキザサ	.	.	.	.	.	.	+	.	.	.	.	.	.	.	.	2·2	.	.	.	.	.	.	.	.	.	2
ネバリノギラン	.	.	.	.	.	.	.	.	.	.	.	.	.	.	.	+	.	.	.	.	.	.	.	.	+	2
ゴマナ	.	.	.	.	.	.	.	.	.	.	2·2	.	.	1·1	.	.	.	.	.	.	.	.	.	.	.	2
イブキジャコウソウ	.	.	.	.	.	.	.	.	.	.	.	.	.	.	.	.	.	.	+	.	.	.	.	.	+	2
ミヤマスミレ	.	.	.	.	.	.	.	.	.	.	.	.	.	.	.	.	.	.	.	.	.	.	+	.	+	2
カワラマツバ	.	.	.	.	.	.	+	.	.	.	.	.	.	.	.	.	.	.	.	.	+	.	.	.	.	2
ムラサキツメクサ	.	.	.	.	.	.	.	.	.	.	.	+	.	.	.	.	.	.	.	.	.	.	.	.	.	1
シラカンバ	.	.	.	.	.	.	.	.	.	.	.	.	.	.	.	.	+	.	.	.	.	.	.	.	.	1
ヤマハギ	.	.	.	.	.	.	.	.	.	.	.	.	.	.	.	.	1·1	.	.	.	.	.	.	.	.	1
ヒメジョオン	.	.	.	.	.	.	.	.	.	.	.	.	.	.	+	.	.	.	.	.	.	.	.	.	.	1
マイヅルソウ	.	.	.	.	.	.	.	.	.	.	.	.	.	.	.	.	.	+	.	.	.	.	.	.	.	1
ミヤマハンショウヅル	.	.	.	.	.	.	.	.	.	.	.	.	.	.	.	.	.	.	.	.	.	.	.	+	.	1
アマドコロ	.	.	.	.	.	.	.	.	.	.	.	.	.	.	.	.	.	.	.	.	.	.	.	+	.	1
キタゴヨウ	.	.	.	.	.	.	.	.	.	.	.	.	.	.	.	.	.	.	.	.	.	.	.	+	.	1
フユノハナワラビ	.	.	.	.	.	+	.	.	.	.	.	.	.	.	.	.	.	.	.	.	.	.	.	.	.	1
ミミナグサ	+	.	.	.	.	.	.	.	.	.	.	.	.	.	.	.	.	.	.	.	.	.	.	.	.	1
オオバショリマ	.	.	.	.	.	.	.	.	.	.	+	.	.	.	.	.	.	.	.	.	.	.	.	.	.	1
ミネカエデ	.	.	.	.	.	.	.	.	.	.	.	.	.	.	.	.	.	.	.	.	.	+	.	.	.	1
ミツバオウレン	.	.	.	.	.	.	.	.	.	.	.	.	.	.	.	.	.	.	.	.	.	+	.	.	.	1
イブキボウフウ	.	.	.	.	.	.	.	.	.	.	.	.	.	.	.	.	.	.	.	.	.	.	.	.	+	1
ノリウツギ	.	.	.	.	.	.	.	.	.	.	.	.	.	.	.	.	.	.	.	.	.	.	.	.	+	1
シオガマギク	.	.	.	.	.	.	.	.	.	.	.	.	.	.	.	.	.	.	.	.	.	.	.	.	+	1
ヤマオダマキ	.	.	.	.	.	.	.	.	.	.	.	.	.	.	.	.	.	.	.	.	.	.	.	.	+	1
ヒメノガリヤス	.	.	.	.	.	.	.	.	.	.	.	.	.	.	.	.	.	.	.	.	.	.	.	.	+	1
シラタマノキ	.	.	.	.	.	.	.	.	.	.	.	.	+	.	.	.	.	.	.	.	.	.	.	.	.	1
エゾスズラン	.	.	.	.	.	.	.	.	.	+	.	.	.	.	.	.	.	.	.	.	.	.	.	.	.	1
タニソバ	.	.	.	.	.	.	.	.	.	+	.	.	.	.	.	.	.	.	.	.	.	.	.	.	.	1
アマニュウ	.	.	.	.	.	.	.	.	.	.	.	.	.	.	.	.	.	.	+	.	.	.	.	.	.	1
ランsp.	.	.	.	.	.	.	.	.	.	.	.	.	.	.	.	.	.	.	.	.	.	.	+	.	.	1
ツノハシバミ	.	.	.	.	.	.	.	.	.	.	.	.	.	.	.	.	.	.	.	.	.	.	+	.	.	1
リンネソウ	.	.	.	.	.	.	.	.	.	.	.	.	.	.	.	.	.	.	.	.	+	.	.	.	.	1
コオニユリ	.	.	.	.	+	.	.	.	.	.	.	.	.	.	.	.	.	.	.	.	.	.	.	.	.	1
カワラナデシコ	.	.	.	.	+	.	.	.	.	.	.	.	.	.	.	.	.	.	.	.	.	.	.	.	.	1
ヒメスイバ	.	.	3·3	.	.	.	.	.	.	.	.	.	.	.	.	.	.	.	.	.	.	.	.	.	.	1

れる小型の植物から構成されている．群落Bはキャンプ場の周辺の湿った草地の群落である．クマイザサが優占し，アヤメやハクサンフウロが混生する．刈取りや人の立ち入りがあるので，放牧地の群落Aと共通の種群も成育している．群落Cはスキー場のゲレンデに発達する，丈の高い草原群落である．クマイザサが優占することが多いが，場所によってはオオヨモギやイワノガリヤスが優占する．夏の終わりに草刈りが行われる他は人の立ち入りは少ないが，急斜面であるため土壌浸食が起きている．この群落に特徴的に出現するオオヨモギやヤナギランは，崩壊地のような表層土壌が攪乱された場所にいちはやく侵入する種である．群落Dは，人の立ち入りが少ない山陵部の風衝草原である．人間の影響よりも，強い風によって森林の発達が阻まれるために成立した自然性の高い草原群落である．クマイザサが優占する植分と，クロマメノキやミネヤナギなどの低木が優占する植分が含まれている．

この例からわかるように，植物群落は優占種が同じでも，組成的にはかなり異なっていたり，優占種が異なっていても，組成的には同じ群落に分類されることがしばしばある．このことは，立地等の環境条件が種組成に強く表れ，優占種による群落区分のみでは，立地環境などとの対応関係を示すには不十分であることを示している．その点で，種組成をもちいた群落区分は，植物群落がもつ情報量を十分に生かした方法であるといえる．植物群落と立地環境との関係は，区分された群落単位別の分布図作成や，調査時に測定された種々の環境データとの照合によって，より詳しく解析することができる．

7.2.3 植物群落の体系化

これまで，小地域における植物群落の区分について述べたが，本来，植物社会学的な植生調査では，より広域的な植物群落の体系化を行うことを目的としている．体系化とは，種組成からみた群落単位の類縁関係を調べて，分類学的に整理することをさす．たとえば，ある地域のブナ林が全国的にみてどのような特徴をもつのかを知るためには，日本全国のブナ林の植生調査資料との比較に

表 7.9　識別表（要約表）

群落	A	B	C	D
スタンド数	4	4	9	8
出現種数	10-19	18-21	12-31	26-37
1. 群落Aの識別種				
シバ	4 5	·	·	·
ミノボロスゲ	3 +	·	·	·
ナガハグサ	2 +	·	·	·
ゲンノショウコ	2 +	·	·	·
2. 群落Bの識別種				
アヤメ	·	4 +-3	·	·
ヤマラッキョウ	·	3 +-1	·	·
ワラビ	·	2 +-2	·	·
ノコギリソウ	·	2 +	·	·
3. 群落Cの識別種				
オオヨモギ	·	·	Ⅴ +-5	·
ヤナギラン	·	·	Ⅴ +-2	·
ミヤマウラジロイチゴ	·	·	Ⅴ +-2	·
ヨツバヒヨドリ	·	·	Ⅲ +-1	·
イワノガリヤス	·	·	Ⅲ +-5	·
バッコヤナギ	·	·	Ⅲ +	·
ノアザミ	·	1 +	Ⅲ +-1	·
ヤマスズメノヒエ	·	·	Ⅲ +	·
コヌカグサ	·	·	Ⅱ +	·
カラマツ	·	·	Ⅱ r-+	·
4. 群落Dの識別種				
イワカガミ	·	·	·	Ⅴ +-2
シラネニンジン	·	·	·	Ⅴ +-1
ウスユキソウ	·	·	·	Ⅴ +-2
コケモモ	·	·	·	Ⅴ +-2
ヒゲノガリヤス	·	·	·	Ⅴ +-3
レンゲツツジ	·	1 +	·	Ⅳ +-2
ウメバチソウ	·	·	·	Ⅳ +
クロマメノキ	·	·	·	Ⅳ +-4
ミネヤナギ	·	·	Ⅰ +	Ⅳ +-3
オヤマボクチ	·	·	·	Ⅳ +
マツムシソウ	·	·	·	Ⅳ +
シモツケ	·	·	·	Ⅲ +-2
イワインチン	·	·	·	Ⅲ +-1
ミヤマホツツジ	·	·	·	Ⅲ +-1
ナナカマド	·	·	·	Ⅲ +-2
オオバギボウシ	·	·	·	Ⅲ +-1
ダケカンバ	·	·	·	Ⅱ 1-2
ヤナギタンポポ	·	·	·	Ⅱ +
シュロソウ	·	·	·	Ⅱ +
5. 群落A,Bの識別種				
オオチドメ	4 +-3	2 1	·	·
オオヤマフスマ	1 +	4 +-1	·	·
ウツボグサ	3 +-1	2 +	·	·
グンバイヅル	3 +	2 +	·	·
6. 群落A,B, Cの識別種				
ヒメスゲ	1 +	3 +-2	Ⅴ +-4	Ⅰ +
シロツメクサ	4 +-3	2 +	Ⅲ +-1	·
ニガナ	3 +	3 +	Ⅲ +	·
オオアワガエリ	2 +	·	Ⅲ +-2	·
ヤマヌカボ	4 +-2	1 +	Ⅰ +	·
7. 群落B,C,Dの識別種				
アキノキリンソウ	·	4 +-1	Ⅴ +-4	Ⅴ +-1
クマイザサ	·	4 3-5	Ⅴ 1-4	Ⅳ 4-5
エゾリンドウ	·	3 +-1	Ⅴ +-3	Ⅲ +
シャジクソウ	·	3 +-1	Ⅲ +	Ⅳ +-1
ノギラン	·	1 +	Ⅲ +	Ⅳ +
8. 群落B,Dの識別種				
ハクサンフウロ	·	4 2	·	Ⅴ +-2
トダシバ	·	2 1-4	·	Ⅴ +-1
ススキ	·	2 +-1	Ⅰ +	Ⅴ +-2
9. 群落C,Dの識別種				
ヤマハハコ	·	·	Ⅴ +-3	Ⅱ 1
イタドリ	·	·	Ⅳ +-1	Ⅳ +-1
ハナチダケサシ	·	·	Ⅱ +	Ⅴ +-1
オトギリソウ	1 +	·	Ⅲ +	Ⅳ +
ヘビノネゴザ	·	·	Ⅳ +-1	Ⅴ +-2
ミヤマワラビ	·	·	Ⅲ +-1	Ⅲ +-2
ハナイカリ	·	·	Ⅳ +	Ⅱ +
10. 随伴種				
ミツバツチグリ	2 +-1	4 +-1	Ⅴ +-1	Ⅳ +-1
ノハラアザミ	3 +	4 +-1	Ⅲ +	Ⅳ +
ミヤマニガイチゴ	1 +	·	Ⅴ +-2	Ⅴ +-2
ウシノケグサ	2 +-2	3 +-1	Ⅴ +-4	Ⅳ 1-3
ワレモコウ	2 +	4 1-2	Ⅰ +	Ⅳ +-1
シロスミレ	·	2 +	Ⅰ +	Ⅱ +
オオバコ	3 +-1	·	Ⅱ +	·
ツリガネニンジン	1 +	2 +	·	Ⅱ +

以下省略

表 7.10　常在度階級

常在度（%）	常在度階級
80.1〜100	Ⅴ
60.1〜80	Ⅳ
40.1〜60	Ⅲ
20.1〜40	Ⅱ
≦20	Ⅰ
＊(≦10)	+
＊(≦5)	r

＊：ふつうはⅤ〜Ⅰの5段階だが，スタンド数が多い場合は＋，r を設けるとよい．

よる体系的な整理が必要である．

群落の体系化は，地域ごとに区分された群落単位を，表操作によって統合的に比較することで行われる．このとき，ある群落が，そこに強く結びつく特定の種群をもつことによって他から独立した単位と認められる場合，これを群集（association）として定義づける．群集を特徴づける種群を標徴種（character species）という．群集は植物群落の基本単位であり，独自の標徴種をもたなければならない．

植物群落の体系化の考え方は，種を基本単位とした生物の分類体系の方法を踏襲している．すなわち，群集を基本単位とした階層的な整理によって，群落の体系化が行われる．いくつかの群集が共通の種群をもつと，それが上位の標徴種になって群団（alliance），オーダー（order），クラス（class）といった上級単位に統合されていく．一方，群集は識別種によって，亜群集，変群集，亜変群集などの下級単位に細分される（図 7.8）．群集やその上級単位には，国際的に定められた命名規約（Weber et al., 2000）に基づいて，それぞれ優占種や標徴種の種名をもちいたラテン語の正式名称が与えられることになっている．群落体系の各階級は，種名の語尾変化によって表される．

地域の植生管理を行うための基礎としては，7.2.1 項で説明した方法で得られる群落区分で事足りる場合が多い．しかし，日本全国の植生図を作成する場合の凡例決定のような問題において

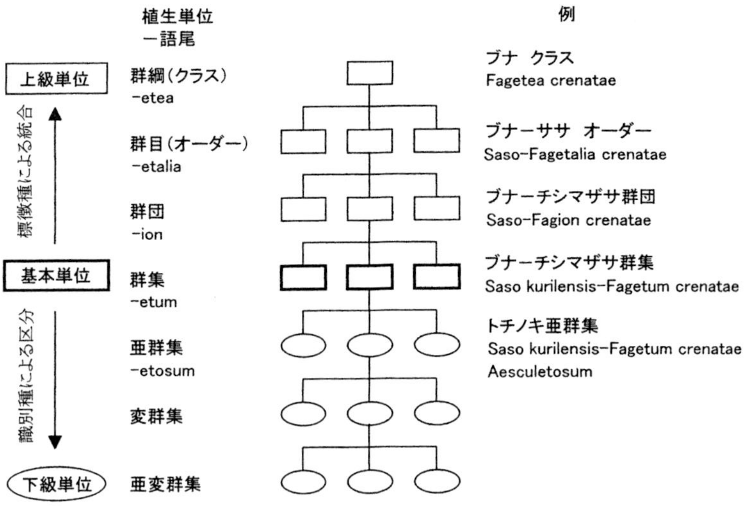

図 7.8　植物群落の分類体系

は，当該地域の群落が，植物社会学的な群落体系の中でどの位置にあるかを明らかにすることが必要となる．そのためには，識別された地域の群落単位の資料を，すでにわかっている類似の群集や立地的に隣接する群集の資料と，同じ組成表に組んで比較しなくてはならない．これによって，既知の群集のどれに所属するかを決定する．この作業を群集同定という．比較の結果，それが独自の標徴種をもつ独立性の高い群落単位であることが明らかになった場合，それは新しい群集として記載される．新群集の正式な発表には，命名規約に基づいたラテン名と規準資料（動植物のタイプ標本にあたる）が必要である．

7.3　植生図と植生診断

7.3.1　植生図の種類

植生図（vegetation map）は植物群落の広がりを地形図上に表したもので，土壌図や地質図とともに，農林業や地域計画，自然保護など，種々の土地利用計画のための基礎図となる．植生図には，対象とする植生や縮尺によっていくつかの種類がある．

a. 対象とする植生による分類

現在の地球上の植生は，農耕その他の人間活動の結果成立した代償植生に置き換わっているが，代償植生も含めた実在の植生を現存植生（actual vegetation），現存植生を地図上に表現したものを現存植生図という．単に植生図といった場合は，ふつう現存植生図を意味する．これに対して，農耕になどによる大規模な自然の改変が行われる以前に存在していたと推定される植生を原植生（original vegetation）という．原植生図は，それぞれの植生帯に対応する気候的極相，土地的極相群落の広がりを描いたものであり，厳密には原植生復元図といえる．第三の概念として，潜在自然植生（potential natural vegetation）がある．これは，いま人間活動の影響がまったく停止したと仮定したとき，その場所に成立しうる最も遷移が進行した状態の植生をさす．時間を経て遷移が進行したらどうなるかということではなく，あくまで現在の立地のままで支えうる理論上の植生である．そのため，かつて存在したと推定される原植生とは必ずしも一致しない．長いあいだ人間活動の影響下にあった土地は，地形そのものが改変されたり，土壌の流亡や地下水位の低下によって，それ以前とは変質していることが多いからである．したがって，潜在自然植生図は現時点における立地診断図としての機能をもつ.

b. 縮尺と凡例

植生図の縮尺は利用の目的に応じて決められる. 1/100万より小さい小縮尺の植生図は，国や世界レベルでの植生分布を概観するのに適している. 5.1節の図5.1にあげた世界の植生帯分布図も一種の植生図である. この縮尺では凡例は自然植生の群系で表されており，代償植生は省略されている. 都道府県レベルなど地域の植生の広がりをみるためには1/20万程度の中縮尺植生図，市町村レベルでは1/5万から1/1万程度の大縮尺植生図がもちいられる. このくらいの縮尺になると，地形や地質による植生の違いが表現できるようになる. さらに1/5000～1/1000の細密植生図では，土壌や人為的な圧力の加わり方の違い，といったより微細な環境に対する植生の違いを読みとることができる.

植生図の凡例には，「落葉広葉樹林」「河辺冠水草原」といった群系による分類，「コナラ林」「ヨシ群落」といった相観や優占種による分類，「コナラ-クヌギ群集」「ヨシ群綱」といった植物社会学的な群落単位による分類などがある. どのような凡例を採用するかは，植生図の縮尺とも関係し，小縮尺の植生図では群系が使われることが多く，大縮尺の植生図では植物社会学的な群落単位がもちいられることが多い. また植物社会学的な群落単位をもちいる場合でも，縮尺が大きいほど亜群集，変群集など下位の単位まで表すことが可能になる.

7.3.2　植生図化の方法

植生調査の結果に基づいて地図上に植生単位の領域を示し，植生図を作成することを植生図化 (vegetation mapping) という. ここでは，1/5万より大きい縮尺の現存植生図の作成法について概説する.

① 作図方針の検討

まず，使用目的に応じて縮尺や凡例を決める. 地図上で表現できるのは3 mm四方程度の大きさが限度であるから，目的によって図示したい最小の植生単位の広がりが表現できるように縮尺を決めなければならない. たとえば都市域の緑地分布を表したいとき，縮尺1/1万なら30 m四方以上の広がりをもつ植生は表せるが，1/10万では300 m四方以上の広がりがないと表せないので，都市の中に残された断片的な緑は表現できないことになる. また凡例区分についても，単なる緑地面積の算定であれば相観植生図で十分だが，立地環境による植生の違いや，保護対象としての群落の分布範囲を知りたければ，植物社会学的な群落区分が必要になる.

② 予察図の作成

対象となる地域の空中写真と地形図を用意し，空中写真の判読によって識別可能な群落の境界線を地形図上に書き込み，仮の凡例をつくって色分けし，予察図を作成する. 熟練すれば空中写真から群落の優占種まで読みとれるようになるが，はじめは落葉広葉樹林，針葉樹人工林，水田といった相観や土地利用レベルの区分でよい. 人間の居住域では植生は土地利用とかなり一致してくるので，予察図の作成には地形図の凡例や土地利用図も参考になる. なお，全国の空中写真は，(財)日本地図センター（主に都市部）や（社)日本林業技術協会（主に林野部）で販売されている.

③ 現地確認と植生調査

予察図を現地に持参して対象地域を踏査し，写真判読による群落の判定や境界線が適切であったかを確かめ，写真でわからなかった箇所を確認する. 古い空中写真を使用した場合は，遷移の進行や気象害，伐採や工事で植生が変化している場所もあるので注意する. 相観植生図の作成を目的とする場合は，この段階で凡例が決まる. 種組成に基づく群落単位を凡例とする場合は，現地で判別できた群落タイプごとに植生調査を行い，群落区分のために十分な数の調査資料を収集する.

④ 植生調査資料の処理と凡例の決定

得られた植生調査資料から，7.2節で解説した表操作により群落単位を区分し，凡例を決定する．群落をどこまで下位区分するかは，縮尺と用途に応じて検討する．農耕地や空地のように，図示できない小面積の群落の複合体として植生が構成されている場合には，「畑地雑草群落」のようにまとめるか，「シロザクラス」のようにすべてを包含する上級単位を凡例とする．凡例が決まったら，識別表から，現地での群落の識別に利用可能な種（目につきやすく常在度が高い）を抜き出して，植生図化指針（図 7.9）を作成する．また植被のない自然裸地（河原，崩壊地）や人工裸地（造成地，駐車場），市街地・住宅地，開放水面（水生植物に覆われていない水面）がある場合には，それらも凡例に加えておく．

⑤ 現地踏査による原図作成

植生図化指針を現地に持参して群落同定を行いながら，はじめの現地踏査で作成された相観植生図の区分を細分し，最終的な植生図の原図を作成する．すべての範囲を踏査することができない場合，優占種が同じで林床の種組成が異なる群落の境界などは，あらかじめ群落単位と標高や立地との関係を分析しておき，地形図や土壌図から群落の境界を推定する．

⑥ 製図

凡例は色分けかパターンで表示するが，凡例数が多いときはパターンではわかりにくいので，色分けのほうがよい．色の割り当てに際しては，乾燥地の群落から湿潤地の群落，遷移初期の群落から後期の群落などの系列に，寒色系から暖色系，明色系から暗色系といった規則性をもたせると，一見して地域の特徴がわかりやすい植生図ができる．また，面積が小さくて表示することができないが，地域の植生管理上重要な植物群落は，●や×などの記号でその位置を表すとよい．

⑦ 凡例解説

植生図には，各凡例の植生調査資料や群落組成表，群落の特徴を記載した解説書が添付される．これによって，それぞれの群落の種組成と構造，立地や人間活動とのかかわり，生物学的な重要性などが解説され，植生図をもちいた植生診断が可能になる．植生図の有用性は，このような凡例解説の有無によって格段に異なる．特に植生学の専門家以外の人が利用するにあたっては，植生図の

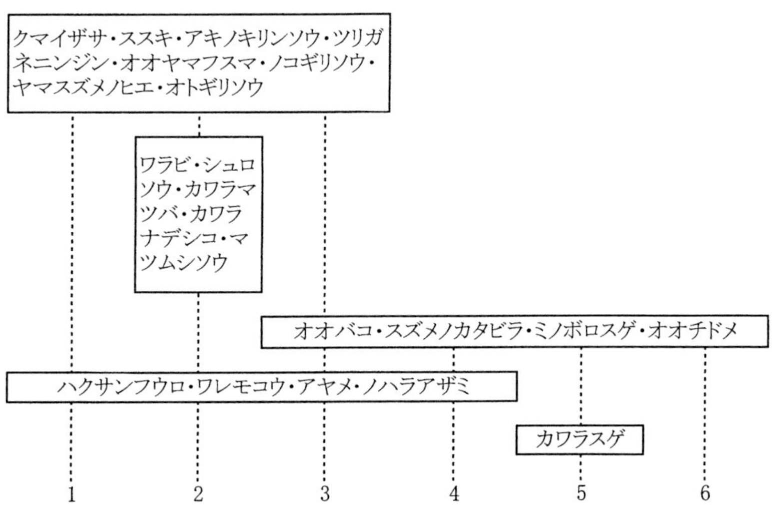

図 7.9　キャンプ場の現存植生図（1/500）作成にもちいられた植生図化指針（奥富ほか，1977）
1：クマイザサ-ススキ群落　典型下位単位
2：クマイザサ-ススキ群落　ワラビ下位単位
3：クマイザサ-ススキ群落とオオバコ-スズメノカタビラ群落の移行帯群落
4：オオバコ-スズメノカタビラ群落　ハクサンフウロ下位単位
5：オオバコ-スズメノカタビラ群落　カワラスゲ下位単位
6：オオバコ-スズメノカタビラ群落　典型下位単位

読解の手助けとして凡例解説が不可欠である．

⑧ 細密現存植生図の場合

縮尺 1/5000 以上の細密植生図でも，基本的な方法は大縮尺の場合とかわらない．ただし，空中写真の判読による群落識別には限界があるので，現地踏査の精度を上げることが必要になる．この場合は，群落の広がりを測定するために，必要に応じてクリノメーターや巻き尺，レーザー式測距計などをもちいる．また，あらかじめ自分の歩幅を測っておくと，歩幅を利用した歩測ができる．最近では，高解像度の空中写真を得るために，ヘリコプターやバルーンをもちいた低高度空中写真の撮影も行われている．

7.3.3　植生図の利用

わが国では 1978 年以降，環境庁（当時）が行った自然環境保全基礎調査によって，1987 年までに全国の 1/5 万現存植生図が完成している．この植生図には都道府県によって凡例の示す植物群落の内容にずれがあるなど，若干の問題もあるが，現在はこうした問題を改善しつつ，1/2.5 万の縮尺で改訂作業が進められている．

植生図の用途は非常に幅広いが，基礎的な利用法としては，地域の自然や緑地の量的・質的な評価にもちいられる．特に，保護区の設定や地域的な土地利用計画の策定には不可欠な資料である．過去の空中写真を使えば，過去のある時点での現存植生図の作成も可能であるので，過去との比較もできる．過去の植生図との比較から，各群落の面積変化や，ある群落がどのような場所で失われやすいか，その原因は何か，といった情報を読みとることができる（口絵 6）．さらに，植生そのものだけでなく，植生を指標とした立地診断図や，動物や昆虫の生息環境の分布図としても読み替えることができる．

相観や種組成で区分された植生図を応用的に利用するためには，目的に応じて凡例の表現方法を変えた転化図の作成が行われる．たとえば，植物群落と土壌の厚さや肥沃度，地下水位，pH などとの関係を明らかにすれば，植物群落の広がりを類似の立地の広がりとした立地診断図をつくることができる．これは植林や緑化の際の植栽樹種の選定や，潜在自然植生図の作成に役立つ．また，利用目的によっては，生活型や構造などによる凡例区分が必要になることもある．たとえば鳥や動物の生息環境としての評価や，防火機能の評価には，常緑か落葉か，樹高や直径，内部の階層構造といった情報が有用である．各凡例の特性の記載がしっかりした植生図であれば，その利用目的に応じてさまざまな情報を取り出して転化図を作成することができる．

最近では，コンピュータで空間情報を管理したり解析したりする地理情報システム（GIS：geographical information systems）の普及により，植生図のより多面的な利用が可能になった．GIS ソフトをもちいる利点は，地図上の面や点に数値情報や属性情報をもたせてそれを集計したり，複数の地図を重ね合わせたりと，これまで紙の地図では大きな労力を要した作業が効率的にできる点である．GIS をもちいれば，上にあげたような転化図の作成も容易である．また，他の地図情報，たとえば地形図や土壌図，動物の分布図などを重ね合わせれば，それぞれの相互関係を表現することができる．地形図をデジタル化した数値地図や，空中写真のゆがみを地図に合うように補正した正射投影画像といったものも出回っているので，これらを利用して，はじめから植生図をコンピュータ上で作成することも多くなっている．

7.4　植生データの分類と序列化

7.4.1　分類的アプローチと序列的アプローチ

野外で得られた個々の植生調査資料は，実在する群落の内容を記載したものであり，いわば植物群落の標本である．この資料をもちいて各調査地点間の関連や，立地との関係を解析しようとすると，何らかの秩序づけが必要になる．得られた植

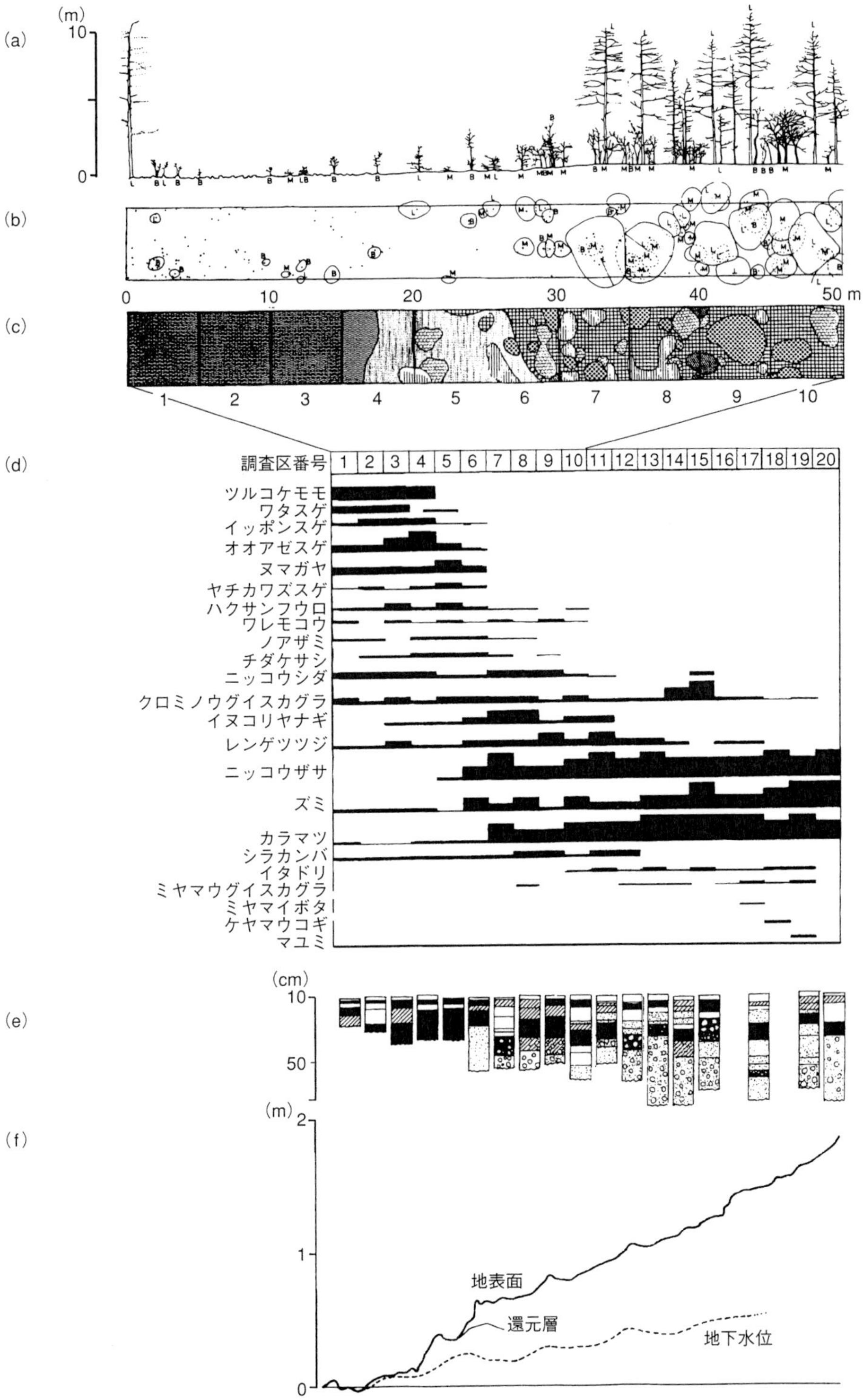

図 7.10 ベルトトランセクトの調査例（福嶋・風間，1985 を改変）

奥日光の戦場ヶ原湿原で行われた幅 5 m のベルトトランセクト調査．(a) 群落断面図，(b) 樹冠投影図，(c) 林床植生図，(d) 主な植物の優占度，(e) 土壌断面図，(f) 地下水位．湿原植物群落からカラマツ林への変化と，地下水位の低下および土壌中の礫質堆積物の存在との関係が示されている．

生調査資料を整理する方向として，分類（classification）と序列化（ordination）の２つの系列が考えられる．

分類的アプローチによる整理は，群落のもつ属性に基づいて調査資料をグルーピングするものである．地域に出現する植物群落の一覧や植生図を作成するには，植物群落の単位性を明らかにするため，分類的アプローチが必要になる．7.2節で述べた植物社会学的な群落分類の方法は，その代表的な例である．一方，種組成の類似性やそれを支配する環境傾度など，一定の基準によって植生調査資料を並べることを序列化という．序列的アプローチは，標高であるとか，水辺からの距離といった，連続的な環境傾度上で得られた植生調査資料の解析にもちいられることが多い．分類と序列化は対極的な解析方法ではあるが，実際の研究では，分類した群落単位を環境傾度上に配列するなど，両者を併用した解析方法がしばしばもちいられる．

さらに序列化の手法には，直接傾度分析と間接傾度分析という２通りの方法がある．直接傾度分析とは，環境の連続性に従って植生データを配列し，環境傾度と同調して変化する群落の属性を見つけ出す方法である．群落の属性の相違を規定する環境要因が少数で，連続的な調査区の配置が可能な場合にもちいられる．直接傾度分析を行うことを前提とした調査方法の代表的なものとして，ベルトトランセクト法がある．これは，環境傾度に沿った帯状の調査区を設置し，植物群落と環境指標の記録を連続的に行うものである．図7.10に栃木県奥日光の戦場ヶ原湿原の，カラマツ林との境界部で行われた調査例を示した．

また間接傾度分析は，植生データを相互の類似性をもちいて環境とは独立に配列し，その上で環境要因との対応関係を見つけ出す方法である．これは対象とする植物群落の立地環境の幅が広く，関係する環境要因が複雑な場合に有効である．間接傾度分析にもちいる植生データの序列化の方法にとしては，次項で述べるRA，DCAなどがよく使われる．

7.4.2　植生データの数量的解析

植生データの分類や序列化を客観的に行うため，さまざまな数量的な方法が提唱されてきた．現在，植生データの序列化のために広く用いられている方法としては，主成分分析（principal component analysis，PCA），DCA（detrended correspondence analysis），CCA（canonical correspondence analysis）などがある．また，分類法としてはTWINSPAN（two way indicator species analysis）がよく知られている．このうちDCAとTWINSPANは，ともに反復平均法（reciprocal averaging：RA）という序列法を応用

表7.11　東京都府中市内の踏跡群落の出現種と優占度（サンプルデータ）

スタンドNo.	1	2	3	4	5	6	7	8	9	10	11	12	13	14
アキメヒシバ	4	·	2	+	1	·	·	1	2	4	3	+	+	·
オオバコ	1	+	·	4	3	·	·	3	2	+	+	4	1	·
オヒシバ	3	·	+	·	1	·	3	2	3	+	+	+	2	2
セイヨウタンポポ	+	·	·	+	+	·	+	·	·	+	·	2	·	·
シロツメクサ	+	·	·	1	4	1	·	1	+	1	·	2	3	·
コニシキソウ	1	·	+	·	·	·	·	·	·	·	·	·	·	+
ハルジオン	+	·	·	·	·	·	·	·	·	1	·	1	1	·
トキワハゼ	+	·	1	·	·	·	·	·	+	·	·	+	·	·
イヌビエ	+	·	·	1	·	·	·	·	·	·	+	1	·	·
ウラジロチチコグサ	+	·	·	·	·	·	·	·	·	+	·	·	·	+
カゼクサ	·	5	·	+	1	5	·	·	·	3	·	3	3	·
ヤハズソウ	·	2	·	·	·	2	·	·	·	·	·	·	·	·
キンミズヒキ	·	+	·	·	·	+	·	·	·	·	·	·	·	·
ニワホコリ	·	·	1	·	·	·	·	·	·	1	·	·	·	·
トキンソウ	·	·	+	·	·	·	·	·	+	·	·	·	·	·
コスズメガヤ	·	·	+	·	·	·	4	·	·	·	·	·	·	4
コゴメガヤツリ	·	·	1	·	·	·	·	·	·	·	+	·	·	·
クサイ	·	·	·	2	·	·	·	2	·	·	·	·	+	·
スズメノカタビラ	·	·	·	+	·	·	+	+	·	·	·	·	·	·
イヌガラシ	·	·	·	+	·	·	·	·	·	·	·	+	·	·
スズメノヒエ	·	·	·	·	2	·	·	·	·	·	·	·	+	·
カタバミ	·	·	·	·	+	·	·	·	·	·	·	·	·	+
スベリヒユ	·	·	·	·	·	·	+	·	·	·	·	·	·	1
ヘビイチゴ	·	·	·	·	·	·	·	·	·	·	·	+	·	·
メヒシバ	·	·	·	·	·	·	·	·	·	·	·	·	+	2

表7.12　RAの第一軸値によるスタンドと種の序列

スタンドNo.	14	7	3	1	9	11	8	5	4	10	13	12	6	2
スベリヒユ	1	+	·	·	·	·	·	·	·	·	·	·	·	·
コスズメガヤ	4	4	+	·	·	·	·	·	·	·	·	·	·	·
メヒシバ	2	·	·	·	·	·	·	·	·	·	+	·	·	·
カタバミ	+	·	·	·	·	·	·	+	·	·	·	·	·	·
コニシキソウ	+	·	+	1	·	·	·	·	·	·	·	·	·	·
ウラジロチチコグサ	+	·	·	+	·	·	·	·	·	+	·	·	·	·
オヒシバ	2	3	+	3	3	+	2	1	·	+	2	+	·	·
スズメノカタビラ	·	+	·	·	·	·	+	·	+	·	·	·	·	·
コゴメガヤツリ	·	·	1	·	·	+	·	·	·	·	·	·	·	·
トキンソウ	·	·	+	·	+	·	·	·	·	·	·	·	·	·
トキワハゼ	·	·	1	+	+	·	·	·	·	·	·	+	·	·
ニワホコリ	·	·	1	·	·	·	·	·	·	1	·	·	·	·
アキメヒシバ	·	·	2	4	2	3	1	1	+	4	+	+	·	·
セイヨウタンポポ	·	+	·	+	·	·	·	+	+	+	·	2	·	·
クサイ	·	·	·	·	·	·	2	·	2	·	+	·	·	·
イヌビエ	·	·	·	+	·	+	·	·	1	·	·	1	·	·
オオバコ	·	·	·	1	2	+	3	3	4	+	1	4	·	+
ハルジオン	·	·	·	+	·	·	·	·	·	1	1	1	·	·
スズメノヒエ	·	·	·	·	·	·	·	2	·	·	+	·	·	·
シロツメクサ	·	·	·	+	+	·	1	4	1	1	3	2	1	·
イヌガラシ	·	·	·	·	·	·	·	·	+	·	·	+	·	·
ヘビイチゴ	·	·	·	·	·	·	·	·	·	·	·	+	·	·
カゼクサ	·	·	·	·	·	·	·	1	+	3	3	3	5	5
ヤハズソウ	·	·	·	·	·	·	·	·	·	·	·	·	2	2
キンミズヒキ	·	·	·	·	·	·	·	·	·	·	·	·	+	+

してつくられたものである．ここでは，反復平均法と，それを基礎としたDCAとTWINSPANについて，簡単にふれておく．

a. 反復平均法（RA）

反復平均法（以下RA）は，種と出現スタンドの相互関係をもとに植生データを座標平面上に序列化する方法である．RAでは，種組成をもちいてスタンドを序列化すると同時に，出現スタンドをもちいて種を序列化するので，スタンドと種の序列を同時に得ることができる．RAの具体的な計算方法については，伊藤（1977），Kent & Coker（1992）などを参照されたい．ここでは，グラウンドや広場の踏跡群落から得られた14スタンド25種からなるサンプルデータ（表7.11）をもちいた計算結果のみを示す．RAでは，複数の座標軸について，各スタンドと種の座標値を得ることができるが，表7.12には第一軸の座標値

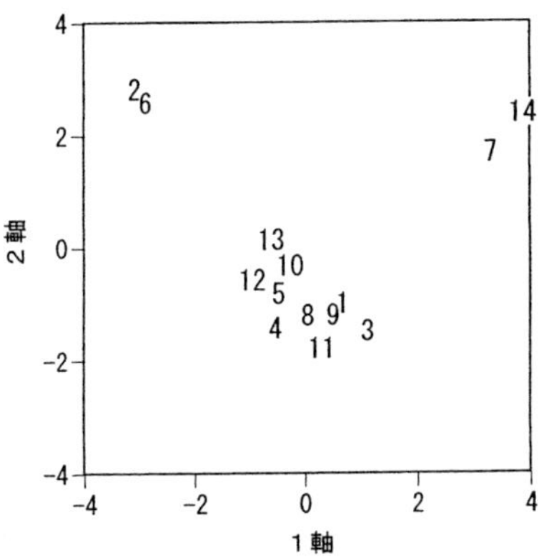

図7.11　RAの第一軸と第二軸によるスタンドの散布図

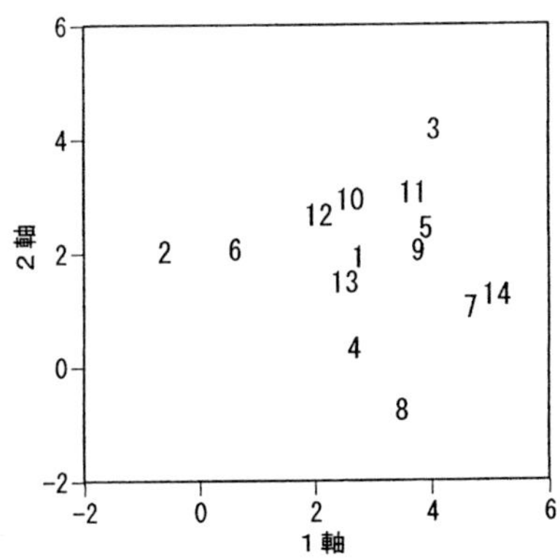

図7.12　DCAの第一軸と第二軸によるスタンドの散布図

に沿った序列結果を表す．スベリヒユやコスズメガヤが出現するスタンド（14,7）と，ヤハズソウやキンミズヒキが出現するスタンド（2,6）を両極として，種組成が順次移り変わるようにスタンドが配列されていることがわかる．図7.11は，第一軸と第二軸の座標値によって，スタンドを展開した散布図である．第二軸には，第一軸と異なる傾度が反映され，アキメヒシバやオオバコを含むスタンド（スタンド2，6，7，14以外）が第二軸値の低いほうに配列されている．同様の図を種についても描くことができる．

b. DCA

反復平均法は計算方法が簡単で理解しやすい点で優れているが，第一軸に対する序列が第二軸に対してゆがみを生じること，軸の両端でデータ間の距離が過小評価されること，などの問題点があった．これらを補正する計算手順を組み込んで改良したものがDCAである．表7.13は，先ほどと同じデータ（表7.11）をもちいたDCAの計算結果である．スタンドの序列はRAによる場合とまったく同じで，種の序列についてもかなり類似した結果となった．第一軸と第二軸をもちいたスタンドの散布図（図7.12）では，第二軸に沿った序列が，RAより明瞭に表現されていることがわかる．RAやDCAの結果得られたスタンドや種の序列は，種組成データそのものから得られた

表7.13　DCAの第一軸値によるスタンドと種の序列

スタンドNo.	14	7	3	1	9	11	8	5	4	10	13	12	6	2
スベリヒユ	1	+	·	·	·	·	·	·	·	·	·	·	·	·
コスズメガヤ	4	4	+	·	·	·	·	·	·	·	·	·	·	·
メヒシバ	2	·	·	·	·	·	·	·	·	·	+	·	·	·
コニシキソウ	+	·	+	1	·	·	·	·	·	·	·	·	·	·
トキンソウ	·	·	+	·	+	·	·	·	·	·	·	·	·	·
コゴメガヤツリ	·	·	1	·	·	+	·	·	·	·	·	·	·	·
カタバミ	+	·	·	·	·	·	·	+	·	·	·	·	·	·
ウラジロチチコグサ	+	·	·	+	·	·	·	·	·	+	·	·	·	·
オヒシバ	2	3	+	3	3	+	2	1	·	+	2	+	·	·
スズメノカタビラ	·	+	·	·	·	·	+	·	+	·	·	·	·	·
トキワハゼ	·	·	1	+	+	·	·	·	·	·	·	+	·	·
アキメヒシバ	·	·	2	4	2	3	1	1	+	4	+	+	·	·
ニワホコリ	·	·	1	·	·	·	·	·	·	1	·	·	·	·
クサイ	·	·	·	·	·	·	2	·	2	·	+	·	·	·
イヌビエ	·	·	·	+	·	+	·	·	1	·	·	1	·	·
オオバコ	·	·	·	1	2	+	3	3	4	+	1	4	·	+
セイヨウタンポポ	·	+	·	+	·	·	·	+	+	+	·	2	·	·
スズメノヒエ	·	·	·	·	·	·	·	2	·	·	+	·	·	·
ハルジオン	·	·	·	+	·	·	·	·	·	1	1	1	·	·
シロツメクサ	·	·	·	+	+	·	1	4	1	1	3	2	1	·
イヌガラシ	·	·	·	·	·	·	·	·	+	·	·	+	·	·
ヘビイチゴ	·	·	·	·	·	·	·	·	·	·	·	+	·	·
カゼクサ	·	·	·	·	·	·	·	1	+	3	3	3	5	5
ヤハズソウ	·	·	·	·	·	·	·	·	·	·	·	·	2	2
キンミズヒキ	·	·	·	·	·	·	·	·	·	·	·	·	+	+

ものであり，これ自身は環境要因から独立している．この序列がどのような環境要因とかかわりをもつかは，調査地点で測定されたさまざまな環境データとの相関関係の解析（間接傾度分析）が必要である．

c. TWINSPAN

反復平均法をもちいた分類の方法として，TWINSPANがある．これは，反復平均法でスタンド群を序列化した後，軸の両極に偏った出現傾向を示す種を指標種として，スタンド群を2つずつに区分していく方法である．このとき，同種でもスタンドごとに異なる優占度で出現した場合は計算上区別して扱う（たとえば，ブラウン-ブランケの優占度＋～5をそれぞれ区別し，あるスタンドに種Aが優占度2で出現した場合は，種A＋，種A1，種A2の3種が出現したとみなす）ことで，種の有無だけでなく量的な違いも加味することができる．

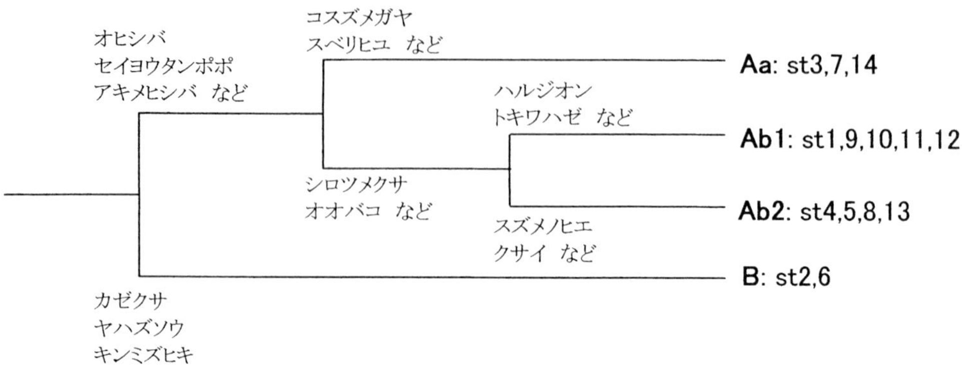

図7.13　TWINSPANによるスタンドのデンドログラム（種名は指標種を表す）

表7.14　TWINSPANによるスタンドの分類

	A												B	
	Aa			Ab										
				Ab1					Ab2					
スタンドNo.	3	14	7	10	9	12	1	11	5	8	13	4	2	6
オヒシバ	+	2	3	+	3	+	3	+	1	2	2	·	·	·
セイヨウタンポポ	·	·	+	+	·	2	+	·	+	·	·	+	·	·
アキメヒシバ	2	·	·	4	2	+	4	3	1	1	+	+	·	·
コスズメガヤ	+	4	4	·	·	·	·	·	·	·	·	·	·	·
スベリヒユ	·	1	+	·	·	·	·	·	·	·	·	·	·	·
オオバコ	·	·	·	+	2	4	1	+	3	3	1	4	+	·
シロツメクサ	·	·	·	1	+	2	+	·	4	1	3	1	·	1
イヌガラシ	·	·	·	·	·	+	·	·	·	·	·	+	·	·
ハルジオン	·	·	·	1	·	1	+	·	·	·	1	·	·	·
トキワハゼ	1	·	·	·	+	+	+	·	·	·	·	·	·	·
イヌビエ	·	·	·	·	·	1	+	+	·	·	·	1	·	·
ウラジロチチコグサ	·	+	·	+	·	·	+	·	·	·	·	·	·	·
ニワホコリ	1	·	·	1	·	·	·	·	·	·	·	·	·	·
コニシキソウ	+	+	·	·	·	·	1	·	·	·	·	·	·	·
トキンソウ	+	·	·	·	+	·	·	·	·	·	·	·	·	·
コゴメガヤツリ	1	·	·	·	·	·	·	+	·	·	·	·	·	·
ヘビイチゴ	·	·	·	·	·	+	·	·	·	·	·	·	·	·
スズメノヒエ	·	·	·	·	·	·	·	·	2	·	+	·	·	·
スズメノカタビラ	·	·	+	·	·	·	·	·	·	+	·	+	·	·
カタバミ	·	+	·	·	·	·	·	·	+	·	·	·	·	·
メヒシバ	·	2	·	·	·	·	·	·	·	·	+	·	·	·
クサイ	·	·	·	·	·	·	·	·	·	2	+	2	·	·
カゼクサ	·	·	·	3	·	3	·	·	1	·	3	+	5	5
ヤハズソウ	·	·	·	·	·	·	·	·	·	·	·	·	2	2
キンミズヒキ	·	·	·	·	·	·	·	·	·	·	·	·	+	+

同じサンプルデータを使用して計算すると，図7.13のようなデンドログラムを描くことができる．まず全スタンドがAとBに区分され，さらにAはAaとAbに，AbがAb1とAb2に，と3段階に区分されている．区分の際には，同じ種が異なる段階で複数回，指標種としてもちいられることもある．これは，類似度によってスタンドを結合する，一般的なクラスター分析の結果と似ているが，スタンド1つ1つを下から積み上げてできたものではなく，全スタンド群を上から二分することを繰り返してできたものである．TWINSPANは，スタンド群を二分して系統づけていく点や，対立的な出現傾向を示す種を指標種としてもちいる点で，植物社会学的な表操作法の考え方を踏襲している．この結果を組成表として表すと表7.14のようになり，表操作による群落区分と同様の結果が得られたことがわかる．

7.5 毎木調査

7.5.1 毎木調査の方法

調査区内に生育する一定サイズ以上の樹木について，全個体のサイズや位置を測定する調査を毎木調査という．毎木調査のデータからは，森林群落の空間構造や群落を構成する樹種のサイズ分布を知ることができる．特に長期間の追跡調査で森林の動態を把握しようとする場合には有効な手法である．表7.15および図7.14～7.16は，三宅島の発達したスダジイ林に設けられた調査区（70 m × 70 m）の毎木調査から得られた，さまざまな情報である（上條，1997）．

a. 幹の直径・周囲長

樹木の幹の直径や周囲長は通常，地表面から1.3 mの高さで測定する．これを胸高直径（DBH：diameter at breast height），胸高周囲長（GBH：girth at breast height）という．斜面の場合には，山側の地表面から1.3 mの高さで測定する．測定しようとする位置に枝や瘤がある場合には，その部分を避けて上下で測定し，平均値をとる．稚樹の場合には根元直径（D_0）や樹高の1/10の高さでの直径（$D_{0.1}$）が使われる．直径の測定には，円周率を乗じた目盛りが振ってある直径巻尺や輪尺をもちいる．ふつうの巻尺を使用して胸高周囲長を測定し，後で直径を計算してもよい．稚樹や実生の直径を測定する場合には，ノギスを使用する．密生した群落の中ではバーニヤの読みに時間を要するので，測定値がデジタル表示されるデジタルノギスを使うと効率的である．

胸高断面積（基底面積，BA：basal area）の算

表7.15 三宅島のスダジイ林に設置された方形区（0.49 ha）内の樹種構成（上條，1997）

樹種	主幹数 (/ha)	萌芽幹数 (/ha)	BA* (m^2/ha)	RBA** (%)
スダジイ	173.5	71.4	117.2	88.7
タブノキ	46.9	0.0	7.9	6.0
ヤブツバキ	230.6	8.2	2.1	1.6
ホルトノキ	8.2	0.0	1.3	1.0
ヤブニッケイ	42.9	0.0	1.2	0.9
ヒメユズリハ	40.8	0.0	1.2	0.9
クロマツ	2.0	0.0	0.5	0.4
クスノキ	2.0	0.0	0.3	0.3
エノキ	6.1	2.0	0.3	0.2
その他	36.8	2.1	0.2	0.1
合計	589.8	83.7	132.2	100.0

*：胸高断面積，**：胸高断面積比．

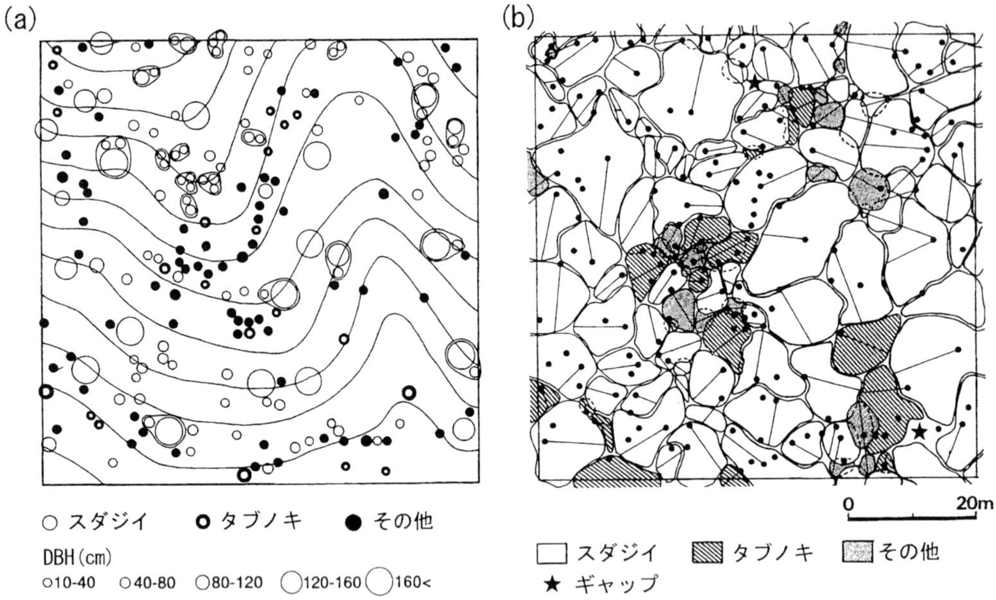

図 7.14　三宅島のスダジイ林に設置された方形区（70m × 70m）における樹木の位置図(a) および樹冠投影図(b)（上條，1997）直径 10cm 以上の個体について記録.

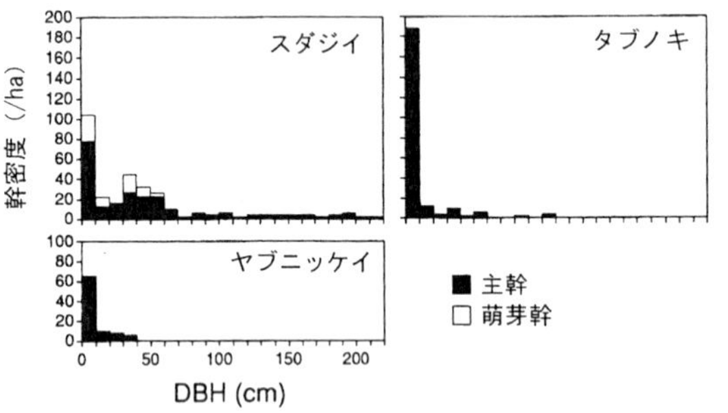

図 7.15　図 7.14 に示した方形区内における主要樹種の DBH 階別本数分布（上條，1997 を改変）

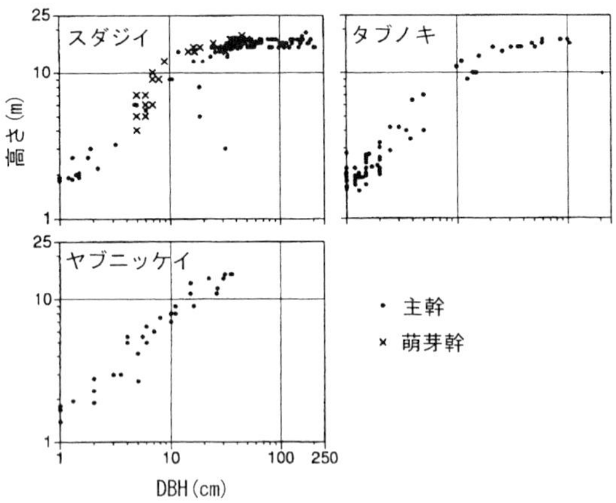

図 7.16　図 7.14 に示した方形区内における主要樹種の DBH と樹高の関係（上條，1997 を改変）

出は，樹幹断面を円に近似して，BA ＝ $\pi \cdot (\mathrm{DBH}/2)^2$ の式で計算する．各樹種の胸高断面積合計値を相対値に直した胸高断面積比（RBA：relative basal area）は，各樹種の優占度として利用できる（表 7.15）.

b. 樹　高

樹高の測定には測高桿（そっこうかん）や測高器をもちいる．測高桿は検測桿などとも呼ばれ，手元で目盛りが読める伸縮式のポールである．1 人が測定する樹木の横で測高桿を伸ばし，もう 1 人が樹木の梢がみえる離れた場所から声をかけて，梢端とポールの高さが一致したところで止めさせ，このときの目盛りを読む．この方法で樹高 10 m くらいまでの樹木であれば 10 cm 以内の誤差で測定できる．労力のかかる作業なので，測定本数が多いときには，できるだけ複数の樹木の高さが一度に読める位置を選んで測高桿を伸ばすなど，求められる精度に応じて工夫が必要である．樹高が大きな樹木の場合には測高器をもちいる．測高器では，樹木の先端を視準して，その仰角と目標までの水平距離から三角関数で樹高を求める．この方法はクリノメーターと巻尺（またはレーザー式測距計）でも代用できる．なお，樹高と同時に最下枝下高を測定しておくと，樹冠深度（葉群の垂直的分布幅）が算出できる．

c. 位置図

方形区が設定してある場合には，相接する二辺に巻尺を張っておき，両方に1人ずつ人を配して，樹木の位置から各辺に垂直に下ろした線の目盛りを読んでもらい，記録者がグラフ用紙上に記録する．また，基点を定めて測量器を設置し，地形測量の要領で，起点から樹木までの距離と角度を測定することによって位置を落としてもよい．樹木のサイズ等の測定を伴う場合には，位置図上にも毎木リストと符合する番号を記入しておく．また，胸高より下で複数の幹に分かれている樹木は，位置図上にも複数の点を記入し，同一個体であることがわかるように，線で囲んでおく（図3.15（a））．

d. 樹冠投影図

樹木の樹冠を地表面に投影して，樹冠の広がりや重なりを表した図を樹冠投影図（crown projection map）という（図7.15（b））．樹冠投影図の作成には巻尺とコンパスを用い，樹木の根元から4方位以上で樹冠辺縁の直下までの距離を測定し，測定した点を線で結んでいく．または，位置図の作成と同様に，方形区の二辺上に立った人に樹冠辺縁の位置を読んでもらい，作図者は対象木の下で樹冠のかたちをよく観察しながら，測定された点を結んでいく．幹の根元位置と樹幹の広がりは大きくずれていることもあるので，両者の関係がわかるように直線で結んでおく．

7.5.2 追跡調査の留意点

毎木調査は長期間の変動をモニタリングするために行われることが多いので，次回の調査を効率的に行うための工夫が必要である．調査区の四方には杭を打ち，周囲にロープを張るなどして，調査区の位置がすぐにわかるようにしておく．また，樹木の個体識別のためにナンバーをつけたアルミ製のタグや，ビニール製のナンバーテープをガンタッカーで打ちつけておく．直径を再測する場合は測定位置につけておくとよい．再調査のときには，樹種別の樹木位置図と前回の測定値を記入したリストを持参し，測定もれのないようにする．

（吉川正人）

文 献

1）Braun-Blanquet, J. 1964. Pflanzensoziologie, 3 aufl. 865pp. Springer.

2）Braun-Blanquet, J. et al. 1965. Plant Sociology. 439pp. Hafner Publishing Company.

3）星野義延．1999．植生調査法．「森林立地調査法」（森林立地調査法編集委員会編）．pp. 43–46．博友社．

4）伊藤秀三編．1977．群落の組成と構造．332pp．朝倉書店．

5）上條隆志．1997．伊豆諸島三宅島におけるスダジイ・タブノキ林の更新過程．日本生態学会誌，**47**：1–10．

6）Kent, M. and Coker, P. 1992. Vegetation description and analysis. 363pp. Belhaven press.

7）Mueller-Dombois, D. and Ellenberg, H. 1974. Aims and methods of vegetation ecology. 547pp. John Wiley & Sons.

8）奥富 清ほか．1977．湯ノ丸高原キャンプ場の植生．自然レクリエーション施設の生態系への影響に関する研究51年度報告．pp. 45–60．環境庁．

9）奥富 清ほか．1987．東京都の植生．東京都植生調査報告書別刷．249pp．東京都．

10）東京都．1974．東京都現存植生図2万5千分の1「八王子」．

11）東京都．1996．東京都現存植生図2万5千分の1「八王子」．

12）Weber, H. E. et al. 2000. International code of phytosociological nomenclature. 3rd edition. *Journal of Vegetation Science,* **11**: 739–768.

13）福嶋 司ほか．1985．日光国立公園．日光戦場ヶ原の乾燥化に関する生態学的研究（I）．小林晶教授退官記念論文集．pp.229–267．小林晶教授退官記念論文集編集委員会．

あとがき

1960年代から80年代にかけて，日本の植生は多くの研究者により精力的に調査され，その実態が次第に明らかになってきた．その時代はまた，経済活動の活発化によって多くの自然群落が消えた時代でもあった．その時代背景の中，人々が自然の破壊に強く関心をもつことになり，自然の保護，植物群落の特徴などを解説した書物もいろいろと出版された．しかし，1990年代以降のバブルの崩壊による経済活動の低迷化は，自然破壊のスピードを減速させることにはなったが，それに引きずられるように書店でそれらに関する書籍をみかけることが減ってしまった．

日本や世界の植物群落を護るためには，植生管理のための基礎的な研究とその教育を積極的に進める必要がある．次の世代を担う若者にしっかりその意識をもってもらう必要がある．しかし，出版物の減少，植物群落の研究を主な研究テーマとする大学の研究室の減少という状況が，それを大きく阻んでしまった．つまり，植生管理に関しての情報提供源がきわめて少なくなってしまったのである．私たちはこの状況を憂い，学会時などに打開の方策を模索してきた．しかし，十分な解決策を見いだせないでいた．このようなとき，朝倉書店より教科書としての「植生管理学」を出版してはどうかとのお話をいただいた．まさに「渡りに船」の提案であった．この本の出版は，全国の大学，研究所，企業において植生の研究に従事している研究者とともに取り組まなければならない事業の1つであると感じた．お話をいただいてから，多くの研究者に相談しながら構成を検討し，最適な著者を探し，執筆を依頼した1人ひとりから快諾を得た．このようなことから，この本はわが国の植生や植生管理に携わる研究者の力を結集した成果であるといっても過言ではないであろう．

私たち1人ひとりは非力である．しかし，非力であっても，1人ひとりが植物群落に対して正確な情報をもち，改善のために自然と向き会い行動すれば，大きなうねりとなって自然の保護につながっていくと信じる．そして，本書がそのための基礎的な情報を提供する教科書と確信している．多くの人々の力で本書が完成したことを喜ぶとともに，読者にはおおいに活用していただくことを願っている．

最後に，本書は最初にお話をいただいてから出版までに多くの時間を費やしてしまった．これはひとえに編者の責任である．原稿を作成していただいておきながら，作業が進まなかったことに対して，じっと待ってくださった執筆者の方々，朝倉書店編集部の方々にお詫びを申し上げるとともに，心から感謝を申し上げたい．

福嶋　司

索　　引

サ 行

タ　行

ナ 行

ハ 行

マ 行

編著者略歴

福嶋（ふくしま） 司（つかさ）

1947年　大分県に生まれる
1977年　広島大学大学院理学研究科
　　　　博士課程修了
現　在　東京農工大学大学院共生科
　　　　学技術研究部
　　　　教授・理学博士

植生管理学　　定価はカバーに表示

2005年4月15日　初版第1刷
2006年3月30日　　　第2刷

編著者　福　嶋　　　司
発行者　朝　倉　邦　造
発行所　株式会社　朝　倉　書　店
東京都新宿区新小川町 6-29
郵便番号　162-8707
電　話　03（3260）0141
FAX　03（3260）0180
http://www.asakura.co.jp

〈検印省略〉

シナノ・渡辺製本

ISBN 4-254-42029-3　C 3061　　Printed in Japan